高等学校水利学科核心课程教材

水文学原理
（第2版）

芮孝芳 □ 著

中国教育出版传媒集团
高等教育出版社 · 北京

内容简介

本书阐述迄今人们所认知的水文现象的基本规律和计算方法的基本原理，内容包括水文学的形成与发展、流域及水系、水文循环、降水、土壤水、下渗、蒸发与散发、产流机制和流域产流、地下水流、洪水波运动、洪水演算、流域汇流、冰雪水文等。

本书以作者讲授水文学原理课程的录音为基础，以国内外主要学术文献和作者近半个世纪来所取得的科学研究成果为支撑，本版修订在进一步完善内容体系的同时增加了习题，力求体现科学性、系统性、先进性和启发性。全书概念清晰、表述严谨、语言流畅、深入浅出。

本书可作为水文与水资源工程专业本科生和水文学及水资源学科研究生的教材或参考书，也可供水利类、土木类、农业水利工程、地理科学、环境科学、环境生态工程等专业师生、科学工作者和工程技术人员参考。

图书在版编目（CIP）数据

水文学原理/芮孝芳著. --2版. --北京：高等教育出版社，2024.7

ISBN 978-7-04-062172-3

Ⅰ.①水… Ⅱ.①芮… Ⅲ.①水文学-高等学校-教材 Ⅳ.①P33

中国国家版本馆CIP数据核字（2024）第095645号

SHUIWENXUE YUANLI

策划编辑 元 方　责任编辑 元 方　封面设计 裴一丹　版式设计 杜微言
责任绘图 黄云燕　责任校对 刘娟娟　责任印制 耿 轩

出版发行 高等教育出版社
社 址 北京市西城区德外大街4号
邮政编码 100120
印 刷 山东百润本色印刷有限公司
开 本 787mm×1092mm 1/16
印 张 20.5
字 数 470千字
购书热线 010-58581118
咨询电话 400-810-0598
网 址 http://www.hep.edu.cn
http://www.hep.com.cn
网上订购 http://www.hepmall.com.cn
http://www.hepmall.com
http://www.hepmall.cn
版 次 2013年7月第1版
2024年7月第2版
印 次 2024年7月第1次印刷
定 价 45.00元

本书如有缺页、倒页、脱页等质量问题，请到所购图书销售部门联系调换

物 料 号 62172-00

新形态教材网使用说明

水文学原理

（第2版）

芮孝芳　著

1　计算机访问https://abooks.hep.com.cn/62172或手机微信扫描下方二维码进入新形态教材网。

2　注册并登录后，计算机端进入“个人中心”，点击“绑定防伪码”，输入图书封底防伪码（20位密码，刮开涂层可见），完成课程绑定；或手机端点击“扫码”按钮，使用“扫码绑图书”功能，完成课程绑定。

3　在“个人中心”→“我的学习”或“我的图书”中选择本书，开始学习。

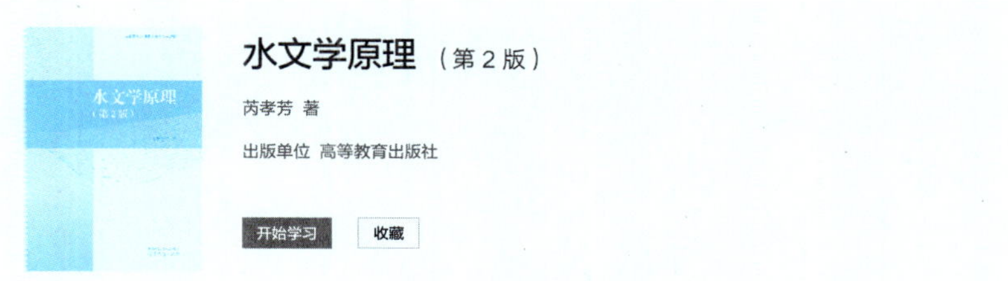

绑定成功后，课程使用有效期为一年。受硬件限制，部分内容可能无法在手机端显示，请按照提示通过计算机访问学习。

如有使用问题，请直接在页面点击答疑图标进行咨询。

https://abooks.hep.com.cn/62172

第 2 版前言

本书第 1 版于 2013 年出版至今已超过 10 年。承蒙广大师生和读者的厚爱及高等教育出版社的大力支持，本书有幸获得这次修订再版的机会，这当然也是笔者有生之年的一个心愿。

科学技术在突飞猛进，人们对自然现象的认知能力也不断提高，笔者深感 10 年之前写的内容确有必要做进一步的补充和修改。这 10 年来，水文学及水资源学科面临的重要任务之一是切实加强学科的理论基础，以期提升揭示水文现象形成机理和时空变化规律的能力。人类生存和社会经济发展对学科的要求越迫切，这个问题就越重要。"水文学原理" 正是在这样的背景下，伴随着学科的发展得到不断充实而欣欣向荣的。笔者将深耕这本《水文学原理》作为毕生使命担当，缘由也在于此。

大学教科书，尤其是专业基础课和专业课教科书，应该义不容辞地承担引导学生在掌握必要基本知识的基础上，开启科学思维，以获得从事科学研究和解决实际问题真本领的重任。它不是知识点的集合，而是知识系统化、融会贯通的学术载体。修订本书旨在根据这一原则，进一步增强其科学性、先进性和系统性，使其更适合老师教学、学生自学和广大读者参考；启迪学生热爱水文科学，献身水文事业，守正创新，攀登水文科学高峰。为此，本次修订对全书章节之间的逻辑关系及融会贯通性尽可能做了合理调整；增加了"洪水演算"一章和一些富有启发性的新内容；从第二章至第十二章，每章都配有数量不等的习题。本书所附习题都是精心设计选择的，其中带 * 的习题为选做内容。学生通过认真完成习题，可增进对各章内容的理解和思考，并在解决问题的过程中体验到创新思考的乐趣。认真完成习题是学习水文学原理课程的重要环节之一。此外，本次修订对书中文字叙述和图表展示也做了订正或润色。

笔者尽力追求完美，但限于学识水平，书中不当之处在所难免。真诚希望广大师生和读者一如既往不吝指正。

借本书再版的机会，笔者对一直以来支持和培育本书的河海大学水文水资源学院表示敬意！

本书修订得到了河海大学李国芳教授、姚成教授和李巧玲副教授的帮助，李巧玲副教授和南京信息工程大学的张小娜副教授还在百忙之中对本书的习题进行了复核，提出了修改意见。清华大学杨大文教授审阅本书并提出了宝贵建议。在此一并表示衷心谢意！

"吾与春风皆过客，君携秋水揽星河。" 笔者已是耄耋之年，但愿《水文学原理》的不断完善和提升自有后来人。

芮孝芳

2023 年 7 月 26 日于南京

第 1 版自序

我在上大学时，就十分钦佩那些学富五车，讲课思路清晰、逻辑严密、精彩生动的老师，但对于一个教师应该怎样才能将课讲得深入浅出、引人入胜，一直到我行将离开三尺讲台的今天才算有了点肤浅体会。

教学是一个过程，有许多环节，只有把握好其中每一个环节，才能达到好的教学效果。备课是老师在准备将所积累的知识和技能，融会贯通地通过课堂传授给学生之前，必须做的梳理、提炼和升华工作，这也必然会融入教师讲课经验的总结和对教训的反省。备课越充分、越好，在课堂上讲课就越得心应手。课堂是教学的主战场，作为教师，要充分利用这个阵地系统地对知识或技能进行“传道、授业、解惑”，要善于采用学生易于接受的思维方式进行启发式的讲课，层次分明，条理清晰，巧用 PPT 和板书，让听者有亲切之感，有兴趣听你讲课，乐于记录下你的讲课内容。作为学生要通过倾听老师讲课获取系统知识或技能，如果学生说：“老师，听你的讲课是一种享受。听完你的讲课，我记下了一本厚厚的听课笔记，它是一本难得的书，值得回味。”那你的讲课就算基本成功了！师生之间因此也会结下一份特殊的情谊。这样，当你站在讲台上时，你怎能不感到教师的责任重于泰山！怎能不充满激情甘愿为人民的教育事业贡献毕生精力！怎能不体会到教师职业的崇高！

我十分赞同课堂教学是师生之间学问和思想交流的重要平台这个观点。这个平台的作用主要通过老师的精心讲课来体现。记得许多京剧演员在谈到自己成功的经验时都会说出这样一句话：“台上一分钟，台下十年功。”这就是说，一个演员要在舞台上表演得精彩，就必须在平时苦练过硬本领。用这句话来说明一个教师如何才能讲好课，也不无道理。这就要求教师应具备丰富的学识和阅历，要“读万卷书，行万里路”。不仅对自己所教的课程要尽可能透彻地掌握，对其精髓、历史、现状和未来要有深入的了解，要知其然，更要知其所以然，而且还必须深刻了解专业和学科的全貌、内涵及其在经济社会发展中的地位和作用。教师还应具有“以教学传授知识，以科研创新知识”的全面本领。出色的教学工作必然有出色的科研成就来支撑。若老师对学术、学问和创新缺乏追求，那就很难激发学生对科学的热爱和对创新的兴趣。

由此，我产生了写一部以课堂教学为背景，以科学研究成果为支撑，比较适合大学生、研究生学习规律的《水文学原理》的想法。本书的雏形是我在 2008 年秋季为河海大学水文与水资源工程专业 2006 级学生讲授水文学原理课程的全程录音。刘方贵博士发起了这次全程录音，刘宁宁博士和陈丽霞、罗静两位硕士也为此付出了许多心血。在将录音转变为文字记录稿的过程中，刘宁宁、张小娜、张超、朱君君四位博士和梁霄、凌哲两位硕士夜以继日，付出了辛勤的汗水。本书的打印和绘图，以及一次次修改，主要由刘宁宁博士完成。这些年轻学子对我事业的支持，以及所表现出来的踏实忘我的工作精神和认真的工作态度，令我感激，令我难忘！在此，我对他们为本书出版所做的贡献表示由衷的谢意。

河海大学是我的母校，也是我毕生从事教学和科学研究的地方，每每想到培养之恩、成才之恩，我由衷地感谢河海大学这所中国水利名校。人虽老但心未老，对三尺讲台的眷恋，对“黑板加粉笔”的怀念，对充满求知欲望的青年学生的热爱，是我心中永远抹不去的情结。这本根据讲课录音整理而写成的《水文学原理》，是我对母校培养之恩的答谢，是我对华东水利学院（河海大学在1952—1985年间曾用名）成立60周年的纪念，是我向即将于2015年来临的母校百年生日的献礼，也是我献给我深爱的水文科学事业，以及关心帮助过我的同事、学生和朋友的一份心意。

本书从整理讲课录音入手到今天付梓出版，历时近4年，其中大的修改达5次之多，小修小改超过百次。尽管如此，疏漏甚至错误仍在所难免。我深感写一本合格的大学教材不易，写一本优秀的大学教材更不易。我自知本书与合格的大学教材仍有距离，距离优秀的大学教材更是十分遥远。恳望使用本书的海内外专家学者，大专院校学生和硕、博士研究生批评指正，以便不断完善与提升教材水平。

无论如何，本书的出版总算实现了我在有生之年写一部比较适合大学生、研究生学习规律的《水文学原理》的心愿。

清华大学杨大文教授在百忙之中抽空认真审阅了全书，提出了宝贵意见。他对本书的好评令我受之有愧。谢谢杨教授，你的美言将是我日后进一步探索水文科学真谛的动力。

半个世纪的学术追求和默默耕耘，没有家人的理解、支持、帮助和奉献是难以想象的。借本书出版的机会，特向与我相濡以沫、艰苦奋斗、同舟共济的夫人蒋国兰女士致以崇高的敬意！

芮孝芳

2012年9月10日

目　　录

第一章 绪　　论

"绪论"一词中的"绪"由两部分组成，左边是"丝"，"蚕丝"的"丝"，右边是"者"，"开头"的意思。所以，"绪"意味着"蚕丝的开头"，用来比喻事物的开头，"绪论"即开头之论，就是一本书的开头，或者是一门课程的开头。在"水文学原理"课程的开头应该说些什么呢？一是介绍水文学的定义及其作用和地位；二是介绍水文学的由来和水文学的分支学科；三是介绍"水文学原理"的主要学习方法。

第一节　水文学的定义

目前比较公认的水文学定义可表述为：水文学是一门研究地球系统中水的来源、运动、循环，水的时间变化和空间分布，水与生态环境的相互作用，以及水的社会属性，为水旱灾害防治、水资源合理开发利用、水环境保护和生态系统修复提供科学依据的学科。这个定义包含了三层意思：一是水文学要研究自然界水的来源、水的运动、水的循环、水的时间变化和空间分布，以及水与生态环境的相互作用，即水的自然属性；二是水文学要研究水与人类社会的相互关系，即水与社会发展的关系，也就是水的社会属性；三是水文学还要为人类治理洪涝灾害、开发利用水资源、保护水环境、修复水生态系统等提供科学依据。可见水文学是一门比较复杂的学科，它不仅具有自然科学和技术科学的特点，还具有社会科学的元素。

上述水文学定义的形成有较长的历史过程，这个过程也体现了水文学的发展历程。事实上，大体形成于20世纪90年代的上述水文学定义与早期给出的水文学定义有一定的区别。第一个公认的水文学定义出现在1964年，由美国水文学家周文德（Ven Te Chow）给出，他在*Handbook of Applied Hydrology*一书中写道：水文学是一门研究地球上水的来源、循环和分布，水的化学和物理性质，以及水与包括生命在内的环境之间的相互作用的学科。这个定义与上述水文学定义的前半部分是相似的，但后半部分却是有区别的。造成这种区别的原因是进入20世纪70年代后，世界人口大幅增加，社会经济发展加快，随之出现了一些新的水问题，例如水资源短缺、洪涝灾害加剧、水环境污染、水生态系统破坏等，水文学不能仅停留在研究自然界水的规律这一个层面上，而应该为社会经济的发展做出贡献。在这种需求下，水文学很快地与技术科学和社会科学相互交叉、渗透，从而逐步被总结出前文所讲的水文学定义。

尽管世界上第一个公认的水文学定义于1964年才出现，但水文学作为一门学科早在1674年就诞生了，这一年在水文学历史上出现了一个事件。法国水文学家佩兰特（Perrault）在研究法国塞纳河流域的年径流量与年降雨量的关系时得出，塞纳河流域的年径流量等于年降雨量的1/6。这个概念虽然简单，但在三个多世纪之前，人们有这样的定量认识，应该说是不容易了，所以，国际水文学术界把这一年定为水文学学科的开始。

与一些相关学科比较，水文学在相当长的时期内发展并不很快。众所周知，地球系统由大气圈、岩石圈、水圈和生物圈组成。研究大气圈的学科叫作气象学或大气科学，研究岩石圈的学科叫作地质学，研究生物圈的学科叫作生物学，它们的发展都比水文学快。海洋学和水文学是研究水圈的姊妹学科，水文学的发展也不如海洋学发展快。但是，近半个世纪以来，水文学却有了突飞猛进的发展。为什么会出现这样的情况？这是因为水文学的作用越来越重要。首先，水资源是人类生存和发展不可替代的自然资源，是一个制约因素。其次，由水问题引发的洪涝、干旱等自然灾害已成为困扰地球上人类生存与经济社会发展的最重要的自然灾害。联合国做过统计，在世界范围里，由水引发的自然灾害造成的损失，占整个自然灾害损失的55%，其中洪涝灾害占40%，干旱灾害占15%。防治水造成的自然灾害始终是摆在人类面前的迫切任务。最后，环境污染已成为当今社会的突出问题，其中水污染问题尤为突出。

在20世纪80年代之前，说到水文学的作用和地位时，经常用的是这样一句话："水文是水利的尖兵，是防汛抗旱的耳目。"意思是说，水文在水利建设和防治水旱灾害中扮演着重要角色。但在20世纪80年代之后，就渐渐变成另外一句话："水资源的可持续利用保障社会经济的可持续发展，水文学是水资源可持续利用的科学基础。"这就表明，水文学不只是为水利服务，它还对整个社会经济的发展起着保障的作用。

第二节 水文学的溯源

洪水、干旱等都是发生在天地之间的自然现象，人类也生活在天地之间，人类的生存和经济社会的发展必然与这些现象息息相关。自古以来，人类因饱受水旱灾害之苦而特别关注这些现象。人类从来没有停止过监测这些现象，探索这些现象的形成机理和变化规律，与水旱灾害做斗争。在我国，大禹治水的故事已流传了4 000余年；距今2 300多年前有了对降水、蒸发、下渗、径流、地下水、水文循环等的正确认识；1424年研发出测雨量用的雨量器；1535年发明了测量含沙量的泥沙采样器；1564年能科学地观测水位；1692年创造出断面流量的计算方法；1736年懂得用等雨量线图表达降雨量的空间分布；1746年开始在黄河、洪泽湖等湖泊上设立定点水位观测站。我国古人对与水有关的自然现象的好奇心及相关发明创造在很多史书和文学作品中都有记载，例如屈原的《天问》、柳宗元的《天对》、吕不韦的《吕氏春秋》、司马迁的《史记》、郦道元的《水经注》、蒋平阶的《水龙经》、徐霞客的《徐霞客游记》等，但始终未出现"水文""水文学"等术语名词。在欧洲，尽管1674年佩兰特得出了结论，即塞纳河终年常流是因为塞纳河流域的年降水量有1/6转换成径流量补给河流，1686年马利奥特（Meriott）发明了测量流量的方法，1687—1715年间，哈雷（Halley）证明了海洋蒸发将以降水形式回到地表，但也未出现"hydrology"一词。"hydrology"一词最早出现于米德（D. W. Mead）在1904年发表的论文——*Notes on Hydrology*。1919年出版的米德所著*hydrology*被认为是世界上第一部水文学专著。"水文""水文学"等术语在我国最早出现于1922年，是年，在河海工程专门学校（现河海大学）四年制本科二年级的课程表中列有"水文学4学分"的内容。1927年《河海周报》第15卷14期上辟有"水文"专栏；1930年我国开始以"水文总站""水文分站"作为管理机构的名称。从此

“水文”“水文学”与“hydrology”就成为中英文互译的术语了。在中文中，“象”可指现象，“文”有规律之意，因此将发生的与水有关的自然现象称为“水象”，将其形成机理和变化规律称为“水文”是顺理成章之事，这样便有了“水象学”或“水文学”的名称。后来，因“水象学”成了“水文地理学”的别称，故“水文学”就成了专指研究水文现象的学科名称。

第三节　水文学的分支学科

从上述水文学定义看，水文学的研究领域涉及自然科学、社会科学、技术科学和管理科学。水文学发展到今天已形成了一个庞大的学科体系。对于这样一个庞大的学科体系，该怎样进行研究？科学家的办法不是一门一门地去研究，而是对这个庞大的体系进行科学的分类，然后按照类别进行研究。所以，如何进行学科分类常常是科学研究中非常重要的内容。分类要根据一定的原则，分类的原则不同，分类的结果也有所差别。

1. 按学科属性分类

按学科的属性，水文学可以分成四个板块(图 1-1)。一是水文学属于自然科学的那一部分，叫作理论水文学或者水文学原理，其任务是把自然界的水文现象作为科学对象来进行研究，注重探索各种水文现象的规律。二是水文学属于社会科学的那一部分。因为水是人类赖以生存和不可替代的资源，没有水就没有生命，因此在通过技术手段用好水资源的同时，还必须通过法律手段、经济手段来用好、管理好水资源，这样就产生了水法和水经济等一些社会科学的分支学科。三是水文学属于技术科学的部分。例如人们修大坝，首先要确定大坝的规模：如果是为防洪，那么就要回答防御多大的洪水；如果是为发电，那么就要回答装机容量是多少……这些问题的解决都离不开对水文规律的了解和运用，这样就产生了应用水文学、技术水文学等。四是水文学属于管理科学的那一部分。管理学涉及方方面面，水文是一种事业，水利也是一种事业，需要管理。水管理学就是管理学和水文学交叉的一门学科。

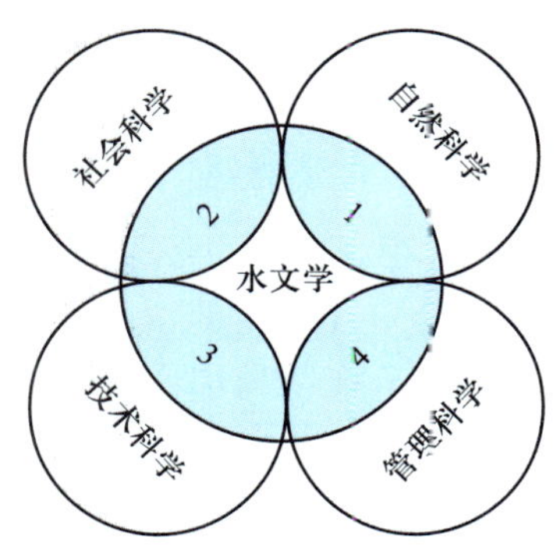

1—理论水文学或水文学原理；2—水法、水经济；3—应月水文学、技术水文学；4—水管理学。

图 1-1　按学科属性分类

2. 按水体分类

所谓水体，就是地球上能够储存水的空间。河流、湖泊、水库、地下含水层、冰川、湿地、河口海岸带、大气层等都是水体。如图 1-2 所示，研究河流里水文现象规律的叫作河流水文学；研究湖泊、水库里水文现象规律的叫作湖泊水文学；研究湿地、地下含水层、冰川、大气层里水文现象规律的分别叫作湿地水文学、地下水水文学、冰川水文学、水文气象学。地球上还有一些综合性的蓄水体，譬如可以把整个地球看作一个水体，研究全球水文现象规律的叫作全球水文学或者大尺度水文学。流域也是一个综合性的水体，研究流域水文现象规律的叫作流域水文学。河口海岸带是一个比较特殊的水体，研究河口海岸带水文现象规律的叫作河口海岸水文学。

3. 按应用分类

在水利工程和涉水的土木工程中，都或多或少需要了解和运用有关的水文基本规律，这就形成了一门很有实用价值的水文学分支，叫作工程水文学。在水资源开发利用、生态系统研究、环境保护工程、城市建设、森林工程、农业工程中也会遇到很多水文学问题，因此，分别形成了水资源水文学、生态水文学、环境水文学、城市水文学、森林水文学、农业水文学等(图 1-3)。

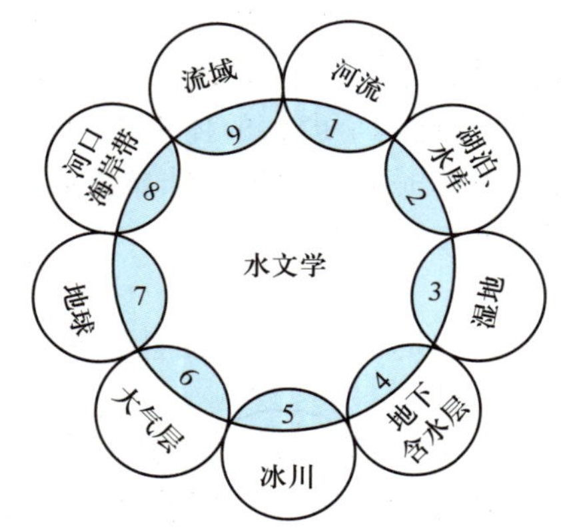

1—河流水文学；2—湖泊水文学；3—湿地水文学；4—地下水水文学；5—冰川水文学；6—水文气象学；7—全球水文学(大尺度水文学)；8—河口海岸水文学；9—流域水文学。

图 1-2 按水体分类

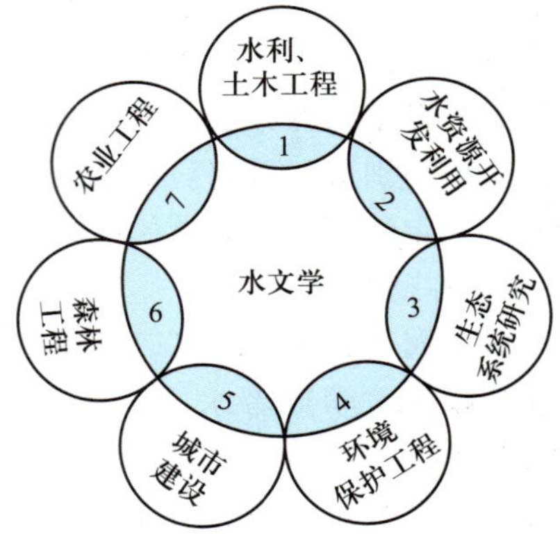

1—工程水文学；2—水资源水文学；3—生态水文学；4—环境水文学；5—城市水文学；6—森林水文学；7—农业水文学。

图 1-3 按应用分类

4. 按学科交叉或研究方法分类

水文学比较容易与很多学科交叉，许多学科的研究方法和研究思路都会在水文学中得到反映，所以就形成了很多交叉学科(图 1-4)。动力水文学是用动力学的思想方法和定律揭示水文现象规律的水文学分支学科。如果引入系统分析方法来解决水文科学问题，就产生了系统水文学。如果用非线性科学方法处理水文科学问题，就产生了非线性水文学。计算机技术和经典的水文学相结合就产生了计算水文学。用概率论和随机过程的思维方式来揭示水文现象的规律，就产生了随机水文学。而用数理统计方法来分析水文现象的一些规律，就产生了水文统计学。信息科学对人类的发展产生了深远的影响，如果用信息科学的数字化技术和解决问题的思路来解决水文学中一些规律性问题，就产生了数字水文学。如果用地理学的一些思维方式和研究方式来解决水文科学问题，就产生了地理水文学，也叫作水文地理学。自然界里的水文过程是大气过程和下垫面过程相互作用的产物，因此揭示地貌过程与水文过程之间的关系是有重要意义的，这就导致了地貌水文学的产生。水文学需要累积资料，而这些资料都要通过一定的测量技术或实验手段得到，水文学与测量技术的结合就产生了水文测验学。通过野外或室内实验技术获得揭示水文规律的信息的学科称为实验水文学。为了了解一场降雨形成的径流中哪些是地面径流，哪些是地下径流，可以用环境同位素方法来进行测试；在历史洪水调查中，为了确定调查到的洪痕所发生的年代，可以用放射性同位素技术来进行测试。这样，在水文学分支学科中就出现了一个新成员——同位素水文学。

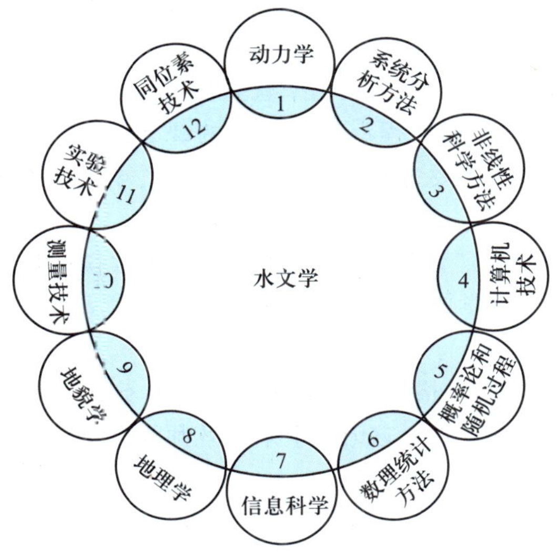

1—动力水文学；2—系统水文学；3—非线性水文学；4—计算水文学；5—随机水文学；6—水文统计学；7—数字水文学；8—地理水文学；9—地貌水文学；10—水文测验学；11—实验水文学；12—同位素水文学。

图 1-4 按学科交叉或研究方法分类

可见，要学好具有庞大学科体系的水文学，必须具备良好的多学科基础，在大学本科期间要打好数学基础、物理基础、化学基础、地质学基础、地理学基础、生态学基础、测量学基础等。

本书作为大学本科水文学原理课程的教材，相对于水文学这个庞大学科体系来说，内容不是多了，而是少了。随着研究的深入，读者会感觉到自己需要学的东西越来越多，这就是所谓“活到老，学到老”。

第四节 学习方法建议

水文学原理课程主要讲述水文过程的物理概念、基本规律，以及计算方法的基本原理。许多水文学分支学科的基本理论都与水文学原理有密切联系，因此，学好水文学原理，会给今后学习水文与水资源工程专业的其他课程，或者将来从事实际工作，带来很多方便。

帮助学生将水文学原理中最重要、最基本、可能会影响今后整个职业生涯的知识学好、学深、学透，就是水文学原理课程追求的教学目标。

学习水文学原理的方法，大致可归纳成六点：

① 要认真听课、记笔记。将教师讲课的重点、难点和前人的科学思维过程系统地记录下来，这是最基本的学习方法。

② 水文学原理课程是一门物理概念比较多的课程，每个章节讲的都是自然界里的具体水文现象，要理解这些现象进而理解其规律，就会涉及很多物理概念。对于物理概念的理解，常常可以通过前人的概括总结、老师的讲解、自己动手做实验、必要的理论推导和演算等来不断加深。因此，学好水文学既要在物理上下功夫，又要在数学上下功夫。

③ 在学习过程中，要注意归纳总结。往往一堂课下来，老师讲了很多内容，因此如何把所讲内容中最基本、最重要的知识归纳出来就显得很重要。

④ 要做好作业。水文学原理课程有一定数量的课外作业，一定要认真做好这些作业，它对理解所学理论好处多多。不要为完成任务而做作业，要把做作业与巩固、加深理论学习结合起来。

⑤ 要博览群书。古人云："开卷有益。"不要局限于教科书和老师所讲内容。大学有很好的图书馆，图书馆是一个大学的重要资源，所以，到大学里来学习，如果不享受图书馆，那是一件很遗憾的事。

⑥ 课堂是教师与学生之间人格和学问交流的平台，所以在听课时，要多动脑筋，多跟教师互动。教师讲得好的地方，要把它记录下来；教师没有讲清楚或是讲得不对的地方，要随时进行讨论交流。

走近原野方能饱赏自然之美，融入江河方能感受水的温柔，采摘硕果方能体验春华秋实的喜悦，学习一门课程也是如此，只要用心攻读，意外的收获就会悄然到来。

第二章　流域及水系

水文现象的发生、发展与流域、水系有着密切的关系，因此，首先建立流域及水系的概念十分必要。

第一节　基本概念

一、分水线和集水线

分水线是指山峰、山脊和鞍部的连接线。如果要作出分水线，那么就必须解决如何识别山峰、山脊和鞍部的问题。传统上有两种识别办法，一是到现场去察看，山峰就是山的最高部位，山脊就是山高处像兽脊凸起的部分，鞍部就是两个山峰之间形如马鞍的那部分区域。但一个流域的范围往往是很大的，这么大的范围如何到现场去察看呢？二是在地形图上识别。地形图是标注了等高线和地物的地图。有了地形图，也能达到识别山峰、山脊和鞍部的目的（图 2-1）。地形图上的等高线是由地面高程相同的点连成的线。山峰就是等高线图的极大点。山脊线是从山峰开始所作的等高线的垂直线。鞍部是两端高、中间凹的区域，像骑马用的马鞍。现实可行的方法是：先利用地形图识别山峰、山脊和鞍部，再通过到现场察看做必要的修正。

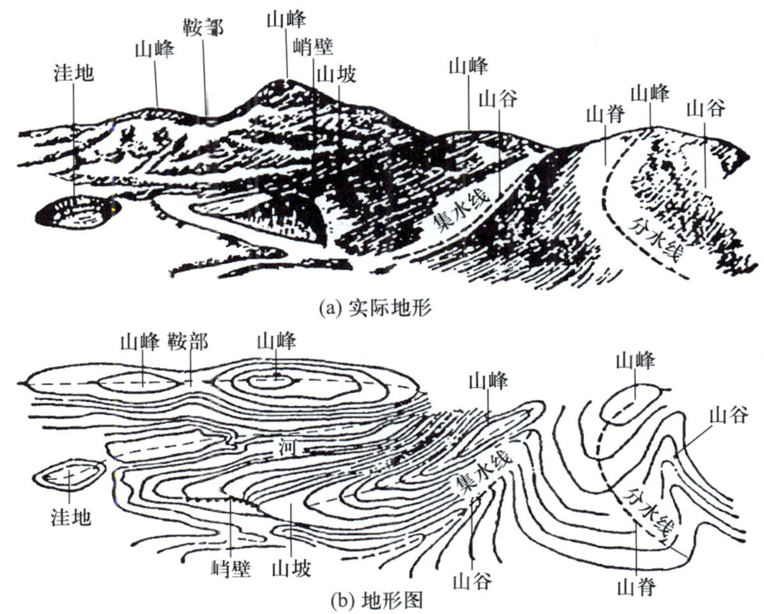

(a) 实际地形

(b) 地形图

图 2-1　山峰、山脊、鞍部、分水线和集水线

为什么把山峰、山脊和鞍部的连接线叫作分水线呢？这是因为降落在这条线这边的雨水只能向这边汇集，降落在这条线那边的雨水只能向那边汇集，这条线起了分水的作用，顾名思义称之为分水线。说得确切些，这样得到的分水线是地面分水线，但一般不必加上“地面”二字。其实，地下也存在分水线。不透水基岩一般也是不平坦的，高高低低。地下分水线就是不透水基岩的峰、脊和鞍的连接线。由于存在土壤覆盖，地下分水线是隐蔽的。下渗到地下分水线这边的水只能往这边流动，下渗到地下分水线那边的水只能往那边流动。在水文学中，如果没有特别说明，“分水线”一般就是指地面分水线。如果指的是地下分水线，就需要加“地下”二字了。

与分水线对应的是集水线。集水线是地形等高线中两边较高、中间较低的凹槽线（图 2-1），它总是位于相邻两条分水线之间。降落在集水线两侧坡面上的雨水都要向凹槽汇集。虽然河流只会在集水线经过的地方形成，但集水线不一定都成为河流。

二、流域和流域面积

流域是指地面分水线包围的、能够汇集雨水形成的径流从其出口流出的区域。降落在流域上的雨水形成的径流不可能经由地面汇集到分水线包围区域以外的地方，而只能在流域内汇集，最后通过流域出口断面流出。流域是水文学研究的基本空间单元。根据地面分水线与地下分水线之间的关系（图 2-2）和河流河槽的切割深度（图 2-3），可将流域分为闭合流域和非闭合流域。地面分水线与地下分水线重合，且河槽切割至不透水基岩的流域称为闭合流域。地面分水线与地下分水线不重合或者河槽切割不能到达不透水基岩的流域称为非闭合流域。对于图 2-2a 和图 2-3a 所示的情况，降落到流域的雨水所形成的径流，无论在地面还是地下都在流域内汇集，除流域出口断面外，跟周围不进行任何水量交换。对于图 2-2b 和图 2-3b 所示的情况，降落到流域的雨水所形成的径流的地面部分虽在该流域内汇集，但地下那部分却有一部分会从流域周边流出或流入，流域内与流域外存在除流域出口断面以外的地下水量交换。要判断一个流域是否闭合，严格来讲，必须通过水文地质勘探，打很多钻井，然后分析地下含水层的情况，才能做出判断。但这样不仅工作量巨大，花费也很大，几乎是不可能的。分析表明，地面分水线和地下分水线不重合的非闭合流域在自然界并不多见，一般情况下，流域是否闭合主要取决于河槽的切割深度。一条河流的河槽切割深度往往与流域大小有关，流域面积大的，河槽切割一般较深，其闭合的可能性较大，基本上是闭合流域。流域面积小的，河槽切割较浅，其闭合的可能性也小些。在一些特殊地貌地区，例如，岩溶地貌发育地区，流域不闭合情况比较普遍，不属此列。因此，除特殊地区外，较大的流域大都是闭合流域。

流域面积是指地面分水线包围区域的平面投影面积。为什么要用投影面积来定义流域面积呢？因为流域地表是一个复杂的倾斜面，总体上是靠近分水线的地方地势较高，靠近出口的地方地势较低。降雨并不是垂直于倾斜面降落的，而是垂直于水平面降落的，因此，只有降雨的深度乘以平面投影面积才是流域所承接的降雨量，而降雨深度乘以倾斜面面积不是流域所承接的降雨量。

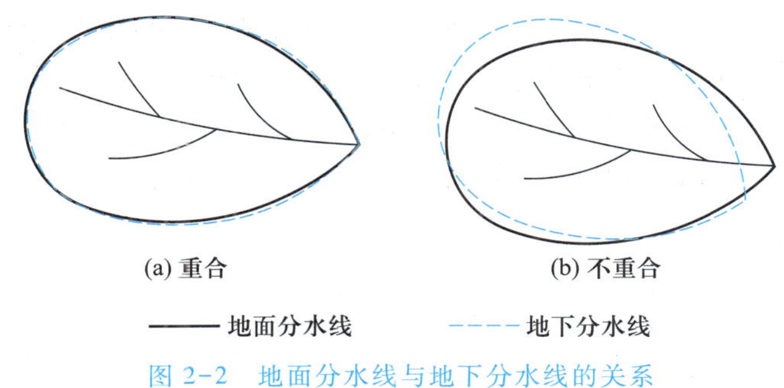

图 2-2 地面分水线与地下分水线的关系

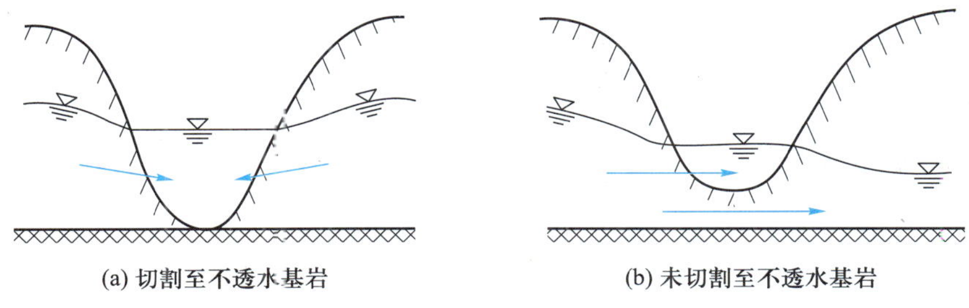

(a) 切割至不透水基岩
(b) 未切割至不透水基岩

图 2-3 河流河槽切割深度

三、水系

在流域内，分布着大大小小、相互连通的河道，其相互交汇所形成的网络结构称为水系，又称为河网或河系。按照网络结构的形式可以把水系分成树状水系和网状水系。树状水系的形状像一棵树，如果把流域的出口看作树的根部，那么水系就是这棵树的干和枝(图 2-4a)。网状水系的形状像一张网，它由许多环状河道串并联而成，具有多于一个的进口和出口(图 2-4b)。这两类水系的形成原因和出现地区是不一样的，树状水系一般是自然形成的，主要出现在山丘区流域。网状水系中往往有很多人工开挖的痕迹，一般不是自然形成的，主要出现在平原区流域，例如，太湖地区、珠江三角洲、苏北里下河地区等。树状水系中各条河流的水流之间相互干扰较小，流向均为自上游指向下游。网状水系中各条河流的水流之间相互干扰严重，流向不定。

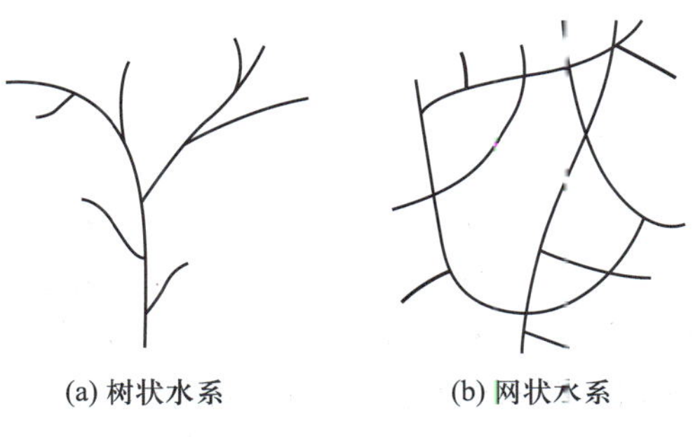

图 2-4 水系的结构

水文学家经过多年研究发现，自然形成的树状水系，从形状上看主要有三种(图 2-5)：一是羽毛状水系，水系的分布像鸟的羽毛，其特例像一把梳子，称为梳子状水系；二是扇形状水系，水系的形状像一把扇子；三是混合状水系，整体上像一把扇子，但其中一些支流却像羽毛。树状水系的形状对洪水的形成有一定影响。对图 2-5 所示的三个流域的水系形状，假设流域面积相同，又承接同样时空分布的净雨，那么扇形状水系形成的洪峰流量就要大一些，洪水历时就要短一些；羽毛状水系产生洪水的历时就要长一些，洪峰流量就要小一些；混合状水系形成的洪水历时和洪峰流量则介于两者之间。如图 2-6 所示，$Q_1(t)$ 为羽毛状水系的洪水过程，$Q_2(t)$ 为扇形状水系的洪水过程，$Q_3(t)$ 为混合状水系的洪水过程，有 $\int Q_1(t)\,dt = \int Q_2(t)\,dt = \int Q_3(t)\,dt$。

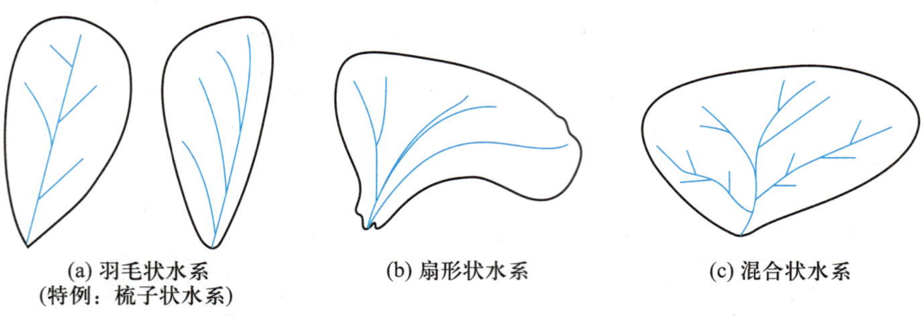

图 2-5 树状水系的形状

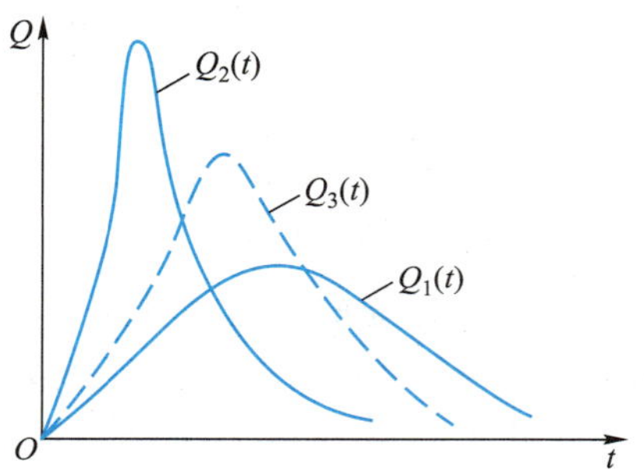

图 2-6 流域面积和降雨时空分布相同情况下水系形状与洪水过程的关系

四、坡面

有了流域和水系的概念，坡面就容易识别了。流域内除水系以外的部分就是坡面。从这个意义上讲，流域可看成是一个由水系嵌入坡面而成的结构，或者说流域就是“水系”加“坡面”。这个概念虽简单，但在水文学研究中是很有用的，因为流域洪水过程是一场具有一定时空分布的暴雨经过由坡面和水系所组成的流域的作用而形成的，因此，只要确定坡面上的径流形成，又清楚水系中的洪水波运动，就可解决流域上一场暴雨形成洪水过程的问题了。

从面积比例上看，一个流域的水系所占的比例是很小的，而坡面所占的比例很大。一般山区性流域，水系所占的面积比例不到 10%，90%以上的面积都是坡面。对于一个流域，主要就是由降落在占流域面积 90%以上的坡面上的雨水从地面和地下来补给着占流域面积不到 10%的水系。但在平原地区，水系占流域面积的比例要高一些，例如，江苏省水面所占的面积比例就达到了 17%。可见，研究坡面是非常重要的。当然，研究水系也非常重要，因为水系所占的流域面积虽比较小，但它像大大小小的血管一样，分布于整个流域，镶嵌在坡面之中。如果将水系和坡面的水流运动都搞清楚了，那么就很容易把握一场暴雨降落到流域上以后的运动和变化情况。

坡面的基本形状可以归纳为三种：一是矩形坡面(图 2-7a)，分水线处地势比较高，集水线处地势低，雨水降落后必然从地势高的地方流向地势低的地方；二是收敛型坡面(图 2-7b)，也是分水线处地势高，集水线处地势低，但沿坡度方向水流是收敛的，雨水总是向着收敛点汇集，而收敛点即为一条河流开始的地方；三是发散型坡面(图 2-7c)，它是由从山峰出发的两条山脊线和山脚线包围的区域，雨水沿坡面从山峰向下流，而沿着山脚就形成一条河流。

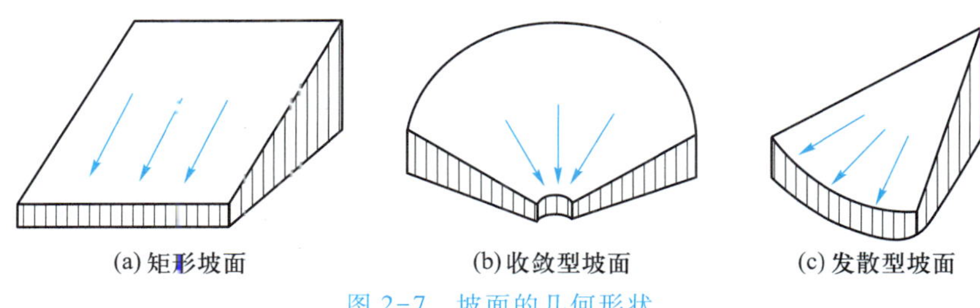
(a) 矩形坡面 (b) 收敛型坡面 (c) 发散型坡面

图 2-7 坡面的几何形状

五、流域基本单元

前已述及，流域由水系和坡面组成，水系由大大小小的河流交汇而成。在水系中相邻两条河之间也必存在分水线。它们之所以是两条河，就是因为在它们之间有一条分水线。因此，一个流域若按内部的分水线又可划分成若干个比较小的流域。在这些比较小的流域内部，又可以根据其内部分水线分成更小的流域。这样不断地分下去，最终无法再分。这种无法再分得更小的流域，就叫作流域基本单元。图 2-8 是两个划分流域基本单元的实例，它们都是从 1∶50 000 的地形图上提取出来的。

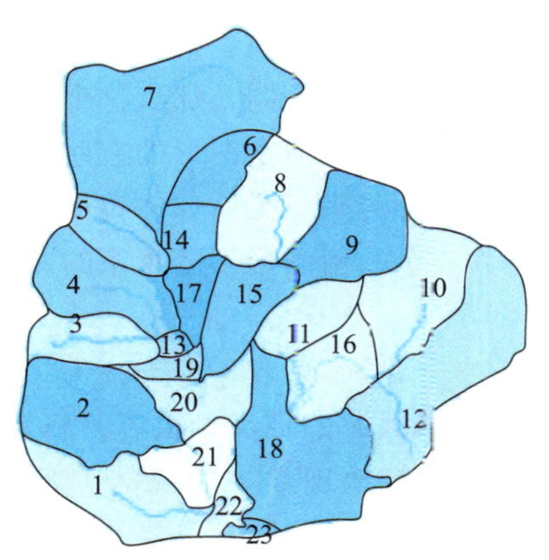

(a) 星丰流域，共划分为23个基本单元，平均每个基本单元的面积为1.84 km²

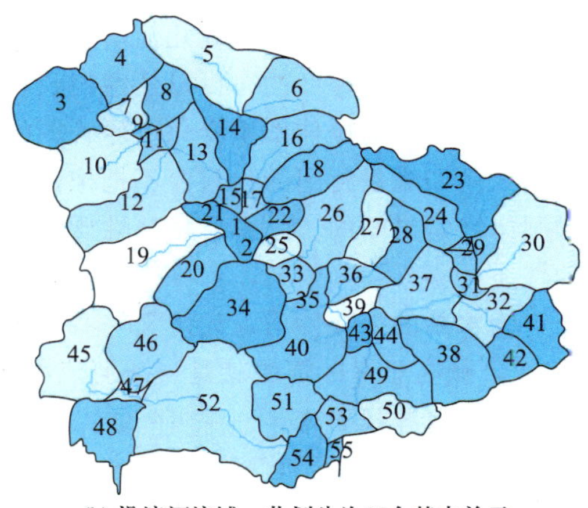

(b) 沿渡河流域，共划分为55个基本单元，平均每个基本单元的面积为11.34 km²

图 2-8 流域基本单元划分

尽管大流域的形状可能千变万化，但流域基本单元的形状只有两种(图 2-9)：一是 V 字形流域基本单元，其形状像一本打开的书，中间有条河流，两边各有一个矩形坡面，包括有一个河段的区间流域都形似 V 字形流域基本单元；二是马蹄形流域基本单元，基本单元中河流的开始端总是带有一个收敛型坡面，而河道的两边又各为一个矩形坡面，这两者合起来就像一个马的蹄子，包括一条从河源开始的河流的流域也形似马蹄形流域基本单元。因此，如果从流域基本单元来看流域的结构，流域就可看作由马蹄形流域基本单元和 V 字形流域基本单元串联与并联而形成的结构。

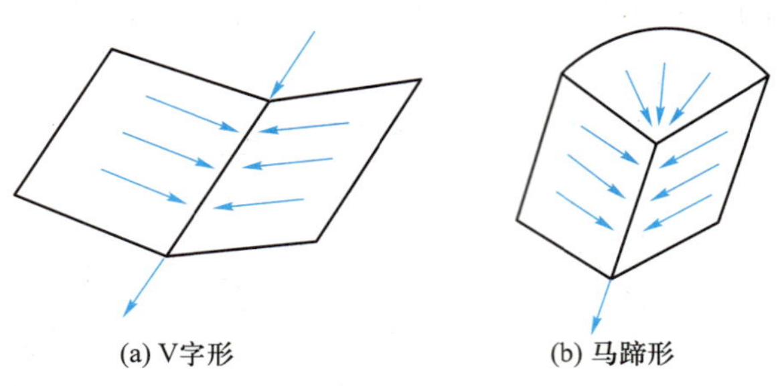

图 2-9 流域基本单元

一个流域，既可看作由坡面和水系串联所组成的结构，又可看作由马蹄形流域基本单元和 V 字形流域基本单元串联与并联而形成的结构。对流域结构的这两种认识，在发展水文科学和解决生产实际问题中都具有重要意义。

第二节 水系地貌特征

一、树状水系的结构特征

1. 拓扑性质

对一个几何图形，连续改变其几何形状仍然能保持不变的那些性质，称为拓扑性质。例如一片橡胶。橡胶是有弹性的，可以任意拉长。如果在它上面画一个圆，那么这个几何图形的形状就会随着橡胶的拉伸发生变化。尽管图的形状发生了变化，但是图形的有些性质却并未随之改变，例如圆是封闭的，只要不把橡胶片拉断或者折叠起来，无论如何拉伸，画在橡胶片上的圆始终是封闭的。水系的拓扑性质就是指它作为一个几何图形不随水系的图形改变而改变的性质。

为了讨论水系的拓扑性质，先定义一些基本术语。

① 河源。顾名思义，河源就是一条河流的起始点。根据河源的定义，很容易将图 2-10 所示水系的全部河源找出来，一共 14 个。这里的“河源”与地理学中所说的“河流发源地”有所差别。“河流发源地”追求其唯一性，而“河源”不是唯一的，只要是河流开始的地方都是河源。所以，基于河源的概念，任何一个水系都是多源的。

② 节点。两条相邻河流的交汇处称为节点。根据节点的定义，可以找出图 2-10 所示水

系的所有节点，一共有 13 个。

③ 出口。出口是输出整个水系中的水量及其所携带物质的地方。一个水系的水量及其携带的物质汇集以后，最后从出口输送出去。树状水系只有一个出口。

④ 河链。河源与相邻节点之间的连接河段、相邻两个节点之间的连接河段及出口与相邻节点之间的连接河段称为河链。河链有内链和外链之分。相邻节点之间的河段及出口与相邻节点之间的河段称为内链；河源与相邻节点之间的河段称为外链。根据河链的定义，图 2-10 所示水系共有 27 个河链，其中内链 13 个，外链 14 个。

许多研究者对水系的拓扑性质感兴趣，其中有水文学家，也有地貌学家，甚至有数学家。美国水文学家布拉斯（Bras）曾指出，这是“水文学中最引人入胜的尖端之一”。这里仅讨论水系的两个最基本的拓扑性质：一是河源数与节点数和河链数之间的关系；二是河数定律。

对于二分叉树状水系，如果河源数为 N_1，那么节点数必为(N_1-1)，河链数必为$(2N_1-1)$，其中外链数和内链数分别为 N_1 和(N_1-1)，这就是二分叉树状水系的河源数与节点数和河链数之间的定量关系。例如图 2-10 所示的水系，河源数为 14，即 $N_1=14$，按照上述关系式，它的节点数、河链数、外链数和内链数应分别为 13、27、14 和 13，这与在水系图上计数的结果完全一致。因此，只要有一张水系图，根据河源数并利用水系的拓扑性质，就能知道它的节点数和河链数。

水文学家对自然形成的水系几乎都是二分叉怀有好奇心，曾产生过一些猜想。20 世纪 60 年代初，利奥波德（Leopold）和朗宾（Langbin）试图用随机游移来解释这个问题。地面坡度是驱动水滴运动的主要因子，当地面坡度较陡峻时，雨滴落地后大概率会沿着主要坡度方向呈线状移行，但一旦受到局地坡度改变的影响，就有可能随机地偏离原来的移行方向而与相邻雨滴的移行方向相遇，形成稍大一点的细沟。无数雨滴如此随机游移的结果就形成了宏观上的二分叉水系（图 2-11）。

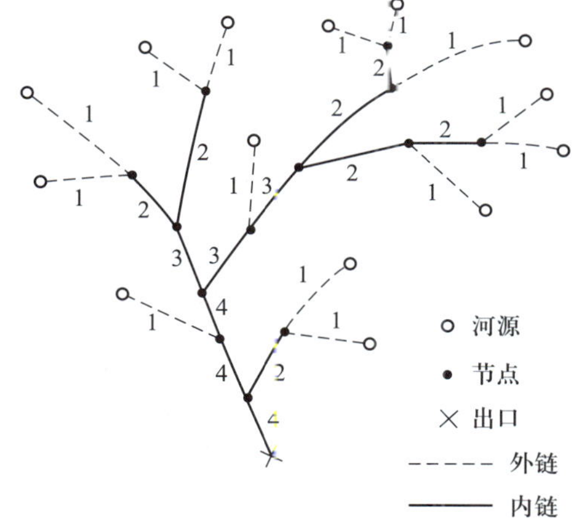

图 2-10　树状水系

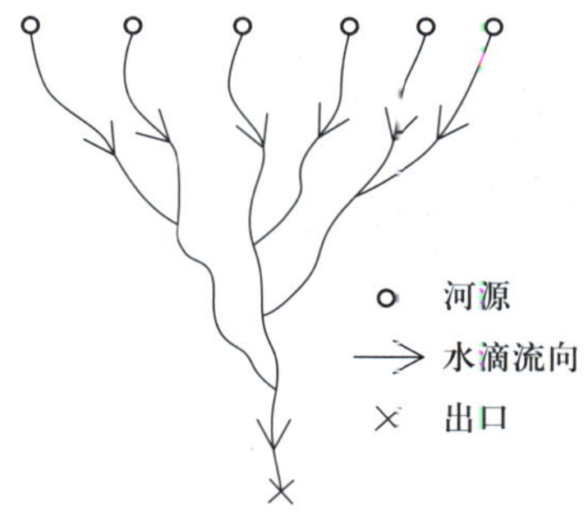

图 2-11　二分叉水系的形成

如果从另一个角度提出问题，就是分布在地面上的雨滴为什么几乎都取二分叉水系作为向流域出口处汇集的流路？为此，可设想一个数值实验。数值实验又称思想实验。令集水区内分布有若干个河源，例如 10 个，分别为 A、B、C、D、E、F、G、H、I、J，如图 2-12 所示，图中标注的数字为相邻两河源间的距离。这些河源处的水滴的归宿都是集水区出口 K。数值实验的结果列于表 2-1，表中水系总长度是指河源数一定时，水滴所采取的汇集策略的水系总河长，它反映了汇集的经济性，此数越大，水滴汇集依托的水系就越不经济；而最长河源流路是指所有河源流路中长度最大者，它反映了所取的汇集策略的效率，此数越大，汇集效率越低。

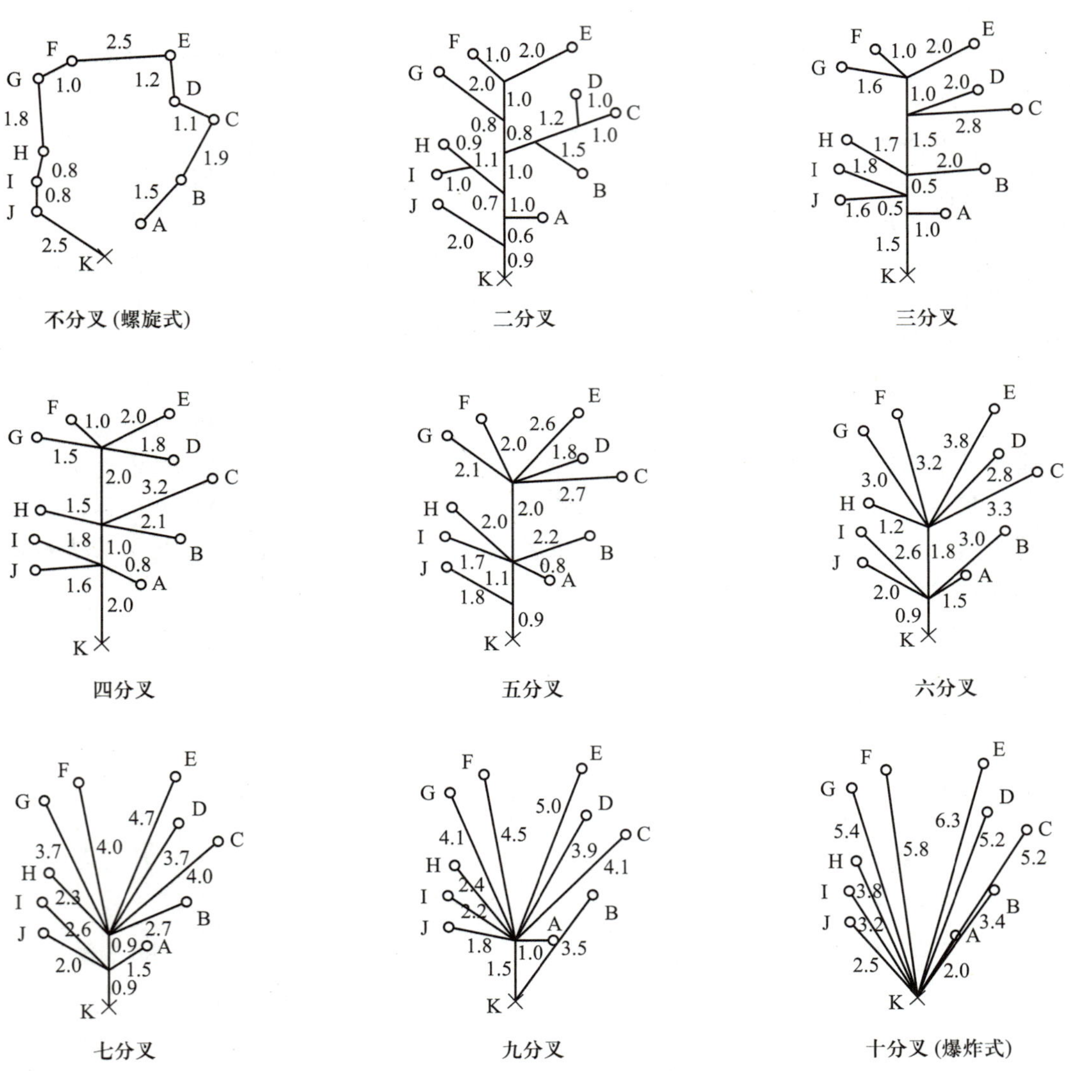

图 2-12　河源数为 10 的可能水系形状

表 2-1　河源为 10 时不同汇集策略形成的水系总长度及其最长河源流路长度

汇集策略	水系总长度	最长河源流路长度
不分叉（螺旋式）	15.1	15.1
二分叉	21.7	7.0
三分叉	22.5	7.0
四分叉	22.8	7.0
五分叉	23.7	6.6
六分叉	29.1	6.5
七分叉	33.0	6.5
九分叉	34.0	6.5
十分叉（爆炸式）	42.8	6.3

注：表中各数据可为任何长度单位。

由表 2-1 可见，当各河源处水滴向出口汇集时，若水系不分叉，即按螺旋式汇集策略汇集，此时虽然最经济，但效率是最低的。从二分叉开始，随着分叉越来越多，水系总长度越来越大，而最长河源流路则越来越小，即水滴汇集虽越来越不经济，但汇集效率却越来越高。不分叉即为螺旋式汇集，虽最经济但效率最低；分叉数与河源数相同（即爆炸式汇集）则与此相反，效率最高，但最不经济。二分叉水系是除这两种汇集策略外最经济且效率接近最高的汇集策略。螺旋式和爆炸式两种汇集策略在自然状态下几乎是不可能出现的。自然形成的水系几乎都是二分叉，表明大自然在选择水滴汇集策略时总会选择最好的，这真是令人称奇。

2. 河流分级

水系由大大小小的河流交汇而成，这是一个定性的概念。怎样将组成一个水系的每条河流定量地加以区别呢？这就产生了河流级的概念。水文学家对河流级进行研究已有很长时间，虽然还没有完全研究透彻，但已有了一个比较公认的按序列分级的分级方法，尤其是斯特拉勒（Strahler）提出的一种序列分级法，是目前受到水文学界和地貌学界推崇的方法。用斯特拉勒的序列分级法对河流进行分级，遵循以下三条原则：

① 从河源出发的河流称为 1 级河流。根据这个原则，就可以把水系中所有 1 级河流确定下来。1 级河流的数目显然与河源数相同。

② 两条相同级的河流交汇所形成的河流的级比原来高一级。如果有一条 ω 级河流，又有另一条 ω 级河流，那么它们相交以后形成的河流的级就是 $\omega+1$ 级。根据这个原则，两条 1 级河流交汇后形成的河流的级是 2 级，两条 2 级河流交汇后形成的河流的级是 3 级，余类推。

③ 两条不同级河流交汇所形成的河流的级为其中较高者。如果有一条河流是 ω 级，另一条河流是 θ 级，且 $\theta>\omega$，那么这两条河流交汇所形成的河流的级就是两个级中较大的，即为 θ 级。根据这条原则，就可以把一个水系中余下的河流的级全部确定下来。

由此可见，根据斯特拉勒河流分级原则，对任何复杂水系中的每一条河流都可以命名一个“级”，如图 2-10 所示。由于定义水系的级等于水系中最高级河流的级，所以图 2-10 所示的水系是一个 4 级水系。流域也有级，定义流域的级就是其中水系的级，图 2-10 所示的水系是一个 4 级水系，故其所在的流域就是一个 4 级流域。坡面也有级，坡面的级与其中水流汇入的河流的级相同。

对于以上斯特拉勒提出的第②和第③个河流分级原则，还可以借助于运算“符号”分别表达为

$$\omega \otimes \omega = \omega + 1 \tag{2-1}$$

和

$$\omega \otimes \theta = \theta \qquad (\theta > \omega) \tag{2-2}$$

式中 ω、θ——河流的级；

$\otimes$——两条河流相交汇的符号。

斯特拉勒提出的河流分级法不仅可以回避寻找水系中的“干流”和“河流发源地”带来的烦恼，还便于同一水系中不同河流的比较和不同水系的比较。

3. 河数定律

根据斯特拉勒河流分级法，可以讨论水系的另一个重要的拓扑性质——“河数定律”。对水系中各条河流进行分级之后，就可以给出同一级河流的数目。例如图 2-10 所示的 4 级水系，其中 1 级河流为 14 条，2 级河流为 5 条，3 级河流为 2 条，4 级河流为 1 条。在计算河流条数时，应注意的是，对于某级河流，在形成比其高一级河流之前只能算作 1 条河流。

一个水系的不同级河流数有规律可遵循吗？美国水文学家霍顿（Horton）在 1945 年发现，如果用 N_1，N_2，N_3，…，N_Ω 分别表示水系中 1 级河流数、2 级河流数、3 级河流数、……、Ω 级河流数（这里用 Ω 表示最高级河流数），那么由 N_Ω，$N_{\Omega-1}$，$N_{\Omega-2}$，…，N_3，N_2，N_1 构成的数列是一个几何级数或等比级数。因为一个水系的最高级河流数 $N_\Omega=1$，所以这个几何级数还是一个首项为 1 的几何级数。如果这个几何级数的公比为 R_b，那么其通项 N_ω 就是

$$N_\omega = R_b^{\Omega-\omega} \qquad (\omega = 1, 2, \cdots, \Omega) \tag{2-3}$$

式(2-3)所表达的规律称为河数定律。R_b 在数学上称为公比，但在水文学上的物理意义是水系的分叉比。每个水系都有一个分叉比，每个水系都按照自己的分叉比来发展。进一步研究发现，地球上的水系尽管千变万化，但分叉比的变化范围并不是无限的，而是 3~5，均值为 4，这隐含了事物的什么规律呢？这个问题很有意思，引起了很多人的研究兴趣。为此，人们曾设想出了很多水系生成模型，其中比较典型的一类是水系的随机生成模型。人们发现，按某种概率分布随机生成的水系的分叉比的数学期望也等于 4。于是，有人就猜测水系的生成是符合某种概率分布的；也有人猜测这是不是分形的结果，因为水系具有一定的自相似性。

“河数定律”很有用，例如，要问一个水系共有多少条河流，即 1 级、2 级、3 级等河流全部加起来共有多少条，那么只要知道了分叉比 R_b 就可以利用河数定律直接按下式计算：

$$\sum_{i=1}^{\Omega} N_i = \frac{R_b^{\Omega} - 1}{R_b - 1} \tag{2-4}$$

如何求得一个水系的分叉比 R_b 呢？对式(2-3)的两边求对数，得

$$\ln N_\omega=(\Omega-\omega)\ln R_b \tag{2-5}$$

展开后，有

$$\ln N_\omega=\Omega\ln R_b-\omega\ln R_b \tag{2-6}$$

如果用 Y 代替 $\ln N_\omega$、A 代替 $\Omega\ln R_b$、B 代替 $\ln R_b$，那么式(2-6)就变成

$$Y=A-B\omega \tag{2-7}$$

对一个水系而言，因为 R_b 和 Ω 是常数，所以式(2-7)中的 A 和 B 也是常数。由式(2-7)可知，原变量 N_ω 和 ω 之间的幂关系经过对数变换后就变成了新变量 Y 与河流级 ω 之间的线性关系，而 $-\ln R_b$ 就是这条直线的斜率，再求其反对数，就得到 R_b(图 2-13)。

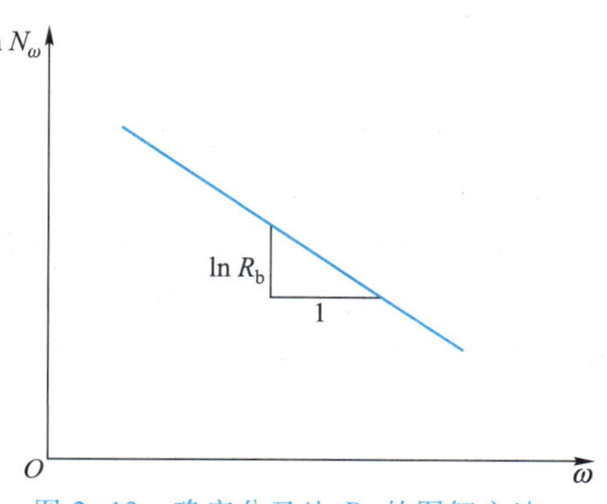

图 2-13　确定分叉比 R_b 的图解方法

4. 宽度函数

宽度函数是指水系中自流域出口断面逆流向上河长为 x 处的河链数 N 与 x 的数量函数关系，如图 2-14 所示，其中 x 可用 m、km 等作单位，也可以用一个链长作单位。容易理解，宽度函数的积分值就是水系的总河长 L，即

$$L=\int_0^{x_{max}}N(x)\,\mathrm{d}x \tag{2-8}$$

式中　x_{max}——水系中离出口断面最远那个河源的河长。

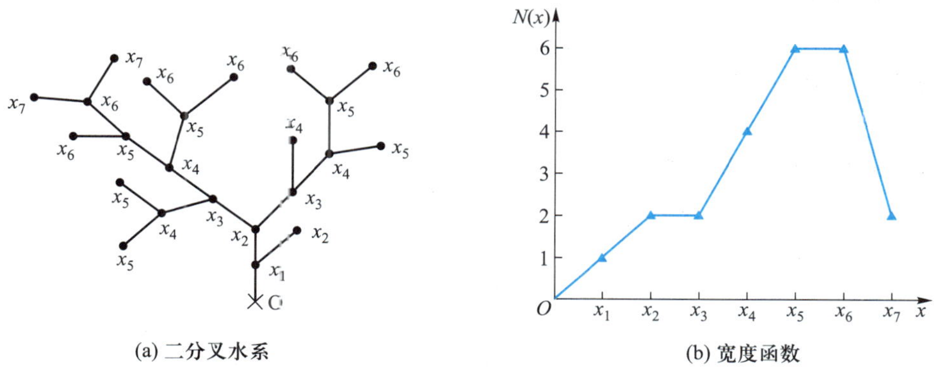

图 2-14　二分叉水系的宽度函数

宽度函数由舒克兰（Surkan）于 1968 年首先提出。因其与水系分布形状关系密切，故可作为水系形状的一种数学描述，其与时间-面积曲线异曲同工。

二、水系的几何特征

1. 河流的横断面

河流的横断面就是在河流上垂直于主流方向沿深度截取的一个剖面(图 2-15)。河流主

流方向一般就是最大流速的方向。从横断面可以看出河槽的形状。天然河道横断面的形状基本上近似抛物线形状（图 2-15），水深一般比河宽小得多，所以常常把它概化成“宽浅矩形”。若其水面宽度为 B，则平均水深为 $\bar{h}=\dfrac{F}{B}$，其中 F 为与 B 相应的过水断面面积。对于人工河道，横断面形状一般比较规则，以梯形为多；少数小的人工河道因底宽较小，可把它概化成三角形，以便于计算。

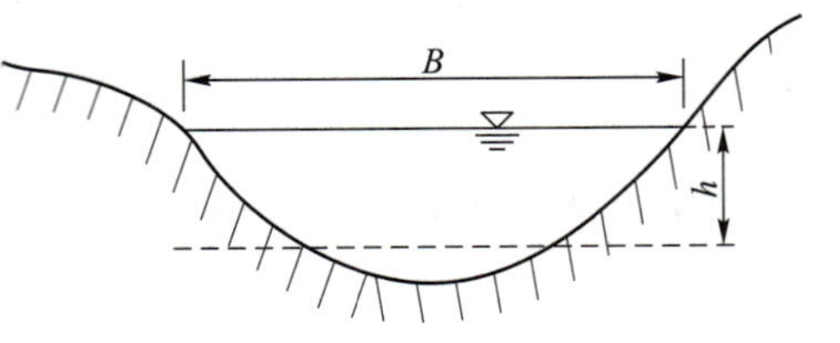

图 2-15 河流的横断面

在表示横断面的几何特性时，有两条曲线比较重要：一条是水深 h 与水面宽度 B 的关系曲线 $B(h)$；另一条是水深 h 与过水断面面积 F 的关系曲线 $F(h)$。有了横断面图，只要在这个横断面图上量出不同水深 h 对应的水面宽度 B 和过水断面面积 F，就可以作出曲线 $B(h)$ 和 $F(h)$。有了这两条曲线，横断面形状随水深的变化情况就很清楚了。很容易看出，这两条曲线之间是积分与微分的关系，也就是

$$\frac{\mathrm{d}F(h)}{\mathrm{d}h}=B(h) \tag{2-9}$$

而

$$F(h)=\int_0^h B(h)\,\mathrm{d}h \tag{2-10}$$

河流横断面还有一些有趣的水力学性质。例如，对于一些山区性河流，由于流速 v 与流量 Q 之间是抛物线关系：

$$v=kQ^m$$

河宽 B 与流量 Q 之间是抛物线关系：

$$B=aQ^b$$

水深 h 与流量 Q 之间也是抛物线关系：

$$h=cQ^f$$

因此，由 $Q=Fv$ 可得到

$$m+b+f=1 \tag{2-11}$$

和

$$k\cdot a\cdot c=1 \tag{2-12}$$

以上各式中 m、b、f——经验指数；

k、a、c——经验系数。

在研究山区河流的洪水波运动时，式(2-11)和式(2-12)所揭示的关系会有一些用处。

2. 河长和河段长

河长是指一条河流从河源沿着主流线到河口的平面投影长度。这个定义虽然很简单，但在实际应用中还是需要留心的。例如图 2-16 所示的那条汇入另一条河流的河流，根据定义，其河长就是从其河源沿着主流线至其河口的连线的平面投影长度。因为河长应沿着主流

线来测量，所以，河流长度与堤防长度不是一回事，两者数值一般并不相等(图 2-17)。堤防长度是沿着岸边河堤的走向量取的河堤长度。一条河流的左右岸堤防长度一般是不相同的。

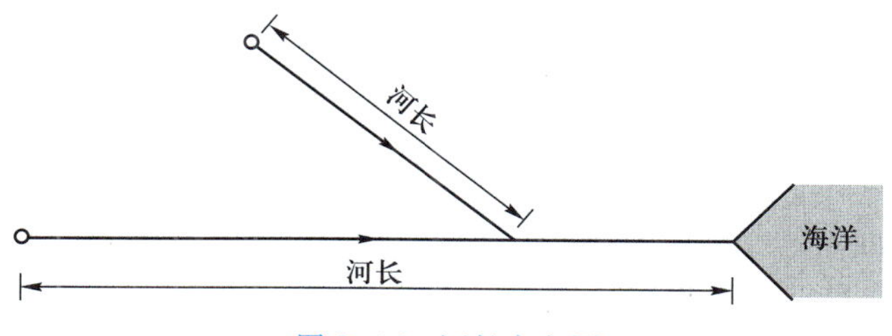

图 2-16　河长定义图

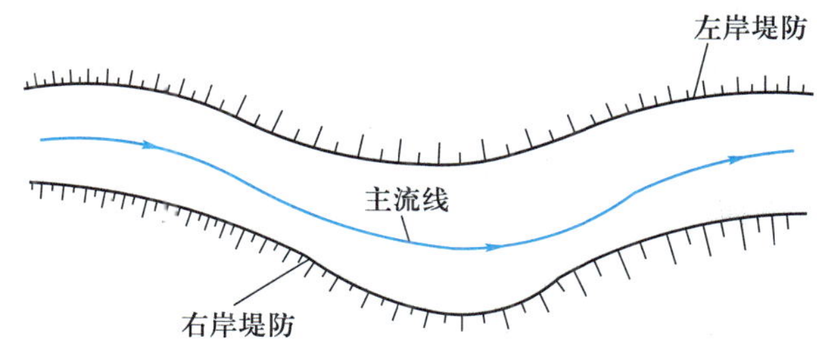

图 2-17　河长与堤防长度的区别

如果在一条河流上沿主流方向截取上、下游两个横断面，那么这两个横断面之间沿主流线的平面投影长度就是其“河段长”。

一个树状水系是由许多条河流交汇而成的，其中每一条河流都有其级。除最高级河流外，其他各级河流的数目多于 1，因此，每一级河流有其总长度，整个水系也有其总河长。

如果令 $L_{\omega j}$ 表示水系中第 j 条 ω 级河流的长度，$j=1,2,\cdots,N_\omega$，N_ω 为水系中 ω 级河流的数目，那么 ω 级河流的总长 L_ω 就是

$$L_\omega = \sum_{j=1}^{N_\omega} L_{\omega j} \tag{2-13}$$

而 ω 级河流的平均河长可按下式计算：

$$\overline{L}_\omega = \frac{1}{N_\omega}\sum_{j=1}^{N_\omega} L_{\omega j} \tag{2-14}$$

如果令 L 表示 Ω 级水系的总河长，那么就有

$$L = \sum_{\omega=1}^{\Omega}\sum_{j=1}^{N_\omega} L_{\omega j} \tag{2-15}$$

一个水系的总水面面积和总蓄水量都与水系的总河长密切相关。水系的总河长比较大，其调蓄能力就比较强，一场暴雨所形成的洪峰流量就会小一些。反之，水系总河长比较小，其调蓄能力就比较弱，一场暴雨所形成的洪峰流量就会大一些。

3. 河流的弯曲

人们在评价一条河流时常常会讲“这条河流比较顺直”，或者“那条河流比较弯曲”。这个“顺直”和“弯曲”一般可用“弯曲率”来定量表达。河流上任意两个横断面之间沿主流线距离的平面投影长度与其直线距离平面投影长度的比值称为河流的弯曲率。如果在地形图上量得两个横断面之间沿着主流线的长度为 $L_{河}$，而这两个横断面之间的直线长度为 $L_{直}$，那么这个河段的河流弯曲率为

$$\beta=\frac{L_{河}}{L_{直}} \tag{2-16}$$

用式(2-16)表示弯曲率是很直观的。$\beta=1$ 表明两个横断面之间的河段是笔直的，β 值越大就表明河段的弯曲程度越大。天然河流总是弯弯曲曲的，以致其 β 值总是大于 1。

4. 河长定律

水系中各级河流的平均长度在数量上也有一定的规律，这个规律是由“河长定律”来描述的。组成水系的不同级的河流都可以按式(2-14)计算其平均河长：1 级河流的平均长度用 $\overline{L}_1$ 表示，2 级河流的平均长度用 $\overline{L}_2$ 表示，余类推。一个水系的最高级河流只有一条，它的平均长度就是这条河流的长度，用 $\overline{L}_\Omega$ 表示。一般而言，有 $\overline{L}_1<\overline{L}_2<\overline{L}_3<\cdots<\overline{L}_\Omega$。如果将各级河流的平均河长排列成一个数列，即 $\overline{L}_1,\overline{L}_2,\cdots,\overline{L}_\omega,\cdots,\overline{L}_\Omega$，可发现这个数列也是一个几何级数。如果该级数的公比为 R_L，那么其通项 $\overline{L}_\omega$ 为

$$\overline{L}_\omega=\overline{L}_1\cdot R_L^{\omega-1} \qquad (\omega=1,2,\cdots,\Omega) \tag{2-17}$$

河长定律是霍顿于 1945 年提出来的。公比 R_L 称为河长比。到目前为止，全世界已经计算过的水系的河长比均为 1.5~3.5，平均为 2.5，这也引起了科学家的兴趣。目前的结论是自然形成的水系是按照一定的概率模型生成的，因为按一定的概率模型的水系得到的河长比的数学期望也为 2.5。

式(2-17)表明，只要知道 1 级河流的平均长度 $\overline{L}_1$ 和河长比 R_L，就可以求出水系中任一级河流的平均河长。河长比的确定方法与前面讲的确定分叉比 R_b 的方法类似，见图 2-18。

5. 河链长

河链长是一种特定的河段长。一般来说，水系中每一条河链的长度不可能是相同的，为此给出“平均河链长”的概念。所谓平均河链长就是水系的总长度除以水系的河链数。一个水系的总河长 L 可由式(2-15)计算出来，其河链数可根据水系中的河源数 N_1 按($2N_1-1$)来计算，因此平均河链长 $\overline{J}$ 为

$$\overline{J}=\frac{L}{2N_1-1} \tag{2-18}$$

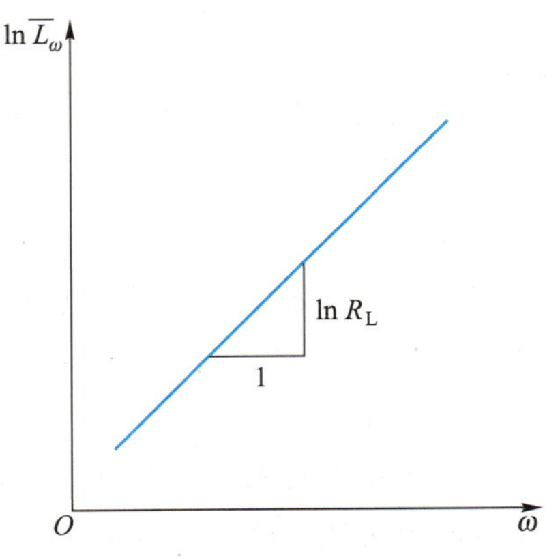

图 2-18 确定河长比 R_L 的图解方法

每条河链都具有自己的汇水面积，为其供给水量，维持其存在。如果水系所在的流域面积为 A，而水系中

总共有$(2N_1-1)$条河链，那么每条河链的平均汇水面积$\overline{a}$就是

$$\overline{a}=\frac{A}{2N_1-1} \tag{2-19}$$

$\overline{a}$是一个很有意义的概念。在不同的气候条件下算出来的$\overline{a}$是不一样的。在湿润地区，水量比较丰富，维持一条河链的汇水面积就可以小一点；而在干旱地区，由于降水稀少，要维持一条河链的存在，就需要大一点的汇水面积。

如果在平均河链长$\overline{J}$的表达式(2-18)和维持平均河链长的汇水面积$\overline{a}$的表达式(2-19)中消去$(2N_1-1)$，则可得到

$$\overline{a}=K\overline{J}^2 \tag{2-20}$$

其中

$$K=\frac{A}{L\overline{J}} \tag{2-21}$$

根据地貌学家的研究，对不同的流域，K值比较稳定，近似一个常数，在0.96左右。

6. 河底比降

河底比降是指河流上相邻两个横断面的平均河底高程之差与其河段长的比值。如果在河流上任取两个横断面，各自的平均河底高程为Z_1和Z_2，这两个横断面之间的河段长为L，那么该河段的河底比降i_0就是

$$i_0=\frac{Z_1-Z_2}{L} \tag{2-22}$$

可见，河底比降就是单位河长的高程减少量。河底比降也可以表示为河底线对水平线倾斜角的正切，即

$$i_0=\tan\theta$$

式中　θ——河底线对水平线的倾斜角。

河底比降随两个横断面位置的变化而变化，因此，常常采用加权平均的方法来确定河段的河底比降，例如，澳大利亚水文学家劳伦森（Laurenson）曾提出一个有一定水力学根据的加权平均方法。该法首先把河段划分成N个子河段，使每条子河段的河底高程尽可能呈线性变化，然后通过推导得到下列计算河段平均河底比降的公式：

$$\overline{i}_0=\left[\frac{\sum_{i=1}^{N}L_i}{\sum_{i=1}^{N}(L_i/i_{0i}^{0.5})}\right]^2 \tag{2-23}$$

式中　$\overline{i}_0$——河段的平均河底比降；

L_i——第i个子河段的长度，$i=1,2,\cdots,N$；

i_{0i}——第i个子河段的河底比降，$i=1,2,\cdots,N$。

第三节 流域地貌特征

一、流域的几何特征

1. 面积定律

水系中的每一条河流都有一个流域面积（图 2-19）。同级河流的流域面积的总和除以该级河流数，定义为该级河流的平均流域面积。因此，ω 级河流的平均流域面积应为

$$\overline{A}_\omega = \frac{\sum_{j=1}^{N_\omega} A_{\omega j}}{N_\omega} \qquad (\omega = 1, 2, \cdots, \Omega) \tag{2-24}$$

式中 $\overline{A}_\omega$——ω 级河流的平均流域面积；

$A_{\omega j}$——第 j 条 ω 级河流的流域面积；

N_ω——ω 级河流数。

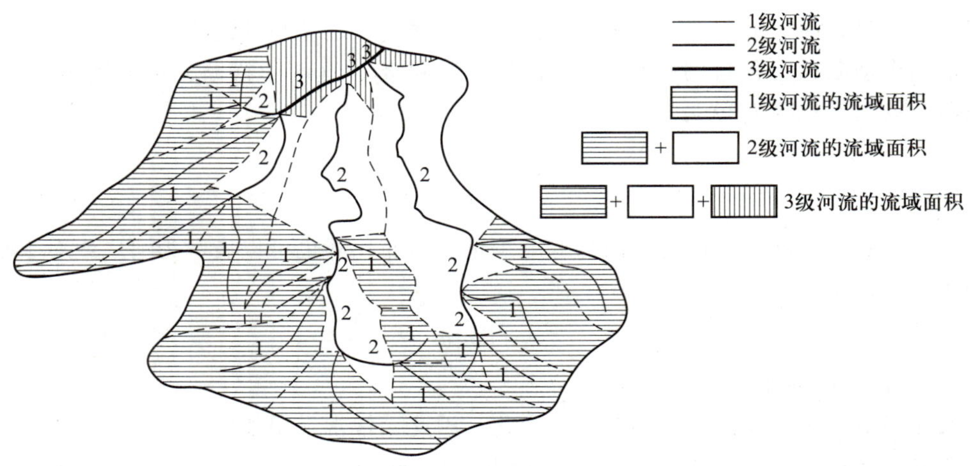

图 2-19 青弋江大河口流域不同级河流的流域面积

如果对水系中各级河流均按式(2-24)计算其平均流域面积，那么就可以得到一个由各级河流的平均流域面积构成的数列，即数列 $\overline{A}_1, \overline{A}_2, \overline{A}_3, \cdots, \overline{A}_\omega, \cdots, \overline{A}_\Omega$。人们发现这个数列也是一个几何级数，如果该级数的公比为 R_A，那么其通项为

$$\overline{A}_\omega = \overline{A}_1 R_A^{\omega-1} \qquad (\omega = 1, 2, \cdots, \Omega) \tag{2-25}$$

式(2-25)中的公比 R_A 称为面积比。世界上不同流域的 R_A 变化范围为 3~6，均值为 4.5。式(2-25)所表达的就是面积定律，根据面积定律，只要知道 1 级河流的平均流域面积 $\overline{A}_1$ 和面积比 R_A，就可以计算出任何一级河流的平均流域面积。面积比 R_A 的确定方法与 R_b

和 R_L 的确定方法相同，如图 2-20 所示。

面积定律最终形成于 20 世纪 50 年代，直接发现者并不是霍顿，但受霍顿思想的启发，因为霍顿在发现河数定律和河长定律时就曾预言不同级河流流域面积之间也有类似于河数定律和河长定律那样的规律。由此可见，后人的工作只是实现了霍顿的猜想。真正的科学家是很讲究实事求是的，将面积定律的发现归功于霍顿就是一例。

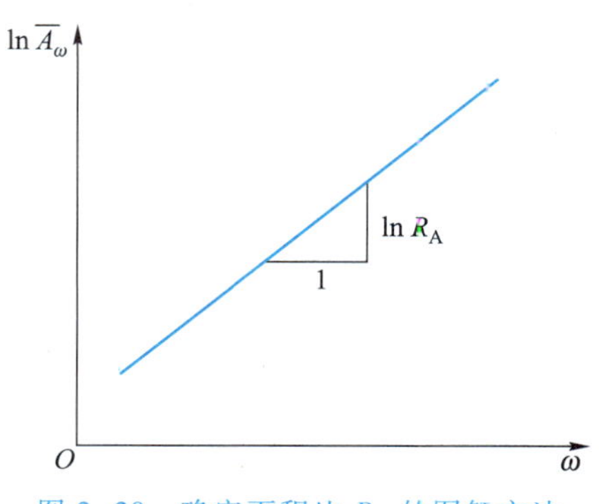

图 2-20 确定面积比 R_A 的图解方法

上述河数定律、河长定律和面积定律统称为“霍顿地貌定律”。分叉比、河长比和面积比统称为“霍顿地貌参数”。实际上霍顿所揭示出来的地貌规律不只上述河数定律、河长定律和面积定律，还有比降定律等。河数定律、河长定律和面积定律仅是其中应用最多的三个定律。

2. 流域的长度、宽度和形状

在地形图上量取的从流域出口断面至分水线的最大直线距离称为流域长度，而流域的宽度则为与流域长度垂直的在分水线之间的最大距离。事实上，流域的长度和宽度都是变化的，但这里定义的流域长度和宽度均取其最大值。

流域形状有多种表达方法，这里仅讨论两种：一是形态因子；二是伸长比。

所谓形态因子是指流域面积与流域长度平方的比值，即

$$\varphi=\frac{A}{L_b^2} \tag{2-26}$$

式中 φ——形态因子；

A——流域面积；

L_b——流域长度。

水文地貌学家格莱格（Grag）曾挑选自然界 1 000 km^2 以下的流域，分别量测它们的流域长度和流域面积，发现流域长度与流域面积存在下列关系：

$$L_b=1.4A^{0.568} \tag{2-27}$$

式(2-27)虽然来自对实测资料的统计综合，但现在已能由分形理论得到证明。将式(2-27)代入式(2-26)，形态因子的表达式就变为

$$\varphi=\frac{A}{L_b^2}=0.5A^{-0.136} \tag{2-28}$$

式(2-28)表明，流域形态因子不是一个常数，它与流域面积有关，流域面积越大，形态因子就越小，流域的形状越往狭长方面发展。为什么自然界里流域越大就越趋于狭长型，而小流域就接近圆形呢？原因就在于此。所以，形态因子能反映流域形状是比较狭长还是接近圆形。

所谓伸长比是指面积等于流域面积的圆的直径与流域长度的比值，即

$$R_e = 2\sqrt{\frac{A}{\pi}} \Big/ L_b \qquad (2-29)$$

式中 R_e——伸长比；

π——圆周率。

由式(2-29)可知，如果流域是圆的，那么它的伸长比就等于1；如果不是圆的，那么伸长比就小于1。所以，伸长比可以反映一个流域的形状“离开”圆形有多远。伸长比越接近1，流域形状就越接近于圆。研究发现，伸长比不是一个常数，也与流域面积有关。流域面积越大，伸长比就越小于1，流域就越趋向狭长型；反之，面积越小，伸长比就越接近1，流域就越接近圆形。

二、流域的结构特征

1. 河网密度和河道维持常数

河网密度是指单位流域面积上的河流长度，即为水系总长度 L 与流域面积 A 的比值，用 D 表示：

$$D = \frac{L}{A} \qquad (2-30)$$

河网密度与流域的水面比重不是一回事，后者是针对水面面积来计算的，前者是针对水系总长度来计算的，但两者有一定关系。

如果将式(2-30)和式(2-21)进行比较，那么可得

$$K = \frac{1}{D\overline{J}} \qquad (2-31)$$

式(2-31)表明，式(2-20)中的系数 K 之所以是一个比较稳定的数，就是因为 D 与 $\overline{J}$ 的乘积接近常数，或者说对一个流域，D 与 $\overline{J}$ 是呈反比例的。

河网密度的倒数称为河道维持常数，用 a 表示：

$$a = \frac{1}{D} = \frac{A}{L} \qquad (2-32)$$

河道维持常数表示维持单位河长常年有水流必需的集水面积。河流中的水量是由其集水面积上产生的径流供给的，因此，要维持河流的存在，必须要有一定的集水面积。不同的气候条件下，维持河流存在所需的集水面积一般是不相同的。河道维持常数大，说明这个地区较干旱；反之，则说明这个地区较湿润。干旱和湿润对水系的形成有一定的影响，我国东南沿海水系密布，而新疆沙漠干旱地区河流就非常稀少，这就应验了气候学家“河流是气候的产物”的著名论断。

2. 河流频度和河链频度

为了讨论河流频度和河链频度，先说明频度的意义。频度的原意是指某事物在一定时间内发生或出现的次数，这里将它推广到一定空间范围内发生或出现的次数。如果把一条河流算作在流域中出现一次，两条河流算作在流域中出现两次，余类推，那么流域中的河流数与

其面积的比值就称为河流频度，用 C_f 表示：

$$C_f = \frac{\sum_{\omega=1}^{\Omega} N_\omega}{A} \tag{2-33}$$

河流频度与河网密度不一样，河网密度是指单位流域面积里河流的长度是多少，而河流频度是指单位流域面积里出现了几条河流。但河流频度与河网密度之间的关系是很密切的。梅尔顿（Melton）研究指出，河流频度与河网密度之间的关系为

$$C_f = 0.694D^2 \tag{2-34}$$

式(2-34)表明河流频度与河网密度之间不是简单的比例关系，而是平方关系。

所谓河链频度是指单位流域面积中的河链数，用 L_f 表示：

$$L_f = \frac{2N_1 - 1}{A} \tag{2-35}$$

河链频度一般要大于河流频度，即 $L_f > C_f$，这是因为水系中河链的数目要比河流的数目多。

3. 河长-面积曲线

在水文学中常常用河长-面积曲线来表达流域形状的变化（图 2-21）。在水系中从出口断面逆水流方向取一条最长的河流，从其出口断面开始逆水流方向在该河长上量取一段距离 l，求出相应的集水面积 A_l，以 l/L 作为纵坐标、A_l/A 作为横坐标所作的曲线就称为河长-面积曲线。这里，L 为流域中最长河流从其分水线至出口断面的长度，A 为流域面积。河长-面积曲线有这样的特点：l/L 越大，A_l/A 就越小，它们的数值均在 0～1 之间，且这条曲线的形状能反映流域面积随河长的变化情况，假如流域是矩形，两者之间肯定是直线关系，如果两者不是直线关系，那就说明流域不是矩形。这条曲线越曲折，说明流域形状变化越复杂，如图 2-22a 所示的“葫芦形”流域，其河长-面积曲线就有两个转折点(图 2-22b)。

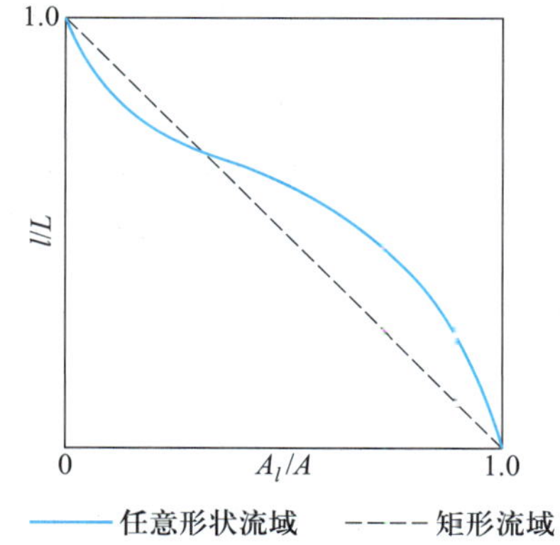

图 2-21　流域的河长-面积曲线

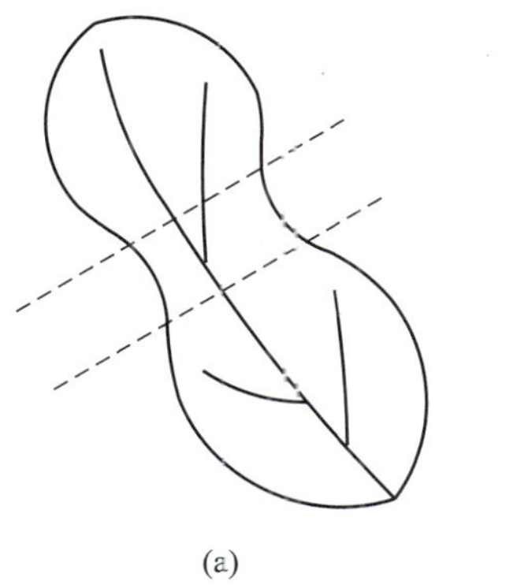

(a)

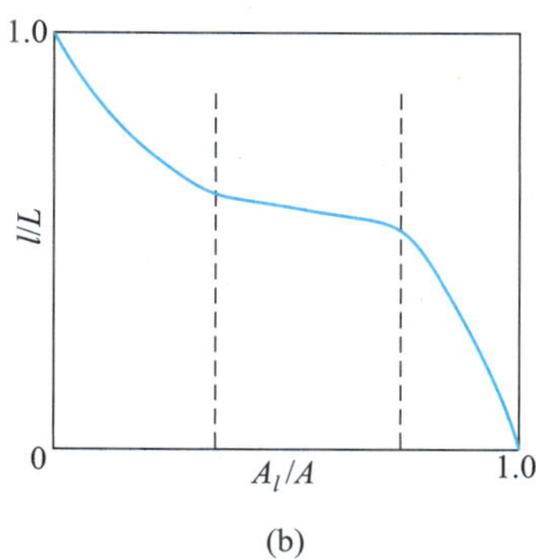

(b)

图 2-22　“葫芦形”流域及其河长-面积曲线

4. 高程曲线

高程曲线是指流域高程与面积的关系曲线。流域地面高程变化可用等高线表示。流域等高线分布的总趋势是分水线处最高，出口断面处最低。由图 2-23a可见，不同高程的等高线包围的流域面积是不同的，将基准面设在流域出口断面处，这样流域最高点（即分水线处）高程与最低点（即出口断面处）高程之差就是流域的最大高差H，任一条等高线的高程与该最低点高程的高差为 h。如果以相对高差 h/H 作为纵坐标，以等高线与其上游分水线包围的流域面积 a 与全流域面积 A 的比值 a/A 作为横坐标，那么得到的关系曲线就是流域的高程曲线，如图 2-23b所示。

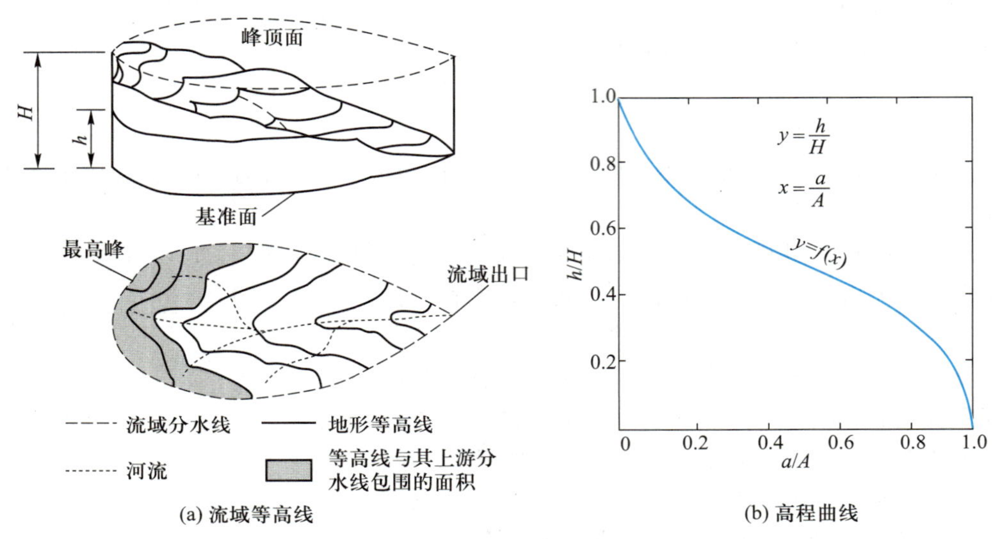

图 2-23 流域等高线及高程曲线

不同的流域，高程曲线可能不同。地质学家研究指出，高程曲线的形状反映了水系的“年纪”。形成时间久远的水系和形成时间不长的水系，它们的高程曲线形状会有很大的差别。因此，地质学家就把高程曲线作为判断一个水系形成年纪的依据。用 I 表示高程曲线与坐标轴包围的面积。高程曲线形状不同，I 值也不同。经过长期研究，地质学家得到了这样一个结论：如果 $I\geqslant 0.6$，那么这个水系形成的年代就比较近，即比较年轻，处于幼年期，相应的高程曲线为图 2-24 中的 a 线；如果 $I\leqslant 0.35$，那么这个水系形成的年代就很久远，已处于老年期，相应的高程曲线为图 2-24 中的 c 线；如果 $0.35<I<0.6$，那么这个水系正处在壮年期，相应的高程曲线为图 2-24 中的 b 线。

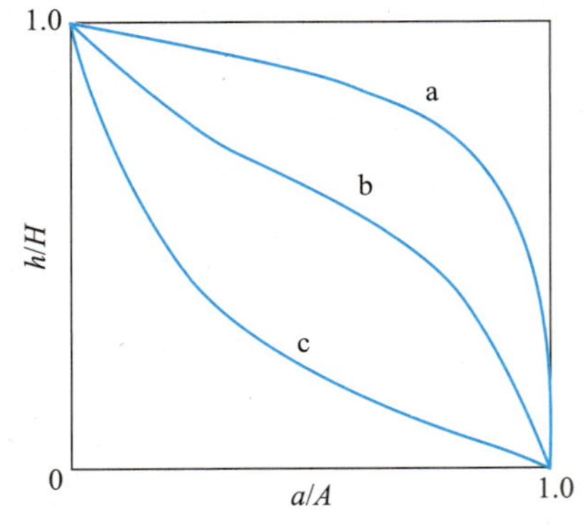

a—幼年期；b—壮年期；c—老年期。

图 2-24 不同的地形发展阶段的高程曲线

三、流域坡度

流域坡度既能表明流域几何特征，又是一个与流域结构特征有关的参数。从微观上讲，因为流域面上任一点(x,y)都有一个坡度，所以，流域坡度具有面上分布的特点，即

$$S=f(x,y) \tag{2-36}$$

式中 S——流域在(x,y)处的坡度。

根据式(2-36)可以整理得到如图 2-25 所示的坡度分布密度曲线和不及制累积坡度分布曲线。后者是前者的积分。

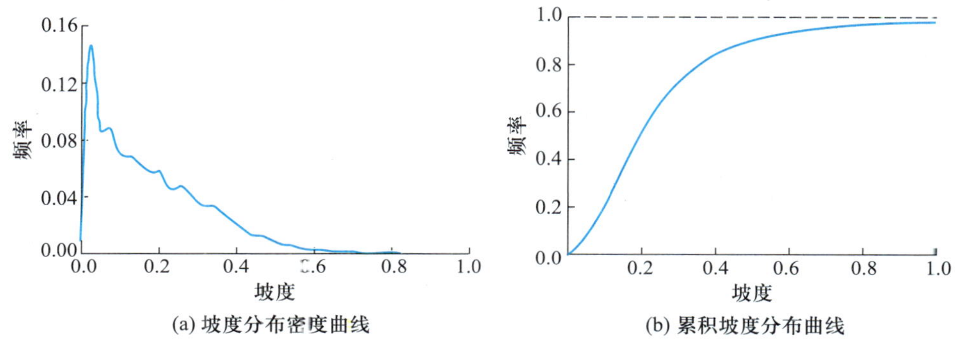

(a) 坡度分布密度曲线 (b) 累积坡度分布曲线

图 2-25 抚河南城流域的坡度分布规律

流域坡度一般定义为式(2-36)以面积为权重的平均值，即

$$\overline{S}=\frac{\int_A f(x,y)\,\mathrm{d}A}{A} \tag{2-37}$$

式中 $\overline{S}$——流域坡度；

A——流域面积。

流域坡度的简化计算公式一般为

$$\overline{S}=\frac{\overline{h}}{\overline{L}} \tag{2-38}$$

式中 $\overline{h}$——平均流域高差；

$\overline{L}$——平均流域长度。

由流域的河长-面积曲线的特点可知，其与坐标轴包围的面积 N 与流域面积 A 的比值可视为以面积为权重的平均流域长度，即

$$\overline{L}=\frac{N}{A} \tag{2-39}$$

其中

$$N = \int_0^1 \frac{A_l}{A} \mathrm{d}\left(\frac{l}{L}\right) \tag{2-40}$$

由流域的高程曲线的特点可知，其与坐标轴包围的面积 I 与流域面积 A 的比值可视为以面积为权重的平均流域高差，即

$$\bar{h} = \frac{I}{A} \tag{2-41}$$

其中

$$I = \int_0^1 \frac{a}{A} \mathrm{d}\left(\frac{h}{H}\right) \tag{2-42}$$

因此，流域坡度 $\bar{S}$ 又可表示为

$$\bar{S} = \frac{\bar{h}}{\bar{L}} = \frac{I/A}{N/A} = \frac{I}{N} \tag{2-43}$$

式(2-43)表明，只要把高程曲线和河长-面积曲线的相关面积计算出来，它们的比值就可作为流域坡度的一种度量。

在解决实际问题时，应视实际需要选择适当的流域坡度计算方法。

第四节　数字高程模型及流域特征的提取

一、数字高程模型

以计算机的发明和应用为标志的信息革命，给地形地貌的研究带来了划时代的变革。数字高程模型(digital elevation model,简称为 DEM)的出现和广泛应用就是一例。数字高程模型是指描述地面高程空间分布的有序数值矩阵，是一定区域内网格点坐标（x，y）及其高程 z 的数组集，可用下列二维函数离散化取得的有序集合来表示：

$$z_i = f(x_i, y_i) \qquad (i = 1, 2, \cdots, n) \tag{2-44}$$

式中　z_i——地面上第 i 个点的高程；

x_i、y_i——地面上第 i 个点的横坐标和纵坐标；

n——地面上点的数目。

也可用下列三维向量有限序列来表示数字高程模型：

$$V_i = (x_i, y_i, z_i) \qquad (i = 1, 2, \cdots, n) \tag{2-45}$$

当平面位置呈规则格网排列时，由于平面坐标可以省略，数字高程模型还可简化为一维向量序列：

$$V_i = (z_i) \qquad (i = 1, 2, \cdots, n) \tag{2-46}$$

数字高程模型的数据来源主要是影像、地形图和用测量仪器实地测量。其中影像是通过航测、航天遥感、干涉雷达和激光扫描仪等获得的。

对地面高程空间分布进行数学函数表达的各种处理称为数字高程模型的表面重建或表面

建模。重建的表面即为数字高程模型的表面。数字高程模型表面重建以后，模型上任一点的高程就可以从数字高程模型表面获得。在重建数字高程模型表面时，广泛采用的数学函数形式是多项式函数(表 2-2)。

表 2-2　数字高程模型表面建模使用的多项式函数

$z=f(x,y)$	幂次	表面形状
$z=a_0$	0	平面
$+a_1x+a_2y$	1	线性
$+a_3xy+a_4x^2+a_5y^2$	2	二次抛物曲面
$+a_6x^3+a_7y^3+a_8xy^2+a_9x^2y$	3	三次曲线
$+a_{10}x^4+a_{11}y^4+a_{12}x^3y+a_{13}x^2y^2+a_{14}xy^3$	4	四次曲线
$+a_{15}x^5+a_{16}y^5+a_{17}x^4y+a_{18}x^3y^2+a_{19}x^2y^3+a_{20}xy^4$	5	五次曲线

数字高程模型表面重建或建模的主要方法有点建模法、三角形建模法、格网建模法和混合使用以上三种方法的混合建模法等四种。目前有许多商业软件用于数字高程模型表面建模，例如美国环境系统研究所研制的软件，就是一个以地理信息系统(GIS)中的 ARC/INFO 为工作平台的软件。首先用 ARC 模块中的数字化子系统将地形图上的等高线及高程控制点(如山脊、山峰、山谷等)的高程输入计算机，然后用 TIN 模块生成不规则三角形，最后由 GRID 模块生成栅格型数字高程模型，从而完成数字高程模型的表面建模。

数字高程模型自 20 世纪 50 年代提出，由于它适用于计算机处理，故不仅能为复杂的地表形态提供有效的描述手段，还能为地形地貌参数的计算、流域水系的生成等提供基于数字化的自动处理方法。此外，还能为各种专题信息，如土壤、植被、土地利用情况等的空间分布描述提供数字化的空间载体。因此，数字高程模型有着十分广阔而美好的应用前景。

二、地形地貌参数的提取

由以上可知，数字高程模型是关于地形的数学模型，实际上是一个函数或多个函数之和。许多地形地貌参数可以从这些函数推导出来；例如对它求一阶导数，并进行合理组合，就可得到坡度和坡向；又如对它求二阶导数，并进行合理组合，就可得到坡度变化率、坡向变化率、曲率、凹凸系数等。当然，还可以求这些函数的三阶、四阶等更高阶的导数，以派生出更多的地形地貌参数。但在实际应用中，对数字高程模型进行高于二阶的求导意义就不大了。

下面仅以坡度和坡向为例，说明从栅格型数字高程模型中提取基本地形地貌参数的原理和方法。

自数字高程模型出现以来，人们就对如何利用数字高程模型计算坡度和坡向进行了大量的研究，提出了多种具体计算方法，二次曲面的拟合曲面法就是其中一种。如图 2-26 所示，若取每个格网中心点的高程，则图中点 e 的坡度可用下式表示：

$$S_e = \tan\sqrt{S_{ex}^2 + S_{ey}^2} \tag{2-47}$$

e_5	e_2	e_6
e_1	e	e_3
e_8	e_4	e_7

图 2-26 格网高程

而坡向的表达式为

$$坡向 = S_{ey}/S_{ex} \tag{2-48}$$

式中 S_e——点 e 的坡度；

S_{ex}——点 e 在 x 方向上的坡度；

S_{ey}——点 e 在 y 方向上的坡度。

确定式(2-47)和式(2-48)中 S_{ex}和 S_{ey}的方法有很多，其中最为常用的计算方法为

$$\left.\begin{aligned} S_{ex} &= \frac{e_1 - e_3}{2l} \\ S_{ey} &= \frac{e_4 - e_2}{2l} \end{aligned}\right\} \tag{2-49}$$

式中 e_1、e_2、e_3、e_4——点 e 上下左右四个相邻格网的中心高程；

l——格网的边长。

其他基本地形地貌参数的计算方法可参阅有关数字高程模型方面的专著。

三、水系和流域的生成

利用数字高程模型生成水系和流域，是通过数字高程流域水系模型(digital elevation drainage network model,简称为 DEDNM)来实现的。利用 DEDNM 生成水系和流域的主要步骤如下(图 2-27)。

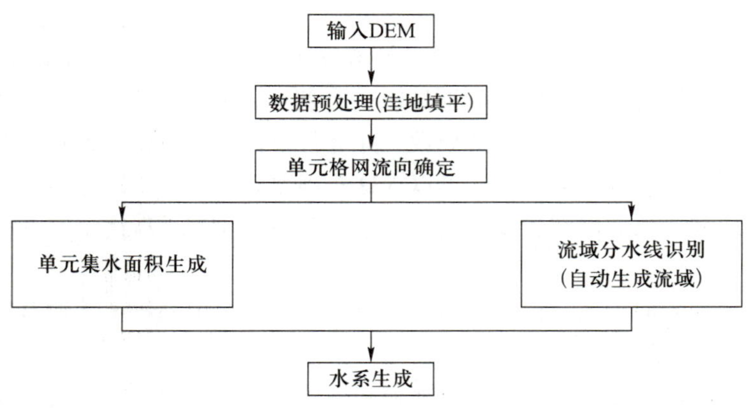

图 2-27 生成水系和流域的流程框图

① 确定格网中水流的流向。一般采用 D8 方法。该法认为每个格网中的水流有 8 个可能的流向(图 2-28a)，并取最大坡度方向作为格网中水流实际发生的流向。图 2-28b 是格网的示例，每一格网中的数字代表了该格网中心位置的高程，按 D8 方法确定的格网水流流向如图 2-28c 所示。原始的数字高程模型有时存在凹点和零点。凡汇入各个方向水流的格网称为凹点，相邻格网的高程相等而无法判定水流流向的称为零点。凹点的集合称为洼地，例如，实际地形中的水库、湖泊等。零点的集合称为平坦区域，例如，实际地形中的平地。洼地和平坦区域的存在使得确定水流流向发生了困难。因此，在用 D8 方法确定水流流向时，应对原始数字高程模型进行预处理。关于处理洼地和平坦区域的方法可参阅有关文献。

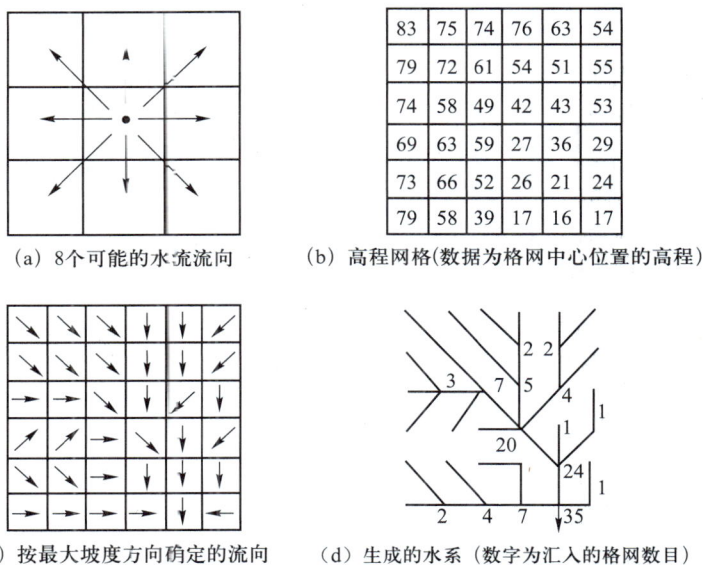

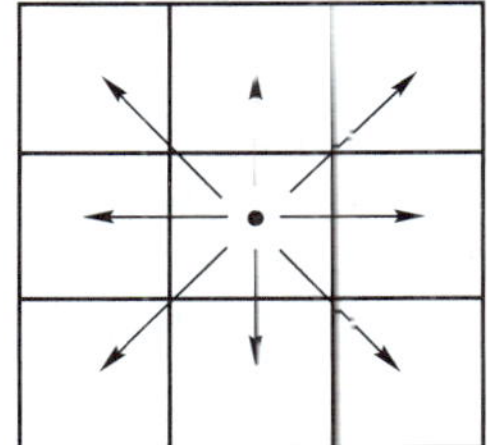

(a) 8个可能的水流流向

83	75	74	76	63	54
79	72	61	54	51	55
74	58	49	42	43	53
69	63	59	27	36	29
73	66	52	26	21	24
79	58	39	17	16	17

(b) 高程网格(数据为格网中心位置的高程)

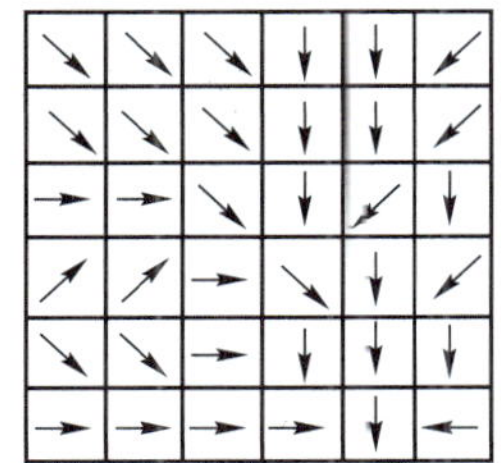

(c) 按最大坡度方向确定的流向

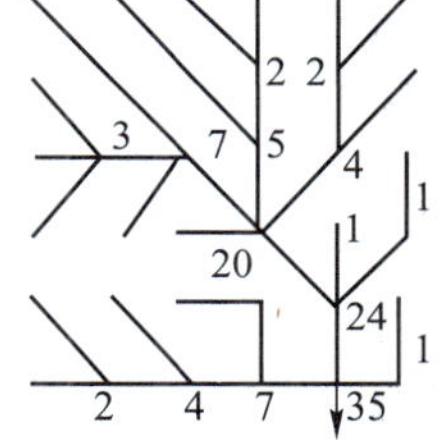

(d) 生成的水系（数字为汇入的格网数目）

图 2-28　水系生成过程

② 识别流域的分水线。应用数字高程模型来识别流域的分水线，必须先定出流域出口断面的位置，即找到流域出口断面所在的格网的平面坐标，然后按前述确定的格网水流的流向，采用搜索程序就可勾画出流域边界，并可计算出流域面积。

③ 生成水系。在生成水系时，应给定一个最小水道给养面积，据此，就可将流域内集水面积超过此阈值的作为有水道的区域。然后给定一个最小水道长度，当 1 级河流的长度小于此值时，便予以删去，因为那些很短的 1 级河道可能是伪水道。这样，最终就可以生成水系(图 2-28d)。

图 2-29 给出了一个实例。图 2-29a 为根据 1：50 000 的等高线地形图建立的沿渡河流域的以不规则三角形形式表达的数字高程模型。图 2-29b 为生成的沿渡河流域的栅格水流流向。图 2-29c 为自动生成的沿渡河流域分水线和水系。图 2-29d 为由 1：50 000 等高线地形图手工勾绘的流域分水线和“蓝线”水系。比较图 2-29c 和 2-29d 可以看出，由数字高程模型自动生成的流域分水线和水系与手工勾绘的基本一致。由数字高程模型求得沿渡河流

域面积为 601.27 km^2，而手工勾绘的沿渡河流域面积为 601 km^2，两者几乎相同。

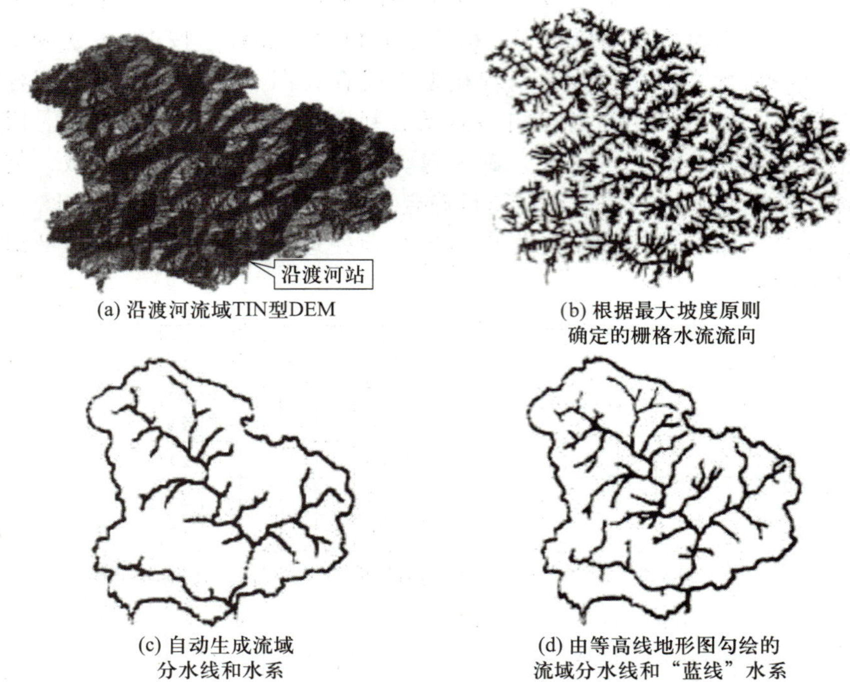

沿渡河站
(a) 沿渡河流域TIN型DEM
(b) 根据最大坡度原则确定的栅格水流流向
(c) 自动生成流域分水线和水系
(d) 由等高线地形图勾绘的流域分水线和"蓝线"水系

图 2-29　沿渡河流域 TIN 型 DEM 及提取的流向和水系

习　题

第二章习题参考解答

2-1　从 1∶50 000 等高线地形图上提取出某流域的水系图，它是一个二分叉水系，为 5 级流域。已知 1 级、2 级、3 级、4 级和 5 级河流的数目分别为 107 条、25 条、7 条、2 条、1 条，各级河流的总河长分别为 43.2 km、18.0 km、7.9 km、4.2 km、6.0 km。试求：

（1）水系中的节点数、内链数和外链数；

（2）水系的分叉比 R_b 和河长比 R_L。

2-2　一流域为 3 级流域，已知该流域水系为二分叉水系，分叉比 $R_b=4$，河长比 $R_L=2.5$，面积比 $R_A=4.5$，1 级河流平均河长和平均集水面积分别为 $\overline{L}_1=3.2$ km 和 $\overline{A}_1=10.3$ km^2。试求该流域的河网密度和河流频度。

***2-3**　一个按二分叉生成的水系，随着演化次数的增加（即河源数的增加），水系的级、河链数、宽度函数的峰值、流域面积等将呈现表 2-3 所示的规律。试导出宽度函数峰值与流域面积关系的数学表达式。

表 2-3　二分叉水系不同演化次数的规律

演化次数	0	1	2	3	4	5	6	…	n
生成的水系的级	1	2	3	4	5	6	7	…	$n+1$
河链数	1	3	9	27	81	243	729	…	3^n
宽度函数的峰值	1	2	4	8	16	32	64	…	2^n
流域面积	a_0	$3a_0$	$9a_0$	$27a_0$	$81a_0$	$243a_0$	$729a_0$	…	$3^n a_0$

注：n 为演化次数；a_0 为一条河链的集水面积。

第三章　水文循环

水文循环是水文学的核心科学问题，也是水文学研究的基本对象之一。水文循环的时空变异不仅是最复杂的自然现象之一，而且与影响人类生存、生活、生产的洪涝、干旱等自然灾害和水资源开发、利用、保护有着密切关系。

第一节　水的奇异物理性质

水文循环的主体是水，为此先讨论水所具有的一些比较奇异的物理性质，这可以帮助人们解释自然界为什么会有水文循环。也就是说，仔细考察水的奇异物理性质将有助于深入了解水文循环产生的机理。水的奇异物理性质决定了其在自然界和人类社会与众不同的重要地位。

1. 水的密度

由物理学可知，通常的液体，温度越高密度就越小。但是水与众不同，它的密度具有如图 3-1 所示的特点：水温在 4 ℃时，密度最大；水温大于 4 ℃，密度随着温度的升高而减小；水温从 0 ℃到 4 ℃，随着温度的升高密度反而增加。在 0 ℃时，水可能有两种状态，即可能以 0 ℃的液态水存在，也可能以 0 ℃的固态水存在。如果为 0 ℃的液态水，则密度相对比较大，但仍比 4 ℃时小；如果为 0 ℃的固态水，则密度就相对较小。冰之所以浮在水面上，而不沉到水底，就是因为冰的密度比液态水的密度小。

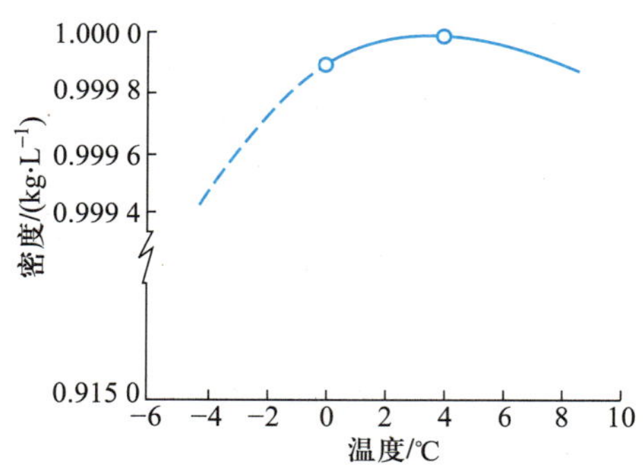

图 3-1　水的密度与水温的关系

2. 水的冰点和沸点

在标准大气压下，水的冰点是 0 ℃，沸点是 100 ℃，这是物理常识。水的分子式为 H_2O，是一种氢化物，这是化学常识。在自然界里，氢化物的数量很多，水只是其中之一。由表 3-1 可见，在氢化物这个大家族里，水的冰点和沸点都是最高的，没有比水更高的，例如氨，它的冰点是-77.7 ℃，沸点是-33.4 ℃，远远低于水的冰点和沸点。水的冰点和沸点正好在常温范围内，这也就是地球在太阳辐射影响下所处的温度范围。水在常温下可能结冰，也可能汽化成水蒸气，因此，水在常温下就能实现其固态、液态和气态的三态转化。

表 3-1 水和其他氢化物的冰点和沸点

氢化物名称	分子量	冰点/℃	沸点/℃	氢化物名称	分子量	冰点/℃	沸点/℃
甲烷(CH_4)	16	-182.8	-161.5	硫化氢(H_2S)	34	-82.9	-59.6
氨(NH_3)	17	-77.7	-33.4	硒化氢(H_2Se)	81	-65.7	-41.3
水(H_2O)	18	0.0	100.0	碲化氢(H_2Te)	130	-48.0	-1.8
氟化氢(HF)	20	-83.0	19.5				

3. 水的比热容

跟其他物质相比，水的比热容是偏大的，也就是同样升高 1 ℃，水所需要的热量比其他物质要多。水的比热容不仅比较大，而且随着温度有一些奇怪的变化，如图 3-2 所示。在 -10 ℃时水的比热容大概是 1 858.9 J/(kg · ℃)①；升高到 0 ℃时，水的比热容就增加到 2 030.6 J/(kg · ℃)；升高到 15℃时，水的比热容达到一个极大值，为 4 186.8 J/(kg · ℃)；从 15 ℃升高到 30 ℃，水的比热容反而减小，到了 30 ℃时，水的比热容则达到一个较小值，为 4 176.3 J/(kg · ℃)；然后从 30 ℃升高到 70 ℃，水的比热容又增加，升高到 70 ℃时，水的比热容又与 30 ℃时相同，为 4 186.8 J/(kg · ℃)；升高到了沸点，即 100 ℃时，水的比热容又达到一个极小值，为 1 913.9 J/(kg · ℃)。正因为水的比热容比其他物质大，所以水是调节温度的一种很好的物质。

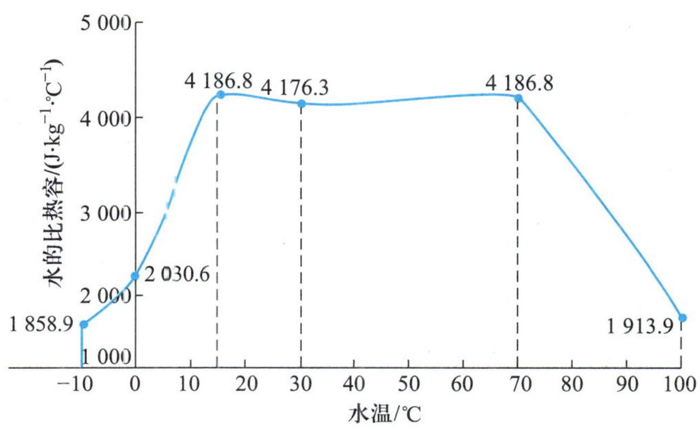

图 3-2 水的比热容与水温的关系

① 比热容的国际单位为 J/(kg · K)，此处按照水文学领域习惯，用摄氏温度(℃)表示。

4. 水的传热系数

水的比热容虽比其他物质偏大，但传热系数正好相反，而且随着水的三态变化，传热系数有很大的变化。在 42 ℃时，水的传热系数是比较大的，为 0.598 717 W/(m^2·℃)。如果水变成雪，传热系数会大大减小，减小到 0.093 W/(m^2·℃)。所以，下雪以后，被雪覆盖的庄稼不仅不会冻死，反而生长得好。如果水变成冰，传热系数又会变大，变成 2.26 W/(m^2·℃)了。可见，冰的传热系数比液态水大，比雪更大。

5. 水的表面张力

水的表面张力特别大。在 0 ℃时，水的表面张力是 7.549×10^{-2} N/m。到 100 ℃的时候，水的表面张力则有所减小，降为 5.715×10^{-2} N/m。水不仅表面张力比较大，而且与很多固体表面都能发生浸润现象，这两个现象的原因是水在毛细管中上升高度比较大。

6. 水的压缩性

水的压缩系数非常小，也就是说它很难被压缩。水的压缩系数仅为 4.7×10^{-10} m^2/N，所以，在研究水的运动时，人们常常把水看作不可压缩的液体。当然，这里指的是在正常大气压下，如果给水施加非常大的压力，那么它也是可压缩的。由于水的压缩系数非常小，所以在水力学和水文学中，一般将水的密度视作不变的常数。

上述这些水的奇异性实际上体现了水对人类有特殊重要作用的原因，或者说，正因为水具有这些奇异性，人类才会在生产、生活中对它产生很大的、甚至不可替代的依赖性。

第二节 地球水圈及储水量

一、水圈和水体

从宇宙空间遥望地球，可以看到地球几乎被蓝色所包围，这蓝色就是水。地球表面面积为 5.1×10^8 km^2，其中 2/3 约 3.6×10^8 km^2被海水覆盖，只有 1/3 约 1.5×10^8 km^2为陆地。科学家将地球视作圈层结构的球体，由大气圈、水圈、生物圈和岩石圈组成。大气圈在最外层，向内为生物圈，岩石圈在最内层，水圈则与这三个圈层均有交叉，起着联系各圈层的纽带作用。

水圈由地球系统中所有水体集合而成，是所有水体的总和，水体则是指地球系统中的储水空间。科学家勾勒出了水圈的结构模式，如图 3-3 所示。水圈包括的水体主要是海洋和陆地，其次是大气层和生物体。陆地水体的组成最为复杂，又可分为地表水体和地下水体，地表水体有河流、湖泊、水库、湿地、冰川等，地下水体有包气带、饱和带、永冻层、地壳深处等。

储存在地表水体中的水称为地表水。河流水、湖泊水、水库水、湿地水、冰川水等都是地表水。广义上，海洋水也是地表水，但一般不放在水文学的研究范围内。储存在地球表面以下土壤、岩石孔隙和裂隙中的水称为地下水。包气带水、饱和带水、深层地下水、地壳中的原生水等都是地下水。储存在大气层中的水称为空中水。储存在生物体中的水称为生物水。陆地水体中的水主要是液态水，其次是固态的冰雪。空中水主要是气态水，其次是微小的液态水滴和固态冰雪颗粒。生物水则以结合水和自由水的形式存在于生物体中。

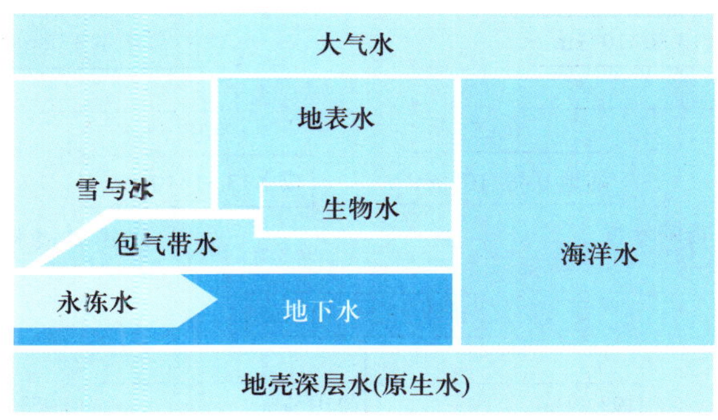

图 3-3　地球水圈结构模式

二、地球系统的储水量

地球系统中究竟储存着多少水？这是一个令人感兴趣的问题。若能把这些水都测量出来，当然是很好的，可惜人类现在还没有这个能力。1978 年联合国教科文组织公布了一个由科学家估算的数字，为 13.86×10^8 km^3。如果把这些水全部以液态形式“铺”在地球表面，那么海平面将上升 94.12 m，地球上的陆地将会减少许多。图 3-4 是地球系统储水量的分布框图。这 13.86×10^8 km^3的水在地球系统是如何分布的呢？海洋里储存了 13.38×10^8 km^3的水，占地球系统总水量的 96.5%；分布在陆地上、大气中和生物体内的水总共只有 0.48×10^8 km^3，仅占 3.5%。地球系统中的水有淡水和咸水之分，含盐浓度小于 1 g/L 的水为淡水，含盐浓度等于或大于 1 g/L 的水为咸水。这 13.86×10^8 km^3总水量中咸水为 13.51×10^8 km^3，占地球系统总水量的 97.5%，淡水为 0.35×10^8 km^3，仅占 2.5%。海洋里面的水全是咸的，陆地水中也有一些是咸的，所以咸水占的比例要比海洋水占的比例略高一些。地球系统中的咸水分布在海洋里的为 13.38×10^8 km^3，占地球系统整个咸水的 99.04%；分布在地球系统其他地方，例如一些内陆湖泊和地下，尤其是地球深处的含水层的咸水只有 0.13×10^8 km^3，仅占 0.96%。地球系统中的淡水数量远远小于咸水的数量。冰川里储存的淡水为 $0.240\ 641\times10^8$ km^3，占全部淡水的 68.755%；地下水储存的淡水为$0.107\ 319\times10^8$ km^3，占全部淡水的 30.662%；另外 $0.002\ 04\times10^8$ km^3的淡水储存在河流、湖泊、水库、湿地、土壤、大气和生物体中，这些地方储存的淡水仅仅占地球系统中淡水总量的 0.583%，但就是这很小一点比例的淡水却是当今全世界人类生存与发展的必需。

将地球水圈总储量估计为 13.86×10^8 km^3有多少可靠性呢？这个问题看上去似乎很难回答，但是科学家还是提供了一些令人信服的佐证。表 3-2 所列是人类有史以来对地球水圈中占 96.5%储水量的海洋水体进行的 6 次测算结果。由表 3-2 可见，尽管这 6 次测算的时间跨度超过 120 年，测算的理论依据和技术的先进性也有所差别，但所得结果仅在 13.324×10^8 ~ 13.700×10^8 km^3之间浮动，平均为 13.479×10^8 km^3，这些研究无疑能增加人们对地球水圈总储水量为 13.86×10^8 km^3的认可程度。

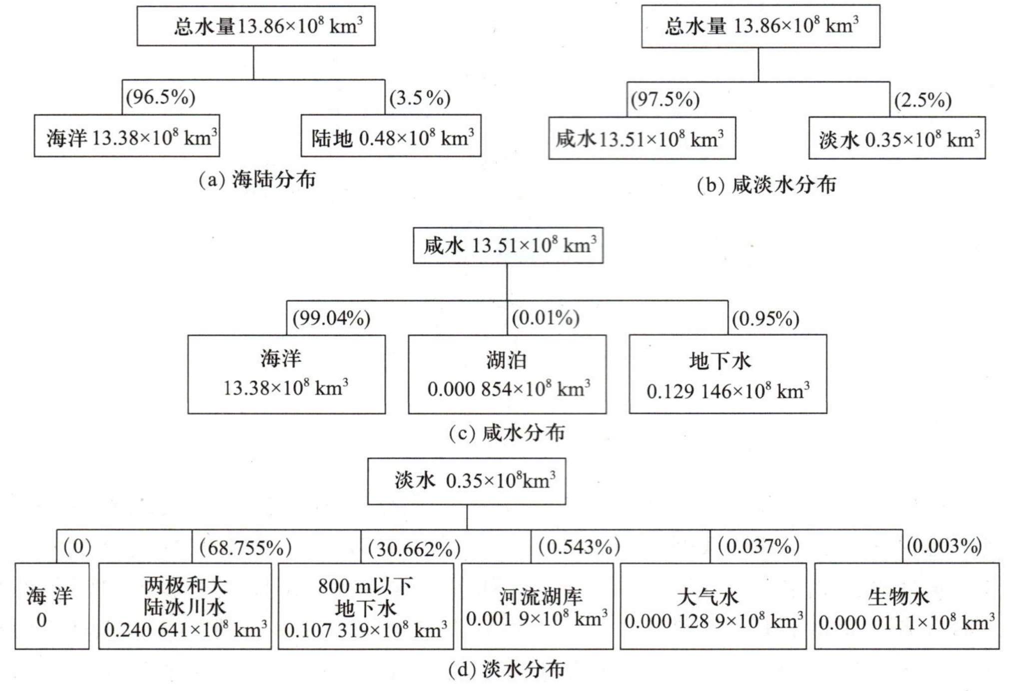

图 3-4 地球系统储水量的分布框图

表 3-2 海洋储水量测算结果

测算年份	海洋平均深度/m	海洋平均面积/(10^8 km^2)	海洋储水量/(10^8 km^3)	测算者
1888	3 797.0	3.553 0	13.490	默里（Murray）
1921	3 814.0	3.620 0	13.700	科西纳（Kossinna）
1966	3 720.0	3.620 0	13.500	梅纳德（Menard），史密斯（Smith）
1975	3 733.0	3.611 0	13.480	鲍姆加特纳（Baumgartner），雷赫尔（Reichel）
1983	3 703.0	3.613 0	13.380	希克洛曼诺夫（Shiklomanov），索科洛夫（Sokolov）
2010	3 682.2	3.618 4	13.324	查雷特（Charette），史密斯（Smith）

从以上分析可以得出如下结论：第一，地球系统中总的储水量是一个海量数字或者天文数字；第二，虽然有这么多水，但淡水资源只占其中非常少的一部分，而且分布不均匀，所以淡水资源是十分宝贵的；第三，储存在河流、湖泊、水库、湿地、土壤、大气和生物体中的淡水加起来虽然是一个很小的数字，但这部分淡水与人类的关系最为密切，特别重要；第四，冰川里虽然储存了地球系统中淡水的大部分，但不可随便利用，如果地球上所有的冰川都融化了，那么海平面的上升将会超过 47 m，地球上很多地方就会被淹没。

第三节 水文循环过程及水体更新

一、水文循环过程

水文循环是发生在自然界的一个重要现象。在太阳能、地心引力和大气运动的影响下，在常温下就能实现固态、液态、气态“三态”转化的水，在地球系统中周而复始地进行着的“三态”转化和运动称为水文循环。因为这种转化和运动是周而复始的，相当于一个“圆圈”，所以讨论的起点定在什么地方完全可以随意，例如，可以从蒸散发开始讨论水文循环(图3-5)。地球系统中的液态和固态水受到太阳能的作用会发生汽化或升华现象，变成水汽进入大气中，这个现象叫作蒸发。通过蒸发，原来液态或固态的水就变成气态的水。进入到大气中的水汽，由于大气运动的带动，就随着大气运动而运动，这叫作水汽输送。水汽在大气运动输送下，可以从一地输运到另一地，也可以从原来的高度上升到更高的高度。这种带有水汽的大气在运动过程中如遇到冷却条件，就会凝结成水滴或凝华成冰雪颗粒。大气层的温度是有梯度的，接近地表温度较高，离开地面越高，温度就越低。到了高空，可能是零下几十度，甚至更低。因此，水汽随着气流的升高而升高就会产生凝结或凝华现象。凝结或凝华现象是蒸发的相反现象，是大气中的水汽变成液态水或固态水的现象。水汽凝结成水滴或凝华成冰雪颗粒后，体积可能会变大。如果水滴或冰雪颗粒大到能克服空气阻力，就会在地球引力的作用下以降水形式落到地面上。降水到达地球表面以后，发生融化、植物截留、蒸散发、下渗、径流等。自然界的径流总是从高处往低处流的。地球表面最低的地方是海洋，这样水就以径流的形式流入海洋。水通过蒸发变成水蒸气，然后通过大气输送，遇到冷却条件变成降水，降落到地面后又会产生径流。这样周而复始的循环，每时每刻都在进行。由此可见，水文循环主要由四个过程组成：一是蒸发过程，包括散发过程；二是大气输送过程；三是降水过程；四是径流过程。想要了解水文循环的途径，把它的变化规律搞清楚，就必须将蒸发与散发规律、大气输送规律、降水规律、径流规律等都搞清楚。水汽输送主要是气象学问题。为什么会降水？降水到地面是怎样分布的？也是气象学问题。蒸散发既是气象学问题，又是水文学问题。至于径流是如何形成和变化的，这属于水文学问题。

一般认为，地球系统中水文循环涉及的空间范围是：上界至地面以上11 km左右的高度，也就是对流层的上限，其上基本就没有水分了；下界至地面以下1~2 km处，埋深在2 km以下的地下水是很难参与水文循环的。

水文循环可分为大循环和小循环。上述发生在地球系统中的水文循环就是大循环。大循环又叫作外循环或海陆循环。在地球系统的局部区域发生的水文循环称为小循环。小循环又有陆地小循环和海洋小循环之分。陆地小循环是指陆地上的水蒸发以后进入大气，大气中的水汽遇到冷却条件就会凝结成水滴或凝华成冰雪颗粒，然后以降水的形式回到陆地上，其中一部分形成径流进入陆地水体，其余再以蒸散发形式返回陆地上空。海洋小循环是指水从海洋上蒸发，上升到大气里，遇到冷却条件变成降水，再降落到海洋上。在海洋小循环中显然是没有径流的。陆地小循环还可以发生在具有不同特点的空间范围内，例如，发生在一个流

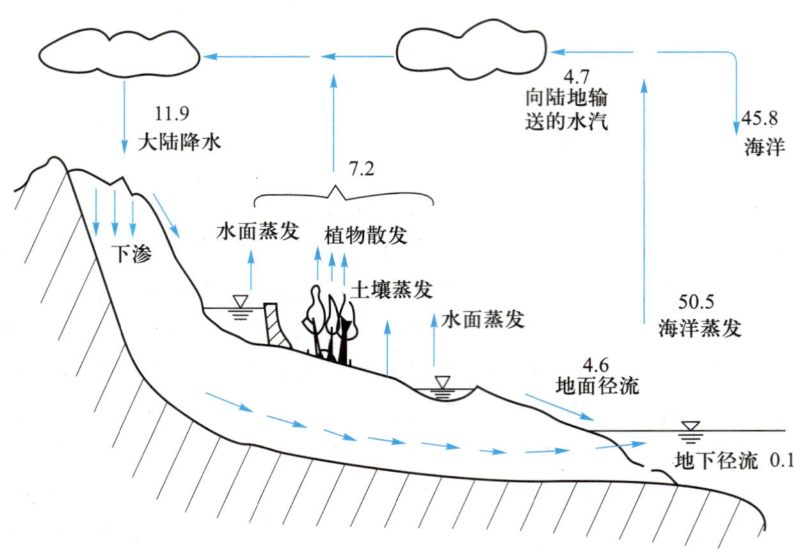

图 3-5 水文循环示意图

域的水文循环就称为流域水文循环，也叫作流域径流循环，发生在一个区域内的水文循环就称为区域水文循环，发生在水—土壤—植被系统的水文循环就称为水—土—植系统水文循环。

上述大循环是闭系统，而小循环却是开系统。所谓闭系统是指系统中的水量与系统外没有任何交换，也就是既没有从系统外流进的水，也没有从系统内流出去的水的系统。所谓开系统是指系统中的水量与系统外存在交换，也就是水量既可以进、也可以出的系统。闭系统的定量研究要容易一些，开系统的定量研究则要困难一些。

二、我国古代对水文循环的认识

战国时期的屈原在其《天问》中曾经发问道："东流不溢，孰知其故？"对自古以来百川归海而海水并不溢出提出疑问，希望寻求答案。由此开启了中国古代千百年来关于水文循环的讨论。成书于 2 200 多年前的《吕氏春秋·圜道》是这样来回答屈原之问的："云气西行，云云然，冬夏不辍；水泉东流，日夜不休。上不竭，下不满，小为大，重为轻，圜道也。"意思是水汽从海洋上空不断随风吹向西方，在大陆上空周转回旋凝结，降落为雨。地上、地下水流向东方，日夜运动，川流不息，海洋也注不满。涓滴汇合成河海，河海之水蒸发为浮云。这是水文循环所致。这里的"圜道"即指水文循环。公元 442 年，何承天在其所著《宋书·天文志》一书中指出："百川发源，皆自山出，由高趋下，归注于海。日为阳精，光耀炎炽，一夜入水，所经燋竭。百川归注，足于补复。故旱不为减，浸不为溢。"认为太阳是水文循环的巨大能源，它使海水蒸发，而众多河流的注入又能补偿海水消耗，以致海水不增不减。公元 806 年，柳宗元在其《天对》一文中对屈原之问的回答就更接近现代关于水文循环的论述了。柳宗元说："东穷归墟，又环西盈。脉穴土区，而浊浊清清。坟垆燥疏，渗渴而升。充融有馀，泄漏复行。器运漖漖，又何溢为！”意思是，水向东流归大海，海水蒸发为云，又回到大陆上空降落为雨。填充土壤孔隙中的水有浊有清，高处的土壤干燥，水渗入后土壤含水量增加，土壤含水量达到田间持水量后就会产生径流。水流从不同的途径注入大海。如此循环不已，海水怎么会漫溢呢！

由此可见，我国古代对水文循环的论述与现代的认识颇为接近。

三、水文循环的影响因素

由前述可知，发生水文循环的内因是水在常温下就能实现液、固、气三态的转化。为什么其他物质在地球系统中不能在常温范围内实现循环呢？原因就是在常温下它们不能实现三态转化。发生水文循环的外因有三个方面：第一，液态水或固态水为什么能变成水蒸气呢？这需要热量。在自然情况下，这种热量主要靠太阳辐射提供。第二，如果没有大气运动，蒸发到大气中的水汽就不可能跑到别的地方，也不可能上升到高空。蒸发到大气中的水汽需要依靠大气的对流运动把它带到高空，需要靠大气的平流运动把它带到别的地方。第三，水蒸气冷却凝结成水滴或凝华成冰雪颗粒以后为什么能降落到地面呢？这是因为存在地心引力。

内因是发生水文循环的必要条件，外因是发生水文循环的充分条件。

地球上不同地方、不同时间为什么降水量和蒸发量不相同？为什么有些地方干旱，有些地方湿润？为什么同一地方有的年份或季节降水比较多，有的年份或季节降水比较少？为什么同一地方有的年份或季节蒸发量大，有的年份或季节蒸发量小？为什么不同地方产生径流的情况有较大区别？这是因为发生水文循环的外因条件具有复杂的时空变化特点。影响水文循环的外因条件（即因素）可归纳如下。

1. 气象因素和气候因素

气象因素是指影响大气运动的物理因子，气候因素则是指影响气候条件的物理因子。气候因素比较宏观一些，气象因素则比较微观一些。影响水文循环的气象因素主要是气压、气温、风力、风向等；影响水文循环的气候因素主要是太阳辐射、大气环流、海温、下垫面性质等。

2. 下垫面因素

水文循环向上涉及对流层顶部，向下涉及地球表面以下 1~2 km 埋深处。如果将地球表面至对流层顶视作“上垫面”的话，那么地球表面以下 1~2 km 范围就称为“下垫面”。下垫面因素具体包括地形、地貌、土壤、植被、地质、水文地质等。

3. 人类活动因素

人类自诞生之日起，为了生存、生产、生活而进行的改造自然的活动，必然会带来一些原来天然状态下所没有的问题，例如燃烧煤炭、石油等会增加大气中的二氧化碳等温室气体的含量；在河流上建造大坝，必然要切断上、下游水流之间的自然联系，使这一河段的水流由原来的自由流动变为人为控制下的流动；跨流域调水工程将一条江河中的一部分水量调入另一些江河，从而改变了这些江河原来的径流状况；土地利用的改变使原来的农田发展成为城市，原来透水的区域变成不透水区域；森林采伐，或植树造林；原来种植水稻，现在改为旱作；等等。这些人类活动会通过影响植物截留、蒸散发、下渗、径流甚至降水等水文过程来影响水文循环。

四、水体更新周期

水文循环是在一个封闭系统中进行的水的“三态”转换和运动的循环，虽不能认为其具有机械运动的周期性，但水体储水量因此而转换或更新是有一定的周期的。所谓水体更新周期就是假设水体中全部储水量都参与一次水文循环所需的时间。不同的水体从其中转移输运水量的方式、数量、速度有所不同，因此更新周期必然不同。令 W 为水体总储水量，F 为 Δt 时间段内从水体转移输运出的水量，则水体的更新周期 T 可表示为

$$T=\frac{W}{F}\Delta t \tag{3-1}$$

表 3-3 是地球水圈中一些水体的更新周期。由表 3-3 可以看出，不同水体的更新周期相差很大，冰川的更新周期长达 3 437 a，而空中水的更新周期只有 8.2 d。

水体更新周期的长短反映了水体要恢复由不当外因造成的不利的难易程度。例如淡水湖的更新周期为 17 a，远大于河流的更新周期 24.2 d，因此，湖泊水质一旦变坏，其自然恢复所需时间要比河流长得多。又如地下水一旦超采，其自然恢复可能需要千年以上。

表 3-3 地球水圈中一些水体的更新周期

水体	W/km^3	F		T
		水量流转形式	多年平均值/km^3	
海洋	13.38×10^8	蒸发	5.05×10^5	2 650 a
大气层	$0.000\ 128\ 9\times10^8$	降水	5.77×10^5	8.2 d
河流	$0.000\ 021\ 2\times10^8$	径流	0.321×10^5	24.2 d
淡水湖	0.001×10^8	蒸发	0.059×10^5	17 a
包气带	$0.000\ 165\times10^8$	蒸发	0.165×10^5	1 a
饱和带	0.237×10^8	径流	0.142×10^5	1 669 a
冰川	$0.240\ 61\times10^8$	径流	0.007×10^5	3 437 a

第四节 水量平衡

一、水量平衡原理

地球上的水体可以是地球系统，也可以是地球系统的某一个部分，例如大气层、生物体、土壤层、河流、湖泊、水库、湿地、流域、区域、河流中的一个河段，从土壤中取出的一块土体等。

如果用$\bar{I}$和$\bar{O}$分别表示时段Δt内进、出水体的平均流量，那么在Δt时段内进入水体的水量为$\bar{I}\Delta t$，流出水体的水量为$\bar{O}\Delta t$。当进入水体的水量大于流出去的水量时，差值$(\bar{I}\Delta t-\bar{O}\Delta t)$为正值；反之，当进入水体的水量小于流出去的水量时，差值$(\bar{I}\Delta t-\bar{O}\Delta t)$为负值。这个差值就是引起水体蓄水量增加或减少的原因。这符合物质不灭定律或质量守恒定律。于是，有

$$\bar{I}\Delta t-\bar{O}\Delta t=\Delta W \tag{3-2}$$

式中 W——水体在某时刻的蓄水量；

ΔW——在时段Δt内水体增加或减少的蓄水量。

式(3-2)称为水量平衡方程式。水量平衡方程式描述的就是水体的水量收支平衡关系。

建立水量平衡方程式有两个基本要点：一是要搞清楚研究对象及其具体的水量收支项目。研究对象可以是地球系统水量平衡、流域水量平衡、区域水量平衡，也可以是河段水量平衡、湖泊水量平衡、水库水量平衡、地下水含水层水量平衡、土块水量平衡等。不但要把研究对象搞清楚，而且要把研究对象的收入和支出的水量搞清楚。二是要搞清楚研究时段。水量平衡总是针对一定时段的。时段可长可短，可以短到微分时间 dt，也可以是 1 小时、5 小时、1 天、1 个月、1 年、多年等。

水量平衡概念虽然简单，理解起来就是一个水体的水量收支平衡关系问题，但要结合实际情况建立一个水量平衡方程式，有时也非常复杂。

二、水量平衡方程式

1. 水-土-植系统的水量平衡方程式

水-土-植系统是指生长着植物的土块(图 3-6)。这个土块的水量平衡就是水-土-植系统的水量平衡。对于这个土块，在Δt内的水量收入项是：从地表进入土块的水量，包括通过坡面、河道、人工灌溉等进入土块的水量，其平均入流量用$\bar{I}_s$表示；从地下进入土块的水量，其平均入流量用$\bar{I}_{sb}$表示；大气降水，其平均强度为$\bar{i}$；土块以下土壤中反渗进入土块的水，其平均强度用$\bar{r}$表示。对于这个土块，在Δt内的水量支出项是：从地表流出土块的水量，其平均流量用$\bar{O}_s$表示；从地下流出土块的水量，其平均流量用$\bar{O}_{sb}$表示；土壤、植被的蒸散发，其平均蒸散发强度用$\bar{e}$表示，植物截留一般也包括在这部分支出水量中；通过下渗流出土块的水量，其平均下渗强度用$\bar{f}$表示。因此这个土块在Δt内收入的总水量为

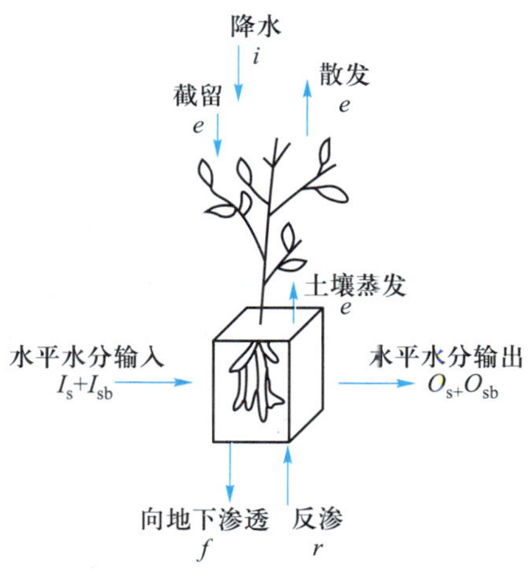

图 3-6 水-土-植系统的水分的收支

$$(\bar{I}_s+\bar{I}_{sb}+\bar{i}+\bar{r})\Delta t$$

支出的总水量为

$$(\bar{O}_s+\bar{O}_{sb}+\bar{e}+\bar{f})\Delta t$$

根据质量守恒定律，两者之差应该等于这个土块的含水量在 Δt 内的变化量 $\Delta\theta$，即

$$(\bar{I}_s+\bar{I}_{sb}+\bar{i}+\bar{r})\Delta t-(\bar{O}_s+\bar{O}_{sb}+\bar{e}+\bar{f})\Delta t=\Delta\theta \tag{3-3}$$

式中　θ——土壤含水量。

式(3-3)称为水-土-植系统水量平衡方程式。如果时段长取得非常小，即 $\Delta t\to 0$，那么式(3-3)就变为

$$(I_s+I_{sb}+i+r)-(O_s+O_{sb}+e+f)=\frac{\mathrm{d}\theta}{\mathrm{d}t} \tag{3-4}$$

式(3-4)是水-土-植系统水量平衡方程的微分形式。

2. 闭合流域水量平衡方程式

在水文学中使用比较多的是闭合流域水量平衡方程式。

先讨论闭合流域的年水量平衡方程式。对于闭合流域(图3-7)，除流域出口外，无论地面、地下均不与周围发生水量交换，因此在一年中，进入流域的水量只有年降水量，用 P 表示。雨水降落到流域后可能产生径流，并从流域出口断面流出去，流域在一年中产生的径流量，用 R 表示。流域上还有一部分水分要以流域蒸散发形式进入大气，用 E 表示。闭合流域在一年中支出的水量就是年径流量 R 与年蒸散发量 E 之和。因此，对于闭合流域一年中收入与支出水量的差值为

$$P-(R+E)$$

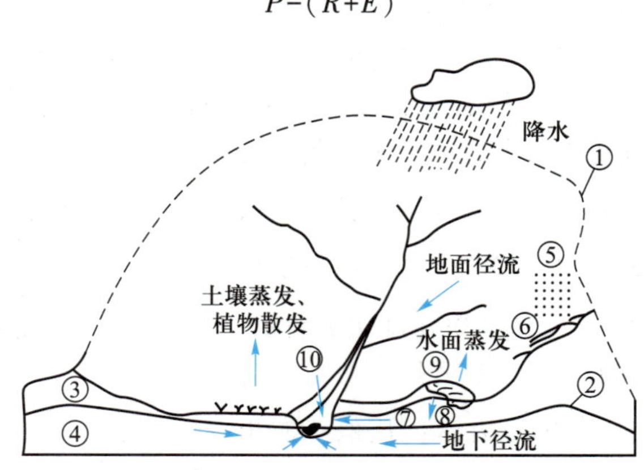

①—分水岭；②—地下水面；③—非饱和带；④—饱和带；
⑤—高山积雪；⑥—冰川；⑦—壤中水流；⑧—下渗；⑨—湖泊；⑩—河槽。

图3-7　闭合流域水量平衡

根据质量守恒定律，这个差值必然等于这一年中流域上各种水体，包括河流、湖泊、水库、沼泽、冰川、土壤层、含水层等的蓄水量的变化值之和 ΔW，其值可正可负。于是，闭合流域的年水量平衡方程应为

$$P-(R+E)=\Delta W \tag{3-5}$$

或

$$P=(R+E)+\Delta W \tag{3-6}$$

再讨论闭合流域的多年水量平衡方程式。由闭合流域的年水量平衡方程式(3-6)可知，对多年中的第一年，有

$$P_1=R_1+E_1+\Delta W_1$$

对第二年，有

$$P_2=R_2+E_2+\Delta W_2$$

对第 n 年，有

$$P_n=R_n+E_n+\Delta W_n$$

将上述 n 个年水量平衡方程式加起来，有

$$P_1+P_2+\cdots+P_n=R_1+R_2+\cdots+R_n+E_1+E_2+\cdots+E_n+\Delta W_1+\Delta W_2+\cdots+\Delta W_n$$

将以上等式两边除以 n，得

$$\frac{P_1+P_2+\cdots+P_n}{n}=\frac{R_1+R_2+\cdots+R_n}{n}+\frac{E_1+E_2+\cdots+E_n}{n}+\frac{\Delta W_1+\Delta W_2+\cdots+\Delta W_n}{n}$$

其中，等式左边为年降水量的多年平均值，称为多年平均降水量，用 $\overline{P}$ 表示；等式右边第一项为年径流量的多年平均值，称为多年平均径流量，用 $\overline{R}$ 表示；等式右边第二项为年蒸散发量的多年平均值，称为多年平均蒸散发量，用 $\overline{E}$ 表示。

引入 $\overline{P}$、$\overline{R}$、$\overline{E}$ 后，上式可写为

$$\overline{P}=\overline{R}+\overline{E}+\frac{\Delta W_1+\Delta W_2+\cdots+\Delta W_n}{n} \tag{3-7}$$

式(3-7)等号右边第 3 项是 n 年的 ΔW 的平均值。在 n 年中，有些年份的 ΔW 为正值，有些年份的 ΔW 为负值，因此，由正负抵消作用，这些数值之和会很小，如果再除以一个很大的数 n，那么就会小得可以忽略不计。在理论上，当 $n\to\infty$ 时，式(3-7)等号右边的第 3 项将趋于 0，最终可得到闭合流域多年水量平衡方程式为

$$\overline{P}=\overline{R}+\overline{E} \tag{3-8}$$

式(3-8)表明，对于闭合流域，多年平均降水量等于多年平均径流量与多年平均蒸散发量之和。这个公式很有用处。流域的蒸散发是很复杂的过程，目前的科学技术水平还不可能比较精确地进行直接观测。在这种情况下，使用闭合流域多年水量平衡方程式(3-8)就可通过简单计算得到物理概念清晰的流域多年平均蒸散发量。中国主要河流流域的多年水量平衡方程式各要素值见表 3-4。

表 3-4 中国主要河流流域的多年水量平衡方程式各要素值

流域	流域面积/10^4 km²	降水量/mm	径流量/mm	蒸散发量/mm
辽河	21.90	472.6	64.5	408.1
松花江	55.68	526.8	136.8	390.0
海河	26.34	558.7	86.5	472.2
黄河	75.20	464.6	87.5	377.1
淮河(包括沂、沭、泗)	26.90	888.7	231.0	657.7
长江	180.85	1 070.5	526.0	544.5
珠江	44.2	1 469.2	751.3	717.9
雅鲁藏布江	24.05①	949.4	687.8	261.6

注：① 为中国境内的流域面积。

3. 大气层年水量平衡方程式

对于地球大气层，一年的入流总量为陆地和海洋的年蒸发量之和，而出流总量为陆地和海洋的年降水量之和，两者之差将导致大气层一年含水量的变化。因此，可写出大气层年水量平衡方程式为

$$P-E=\Delta W \tag{3-9}$$

式中 P——全球年降水量；

E——全球年蒸散发量；

ΔW——一年中大气层含水量的变化。

ΔW 可正可负，若为正，表明年末大气层含水量比年初增加；若为负，表明年末大气层含水量比年初减少。

4. 地球系统水量平衡方程式

地球系统的水量平衡方程式即为全球水量平衡方程式。对于全球水量平衡，由于研究的空间范围很大，为方便表达，可把它分为两部分(图 3-8)：陆地子系统和海洋子系统。研究的时段长取多年。

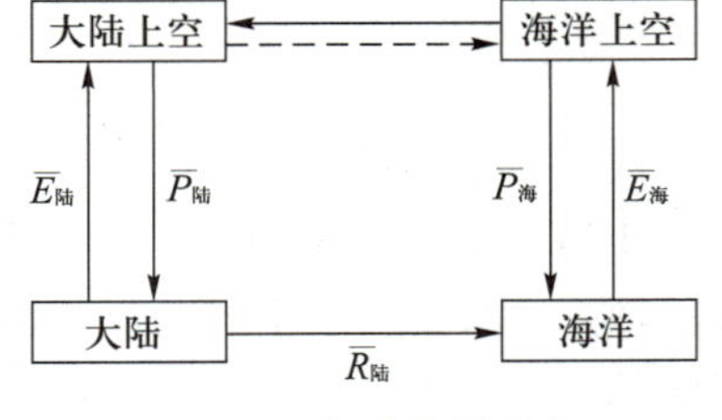

图 3-8 全球水量平衡

对于陆地子系统，收入项是多年平均降水量$\overline{P}_{陆}$，支出项则是多年平均蒸散发量$\overline{E}_{陆}$和陆地向海洋输送的径流量$\overline{R}_{陆}$，所以，陆地子系统的多年水量平衡方程式为

$$\overline{P}_{陆}=\overline{R}_{陆}+\overline{E}_{陆} \tag{3-10}$$

对于海洋子系统，收入项除了降水$\overline{P}_{海}$外，还有从大陆流入的径流量$\overline{R}_{陆}$，支出项只有海洋的蒸散发量$\overline{E}_{海}$，所以，海洋子系统的多年水量平衡方程式为

$$\overline{P}_{海}+\overline{R}_{陆}=\overline{E}_{海} \tag{3-11}$$

地球系统的多年水量平衡方程式显然就是式(3-10)和式(3-11)之和，即

$$\overline{P}_{陆}+\overline{P}_{海}+\overline{R}_{陆}=\overline{R}_{陆}+\overline{E}_{陆}+\overline{E}_{海} \tag{3-12}$$

因为$\overline{P}_{海}+\overline{P}_{陆}$就是全球多年平均降水量$\overline{P}_{全}$，$\overline{E}_{陆}+\overline{E}_{海}$就是全球多年平均蒸散发量$\overline{E}_{全}$，所以，式(3-12)就变成

$$\overline{P}_{全}=\overline{E}_{全} \tag{3-13}$$

式(3-13)所示的$\overline{P}_{全}=\overline{E}_{全}$表示了什么意义呢？这就是说，如果地球系统是一个关于水的闭合系统，那么全球多年平均降水量等于全球多年平均蒸散发量。这表明，就水而言可以认为地球系统是闭合的，水文循环是一个永久性的循环，径流只是其中一个中间环节，人类现在利用的水资源主要来自这个中间环节。地球系统的水量平衡方程式还隐含着一个重要的道理，即地球上多年平均蒸散发量的变化必然会直接导致多年平均降水量的等量变化，两者是密切的互动关系。

5. 水量平衡的提示作用

水量平衡是普适性质量守恒定律在水文学中的体现，是揭示水文现象时空变化规律的理论基础之一。通过对水体或水圈的水量平衡方程中各项量的对比分析，可以对人与自然如何和谐共处起到一定的提示作用。

通过对水-土-植系统水量平衡的分析，可以得到土壤墒情的信息，为人类防涝渍、抗干旱起到提示作用。通过对闭合流域多年水量平衡的分析，可以了解流域内降水量排泄途径的变化。闭合流域内承接的降水量一般有两种排泄途径：一是液态水在重力作用下从流域出口断面排出，即径流排泄；二是气态水通过对流扩散作用向大气层逸散，即蒸散发排泄。蒸散发排泄只能排出水分，而不能将其中的污染物质挟带走；径流排泄则不但能排出水量，而且能将挟带的污染物质等一起带走。因此，当发现闭合流域水量平衡方程式中径流排泄有明显减少趋势时，就可能意味着流域内存在污染物累积增加的危险。在大气层年水量平衡分析中，若发现年末大气层水汽含量比年初增加较多，则来年可能降水较丰，反之，则来年可能降水较少。全球多年水量平衡方程式（3-13）给人们的提示是，人类任何增加蒸散发量的行为都将导致全球降水的等量增加，降水量的增加有可能导致洪涝加剧。

总之，人类应该怎样敬畏自然？水量平衡分析也许会给出一定的答案。

第五节　水文循环的意义及启示

一、水文循环的意义

水文循环是对人类影响最为重要的自然现象之一，它深刻地影响着自然界一系列物理过程、化学过程和生物过程，影响着地球环境演变，从而影响着人类生存和经济社会发展。

水文循环是地球上有生命繁衍生息的根本原因。水是生命之源，万物之基。正因为有水文循环，水才能成为地球上取之不尽、用之不竭的可再生物质。设想，如果地球系统中水越

来越少，那么经历了46亿年演化的地球还会有生物存在吗？

水文循环也是导致地球上千姿百态自然景观的根本原因。水文循环所需能量主要由太阳能提供，地球的自转和公转使得地球上的太阳能时空分布不均，从而导致水文循环呈现复杂的时间和空间变化，形成了自然界以水多水少、旱涝交替、干旱湿润等为标志的气候格局。气候格局又决定了生态格局和河流分布。自然界复杂的气候、景观都源自水文循环时空变化的复杂性。

水是良好的天然溶剂，水文循环充当了搬运其他物质的载体。那些能溶解于水的物质将随流运移，那些不被溶解于水的物质也会被水流挟带而去。自然界之所以有水土流失、泥沙输移、污染物迁移扩散、氮循环、碳循环等，水文循环起了重要作用。

水文循环还是水体得以自然更新、水能得以再生的根本原因。水体自然更新有利于水质净化，作为清洁能源的水能，实现了无须添加任何燃料就可让发电机工作。

如果将地球系统比喻为“生命体”，那么水文循环就是它的“血液循环”，靠着这个循环，地球万物就永远生生不息。如果没有水文循环，那么地球就是一个没有生机的“死”星球。

二、水文循环的启示

根据科学家的最新估算（表3-5），全球多年平均降水量为57.7×10^4 km^3，由式(3-13)知，全球多年平均蒸发量也是57.7×10^4 km^3，这就意味着全球13.86×10^8 km^3的储水量中，平均每年只有其中1/2 800的水参与水文循环。全球的自然风貌、生态格局、人类居住环境等就是在这样的大背景下形成的。

表3-5　全球水量平衡

	面积 /10^4 km^2	水量/$10^4$$km^3$			深度/mm		
		降水量	径流量	蒸发量	降雨深	径流深	蒸发量
世界海洋	36 100	45.8	4.7	50.5	1 270	130	1 400
世界陆地	14 900	11.9	4.7	7.2	800	315	435
外流区	11 900	11.0	4.7	6.3	924	395	529
内流区	3 000	0.9	—	0.9	300	—	300
全球	51 000	57.7	—	57.7	1 130	—	1 130

全球多年水量平衡方程式（3-13）成立的前提，是假设地球系统就水量而言是封闭系统。现有能够支撑这个假设的有两个间接证据：一是千万年来，百川归海，海洋的储水量却几乎没有发生什么变化（表3-2）。这表明，地球系统与宇宙空间其他星球没有水量交换。二是在地球上空11 km以上空气十分稀薄，再往上，超过2 000~3 000 km几乎为真空，进入到太空就是真空了。这一真空层阻止了地球系统中的水向宇宙空间扩散，

也阻止了宇宙空间的水向地球系统扩散。但是，一个没有得到实验或观测直接验证的假设总不免带有猜想的色彩。长期以来，对地球系统中水的来源存在着“自源”和“外源”两种截然不同的学术观点，如兵能直接证明式（3-13）成立，那么“自源”论就将最终得到证实。

虽然地球系统就水量而言是一个封闭系统，但支撑它的热量系统却是一个开放系统。因此，可以将水文循环理解成一种由一个开放的热量系统支撑着一个封闭的水量系统无休止地进行着水的“三态”转换和运动的自然现象。这也许就是科学家虽然早就揭示了水文循环发生的机理，找出了内因和外因，但至今仍难以揭示水文循环时空变化规律的原因。

习　题

3-1　在图 3-9 所示的供用水系统中，液态水的流动为什么不能与水文循环相提并论？请指出两者的本质区别。

第三章习题参考解答

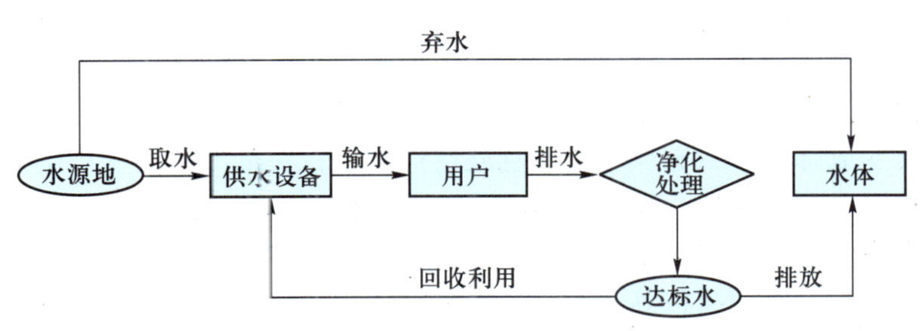

图 3-9　供用水系统

3-2　如果陆地无径流排入海洋，试写出此情况下全球多年水量平衡方程式。将此水量平衡方程式与式（3-13）比较可得到什么启示？

***3-3**　假设地球系统就水量而言是一个封闭系统，试分别写出地球陆地部分和海洋部分的年、多年水量平衡方程式，并说明从中得到的启示。

第四章　降　　水

降水是许多水文现象的驱动因子，没有降水就不可能有径流，也不可能有洪涝灾害。人类可以利用的水资源主要来自降水。

第一节　降水特征

一、降水及降雨要素

大气中的水有气态、液态和固态三种存在形态。降水是指大气中的液态水滴或固态的冰雪颗粒，在克服空气的阻力后，在重力作用下从空中降落到地面的现象。

由降水的定义可以看出，大气中的气态水是不可能降落到地面的。气态水要降落到地面必须先变成液态水滴或者固态冰雪颗粒。大气中的水汽怎样才能变成液态水和固态水呢？这就要有冷却条件。由大气中的水汽凝结成的液态水滴或凝华成的固态冰雪颗粒有大有小，并不是所有的都会变成降水，只有那些能够克服空气阻力，在重力作用下从空中落到地球表面上的液态水滴和固态冰雪颗粒，才能成为降水。那些很微小的水滴或冰雪颗粒是不会变成降水的，而只能成为飘浮在空中的云或弥漫在空中的雾。自然界降水的形式除了最常见的雨外，还有雪、露、雾、霜、冰雹等。对水文现象而言，最重要的降水形式是降雨和降雪，尤其是降雨，因为全世界范围内能形成洪水的主要是降雨，只有少数地方的降雪有可能形成洪水。在中国，大约有95%以上的地方的洪水都是降雨造成的。

作为自然界司空见惯的降雨现象，应该用什么样的物理量来描述它呢？这是人们对一个现象进行科学研究必须回答的问题。用来描述降雨现象的基本要素或物理量如下。

1. 降雨量

一定时段内降落在地面上一点或一个特定区域上的雨水总量称为降雨量。为区别起见，将一定时段内降落在一点的雨水总量称为点雨量，而将一定时段内降落在特定区域上的雨水总量称为面雨量。点雨量可通过设立雨量站观测获得。在降雨过程中，如果8：00去某点所设雨量站观测，到9：00再去观测，将这两个观测值相减，就得到这个点8：00—9：00的降雨量。点雨量以mm计，又称为降雨深。目前无法直接进行面雨量的观测，现实可行的做法是在区域内布设雨量站网，将观测到的点雨量的空间分布换算成面雨量。事实上，一个区域可视为由无限多个点组成，对于一个降雨时段，如果每个点的降雨深都可通过观测得到，那么就可以把该时段降雨的雨水体积算出来，它就是这个区域在这个时段内的降雨量，这样所得到的面雨量是水的体积，用m^3作为单位，将它除以这个区域的面积，就得到这个区域上用mm表示的平均降雨深。因此，面雨量有两种常用单位，在水文分析中常用mm作单位，而在水资源分析中，一般采用m^3作单位。用mm表示的面雨量又称为面平均降雨深。

由以上可知，降雨量总是针对一定时段和一定区域的。根据需要，时段可长可短，可以小于 1 小时，也可以是 1 个月，甚至是 1 年或多年。水文学中还常常用到一场降雨的降雨量，这是以“次”作为“时段”的降雨量，每一次降雨的历时不完全相同，有时一场降雨只有几分钟、几小时，有时可能几天几夜。区域也有各种情况。流域是一个区域，其特点是降落到流域的雨水形成的径流就从这个流域的出口断面流出去。县域、省域、国家、洲域等都是一个区域。

2. 降雨历时

降雨从一个时刻到另一时刻所经历的时间称为降雨历时。降雨历时的概念似乎很简单，但针对不同的科学问题或工程问题，常有不同的选择方法。降雨历时可以是一次降雨的整个历时，也可以是降雨过程中的任何一个时间段。

3. 降雨强度

单位时间内的降雨量称为降雨强度，有时简称为雨强。降雨强度的常用单位是mm/min，mm/h，mm/d。水文学中一般涉及两种降雨强度的概念：一是时段平均降雨强度；二是瞬时降雨强度。时段平均降雨强度是指某个时段内的降雨量与该时段长的比值，即

$$\bar{i}=\frac{\Delta P}{\Delta t} \tag{4-1}$$

式中 $\bar{i}$——时段平均降雨强度；

ΔP——时段降雨量；

Δt——时段长。

在式(4-1)中，如果 $\Delta t \to 0$，那么差商就变成导数，这个导数就是瞬时降雨强度 i，即

$$i=\lim_{\Delta t \to 0}\frac{\Delta P}{\Delta t}=\frac{\mathrm{d}P}{\mathrm{d}t} \tag{4-2}$$

4. 降雨面积

降雨所笼罩区域的平面投影面积称为降雨面积。如果将时段降雨的范围测出来，那么这个范围的面积就是该时段降雨笼罩的面积，即降雨面积。在降雨过程中，时段降雨量的降雨面积一般是随时段变化的。

二、降雨的时间变化

1. 降雨强度过程线

降雨强度随时间变化的曲线称为降雨强度过程线，简称雨强过程线。如果为瞬时雨强，就是瞬时雨强过程线；如果为时段平均雨强，就是时段平均雨强过程线。瞬时雨强过程线一般是一条连续曲线（图 4-1a），而时段平均雨强过程线则为阶梯状（图 4-1b）。从这些曲线可以直观地看到，降雨从什么时候开始、到什么时候结束，每个时刻降雨强度有多大，最大强度出现在什么时间，等等。

时段平均降雨强度与瞬时降雨强度之间的关系为

$$\bar{i}_{\Delta t}(n)=\int_{t_n}^{t_{n+1}}\frac{i(t)\,\mathrm{d}t}{t_{n+1}-t_n}=\frac{1}{\Delta t}\int_{\Delta t}i(t)\,\mathrm{d}t\qquad(n=1,\ 2,\ \cdots)\tag{4-3}$$

式中　$\bar{i}_{\Delta t}(n)$——时段平均降雨强度；

t_n、t_{n+1}——时段初、末时刻，$t_{n+1}-t_n=\Delta t$；

$i(t)$——瞬时降雨强度；

n——Δt 时段数目。

2. 累积雨量过程线

累积雨量是指从降雨开始至降雨过程中任一时刻的降雨总量。累积雨量随时间变化的曲线称为累积雨量过程线(图 4-1c)。累积雨量与瞬时雨强之间的关系为

$$P(t)=\int_0^t i(t)\,\mathrm{d}t\tag{4-4}$$

式中　$P(t)$——累积雨量。

由式(4-4)可知，$P(t)$和$i(t)$是积分和微分的关系。由于$P(t)$容易通过自记雨量计测得，因此虽难以直接测定$i(t)$，但根据式(4-4)可以由自记雨量计测得的$P(t)$来确定$i(t)$。

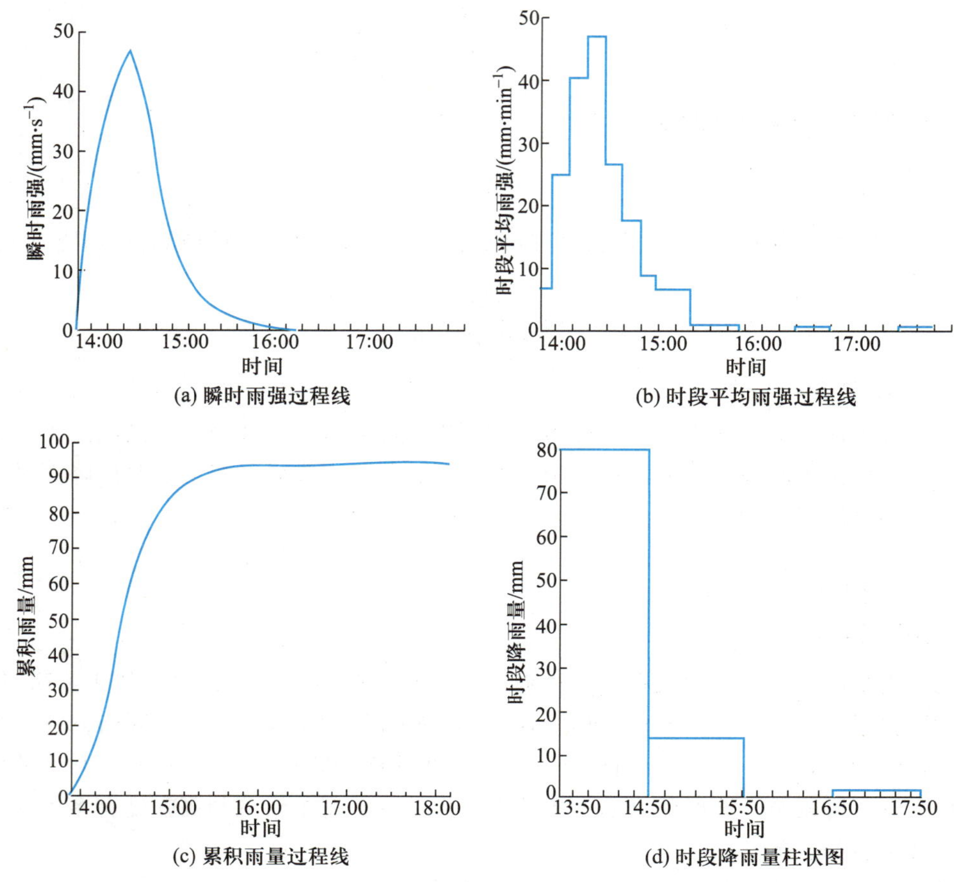

(a) 瞬时雨强过程线　(b) 时段平均雨强过程线　(c) 累积雨量过程线　(d) 时段降雨量柱状图

图 4-1　降雨的时间变化的表示方法

3. 时段降雨量柱状图

对于图 4-1b 所示的时段平均降雨强度柱状图，如果将它的横坐标改成等时段，将它的纵坐标改成时段降雨量，就得到时段降雨量柱状图(图4-1d)。由式(4-3)可知，时段降雨量与瞬时降雨强度的关系应为

$$P_{\Delta t}(n)=\int_{t_n}^{t_{n+1}} i(t)\,\mathrm{d}t=\int_{\Delta t} i(t)\,\mathrm{d}t \qquad (n=1,\ 2,\ \cdots) \tag{4-5}$$

式中　$P_{\Delta t}(n)$——时段降雨量。

现有雨量站大部分采用雨量筒测雨，并按时段计量降雨量，因此，时段降雨量柱状图与这种测雨规则是完全匹配的。

根据时段降雨量柱状图也可以得到累积雨量过程线：

$$P(n)=\sum_{i=1}^{n} P_{\Delta t}(i) \tag{4-6}$$

由式(4-6)得到的累积雨量过程线一般是一条折线。

三、降雨的空间分布

降雨存在复杂的空间分布，监测降雨空间分布的最基本的方法是布设雨量站网，最常用来表达降雨空间分布的是等雨量线(图 4-2)。在一个布设了雨量站网的区域中，对于降雨过程中的任一时段，每个雨量站所观测到的降雨量一般是不同的，通过内插法将区域中降雨量相同的空间点连成一条线，就成为等雨量线。有了等雨量线，就可以了解降雨量的空间分布情况，因为从等雨量线上，可以得知对于一场降雨，什么地方降雨量极大，什么地方降雨量极小，以及降雨区域内任何一个地方的降雨量是多少。降雨量极大的地方称为暴雨中心，一般从暴雨中心开始，降雨量向周围是逐步递减的，直至减小到 0 为止。这条降雨量为 0 的等雨量线所包围的范围就是降雨笼罩的面积，即降雨面积。

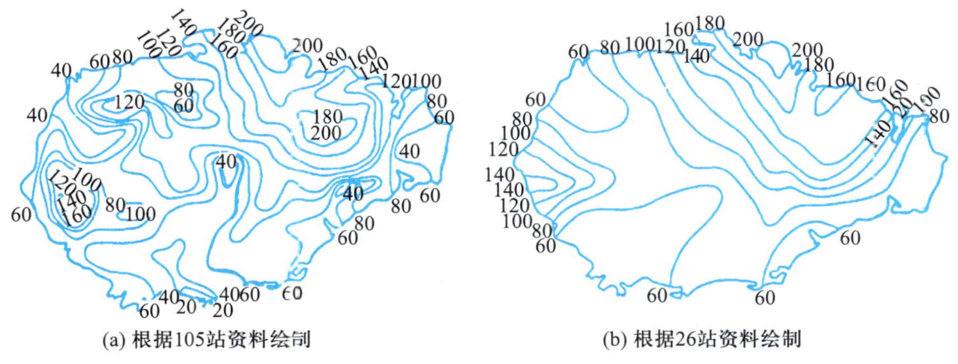

(a) 根据105站资料绘制　　(b) 根据26站资料绘制

图 4-2　等雨量线图

降雨量的空间分布可用数学公式表达为

$$P=P(x,y) \tag{4-7}$$

式中 x、y——区域中一点的平面坐标或地理经度、纬度；

P——区域中点(x,y)处的降雨量。

由式(4-7)可知，等雨量线就是指满足$P(x,y)$等于某一雨量P的所有的点(x,y)的连线。等雨量线在理论上的存在性至今并未被严格证明。在此，权且把等雨量线的存在当作一个带有一定猜想性的准理论。

根据雨量站网观测的雨量值来制作等雨量线与测量学中测绘地形等高线一样。等雨量线的绘制精度首先取决于雨量站的密度，其次是采用的插值方法。如果这两个问题都解决得比较好，那么所绘制出来的等雨量线就能够达到较高的精度。等雨量线是随时变化的，也就是说，对于同一区域，不同时段降雨量的等雨量线是千变万化的。

用等雨量线表示降雨的空间分布实际上是认为降雨量在空间上的分布是一个连续空间曲面，但降雨现象也可视作一个个水滴从空中向地面作垂直下降运动，因此可采用“网格雨量”来表示降雨量的空间分布。如图4-3所示，每个网格内的降雨量分布是均匀的，不同网格的降雨量则不一定相同。“网格雨量”的空间分布形似斑块，故称为降雨量斑块图。网格尺度越小，由斑块图表示的降雨量空间分布就越精确。

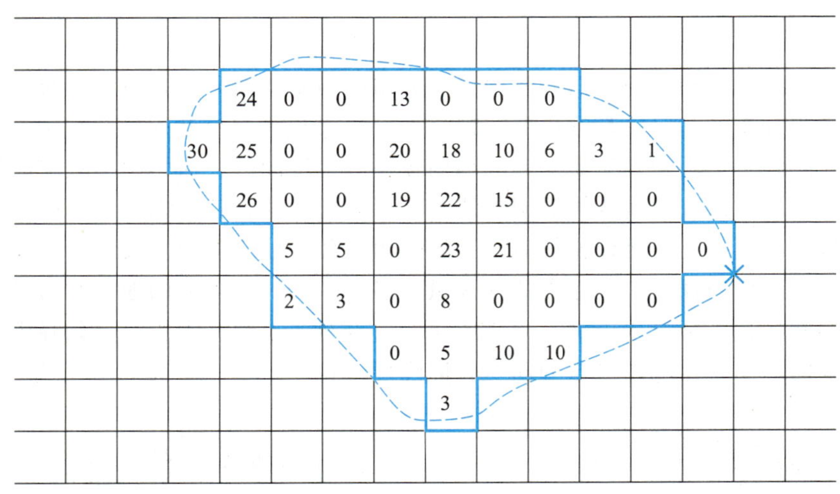

---- 分水线

× 出口断面

数字表示网格的时段降雨量 (单位为mm)。

图4-3 降雨量斑块图

降雨的空间分布非常复杂，现代科学技术还不能很好地对此进行描述，这在一定程度上影响了水文学的发展。

四、降雨特征综合曲线

除了上述表示降雨量时间变化或降雨量空间变化的曲线外，还有一些表示降雨特征的综合曲线，常见的有下列三种。

1. 降雨强度-历时曲线

对一次降雨过程，统计计算其不同历时的最大时段平均降雨强度(图4-4a)，然后点绘最大时段平均降雨强度与相应历时之间的关系图，所得的曲线称为降雨强度-历时曲线(图4-4b)。分析大量实测资料可知，这条曲线是一条最大时段平均降雨强度随历时增加而递减的曲线，并且可用下列经验公式给出其数学表达：

$$\bar{i}(T)=\frac{A}{T^{n}} \tag{4-8}$$

或

$$\bar{i}(T)=\frac{A}{(T+b)^{n}} \tag{4-9}$$

式中 T——历时；

$\bar{i}(T)$——历时为 T 的最大平均雨强；

A、b、n——经验参数。

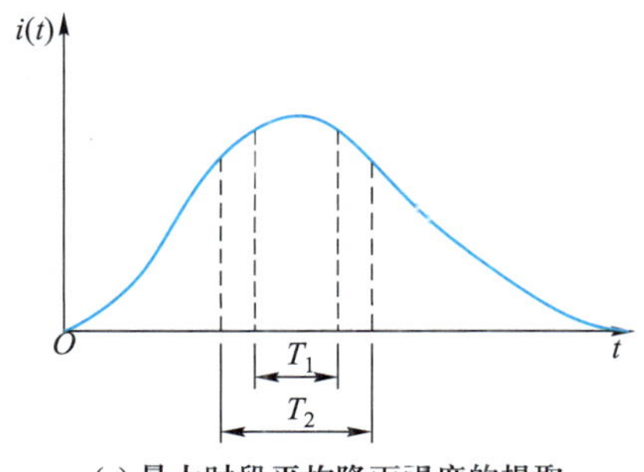

(a) 最大时段平均降雨强度的提取

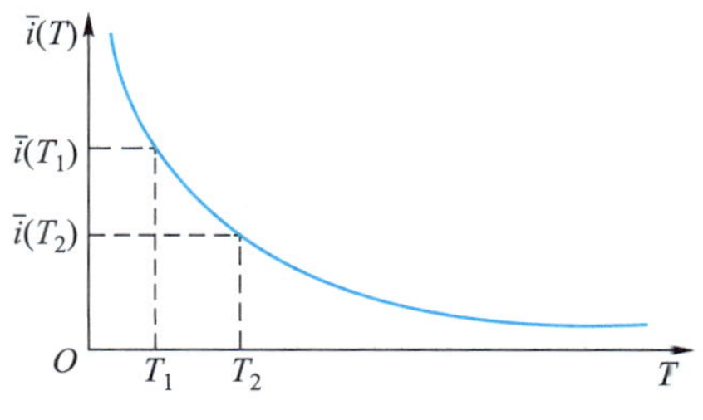

(b) 降雨强度-历时曲线

图 4-4 降雨强度与历时关系曲线的制作

图 4-4b 中 $\bar{i}(T_1)$、$\bar{i}(T_2)$ 等分别由下式给出：

$$\bar{i}(T_1)=\frac{\max\int_{T_1} i(t)\,\mathrm{d}t}{T_1};\quad \bar{i}(T_2)=\frac{\max\int_{T_2} i(t)\,\mathrm{d}t}{T_2}$$

中国不同地区的降雨强度-历时曲线见图 4-5。

2. 降雨深-面积曲线

在一定历时降雨量的等雨量线图上，从暴雨中心开始，分别计算每一条等雨量线所包围的面积及该面积的平均降雨深，点绘这两者之间的关系图，所得曲线称为降雨深-面积曲线(图 4-6)，它是一条随着面积增加而递减的曲线。

3. 降雨深-面积-历时曲线

如果分别对不同历时的等雨量线图点绘降雨深与面积关系曲线，则可以得到一组以历时为参数的降雨深与面积关系曲线(图 4-7)，此曲线族称为降雨深-面积-历时曲线，简称时-面-深曲线。

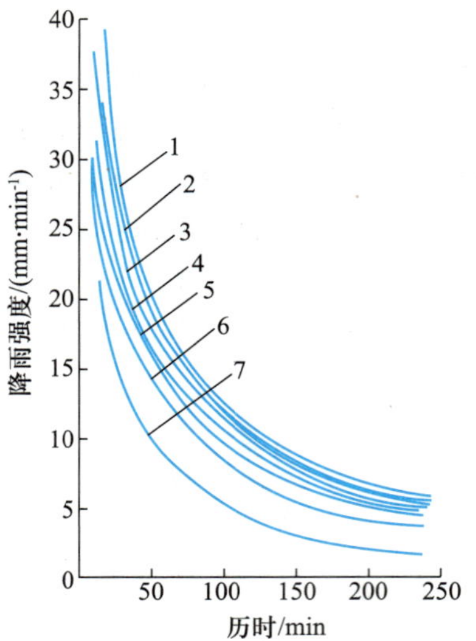

1—东南的海区；2—华北的海区；3—华中平原区；4—四川盆地区；5—东北平原区；6—西南高原区；7—西北黄土高原区。

图 4-5　中国不同地区的降雨强度-历时曲线

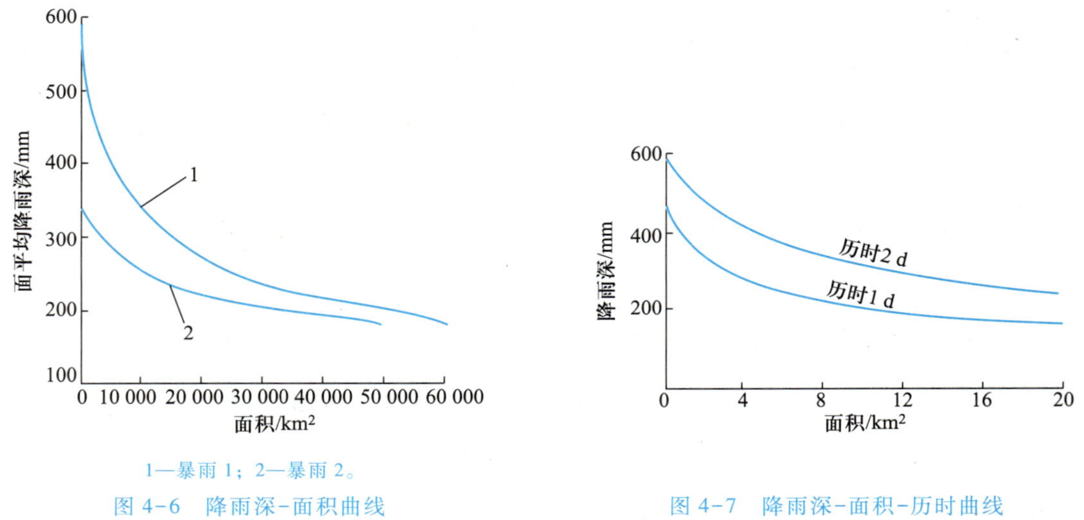

1—暴雨 1；2—暴雨 2。

图 4-6　降雨深-面积曲线

图 4-7　降雨深-面积-历时曲线

第二节　降雨分类及其影响因素

一、降雨的分类

对降雨进行分类通常有两类依据：一是降雨成因机理；二是降雨要素特征。

1. 按降雨成因机理分类

由气象学可知，降雨必须具备三个条件：一是大气中含有水汽；二是有水汽冷却条件；

三是存在凝结核。如果大气中没有水汽，那么就没有形成降水的必要条件。即使有了水汽，但却呈气态飘浮在空气中，也不会变成降雨，因此，还必须具备冷却条件，水汽经过冷却才会变成水滴或者冰雪颗粒。变成水滴或者冰雪颗粒之后也不一定会成为降水，因为水滴或冰雪颗粒有大有小。很小的水滴或冰雪颗粒由于空气浮力的作用是不会降落到地面上的，因此，只有当水滴或冰雪颗粒“长大”到一定程度时才能克服空气浮力作用被地球吸引而降到地球表面上。但要大到这种程度就必须在大气中存在凝结核，凝结核就是空气中的微粒。冷却条件和凝结核条件是降雨的充分条件。只有以上三个条件都具备了才会降雨。从大气运动角度看，上述三个条件中只有冷却条件比较复杂多样，所以按照降雨成因机理分类实际上就是按照冷却条件来分类。据此，可以将降雨分成气旋雨、对流雨、台风雨和地形雨。

① 气旋雨 按照气象学定义，气旋雨包括气旋及冷暖气团交绥带来的降雨，冷暖气团交绥形成的锋面又有冷锋面和暖锋面之分。因此，这类降雨包括气旋所形成的降雨、冷锋面形成的降雨和暖锋面形成的降雨。

气旋是指地面的低气压中心。地面气压也有空间分布问题，气压的空间分布用等压线来表示。如果等压线四周高，中间低，有个最低点，就称为气旋。在这种情况下，气流总是从四周向低气压中心汇集。但大气是连续体，大量大气汇集至地面低气压中心必然要引起大气的上升运动，从而在高空形成中心气压比四周气压高的反气旋。由此可见，在地面出现气旋的地方必然存在空气上升运动。因为离开地面越高，温度越低，所以空气上升就有了冷却条件。如果近地面的大气含有比较丰富的水汽，那么经过气旋抬升到高空，在冷却作用下，就变成小水滴或冰雪颗粒。此时，若有适当的凝结核，就会形成降雨。这样形成的降雨就叫作气旋雨。

冷气团和暖气团的运动方向如果相反(图 4-8a)，那么在冷暖气团交界处就会形成一个向冷气团倾斜的斜面，叫作冷锋面。在冷锋面形成以后，继续运动的暖气团遇到它就受阻，从而会沿冷锋面抬升，就有了冷却条件，形成小水滴或冰雪颗粒。由此形成的降雨叫作冷锋雨。冷气团和暖气团如果向着同一方向运动(图 4-8b)，那么由于冷气团的速度比较慢，暖气团的速度比较快，在它们的交界面处就会形成一个向冷气团倾斜的锋面，叫作暖锋面。暖气团追赶着冷气团，赶到暖锋面处就受阻，从而抬升、冷却，由此形成的降雨叫作暖锋雨。

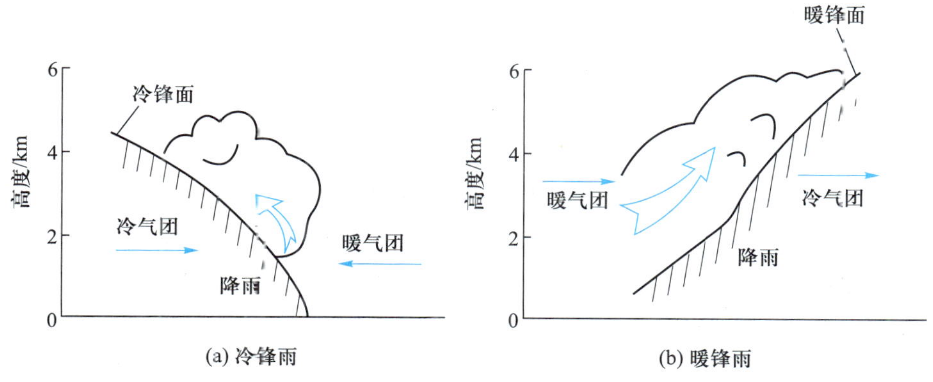

图 4-8 锋面雨的形式

以上三种成因的雨虽在气象学里都叫作气旋雨，但具体的形成原因各有特点。这类降雨一般都是大规模的气团运动的结果，所以形成的降雨常常范围比较大，历时比较长，强度一般也较大。

② 对流雨 近地面空气，由于受到地面热量作用，升温比较快，密度就变小，这样会使近地面的大气上升，而上层空气就会下沉，从而形成了上下层空气的交换作用，这就是对流。如果近地面层的暖空气中含有大量的水汽，那么这种暖湿空气经过对流作用的抬升以后，就有了凝结成水滴或凝华成冰雪颗粒的冷却条件。这种近地面层空气因受热发生膨胀、密度减小而上升，使暖湿空气具备冷却条件形成的降雨称为对流雨。一般在炎热的夏天易于产生对流雨，因为夏天太阳辐射强烈，可使近地面的空气有较大的增温，从而使空气密度减小而上升。这时如果具有适当的水汽条件，就会形成降雨。对流雨虽然历时较短、范围较小，但强度一般比较大。一些地方罕见的特大暴雨，常常可能是对流雨。

③ 台风雨 台风实际上就是热带低气压，即热带气旋，其使暖湿空气抬升的机理与气旋相同，形成的降雨称为台风雨。但热带气旋造成的台风雨来势很凶猛，降雨范围、降雨强度和降雨量都很大。例如，1975 年 8 月一场强台风深入到淮河上游，造成了一场罕见的特大暴雨，河南林庄雨量站创下了 24 h 降雨量 1 060.3 mm 的历史最高纪录，而林庄雨量站多年平均降雨量才 800 mm。中国台风雨主要分布在广东、福建、浙江、海南、台湾等地，台风雨大概占到这些地区降雨量的 30%~60%。

④ 地形雨 如图 4-9 所示，暖湿气流从平地向高山方向运动，碰到山坡时前进受阻，就会沿山坡向上爬行。山上的气温比山下的气温低，被地形抬升的空气就有了冷却条件。由于这个原因形成的降雨称为地形雨。在我国西南、西北的山区，地形雨比较常见。

图 4-9 地形雨的形成

2. 按降雨要素特征分类

根据降雨量大小、降雨强度大小和降雨历时长短，可以将降雨分为暴雨、暴雨型淫雨、淫雨三类。暴雨又可细分为暴雨、大暴雨和特大暴雨。日降雨量大于 50 mm，或者 1 h 降雨量大于 16 mm 的称为暴雨；日降雨量大于100 mm 的称为大暴雨；日降雨量大于 200 mm 的称为特大暴雨。暴雨型淫雨是指降雨历时长、范围大、强度时大时小，甚至还有短时间间歇的降雨。淫雨是指历时更长、笼罩范围更大、强度一般较小，并在较长时间内保持较大空气湿度的降雨。

二、影响降雨量的因素

这里仅讨论影响年降雨量及其空间分布的因素，归类起来主要有以下几方面。

1. 地理位置

中国东南沿海降雨量多，向西北地区逐渐减少，这显然与地理位置有关。

2. 气旋、气团、台风等的运动路径

处在气旋活动的路径上，或者台风活动路径上，或者气团交绥的锋面处，降雨量较多。否则，降雨量较少。

3. 地形

在同一地理位置上，地形高程比较大的地方的降雨量一般比地形高程低的地方的降雨量大。但降雨随高程的增加不是无限制的，到一定高程反而会减小，如图 4-10 所示。大气中水汽含量是有限的，随着高程增加降雨增加，大气中的水汽含量就会不断减小。这样到了一定高程后大气中的水汽含量就很小了，尽管冷却条件更好，降雨量反而会减少。

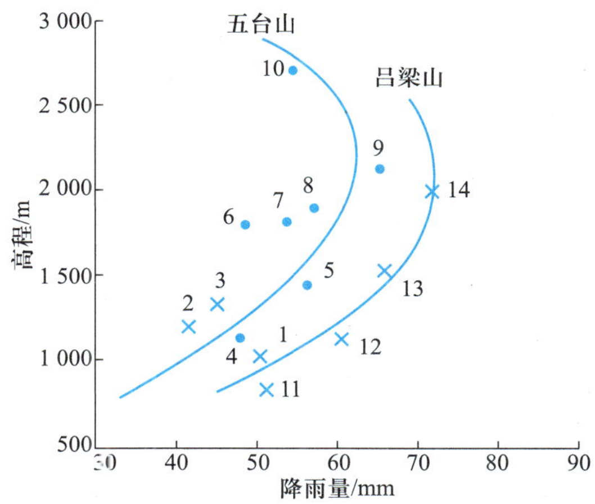

1—定襄站；2—五台山站；3—陈家庄站；4—豆村站；5—上庄站；6—灵境寺站；7—西家庄站；8—茶铺站；9—召怀站；10—五台山站；11—崖底站；12—石沙庄站；13—横尖站；14—神尾沟站。

图 4-10　多年平均降雨量-高程关系

4. 森林

森林对降雨量的影响主要通过影响空气的运动速度来体现。在森林上空，由于森林增加了糙率，所以风速会减缓，这有利于湿暖空气的停留。从这个角度讲森林有利于降雨。但也有可能在森林上空形成稳定大气层而不利于空气的垂直交流，从而有可能使降雨量减少。

5. 水面

水面对降雨量的影响与森林正好相反。因为水面糙率很小，空气经过水面时受到的阻力比较小，风速就比较快，不利于水面上降雨的形成。但水面上空水汽含量比较高又有利于增加降雨。

三、城市化对降雨的影响

城市是人类生产、生活的重要中心。城市人口密集、建筑物多而参差不齐。下垫面条件改变剧烈是城市化的基本特征。城市也是能源和水资源等的集中消耗之地，有大量的温室气体（主要是水汽和 CO_2）、生产和生活产生的热量、微尘、粒子、污染物等排放到城市上空。因此，在城市区域一般会形成一种特殊的局地气候，这种局地气候的特点可概括为“三岛”“一多变”。“三岛”是指城市的“浊岛效应”“热岛效应”和“雨岛效应”，“一多变”则是指城市的风速减小且多变。由于城市上空的污染物含量高于郊区，凝结核较多，低空的热力湍流和机械湍流均比较强，因此造成了城市区域日照时间较少、太阳直接辐射减弱、能见度减小，这就是所谓的城市“浊岛效应”。在城市化区域，有大量的生产、生活散发出的热量，加之建筑物和硬质、黑色路面的热容量小、反射率小，其近地层气温更高于郊区，这就是所谓的城市“热岛效应”。在城市区域上空，大气环流比郊区弱，“热岛效应”产生的局地气流上升，有利于空气对流，“浊岛效应”又能提供较丰富的凝结核，粗糙的城市下垫面使得城市上空的降水系统移动缓慢，这些有利于降雨的条件叠加起来就导致了城市的“雨岛效应”。在城市区域，“雨岛效应”一般出现在汛期。市区风速一般要比郊区小，但风速的变化却更加复杂。伦特舍尔（Landsherg）于 1981 年曾对城市区域和郊区的一些气候要素做过对比研究，得出的主要结论是：同时期内，城市区域的降雨量总量比郊区大 5%~15%，小于 5 mm 的降雨量雨日数多 10%，雷暴雨次数多 10%~15%（表 4-1）

表 4-1 城市区域与郊区一些气候要素的比较

要素	城市区域与郊区比较
大气污染物	凝结核比郊区多 10 倍；微粒多 10 倍；气体混合物多 5~10 倍
辐射与日照	大气总辐射少 0~20%；紫外线辐射：冬季少 30%，夏季少 5%；日照时数少 5%~15%
云和雾	总云量多 5%~10%；雾：冬季多 1 倍，夏季多 30%
降雨	降雨量总量多 5%~10%，小于 5 mm 的降雨量雨日数多 10%，雷暴雨次数多 10%~15%
降雪量	城市区域少 5%~10%，但城市区域下风方向多 10%
气温	多年平均高 0.5~3.0 ℃，冬季高于平均最低 1~2 ℃，夏季高于平均最高 1~3 ℃
相对湿度	年平均少 6%，冬季少 2%，夏季少 8%
风速	年平均少 20%~30%，大阵风少 10%~20%，静风日数多 5%~20%

注：资料来源为，张学文，张家宝，徐德源，等．新疆气象手册［M］．北京：气象出版社，2006 年。

第三节 区域（流域）平均降雨深

一、基本原理

区域或流域平均降雨深是指时段内区域或流域的降雨总量平铺后相当的水层厚度，一般以 mm 计。前已述及，同一时段区域(流域)内不同地点的降雨量是不一样的，可用式(4-7)加以描述。由于对区域(流域)内任一微分面积 dxdy 的降雨深可视为 $P(x,y)$，因此可导得确定区域(流域)平均降雨深的通式为

$$\overline{P}=\frac{1}{A}\int_A P(x,y)\,\mathrm{d}x\mathrm{d}y \tag{4-10}$$

式中 $\overline{P}$——区域(流域)平均降雨深；

A——区域（流域）的面积。

式(4-10)表明，要求出区域(流域)平均降雨深，必须先给出函数 $P(x,y)$ 的具体表达式。但由于目前人们掌握降雨空间分布的方法是布设雨量站网，因此要给出函数 $P(x,y)$ 的数学表达式是困难的。现行的方法是：先将区域(流域)划分成许多更小的子区域，然后找出每个子区域的代表性降雨深，最后利用下式计算区域(流域)平均降雨深：

$$\overline{P}=\frac{A_1}{A}P_1+\frac{A_2}{A}P_2+\cdots=\alpha_1 P_1+\alpha_2 P_2+\cdots \tag{4-11}$$

式中 A_1、A_2、…——子区域面积，且 $A_1+A_2+\cdots=A$；

P_1、P_2、…——子区域的降雨深；

α_1、α_2、…——子区域面积的面积权重。

式(4-11)实际上是式(4-10)的离散化形式。由式(4-11)可见，划分子区域和确定子区域的降雨深就成为用现行方法推求区域(流域)平均降雨深的关键。

二、等雨量线法

如果将两条相邻等雨量线之间的面积作为子区域面积，那么就相当于按等雨量线来划分子区域。如图 4-11 所示，假定相邻两条等雨量线之间的雨量呈直线变化，则第 i 条等雨量线与第 $(i+1)$ 条等雨量线之间的子区域的平均降雨深可表示为

$$\overline{P}_i=\frac{P_i+P_{i+1}}{2}\qquad (i=1,\ 2,\ \cdots,\ n) \tag{4-12}$$

式中 $\overline{P}_i$——第 i 个子区域的平均降雨深；

P_i——第 i 条等雨量线的降雨深；

P_{i+1}——第 $(i+1)$ 条等雨量线的降雨深。

这样，得到计算区域(流域)平均降雨深的公式为

$$\overline{P}=\frac{1}{A}\sum_{i=1}^{n}A_i\frac{P_i+P_{i+1}}{2}=\sum_{i=1}^{n}\alpha_i\frac{P_i+P_{i+1}}{2} \tag{4-13}$$

式中 A_i——相邻第 i 条和第 $(i+1)$ 条等雨量线之间的面积；

α_i——子区域面积权重，等于 A_i/A，$i=1,\ 2,\ \cdots,\ n$；

n——区域(流域)上等雨量线的条数。

式(4-13)中各子区域面积是根据等雨量线来划分的，故此法称为等雨量线法。

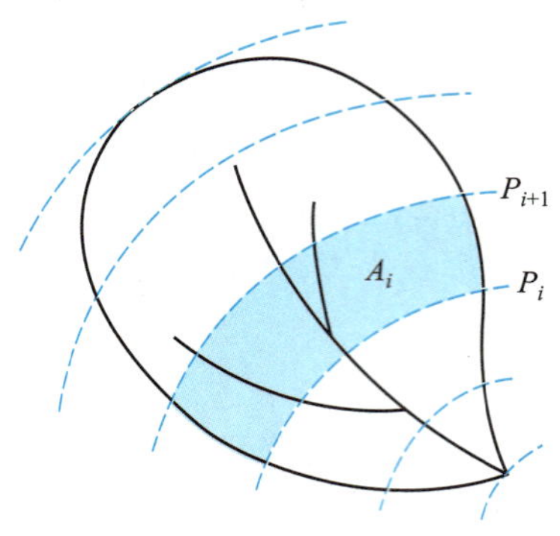

图 4-11 等雨量线法

三、泰森(Thiessen)多边形法

泰森多边形法是荷兰水文学家泰森于 1911 年提出的计算方法(图 4-12)。该法划分子区域的方法是：先将区域(流域)内的雨量站按其位置标示出来；然后在两两雨量站之间连直线，这样就会连成很多不嵌套的三角形，为了便于子区域划分，应尽可能使连成的三角形为锐角三角形；再对其中每个三角形求外心，利用所得到的垂直平分线和外心就可以将区域(流域)划分成若干个子区域。这样得到的子区域的几何形状为多边形，每个子区域只包含一个雨量站。如果假设每个子区域的降雨深即为该子区域中雨量站测得的降雨深，也就是假设每个子区域的降雨空间分布是均匀的，那么就可得到区域(流域)平均降雨深的计算公式为

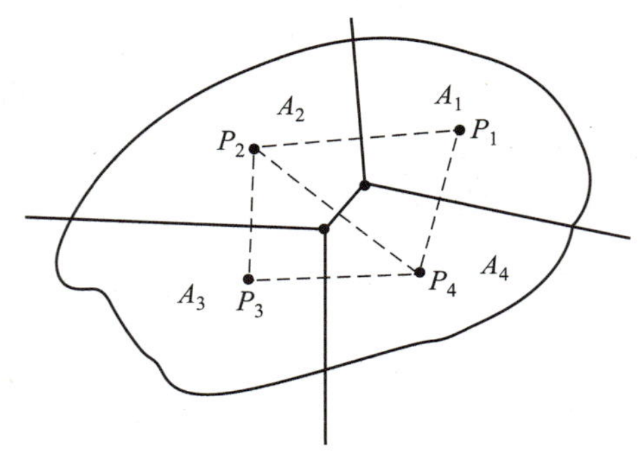

图 4-12 泰森多边形法

$$\overline{P}=\frac{1}{A}\sum_{i=1}^{n}P_iA_i=\sum_{i=1}^{n}P_i\frac{A_i}{A}=\sum_{i=1}^{n}P_i\alpha_i \tag{4-14}$$

式中 A_i——第 i 个子区域的面积；

α_i——第 i 个雨量站的面积权重；

P_1、P_2、…——子区域中雨量站测得的降雨深；

n——雨量站数目。

式(4-14)中各子区域面积是根据泰森多边形来确定的，故此法称为泰森多边形法。

四、算术平均法

在泰森多边形法中，如果划分得到的每个子区域的面积相同，也就是每个雨量站的权重相等，均为$\frac{1}{n}$，那么用泰森多边形法计算区域(流域)平均降雨深的公式(4-14)就变为

$$\overline{P}=\frac{1}{n}\sum_{i=1}^{n}P_i \tag{4-15}$$

由于式(4-15)中的 $\sum_{i=1}^{n}P_i$ 为区域中各雨量站降雨深之和，n 为雨量站数目，所以 $\overline{P}=\frac{1}{n}\sum_{i=1}^{n}P_i$ 实际上就是区域(流域)内各雨量站测得降雨深的算术平均值。

算术平均法实际上是泰森多边形法的一个特例，前提是区域(流域)内雨量站分布均匀。

五、距离平方倒数法

美国学者在20世纪七八十年代提出了计算区域(流域)平均降雨深的距离平方倒数法，该方法用网格来划分区域(流域)(图4-13)，每一个网格就是一个子区域，每一个网格的降雨深利用下列与距离平方成反比的方法插值得到：

$$P_i=\frac{\sum_{j=1}^{m}(P_j/d_{ji}^2)}{\sum_{j=1}^{m}(1/d_{ji}^2)} \tag{4-16}$$

式中　P_i——待求的第 i 个网格的降雨深；

P_j——区域(流域)内第 j 个雨量站的实测降雨深；

d_{ji}——第 i 个网格中心至第 j 个雨量站的距离；

m——区域(流域)内的雨量站数。

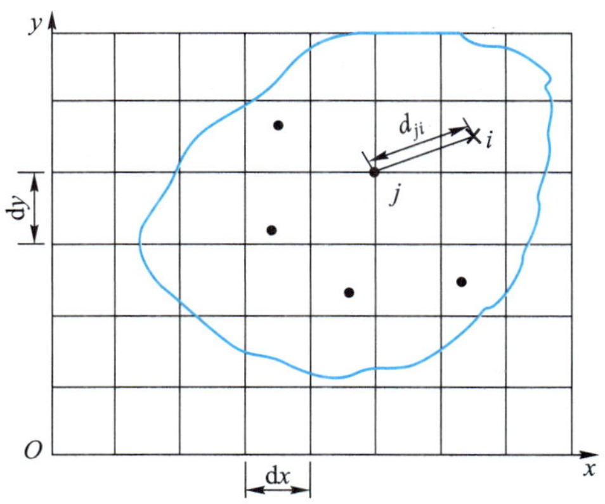

图4-13　网格

根据式(4-16)可以将区域(流域)内每个网格的降雨深都求出来，这就相当于得到了一个密度很高且分布均匀的虚拟雨量站网。应用算术平均法可得区域(流域)平均降雨深为

$$\overline{P} = \frac{1}{n}\sum_{i=1}^{n} P_i \tag{4-17}$$

式中 n——区域(流域)的网格数；

P_i——由式(4-16)求得的第 i 个网格的降雨深。

距离平方倒数法的要点：一是采用网格法划分子区域；二是采用距离平方倒数作为权重对每个网格的降雨深进行插值；三是按算术平均法计算区域平均降雨深。

式（4-17）也可用于计算由斑块图（图 4-3）表示的区域（流域）的平均降雨深。

第四节 雷达测雨

利用雷达测雨源于雷达气象方程。描述雷达回波强度与雷达参数、目标物性质、雷达行程距离和其间介质状况之间关系的方程式称为雷达气象方程。根据所建立的雷达气象方程，就可利用雷达测定的回波强度来推算降水情况。

雷达气象方程的基本形式为

$$P_r = \frac{CLZ}{r^2} \tag{4-18}$$

式中 P_r——雷达回波强度；

L——衰减引起的信号部分丢失；

Z——雷达反射率因子；

r——雷达至目标物的距离；

C——常数，取决于雷达设计参数的特性。

测雨时，P_r 由雷达测定，C、L 和 r 可通过测定或率定方法确定，故根据式(4-18)可解出雷达的反射率因子 Z 为

$$Z = \frac{P_r r^2}{CL} \tag{4-19}$$

且知，Z 与降雨强度存在一定的理论关系，其基本形式通常为

$$Z = Ai^b \tag{4-20}$$

式中 i——降雨强度；

A、b——常数，由实测资料予以率定。

式(4-19)和式(4-20)表达了雷达测雨的基本原理。

美国于 1996 年建成由 120 多台高质量多普勒雷达组成的全美雷达网，称为 NEXRAD 系统。这套雷达测雨系统具有较高的时空分辨能力，能提供时段小于 5 min 和空间分辨率小于 1 km^2 的雨量估计值。单独一台雷达的有效测程约 200 km，可覆盖 1×10^4 km^2 以上的面积。美国 NEXRAD 系统的设计参数见表 4-2。根据实测资料率定得到的美国部分地区的 A 值和 b 值列于表 4-3。

表 4-2　美国 NEXRAD 系统的设计参数

参数	单位	参数的设计值
发射频率	GHz	2.7~3.0
峰值输出功率	MW	1.0
平均输出功率	kW	2.0
射线宽度	度(°)	0.95
天线增益	dB	45.5
接收机频宽	GHz	2.7~3.0
动态范围	dB	95

表 4-3　美国部分地区的 A 值和 b 值

地区	A	b
佛罗里达州	0.013	0.74
北卡罗来纳州	0.019	0.72
新泽西州	0.018	0.71
伊利诺伊州	0.015	0.70
亚利桑那州	0.013	0.67
阿拉斯加州	0.026	0.64
俄勒冈州	0.028	0.62

目前，全国性的雷达测雨系统已基本建成，如长江三峡区间和黄河小浪底至花园口区间等重点防洪地区的雷达测雨系统。

雷达测雨与传统的雨量站网测雨的主要不同在于：传统的雨量站网测雨总是先测得点雨量，若要提供区域(流域)平均降雨深，还必须通过本章第三节介绍的方法计算，而这些计算方法都有局限性。雷达测雨则不同，它可以直接测得降雨的空间分布，能直接提供区域(流域)平均降雨深。此外，通过雨量站网实时跟踪暴雨中心走向和暴雨时空分布变化较为困难，而雷达测雨在这方面具有明显的优势。由此可见，雷达测雨是测雨技术必然的发展方向之一。

雷达测雨只是遥感测雨技术的一种，应用卫星遥感的测雨技术目前也在逐步推广应用。

习　　题

第四章习题参考解答

4-1　某场暴雨 8∶00—11∶00 的 3 h 降雨量的空间分布用等雨量线表示。暴雨中心的雨量为 108 mm。100 mm、90 mm、80 mm、70 mm、60 mm、50 mm、40 mm、30 mm、20 mm、10 mm、0 mm 等雨量线包围的面积分别为 8 km^2、

30 km²、40 km²、70 km²、110 km²、150 km²、200 km²、300 km²、340 km²、380 km²、400 km²。试求：

（1）0 mm 等雨量线范围内 3 h 平均降雨深；

（2）3 h 平均降雨深与笼罩面积的关系曲线。

4-2 流域上分布有 5 个雨量站，用泰森多边形确定各雨量站控制范围的面积分别为 35.5 km²、20.8 km²、60.1 km²、48.1 km²和 51.3 km²，14：00—16：00 各雨量站测得的雨量依次为 10.2 mm、20 mm、80 mm、30 mm、50 mm。试：

（1）用算术平均法和泰森多边形法分别计算 14：00—16：00 的 2 h 流域平均降雨深；

（2）分析两种方法计算结果有差异的原因。

4-3 某雨量站每小时观测一次降雨量。一次降雨过程的观测记录列于表 4-4，试绘制：

（1）本次降雨过程的 1 h 和 2 h 柱状图；

（2）本次降雨过程的累积雨量过程。

表 4-4 一次降雨过程的观测记录

时间	7：00—8：00	8：00—9：00	9：00—10：00	10：00—11：00	11：00—12：00	12：00—13：00	13：00—14：00	14：00—15：00	15：00—16：00
降雨量/mm	0	8	12	14	6	20	10	0	3

第五章　土　壤　水

许多水文现象的发生与发展都与土壤有关，因此，土壤水及其运动就成为水文学的重要内容之一。

第一节　土壤的质地和结构

一、土壤的质地及命名

1. 土壤质地

土壤中含有大小不同的固体颗粒，一般用粒径描述固体颗粒的大小，粒径就是颗粒的直径。土壤的质地与土壤中所含固体颗粒的大小具有对应关系。质地粗糙的土壤，其组成的固体颗粒粒径比较大；而质地细腻的土壤，其组成的固体颗粒粒径比较小。因此，要定量地描述土壤质地，就必须根据粒径的大小来制定一个标准。目前世界上通用标准的主要来源有二：一是美国农业部公布的土壤固体颗粒分类标准；二是国际土壤学会公布的土壤固体颗粒分类标准。这两个标准都是先把土壤固体颗粒的大小用命名的方式进行分类，均将土壤固体颗粒分为黏粒、粉粒和砂粒(图 5-1)。对于黏粒，美国农业部的规定与国际土壤学会的规定相同，均为粒径小于或等于 0.002 mm。对于粉粒，美国农业部规定的粒径为 0.002~0.05 mm，而国际土壤学会规定的粒径为 0.002~0.02 mm。对于砂粒，美国农业部规定的粒径为 0.05~2.0 mm，而国际土壤学会规定的粒径为 0.02~2.0 mm。由此可见，美国农业部的标准与国际土壤学会的标准差别仅在于中间粒径的划分上，而上、下限则是完全一致的。粒径大于 2.0 mm 的固体颗粒属于砾石。

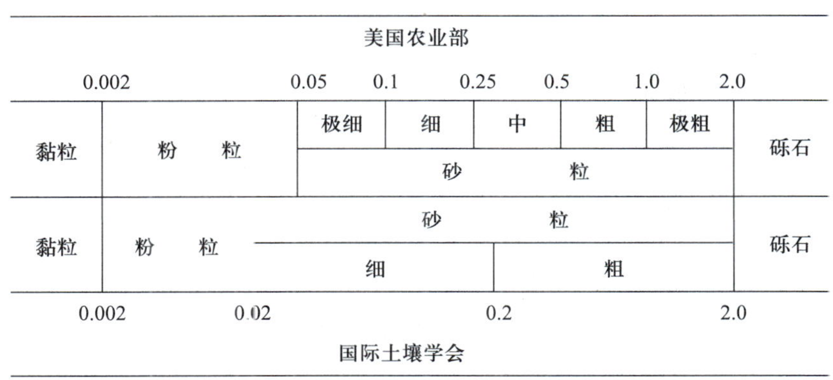

美国农业部
0.002
0.05
0.1
0.25
0.5
1.0
2.0
黏粒
粉　粒
极细
细
中
粗
极粗
砂　粒
砾石
黏粒
粉　粒
砂　粒
细
粗
砾石
0.002
0.02
0.2
2.0
国际土壤学会

图 5-1　土壤的粒级划分标准(单位:mm)

2. 土壤的质地名称

土壤是根据其中所含黏粒、粉粒和砂粒的比例来命名的。不同名称的土壤，这三种颗粒所占的比例是不同的。例如黏粒占 20%、粉粒占 40%和砂粒占 40%的土壤与黏粒占 30%、粉粒占 20%和砂粒占 50%的土壤，名称就不一样。为了给土壤命名，科学家制作了一个称为土壤质地三角形的图(图 5-2)，该图采用三角形坐标，三个坐标分别表示黏粒的质量百分数、粉粒的质量百分数和砂粒的质量百分数。将这个三坐标构成的三角形划分为 12 个区域，分别为黏土、黏壤土、粉土、粉黏土、粉质黏壤土、粉壤土、砂土、砂黏土、砂黏壤土、砂壤土、壤土、壤砂土等的命名区域。使用土壤质地三角形命名土壤的步骤一般为：首先通过筛分将从现场取来的土样中的黏粒、粉粒和砂粒区分出来，然后分别计算出各占的百分数，按这三个百分数就可在土壤质地三角形图上找到一个交点，根据该交点在土壤质地三角形中所处的区域就可给出土样的土壤名称。该交点如果位于壤土区域，就称为壤土；如果位于黏土区域，就称为黏土；如果位于砂土区域，就称为砂土；如果位于砂黏土区域，就称为砂黏土……例如黏粒占 20%、粉粒和砂粒均占 40%的土壤为壤土，而黏粒占 30%、粉粒占 20%、砂粒占 50%的土壤则为砂黏壤土。

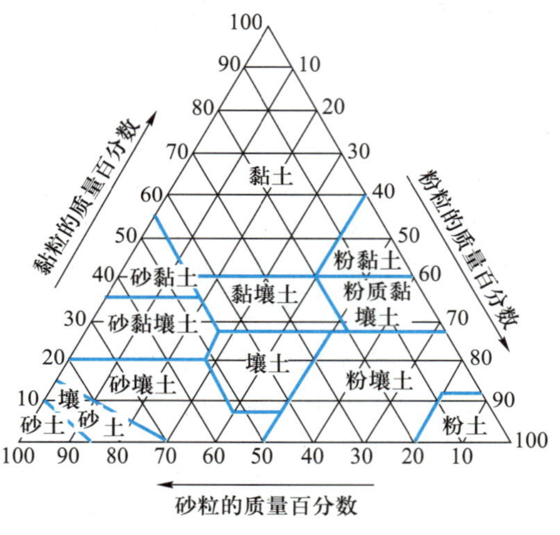

图 5-2 土壤质地三角形

二、土壤的结构

土壤结构是指土壤中固体颗粒的排列方式、排列方向、土壤的团聚状态、土壤孔隙大小及几何形状等。

为了理解土壤结构，特举一个例子。假设土壤固体颗粒的形状是圆球，给出两种排列方式，如图 5-3 所示，两种排列方式无论形成的孔隙大小还是孔隙的形状都有很大的区别。这就说明，土壤固体颗粒的大小、形状及排列方式对土壤孔隙的大小和形状有重要影响，而土壤孔隙的大小和形状正是研究土壤水必须涉及的一个基本内容。土壤水之所以存在并能够运动，就是因为土壤中存在孔隙。孔隙的大小及形状对土壤水的存在和运动的影响显然是重要的。

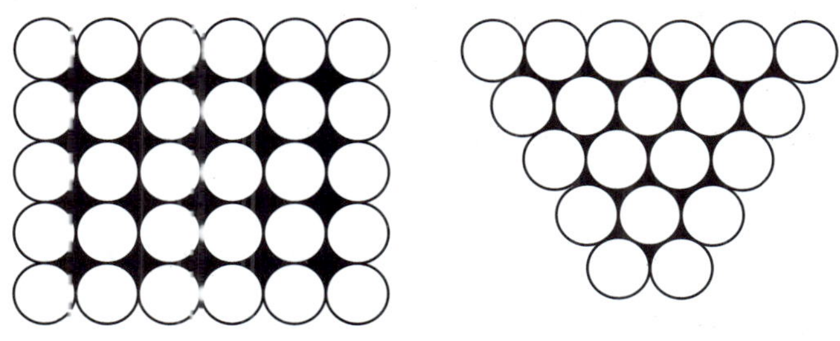

图 5-3　土壤固体颗粒的排列方式

土壤团聚状态的基本标志是存在团粒。团粒由许多土壤颗粒组成，许多团粒聚在一起就成了土壤的团聚状态。可见，对于存在团聚状态的土壤，不仅在每个团粒里存在着孔隙，而且在团粒与团粒之间也存在孔隙。所以，具有团聚状态的土壤孔隙就更多了。

土壤结构是非常复杂的，图 5-3 所示只是简单的理想情况，实际上，因为颗粒的大小不一样，形状和排列方式也各异，颗粒之间这种规规矩矩的排列状态在自然界几乎是不存在的。而且，土壤结构的随机性非常强，以致定量描述土壤结构至今仍是一个十分困难的问题。

第二节　土壤的“三相”关系

“相”是指物质的存在形态。物质的液态叫作液相，固态叫作固相，气态叫作气相。因此，所谓“三相”关系就是指存在于土壤里的固相、液相、气相之间的比例关系。

为了探讨土壤里“三相”的比例关系，先做一个简单的实验。取一块单位面积的土壤块，如图 5-4 所示，用 V_t 表示其总体积，M_t 表示其总质量。土壤中的固相为固体颗粒，液相为水分，气相为空气。如果对这个土块加压，并压缩到里面一点孔隙也没有，必然把固体颗粒全部压到这个土块的最下面，其上是土壤里的水分，而土壤中的空气则在这个土块的最上面。这样，土壤中的“三相”就分离了，也就是将土壤的总体积分成三部分，其中固体颗粒的体积为 V_s，水的体积为 V_w，空气的体积为 V_a，显然有

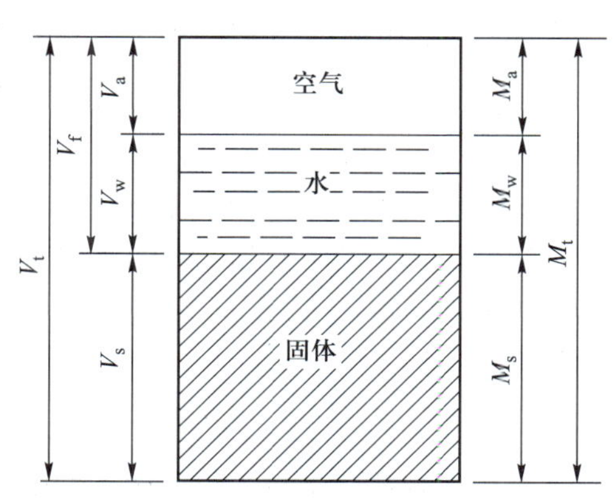

图 5-4　土壤中“三相”关系概念图

$$V_t = V_s + V_w + V_a \tag{5-1}$$

同样，土壤的总质量也被分成三部分，其中固体颗粒的质量为 M_s，水的质量为 M_w，空气的质量为 M_a，显然有

$$M_t = M_s + M_w + M_a \tag{5-2}$$

由于空气的质量比固体颗粒和水小很多，故一般可忽略不计，这样式(5-2)就简化为

$$M_t = M_s + M_w \tag{5-3}$$

此外，不难看出体积(V_a+V_w)就是土壤中孔隙的体积，用 V_f 表示，即

$$V_f = V_a + V_w \tag{5-4}$$

由此可见，通过这个实验可以把土壤里的各种“相”所占的体积和质量分别计算出来。有了这些基本知识，就可以讨论描述土壤“三相”关系的一些物理量或术语。

1. 表示土壤中气相和液相比例的物理量

常用的表示土壤中气相和液相比例的物理量有孔隙度和孔隙比。土壤中孔隙体积与土壤总体积的比值称为孔隙度，又叫作孔隙率，用 f 表示：

$$f = \frac{V_f}{V_t} \tag{5-5}$$

孔隙比则是指土壤中孔隙体积与固体颗粒体积的比值，用 e 表示：

$$e = \frac{V_f}{V_s} \tag{5-6}$$

由于 $V_s = V_t - V_f$，所以孔隙比又可表达为

$$e = \frac{V_f}{V_t - V_f} \tag{5-7}$$

如果可以用多个物理量表示一个物理现象，那么这些物理量之间一般会存在一定的关系。容易推导出孔隙度（或孔隙率）与孔隙比之间的关系为

$$e = \frac{f}{1-f} \tag{5-8}$$

2. 表示土壤中固相比例的物理量

常用的表示土壤中固相比例的物理量有固体密度和干密度。固体的质量与其体积的比值称为固体密度，用 ρ_s 表示：

$$\rho_s = \frac{M_s}{V_s} \tag{5-9}$$

土壤固体颗粒质量与土壤总体积的比值称为干密度，用 ρ_b 表示：

$$\rho_b = \frac{M_s}{V_t} \tag{5-10}$$

结合式(5-1)和式(5-4)，式(5-10)也可写为

$$\rho_b = \frac{M_s}{V_t} = \frac{M_s}{V_s + V_a + V_w} = \frac{M_s}{V_s + V_f} \tag{5-11}$$

容易证明，ρ_s 与 ρ_b 之间的关系为

$$f=1-\frac{\rho_b}{\rho_s} \tag{5-12}$$

3. 表示土壤中液相比例的物理量

在自然条件下，土壤中的液相主要是水。表示土壤中水的比例的物理量有质量含水率、容积含水率和饱和度。土壤中水的质量与固体的质量的比值称为质量含水率，用 w 表示：

$$w=\frac{M_w}{M_s} \tag{5-13}$$

土壤中水的体积与总体积的比值称为容积含水率，用 θ 表示：

$$\theta=\frac{V_w}{V_t} \tag{5-14}$$

结合式(5-1)和式(5-4)，式(5-14)也可写成

$$\theta=\frac{V_w}{V_s+V_f} \tag{5-15}$$

土壤中水的体积与孔隙体积的比值称为饱和度，用 θ_s 表示：

$$\theta_s=\frac{V_w}{V_f} \tag{5-16}$$

结合式(5-4)，式(5-16)也可写成

$$\theta_s=\frac{V_w}{V_a+V_w} \tag{5-17}$$

容易证明，质量含水率、容积含水率和饱和度之间的关系为

$$\theta=\frac{w\rho_b}{\rho_w} \tag{5-18}$$

和

$$\theta_s=\frac{\theta}{f} \tag{5-19}$$

式中　ρ_w——水的密度。

4. 表示土壤中气相比例的物理量

一般用充气孔隙度来表示土壤中气相的比例。土壤中空气的体积与总的体积的比值称为充气孔隙度，用 f_a 表示：

$$f_a=\frac{V_a}{V_t} \tag{5-20}$$

结合式(5-1)和式(5-4)，式(5-20)也可写成

$$f_a = \frac{V_a}{V_a + V_w + V_s} \tag{5-21}$$

充气孔隙度与土壤的孔隙率存在一定关系。事实上，土壤孔隙一般包含了空气和水两种物质，因此，通过简单推导可得

$$f_a = f - \theta = f(1 - \theta_s) \tag{5-22}$$

第三节 土壤水的作用力及其分类

一、土壤水的作用力

存在于土壤中的纯水受到的作用力主要有三类：一是分子引力，简称分子力；二是毛细管作用力，简称毛管力；三是地球引力，即重力。如果不是纯水，即水中含有其他物质，那么土壤中还存在不同浓度液体之间的渗透压力。如果产生化学反应，则还有化学力。因为研究降雨径流形成主要涉及纯水，所以这里仅对分子力、毛管力和重力进行讨论。

1. 分子力

分子力是指土壤颗粒表面分子对水分子的吸引力。根据物理学中的万有引力定律，分子力可表达为

$$F = G\frac{m_1 m_2}{r^2} \tag{5-23}$$

式中 F——分子力；

m_1——土壤颗粒分子质量；

m_2——水分子质量；

r——土壤颗粒分子与水分子之间的距离；

G——万有引力常数。

分子力非常大，这是因为包围在土壤颗粒周围的水分子与土壤颗粒表面分子之间的距离非常近，即 $r \to 0$。测试结果表明分子力会超过 10^4 个大气压。正因为如此，水分子一旦被土壤颗粒分子吸引就很难逃脱它的“魔掌”。

2. 毛管力

假如有一盆水，将一根细而长的玻璃管插入这盆水中(图 5-5)，此时细管里的水就会上升到某一高度而停止，这就是毛管现象。水在玻璃管中之所以会上升，原因之一是水有表面张力。如图 5-6 所示，位于水面上的水分子，其受力是不均匀的，只有三个方向受到其他水分子的吸引力，指向水面上空这一方向不受到其他水分子的吸引力，所以水面会产生表面张力。表面张力是出现毛管现象的必要条件。原因之二是构成毛细管的物质要能与水发生浸润作用。如果将细长玻璃管插在水银中，水银就不会在玻璃管中上升，因为水银和玻璃是不会发生浸润作用的。浸润作用是出现毛管现象的充分条件。

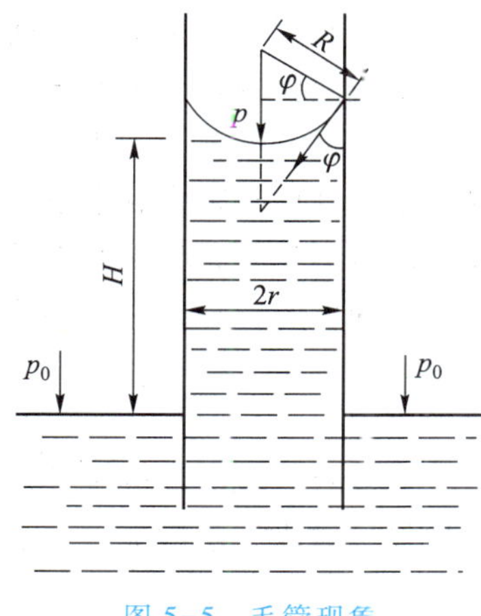

图 5-5 毛管现象

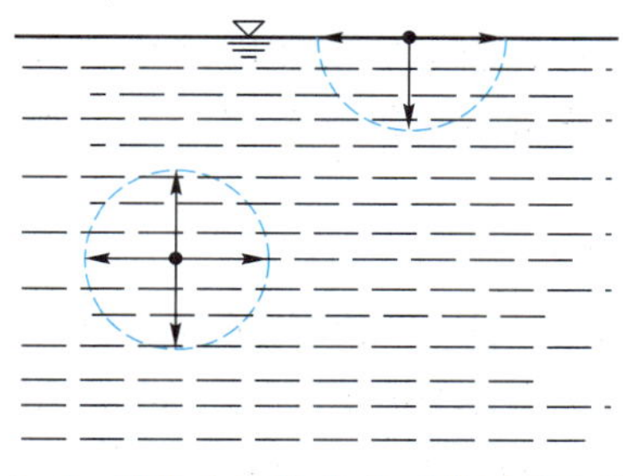
图 5-6 液体中和液体表面分子受力情况

使水在毛细管中上升的力称为毛管力。分布在土壤中的许多细小的孔隙会构成纵横交错的毛细管，通过毛管现象，这些毛细管里就会保持一些水分。毛管力是确保土壤水存在的一种重要力量。由物理学可知，毛管水上升高度可按下式计算：

$$H=\frac{2\sigma}{\rho_{w}gr}\cos\varphi \tag{5-24}$$

式中 H——毛管水上升高度；

σ——水的表面张力系数；

ρ_w——水的密度；

r——毛细管半径；

φ——浸润角。

进一步分析可知，由于水的表面张力系数 σ 变化不大，密度 ρ_w 在常温下变化也不大，所以毛管水上升高度 H 与其半径 r 的关系最为直接。毛细管的半径越大，毛管水上升的高度就越小；反之，毛管水上升的高度就越大。但是管子太粗或太细是没有毛管现象的。所以，上述结论仅对毛细孔隙成立，对非毛细孔隙是不成立的。由此可见，毛管力大小一般可用毛管上升高度 H 来衡量。

3. 重力

地球上任何物体都要受到地球吸引力的作用，土壤水也不例外。地球对物体的吸引力就是重力。因此，将水的密度乘以重力加速度就是土壤水受到的单位体积重力。重力总是指向地心的。

二、土壤水的分类

根据土壤水的作用力，可以把土壤水分成吸湿水、薄膜水、毛管水、重力水等四种存在形态。

1. 吸湿水

被土壤颗粒分子吸附的空气中的气态水分子称为吸湿水。如果将从自然界取来的土块放在烘箱里烘干并称重，然后将烘干的土块放置在湿空气中一定时间后再称重，这两次称重的差值就是吸湿水的重量。由此可见，吸湿水的存在靠的是土壤固体颗粒分子对水分子的吸引力。由于土壤颗粒对吸湿水的吸引力非常大，可以大到 10^4 个大气压以上，所以，土壤颗粒能死死地、紧紧地把水分子吸附在自己的周围，使得吸湿水的性质与正常状态下水的性质有很大区别，例如吸湿水的密度比普通水的密度大；普通水能自由流动，吸湿水却几乎没有运动的能力；吸湿水也没有溶解能力。所以，吸湿水具有一些固体的特性，它是不能参与径流形成的。

2. 薄膜水

吸湿水是被土壤颗粒分子紧紧吸引在其周围的水分，大概只有几个水分子的厚度。土壤颗粒分子对吸湿水外层的水分子仍具有一定吸引力，但这要比对吸湿水的吸引力小得多。这样，在土壤颗粒周围除了吸湿水外还会形成薄层水膜，称为薄膜水，又叫作膜状水。由于薄膜水受到土壤颗粒的吸引力比吸湿水小得多，所以薄膜水的密度比吸湿水的密度小，但一般比 1 g/cm^3 大。薄膜水有一定的流动性，但流动速度很慢，大约只有 0.008 3~0.016 7 mm/h。如图 5-7 所示，如果相邻的两个土壤颗粒中，一个土壤颗粒的水膜比较厚，另一个土壤颗粒的水膜比较薄，那么薄膜水就会从水膜厚的土壤颗粒向水膜薄的土壤颗粒流动。薄膜水几乎没有溶解其他物质的能力。

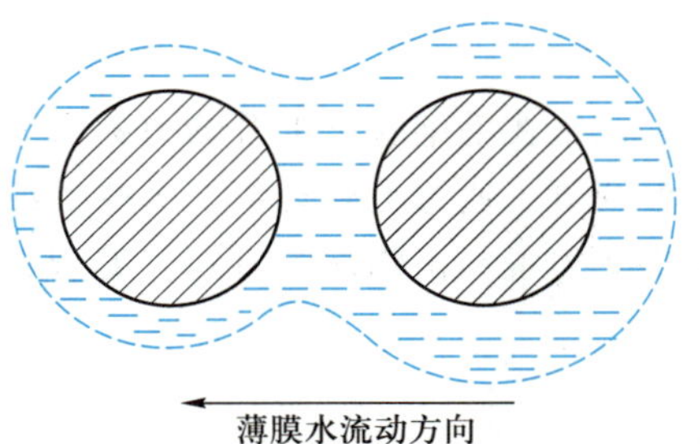

图 5-7 两土粒间薄膜水的流动

吸湿水和薄膜水具有一些共同性质，它们都是被土壤颗粒分子引力吸附而存在于土壤颗粒周围的水分，这些水分几乎不流动或流动速度非常缓慢，密度比标准大气压下的纯水的密度大，都不能溶解其他物质。所以，可将这两种土壤水合称为束缚水，即被土壤颗粒紧紧地吸附而受到束缚的水分。

3. 毛管水

由毛管力的作用而保持在土壤毛细管中的水分称为毛管水。土壤中有很多排列不规则的毛细管，其分布具有很强的随机性。由于毛管力作用，水分会保持在毛细管中。这种水与标准大气压下的液态水几乎没有什么区别，其密度、溶解物质的能力都与一般纯水一样。毛管水总是从毛管力小的地方向毛管力大的地方运动。如果有一根毛细管，其上部很细、下部相对较粗，那么毛管水会从其下部向上部运动。

毛管水有两种存在形式：上升毛管水和悬着毛管水(图 5-8)。地下水面与地面之间的土壤是不饱和土壤，有很多毛细管，如果把地下水体看作一盆水，那么土壤中的这些毛细管就像玻璃管插在一盆水中一样，会产生毛管现象，水分会沿着毛细管上升，这种毛管水叫作上升毛管水。如果有降雨，那么由于下渗作用，一部分雨水要下渗到土壤中去，先是近地面这一层的土壤含水量增加，先行达到饱和含水量，然后随着降雨的进行，饱和含水带向下移动。这就好像有一盆倒置的水，由此而产生的毛管水好像悬挂在地面上一样，称为悬着毛管水。土壤中的上升毛管水和悬着毛管水都处在不断的变动之中，上升毛管水随着地下水面的升降而变动，悬着毛管水随着有无降雨、降雨持续时间而发生变化。

4. 重力水

重力水就是在重力作用下土壤中能够自由运动的水。与明渠中水的流动一样，重力水总是从高处往低处流。土壤中存在的重力水有两种形式：一是没有任何支撑的重力水，叫作渗透重力水；二是遇到某种支撑的重力水，叫作支持重力水。如果重力水在运动过程中遇到障碍，例如不透水基岩、地下水面或相对不透水面，那么它就全部或部分不能再继续下渗了。被不透水面或相对不透水面全部或部分支撑住的重力水，在其上形成具有自由水面的积水。

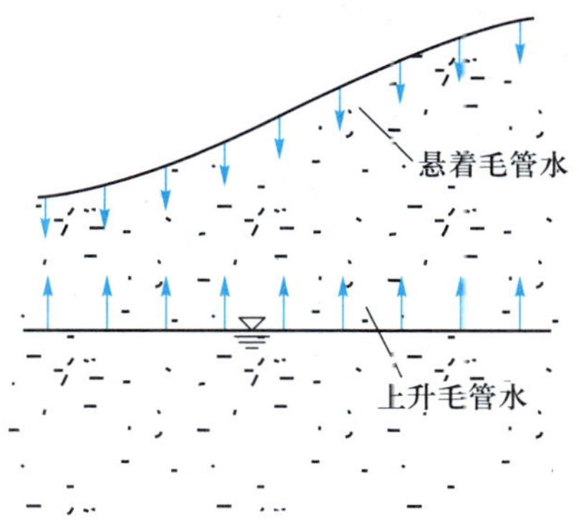

图 5-8　不同部位的毛管水

重力水和毛管水具有一些共同性质，例如它们都是自由水，密度和溶解能力没有区别，所以，这两种土壤水可合称为自由水。但要注意，毛管水受毛管力驱动，是被土壤保持的自由水，而重力水受重力驱动，是可以从高处向低处自由流动的自由水。

以上关于土壤水存在形态的讨论可以归纳为图 5-9：土壤水有束缚水和自由水之分，束缚水包括吸湿水和薄膜水，自由水包括毛管水和重力水。毛管水有上升毛管水和悬着毛管水两种形式存在，重力水有渗透重力水和支持重力水两种形式存在。

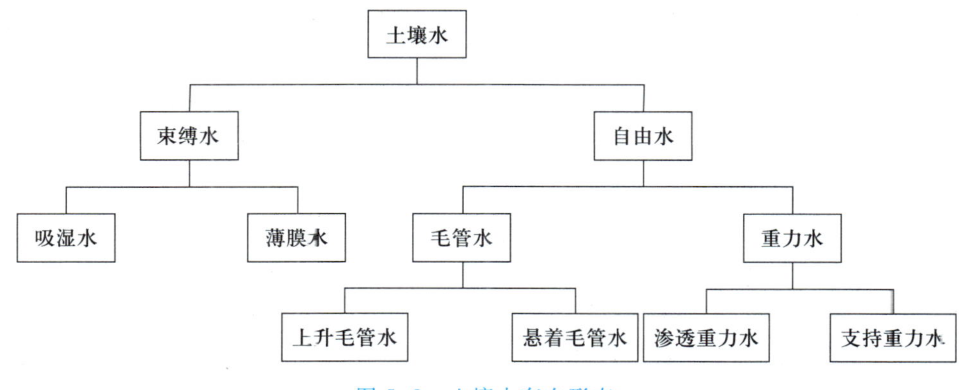

图 5-9　土壤水存在形态

第四节　土壤水文常数及其意义

一、土壤水文常数

土壤中存在的吸湿水、薄膜水、毛管水和重力水都有一个临界值。临界值也叫阈值，它就像一个“门槛”，高于这个“门槛”和低于这个“门槛”，就会有不同的特点或不同的情况发生。土壤水文常数就是土壤水分的临界值或阈值(门槛值)。常见的土壤水文常数有最大吸湿量、最大分子持水量、凋萎系数、田间持水量、毛管断裂含水量、饱和含水量等。

1. 最大吸湿量

如果空气中的水汽含量达到饱和状态，土壤又是干燥的，那么土壤颗粒就会吸收空气中的水汽分子一直到吸“饱”为止，这时的土壤含水量就是最大吸湿量。可见，最大吸湿量就是干燥土壤在饱和空气中所能吸收的水汽分子的最大量。

2. 最大分子持水量

最大分子持水量是指由土壤颗粒分子力所能吸附水分的最大值。土壤含水量达到最大吸湿量后，土壤颗粒分子引力还会继续吸收水分，直到土壤颗粒的分子引力减小到不能再吸收水分子为止，这时的含水量叫作最大分子持水量。可见最大分子持水量是土壤颗粒分子引力几乎“耗尽”时的土壤含水量。最大分子持水量一定大于最大吸湿量，因为最大吸湿量只是最大分子持水量的一部分。按照束缚水的概念，最大分子持水量就是土壤中束缚水的最大值。

3. 凋萎系数

植物因缺水而枯死的现象叫作凋萎，所以凋萎系数与土壤中植物的生长有关。植物生长需要水，当土壤含水量减少到不能满足植物吸水量的需求时，植物就会因不能从土壤中吸取必需的水分而枯死，这时候的土壤含水量就叫作凋萎系数。简言之，植物根系无法从土壤中吸取必需的水分而使植物开始凋萎的土壤含水量称为凋萎系数。

4. 田间持水量

田间持水量是指土壤中能保持最大悬着毛管水时的土壤含水量，或者是土壤颗粒的分子引力和土壤毛管力均得以满足时的土壤含水量。从田间持水量的定义可以看出，它是指能够被土壤吸附保持的水分的最大值，它大于最大分子持水量。

5. 毛管断裂含水量

土壤含水量达到田间持水量标志着土壤中的毛细管已全部被毛管水充满，此时，如果土壤含水量减小，毛管水也随之减少，当土壤含水量减小到一个阈值时，土壤中毛细管连续状态全部破坏。这个阈值就是毛管断裂含水量。它小于田间持水量，但一般大于最大分子持水量。

6. 饱和含水量

饱和含水量是指土壤中的大孔隙、小孔隙（即所有孔隙）都被水充满时的土壤含水量。饱和含水量是土壤含水量的最大值。饱和含水量比田间持水量还要大，两者之差值就是土壤中的重力水含量。

土壤水文常数反映了土壤的基本水文特性。不同类型的土壤，其最大吸湿量、最大分子持水量、田间持水量和饱和含水量也不相同。表 5-1 所列为不同土壤的田间持水量和饱和含水量。表 5-2 说明，凋萎系数除了与土壤类型有关外，还与植物的种类有关。有研究表明，凋萎系数还与植物的生长阶段有关。

表 5-1　不同土壤的田间持水量和饱和含水量(容积含水率)　%

土壤名称	田间持水量	饱和含水量
紫砂土	26~32	—
砂壤土	32~42	45~52
轻壤土	30~36	40~52
中壤土	30~35	44~54
重壤土	32~42	40~50
轻 土	40~45	45~54
中 土	35~45	48~53
重黏土	40~50	48~55

表 5-2　不同植物、不同土壤的凋萎系数(质量含水率)　%

植物名称	土壤名称				
	粗砂土	细砂土	砂壤土	壤土	重壤土
玉米	1.07	3.1	6.5	9.9	15.5
高粱	0.94	3.6	5.9	10.0	14.4
小麦	0.88	3.3	6.3	10.3	14.5
豌豆	1.02	3.3	6.9	12.4	16.6
番茄	1.11	3.3	6.9	11.7	15.3
水稻	0.96	2.7	5.6	10.1	13.0

二、水文学意义

为了了解土壤水文常数在水文学中的意义，先作一汇总图（图 5-10）。对任一种土壤，当其完全干燥时，含水量为 0，放置在饱和空气中充分吸附水汽以后，含水量就会达到最大吸湿量。然后通过注水，含水量将逐步增加，先达到最大分子持水量，再达到田间持水量，最终达到饱和含水量。至于凋萎系数，根据植物种类及其生长季节可能大于、也可能小于最大分子持水量。从干燥到最大吸湿量增加的水分属于吸湿水；从最大吸湿量到最大分子持水量增加的水分属于薄膜水或膜状水；从最大分子持水量到田间持水量增加的水分属于毛管水；从田间持水量到饱和含水量增加的水分属于重力水。

小于凋萎系数的那部分土壤水，由于以束缚水的形式存在，所以要脱离分子引力的“魔掌”，必须要有强大的外力，但在自然条件下，蒸发的外力主要来自太阳能，它很难使束缚水逸散到大气中去，因此这部分土壤水在自然条件下必然变化不大。从凋萎系数到最大分子持水量的那部分束缚水，由于植物的根系有能力把它吸收到植物体内，然后再散发到大气中去，所以这一部分水可耗于植物散发。从最大分子持水量到田间持水量的土壤水以毛管水形式存在于土壤中，毛管水是自由水，在自然条件下它是能够蒸发的土壤水。由于毛管水的数量与土壤含水量有关，所以这时的土壤蒸发必与土壤含水量有关系，土壤含水量大，蒸

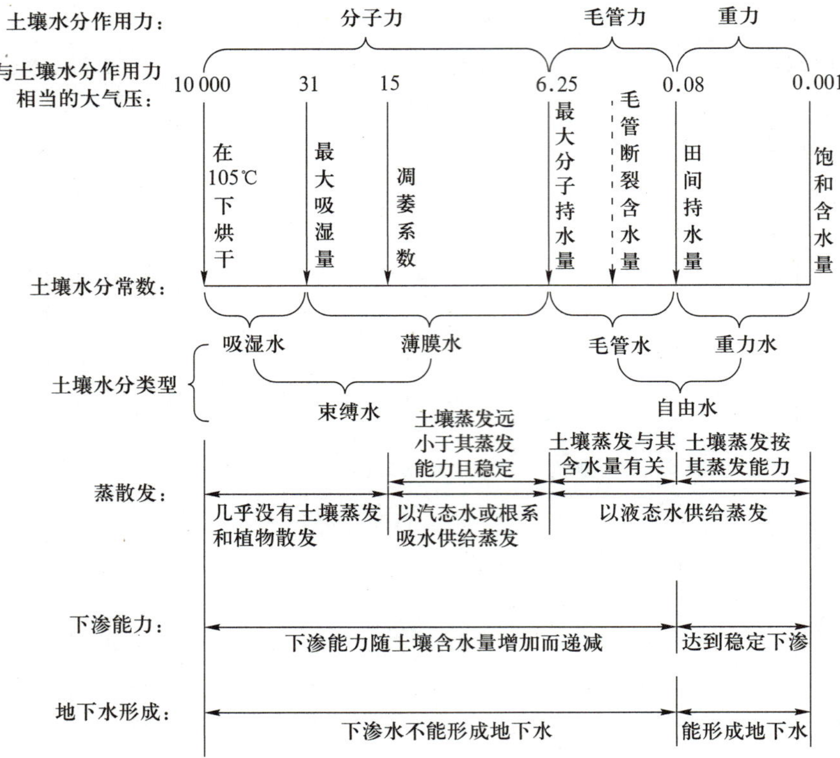

图 5-10 土壤水文常数的水文学意义

发就大，土壤含水量小，蒸发就小。超过田间持水量的土壤水是重力水，所以，当土壤含水量达到田间持水量后，土壤蒸散发将达到相同气象条件下的最大值。

从干燥土壤到土壤含水量达到田间持水量，下渗能力是随土壤含水量的增加呈递减变化的。土壤含水量为 0 时，下渗能力最大，随着土壤含水量增加，下渗能力从快速减小到慢慢减小。当土壤含水量达到田间持水量以后，下渗能力就达到一个稳定值，即下渗能力的最小值。所以可以根据土壤水文常数来判断下渗不同阶段的特点。

如果土壤含水量小于田间持水量，那么土壤水是靠土壤颗粒分子吸引力和毛管力来维持的，这种土壤水补充地下水是很困难的。但是，如果土壤含水量超过田间持水量，情况就不一样了，因为超过田间持水量的那部分土壤水是自由重力水，它有可能补充地下水。

第五节 土 水 势

一、势的概念

水文学既关心土壤水的存在形态，又关心土壤水的运动。根据作用力来讨论物体运动是完全可以的，人们熟知的牛顿三大定律揭示了作用力与物体运动的关系。但是，这在讨论土壤水运动时会遇到一点困难。在牛顿力学中，作用力是指合力。因为力是矢量，所以求合力不是简单地求代数和，而必须利用平行四边形法则。土壤水的作用力的方向非常复杂，采用平行四边形法则来求作用于土壤水的合力十分困难，因此，必须另辟蹊径讨论土壤水的运动。

由物理学可知，质量为 m 的物体在力 F 的作用下沿作用力的方向运动了距离 x，所做的功 W 为

$$W=Fx \tag{5-25}$$

式(5-25)表明了力 F 与功 W 有关，而且还可以看出，当作用力不变时，功的增量 ΔW 与物体运动距离的增量 Δx 之比即为力 F。

功和能的物理意义相同。物体做机械运动所产生的能量叫作机械能。机械能包括势能和动能。势能的产生有两个原因：一是地球的吸引力；二是物体内部条件变化。常见的物体内部变化有压力引起的体积膨胀或收缩、浓度变化引起的扩散、化学物质引起的化学反应等。压力引起的势叫作压力势，浓度扩散引起的势叫作渗透压力势，化学反应引起的势叫作化学势。动能则与速度的平方有关。由于土壤水运动的速度很慢，所以土壤水的动能很小，常常可以忽略。这样一来，驱使土壤水运动的能量主要是势能。

土壤水所具有的势能称为土水势。势是标量，总势即为各分势的代数和。由此可见，在研究土壤水运动时，如果借助于势，就可以避免使用复杂的平行四边形法则。

二、土水势的分势

对于纯水，土水势的分势主要有重力势、压力势和基模势。

1. 重力势

重力势是指将一定质量的土壤水举起至一定高度克服重力所做的功。将质量为 m 的土壤水举到离基准面 z 的高度产生的重力势 E_g 为

$$E_g=mgz \tag{5-26}$$

或

$$E_g=\rho_w Vgz \tag{5-27}$$

式中 V——土壤水体积；

ρ_w——水的密度；

g——重力加速度。

水的密度 ρ_w 一般视为常数，g 也视为常数，因此，单位体积土壤水的重力势与位置高度 z 成正比，即

$$\psi_g=\frac{E_g}{V}=\rho_w gz \tag{5-28}$$

位置高度越高，重力势就越大；位置高度越低，重力势就越小。由于决定运动的是势的增量，所以，在求重力势时可采用相对基准面，这样，重力势可为正值，也可为负值。

2. 压力势

压力势是指土壤水受到的水压力作用引起其体积变化所做的功。压力势属于内部条件改变所产生的势能。根据物理学知识，压力势等于压力乘以体积的改变量，即

$$E_p = p\Delta V \tag{5-29}$$

式中 p——水压力；

ΔV——水体积的改变量。

水压力有静水压力和动水压力之分。静水压力比较容易计算，水深为 h 的某点受到的静水压力就可用该点的水深 h 表示。因此静水压力势 E_p 为

$$E_p = p\Delta V = g\rho_w h\Delta V \tag{5-30}$$

单位体积改变所引起的静水压力势为

$$\psi_p = \frac{E_p}{\Delta V} = \rho_w gh \tag{5-31}$$

这就是说，单位水体积的改变所产生的静水压力势与水深 h 成正比。动水压力势也可以表示成水深，但这个水深是测压管测得的水头。

压力势是否存在与土壤含水量有关。只有饱和土壤才存在压力势，对于非饱和土壤，压力势是不存在的。

3. 基模势

基模势这个术语比较生僻，不像重力势、压力势那样容易懂。基模势是怎样产生的呢？土壤水分在土壤固体颗粒分子力和土壤孔隙毛管力的作用下被吸附在土壤固体颗粒周围和被持留在土壤毛管孔隙中，如果要使其脱离土壤颗粒和毛管孔隙，那么必须做功，这个“功”就称为基模势。由于分子力计算比较复杂，故一般以毛管力为例来解释基模势的定量计算及特点。

由式(5-24)可知，毛管力可用毛管水上升高度 H 来表达，毛管水上升高度越大，毛管力就越大。因此有

$$p_m = -H\rho_w g \tag{5-32}$$

式中 p_m——毛管力；

H——毛管水上升高度；

ρ_w——水的密度；

g——重力加速度。

毛管力也是通过改变土壤水内部体积而产生势的，所以毛管力势应为

$$E_m = -H\rho_w g\Delta V \tag{5-33}$$

单位体积改变产生的毛管力势为

$$\psi_m = \frac{E_m}{\Delta V} = -\rho_w gH \tag{5-34}$$

式(5-34)表明，毛管力势与毛管水上升高度 H 的负值成正比。对于分子力，由于它与毛管力具有类似的特点，所以分子力引起的势也是负值。使用负压计可以将分子力和毛管力共同作用产生的势量测出来，但不能将它们拆分出来，因此，将负压计测得的土水势称为分

子力势不合适，称为毛管力势也不合适，只得另行命名为基模势。“基模”就是“基本”的意思。

基模势与土壤含水量有关，对于饱和土壤，基模势为零，其余情况，基模势均存在。

三、土水势的总势

土水势的总势就是上述所论各分势之代数和。由于压力势和基模势均与土壤含水量有关，所以总土水势的组成与土壤含水量有关。

对于饱和土壤，由于基模势等于零，因此总土水势等于重力势与压力势之和，即

$$\psi=\psi_g+\psi_p \tag{5-35}$$

对于非饱和土壤，基模势存在。因非饱和土壤中不可能形成自由水面，所以压力势不存在。故总势只由重力势和基模势组成，即

$$\psi=\psi_g+\psi_m \tag{5-36}$$

分析总土水势的组成是讨论土壤水运动的基本前提。饱和土壤和非饱和土壤的总土水势组成不一样，导致了饱和土壤水流运动与非饱和土壤水流运动有区别。用“势”来解释物体运动，就是物体总是从总势大的地方向总势小的地方运动。

为了加深对“势”的理解，举例如下。图5-11所示为一填充了均质土壤的U形土柱。从管子左边一端加水，水分就不断地向土壤里渗透。加水时若保持水位不变，则这根U形管里的土壤最终就全部达到饱和含水量，且在U形管右边一端有稳定的水量流出，这时整个土柱中的土壤水流动就处于稳定流状态了。已知加水一端的水深一直维持在6 cm，若水面的上一点记作G，土壤表面一点记作H，则有$GH=6$ cm，这就是水深。在土柱中，点I与点H之间的垂直距离为12 cm，点J与点I之间的垂直距离为24 cm，点K与点J处于同一水平线上，两点之间的水平距离为27 cm，点K与U形管另一端点L之间的垂直距离为18 cm。试确定此种情况下U形管中H、I、J、K和L各点的总势、基模势、重力势和压力势。

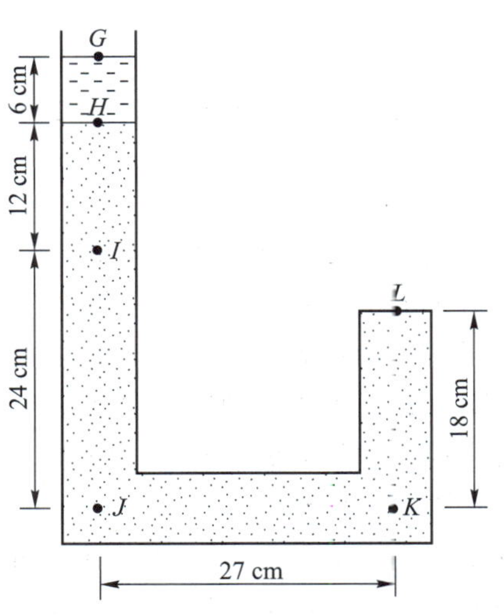

图5-11 U形土柱的土水势

根据题意，首先想到的就是，这个U形管中的水是运动着的；其次，U形管中的土壤已经达到了饱和含水量；再次，供水水位维持不变，意味着U形管中的水流为稳定流；最后，U形管中的土壤是均质的。由此可以推断，U形管中水头损失是均匀的，而且既然土壤水在运动，就肯定存在总势差，即加水端H的总势肯定比另一端L的总势大。因此，解题关键就是如何先将点H和点L的总势求出来。

为了解题，先要定出一个相对基准面作为计算重力势的依据。原则上这个基准面可以随便选取，在本例中以通过点G的水平线作为基准面比较方便。点H处在饱和土壤里，因此，它的总势由重力势和压力势两部分组成。点H的重力势为-6 cm，压力势为6 cm，因此点H

的总势为 0。点 L 也处在饱和土壤里，它的总势也由重力势和压力势组成。点 L 的重力势为 (-24-12-6+18) cm=-24 cm，点 L 处的压力势为 0，因此点 L 的总势等于-24 cm。土壤水之所以能从点 H 往点 L 运动，就是因为点 H 的总势比点 L 的总势大。由于是均质土壤，所以，从点 H 运动到点 L 的总势坡度 $\frac{\Delta\psi}{\Delta x}=\frac{24}{81}=0.296$，为常数。这就是说，水流运动 1 cm 的总势损失为 0.296 cm。这样就可以将点 I、J 和 K 的总势分别计算出来，进而就可以将各点的分势计算出来(表 5-3)。

表 5-3 U 形管中各点的总土水势和分势

	H	I	J	K	L
ψ/cm	0	-3.56	-10.67	-18.67	-24
ψ_g/cm	-6	-18	-42	-42	-24
ψ_m/cm	0	0	0	0	0
ψ_p/cm	6	14.44	31.33	23.33	0

四、土壤水分特性曲线

在讨论土壤水分特性曲线之前，先定义一个新术语——吸力。吸力是基模势的负值，用 Ψ 表示，即

$$\Psi=-\psi_m \text{或} \Psi=|\psi_m| \tag{5-37}$$

前已述及，基模势的大小与土壤含水量有关。如果土壤是干燥的，那么土壤固体颗粒对水分子的引力极大，毛管水的上升高度也最大。随着土壤含水量的增加，土壤颗粒对外围水分子的引力在减小，毛管力也在减小。所以，吸力是土壤含水量的函数。当土壤干燥时，吸力最大；当土壤达到饱和含水量时，吸力等于零。吸力与土壤含水量的关系曲线是一条吸力随土壤含水量增加而减小的曲线，这条曲线称为土壤水分特性曲线。

可以用两种方法得到土壤水分特性曲线(图 5-12)：一是从干燥土壤开始不断加水，增加土壤含水量直至饱和含水量，测定不同土壤含水量时的吸力，这样就可以得出一条吸水过程的土壤水分特性曲线；二是从饱和含水量开始，让土壤含水量不断蒸发，直至干燥，测定不同土壤含水量时的吸力，这样就可以得出一条脱水过程的土壤水分特性曲线。可见，吸水过程得到的土壤水分特性曲线与脱水过程得到的土壤水分特性曲线并不重合，土壤水分特性曲线为“绳套”的现象称为土壤水分滞后现象。

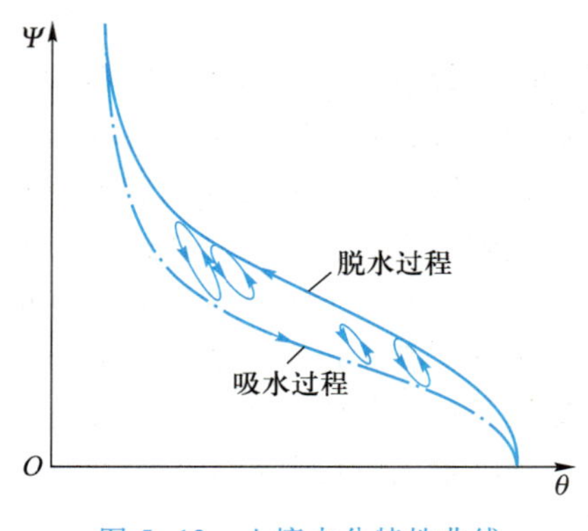

图 5-12 土壤水分特性曲线

对于土壤水分滞后现象，目前人们还只有一些定性的认识，只知道这个“绳套”与土壤的质地和结构有关。例如，黏土的质地比较细腻，孔隙分布比较均

匀，孔隙比较小，滞后现象就比较不明显；壤土的质地比较粗糙，孔隙分布比较复杂，孔隙比较大，滞后就比较明显。又如，具有团聚结构的土壤，“绳套”比较大，如果对有团聚结构的土壤加压，使土壤团聚结构破坏，那么“绳套”就会减小。土壤水分滞后现象的产生机理及其定量描述，目前仍是土壤学的一个世界性难题。

第六节　土壤水运动的控制方程

一、非饱和达西（Darcy）公式

在水力学中讨论过饱和水流的达西公式。1856 年达西做了一个沙柱中饱和水流运动的实验，得到饱和土壤某一方向 s 的渗流速度 v_s 与该方向总势坡度$\frac{dh}{ds}$成正比的结论，即

$$v_s=-K_s\frac{dh}{ds} \tag{5-38}$$

式中　K_s——渗透系数；

h——饱和土壤的总势；

s——s 方向的长度。

实际上，K_s 是土壤含水量达到饱和时的水力传导度，又称饱和水力传导度。在水文学中则叫稳定下渗率。

非饱和水流运动的达西公式是由理查兹(Richards)于 1931 年提出的。理查兹仿照达西的做法，在实验室做了非饱和水流运动的实验，发现非饱和土壤的渗流速度公式与饱和水流的达西公式结构相似：

$$v_s=-K(\theta)\frac{\partial\psi}{\partial s} \tag{5-39}$$

式中　v_s——s 方向上的非饱和土壤的渗流速度；

$\frac{\partial\psi}{\partial s}$——$s$ 方向上的总势梯度；

$K(\theta)$——s 方向上的非饱和水力传导度。

非饱和达西公式(5-39)中的 $K(\theta)$ 是土壤含水量 θ 的函数，随着 θ 的增大，$K(\theta)$ 也增大，当 θ 为饱和含水量时，$K(\theta)$ 就变成饱和水力传导度 K_s。

式(5-39)是一维非饱和水流的达西公式。任何一块土体都是三维空间中的物体。将一维非饱和水流达西公式推广到三维，就得到下列三式：

$$v_x=-K_x(\theta)\frac{\partial\psi}{\partial x} \tag{5-40}$$

$$v_y=-K_y(\theta)\frac{\partial\psi}{\partial y} \tag{5-41}$$

$$v_z=-K_z(\theta)\frac{\partial\psi}{\partial z} \tag{5-42}$$

式中 v_x、v_y、v_z——x、y、z 方向的非饱和土壤的渗流速度；

$\frac{\partial\psi}{\partial x}$、$\frac{\partial\psi}{\partial y}$、$\frac{\partial\psi}{\partial z}$——$x$、$y$、$z$ 方向的总势梯度；

$K_x(\theta)$、$K_y(\theta)$、$K_z(\theta)$——x、y、z 方向的水力传导度。

以上三式写起来较繁复，也不便于进一步的数学推导，因此将其写成矢量(即向量)形式，即

$$\boldsymbol{v}=v_x\boldsymbol{i}+v_y\boldsymbol{j}+v_z\boldsymbol{k} \tag{5-43}$$

式中 $\boldsymbol{i}$、$\boldsymbol{j}$、$\boldsymbol{k}$——x、y、z 方向的单位矢量。

将式(5-40)~式(5-42)代入式(5-43)可得

$$\boldsymbol{v}=-K_x(\theta)\frac{\partial\psi}{\partial x}\boldsymbol{i}-K_y(\theta)\frac{\partial\psi}{\partial y}\boldsymbol{j}-K_z(\theta)\frac{\partial\psi}{\partial z}\boldsymbol{k} \tag{5-44}$$

如果引进微分算子

$$\boldsymbol{\nabla}=\frac{\partial}{\partial x}\boldsymbol{i}+\frac{\partial}{\partial y}\boldsymbol{j}+\frac{\partial}{\partial z}\boldsymbol{k} \tag{5-45}$$

并且只讨论 $K_x(\theta)=K_y(\theta)=K_z(\theta)=K(\theta)$ 的情况，那么三维非饱和达西公式的矢量形式又可写为

$$\boldsymbol{v}=-K(\theta)\left[\frac{\partial\psi}{\partial x}\boldsymbol{i}+\frac{\partial\psi}{\partial y}\boldsymbol{j}+\frac{\partial\psi}{\partial z}\boldsymbol{k}\right]=-K(\theta)\ \boldsymbol{\nabla}\psi \tag{5-46}$$

在土壤学中，三个方向水力传导度相同的土壤称为各向同性土壤，三个方向水力传导度不相同的土壤称为各向异性土壤。式(5-46)就是各向同性土壤的三维非饱和达西公式的矢量形式。

可以发现非饱和水流的达西公式与饱和水流的达西公式有两点区别：第一，在饱和水流中，h 为地下水深，是重力势和水压力势之和，而在非饱和水流中，总势 ψ 则由重力势 ψ_g 和基模势 ψ_m 组成；第二，对于饱和水流，水力传导度为常数，而对于非饱和水流，水力传导度则是土壤含水量的函数。

二、非饱和水流的连续性方程

设想从非饱和土壤体里取出一土块，形状为六面体(图 5-13)，其长、宽、高分别平行于 x 轴、y 轴和 z 轴，并分别为 dx、dy 和 dz。由于所取土块的体积很小，为微分体积，所以可假定在每个方向上渗流速度均按直线变化。

对于 x 方向，在 dt 时段内，如果在左侧有水量 $v_x\rho_w\mathrm{d}y\mathrm{d}z\mathrm{d}t$ 进入这个土块，那么由于运动速度沿程呈线性变化，就有水量 $\left[v_x\rho_w+\frac{\partial}{\partial x}(v_x\rho_w)\mathrm{d}x\right]\mathrm{d}y\mathrm{d}z\mathrm{d}t$ 从右侧流出这个土块，这样在 dt 时段内从 x 方向净进入这个土体的水量 dW_x 应为

$$\mathrm{d}W_x=v_x\rho_w\mathrm{d}y\mathrm{d}z\mathrm{d}t-\left(v_x\rho_w+\frac{\partial v_x\rho_w}{\partial x}\mathrm{d}x\right)\mathrm{d}y\mathrm{d}z\mathrm{d}t=-\frac{\partial v_x\rho_w}{\partial x}\mathrm{d}x\mathrm{d}y\mathrm{d}z\mathrm{d}t \tag{5-47}$$

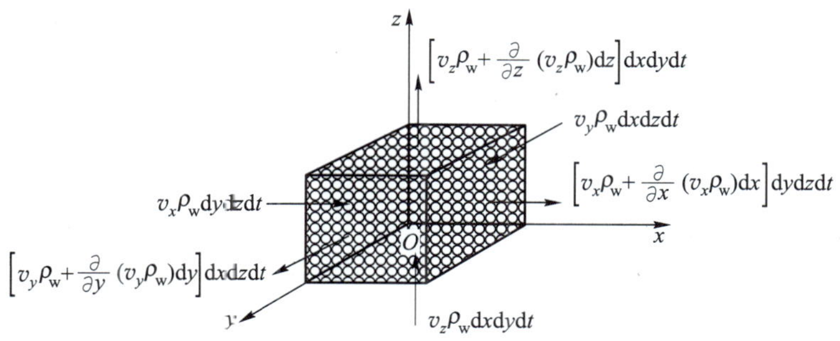

图 5-13　从非饱和土壤中取出的微分体

同理，可以求出 dt 时段内从 y 方向和 z 方向净进入土块的水量 dW_y 和 dW_z 分别为

$$dW_y=-\frac{\partial v_y\rho_w}{\partial y}dxdydzdt \tag{5-48}$$

和

$$dW_z=-\frac{\partial v_z\rho_w}{\partial z}dxdydzdt \tag{5-49}$$

将式(5-47)、式(5-48)和式(5-49)相加，就可求得在 dt 时段内净进入该土块的总水量 dW 为

$$dW=dW_x+dW_y+dW_z=-\left[\frac{\partial(\rho_w v_x)}{\partial x}+\frac{\partial(\rho_w v_y)}{\partial y}+\frac{\partial(\rho_w v_z)}{\partial z}\right]dxdydzdt \tag{5-50}$$

根据质量守恒定律，式(5-50)表示的水量将会引起该土块含水量在 dt 时段内的变化。令 θ 为土块的容积含水率，θ 乘以 $\rho_w$dxdydz 就是土块的质量含水量。因此，dt 时段内该土块的含水量变化可表达为

$$dW=\frac{\partial}{\partial t}[\rho_w\theta dxdydz]dt \tag{5-51}$$

由以上分析可见，当土块里有水流运动时，有两种方法来计算该土块的土壤含水量的变化：一是利用达西公式来计算，得到的结果是式(5-50)；二是利用含水量本身的定义来计算，得到的结果是式(5-51)。因此有

$$-\left[\frac{\partial(\rho_w v_x)}{\partial x}+\frac{\partial(\rho_w v_y)}{\partial y}+\frac{\partial(\rho_w v_z)}{\partial z}\right]dxdydzdt=\frac{\partial}{\partial t}[\rho_w\theta dxdydz]dt$$

化简后为

$$\frac{\partial(\rho_w\theta)}{\partial t}=-\left[\frac{\partial(\rho_w v_x)}{\partial x}+\frac{\partial(\rho_w v_y)}{\partial y}+\frac{\partial(\rho_w v_z)}{\partial z}\right] \tag{5-52}$$

如果 ρ_w 不变，式(5-52)变为

$$\frac{\partial\theta}{\partial t}=-\left(\frac{\partial v_x}{\partial x}+\frac{\partial v_y}{\partial y}+\frac{\partial v_z}{\partial z}\right) \tag{5-53}$$

若要将式(5-52)和式(5-53)写成矢量形式，则对 ρ_w 不为常数的式(5-52)有

$$\frac{\partial}{\partial t}(\rho_w \theta) = -\nabla \cdot (\rho_w \cdot \boldsymbol{v}) \tag{5-54}$$

而对 ρ_w 为常数的式(5-53)有

$$\frac{\partial \theta}{\partial t} = -\nabla \cdot \boldsymbol{v} \tag{5-55}$$

因为以上结果是根据质量守恒定律(即物质不灭定律)得到的，又因为它适用于非饱和水流，所以，就将式(5-54)或式(5-55)称为非饱和水流连续性方程。

三、理查兹方程

上述推导得到的非饱和达西公式(5-46)和非饱和水流连续性方程式(5-55)，是描述各向同性和 ρ_w 为常数的非饱和水流运动的两个方程式。将式(5-46)代入式(5-55)，得

$$\frac{\partial \theta}{\partial t} = \nabla \cdot [K(\theta) \nabla \psi] \tag{5-56}$$

若将式(5-56)展开，则有

$$\frac{\partial \theta}{\partial t} = \frac{\partial}{\partial x}\left[K(\theta)\frac{\partial \psi}{\partial x}\right] + \frac{\partial}{\partial y}\left[K(\theta)\frac{\partial \psi}{\partial y}\right] + \frac{\partial}{\partial z}\left[K(\theta)\frac{\partial \psi}{\partial z}\right] \tag{5-57}$$

式(5-57)由理查兹首先提出，故称为理查兹方程。该方程是一个很复杂的非线性偏微分方程，在数学上至今没有解析解。在实际应用中，一般有两种求解办法：一是把它简化成线性方程式，例如，在某一特殊情况下，水力传导度可以看成常数，这样，理查兹方程就变成一个二阶线性偏微分方程，从而可寻求解析解；二是用数值解法求其近似解，例如，把这个偏微分方程变成差分方程或者有限元方程等，以寻求数值解。不过，不管用什么方法求解这个方程式，还必须补充一些其他方程，因为理查兹方程包括三个未知变量：K、θ 和 ψ，所以只有补充了 K 与 θ 和 ψ 与 θ 的具体关系式，才能求得唯一解。

水文学中有时只需考虑一维非饱和水流运动，例如，对于下渗和土壤蒸散发，一般可以不考虑 x 方向和 y 方向的水流运动，这时式(5-57)表示的理查兹方程就可简化为

$$\frac{\partial \theta}{\partial t} = \frac{\partial}{\partial z}\left[K(\theta)\frac{\partial \psi}{\partial z}\right] \tag{5-58}$$

习 题

第五章习题参考解答

5-1 从流域上切取一块原状土作为土样。在实验室中对该土样注水，先让其湿透却无水滴排出，并称重；然后将其放入烘箱中，烘干至不含水分，再加压压缩成无空隙的密实固体，在这个过程中可取得土样的原始体积为 1 000 cm^3，土的质量为 1 300 g，湿透却无水滴排出时质量为 1 400 g，烘干后质量为 1 150 g，压缩成无空隙密实固体的体积为 650 cm^3。试分析该土块的干密度、孔隙度，分别用容积含水率和质量含水率表示土样的含水率、田间持水量和饱和含水率。

5-2　实验区域的面积为 2.5 km^2，分成面积相等的 10 个单元。每个单元的土柱均为均质土壤，土柱中包气带厚度分别为 0.30 m、0.40 m、0.35 m、0.45 m、0.35 m、0.50 m、0.40 m、0.45 m、0.35 m，0.25 m，实验分析得 10 个单元的以容积含水率表示的田间持水量分别为 25%、25%、27%、22%、25%、20%、30%、25%、28%、26%。试求全区域包气带土壤含水量均达到田间持水量时包气带的蓄水量（以 m^3 计）。

5-3　一根 U 形土柱，填满饱和水力传导度 $K_s = 100$ cm/d 的均质土壤，其一端倒插在一盆水中，另一端则倒挂在空气中（图 5-14）。保持盆中水位不变，待到土柱全部达到饱和含水量后，倒挂在空气中的那一端就会出现稳定的滴水现象。点 B 位于水盆的水面，点 F 暴露在空气中，点 A、C、D、E 的位置如图 5-14 所示。试求：

（1）点 A、B、C、D、E、F 的基模势、重力势和总势；

（2）F 端的滴水速度。

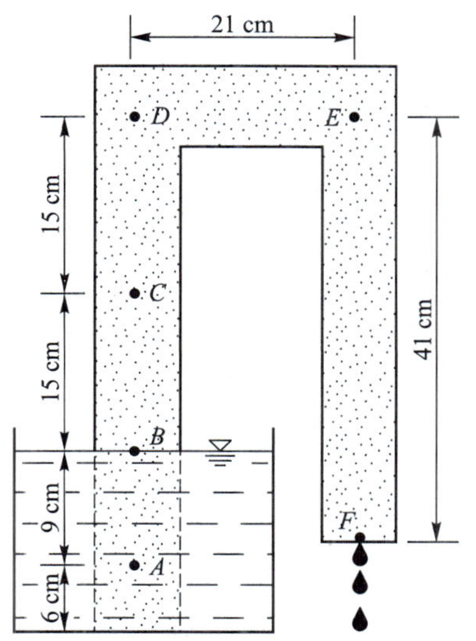

图 5-14　倒插在水盆中的 U 形土柱的土水势

第六章　下　　渗

下渗是水分通过土壤和岩石孔隙及裂隙进入土层并在土层中运动的现象，是自然界的一种物理过程。水文学研究下渗主要在于探讨土壤水的变化，为揭示径流形成机理和土壤墒情变化提供物理基础。

第一节　下渗机理

一、下渗和下渗率

将一盆水泼在泥土地上，就会发现泼上去的水慢慢地消失，这是因为水被土壤吸收了。水分透过土壤层面向土壤中运动的现象称为下渗。发生下渗现象的内因是土壤为一种由固体颗粒组成的碎散性物质，这样的结构必然具有很多能储存、输移水分的孔隙。外因是供水，没有供水，就不可能看到下渗现象。内因是本质，外因是条件。对下渗而言，这里所指的土壤层面就是下渗面，它是发生下渗现象的一个界面。这个界面不一定是水平面，也可能具有一定的坡度。地面是下渗面，地面以下任何深度处切取的“面”也是下渗面。研究下渗必须针对一定的下渗面。

下渗实际上包括了既有区别又有密切关联的前后两个子过程：一是水通过下渗面进入其下土层的过程，二是进入土层的水在土层中继续输移的过程。前者称为渗入，后者称为渗透。下渗面起着控制水渗入的作用，土层则起着控制水在土层中渗透的作用。渗入要继续，必须要通过渗透将渗入的水输移走。在渗透过程中重力水总是沿着非毛细管通道继续向土层深处运动，而毛管力则总是不断地将一部分重力水转移到毛细管中成为毛管水（包括吸湿水和薄膜水），结果必然是越到土层深处，重力水就越少。只有当土层中毛管力全部耗尽，即土层的含水量达到田间持水量时，渗入土层的重力水才不再减少而达到稳定状态。如果在下渗发生时，土层中的毛细管已被水充满，即土层含水量已处于田间持水量，那么渗入从一开始就将处于稳定状态。

为了定量研究下渗现象，引入下渗率的概念。下渗率是指单位时间内通过单位面积下渗面渗入到土壤中的水量。下渗率的单位一般为 mm/min、mm/h 或者 mm/d。对下渗面来说，下渗率是一种通量，是水分从下渗面进入土壤中的速度。下渗率取决于三个因素：一是供水强度；二是土壤的质地组成；三是土壤含水量。

二、下渗能力和下渗曲线

供水强度充分大时的下渗率称为下渗能力，又称为下渗容量，其单位与下渗率的单位相同。下渗能力显然与供水强度无关，因为它是供水强度充分大时的下渗率。下渗能力只与土壤质地、结构、初始土壤含水量等有关。

下渗曲线是指下渗能力 f_p 随时间 t 的变化曲线，而不是指下渗率 f 随时间 t 的变化曲线。下渗率与供水强度有关，故其随时间的变化一般显示为不规则的曲线。因为下渗能力与供水强度无关，并随着土壤含水量的增加而减小，故其随时间的变化呈一条递减的光滑曲线。下渗能力随时间的变化一般显示为以土壤含水量为参变量的一簇光滑曲线。这簇曲线的上包线是土壤干燥时的下渗曲线，其下包线是土壤含水量达到田间持水量时的下渗曲线。由于这簇曲线可根据其上包线导出，所以约定其上包线为下渗曲线(图 6-1a)。

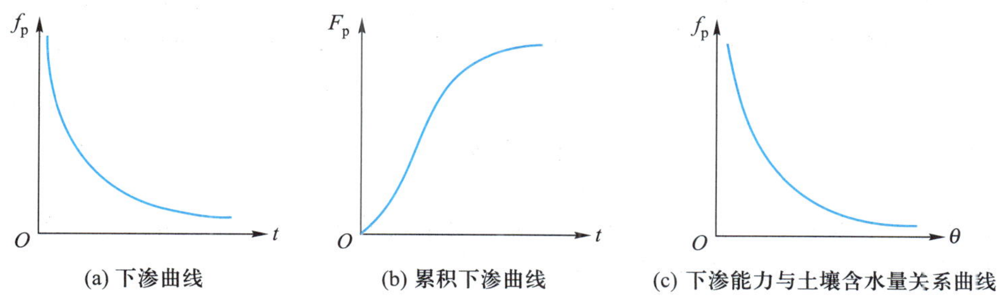

图 6-1　下渗能力变化曲线的表示方法

下渗曲线还可以表达成累积下渗曲线。累积下渗曲线是供水充分时，从下渗开始到时刻 t 的下渗总水量 F_p 与时间 t 的关系曲线(图 6-1b)。可见，累积下渗曲线是下渗曲线的积分曲线，下渗曲线就是累积下渗曲线的微分曲线，即

$$F_p(t)=\int_0^t f_p(t)\,\mathrm{d}t \tag{6-1}$$

$$f_p(t)=\frac{\mathrm{d}F_p(t)}{\mathrm{d}t} \tag{6-2}$$

如果在下渗曲线 f_p-t 和累积下渗曲线 F_p-t 中消去时间变量 t，就可得到 f_p 与 F_p 之间的关系曲线，这也就是 f_p 与土壤含水量 θ 的关系曲线(图6-1c)。

由此可见，下渗能力随时间的变化有三种表达方式：f_p-t 曲线、F_p-t 曲线和 f_p-F_p 或 $f_p-\theta$ 曲线。下渗曲线的不同表达方式在实际应用中具有不同的用途，例如在计算超渗地面径流时，若使用图解计算，则用 F_p-t 形式较为方便；若使用列表计算，则用 f_p-F_p 形式较为方便。

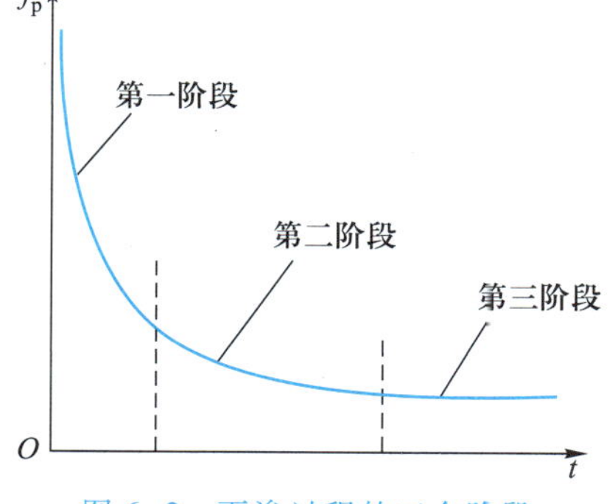

图 6-2　下渗过程的三个阶段

下渗能力是随时间递减的，但递减速度却是变化的。若从干燥土壤开始测量下渗能力，则发现初期下渗能力随时间递减很快，随后递减越来越慢。土壤含水量达到田间持水量以后，下渗能力基本不变。根据这一特点，通常将下渗过程分为三个阶段(图 6-2)：第一阶段为渗润阶段，此阶段从土壤干燥开始，下渗量主要受分子力和毛管力驱动，下渗能力随时间快速

递减；第二阶段为渗漏阶段，在这一阶段，分子力和毛管力逐步减弱，而重力作为下渗驱动力，其作用越来越明显，下渗能力随时间递减趋缓；第三阶段是渗透阶段，这时分子力和毛管力都得到了满足，土壤含水量已达到田间持水量，重力已成为下渗的唯一驱动力，这阶段的下渗能力随时间几乎不变，这时的下渗能力称为稳定下渗率。

三、土壤水分剖面

土壤水分剖面是指土壤含水率沿土层深度的变化曲线(图 6-3)，也叫作土壤含水率垂向分布曲线，用函数 $\theta(z)$ 表示，其中 θ 为容积含水率，z 为离地面的深度。根据土壤水分剖面就可按下式求得单位面积土柱从 z_1 到 z_2 深度范围内以 mm 水深计的土壤含水量 W：

$$W = \int_{z_1}^{z_2} \theta \mathrm{d}z \tag{6-3}$$

如果用质量含水率 w 表示土壤含水率，那么由于质量含水率与容积含水率 θ 之间存在式(5-18)所示的关系，所以，式(6-3)变为

$$W = \int_{z_1}^{z_2} \frac{\rho_\mathrm{b}}{\rho_\mathrm{w}} w \mathrm{d}z \tag{6-4}$$

土壤水分剖面一般是随时间变化的(图 6-4)，主要原因有三：一是降雨，降雨后就会发生下渗现象，土壤因此而增加含水量，降雨是随时间变化的；二是蒸散发，土壤里面的水分向大气逸散为土壤蒸散发，由于蒸散发的存在，土壤含水量会减少，蒸散发是随时间变化的；三是内排水作用，在既没有蒸散发也没有下渗的情况下，土壤水分剖面也会发生变化，这是由于存在内排水。内排水是指土壤水在总势驱动下的运动，变化的只是水分剖面的形状，而非土层的总含水量。实测资料表明，土壤含水率的变化，尤其是表层土壤含水率的变化，与降雨过程相应程度较高(图 6-5)。

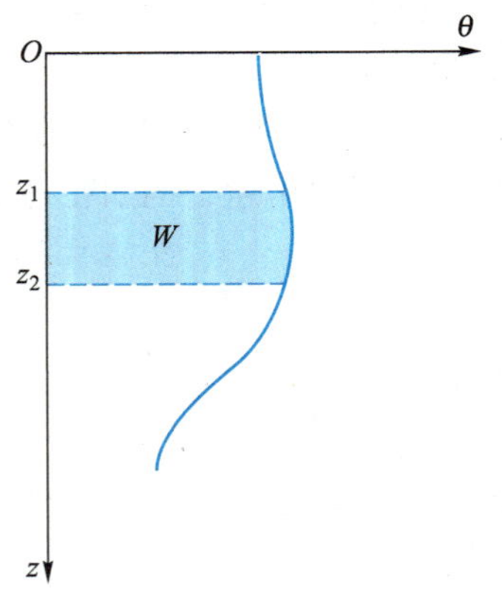

图 6-3　土壤水分剖面

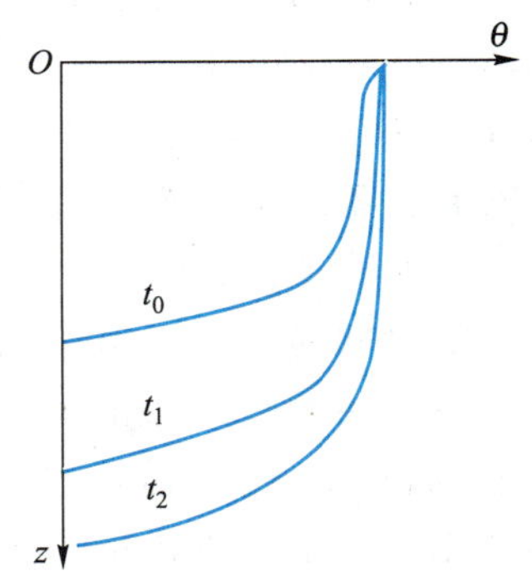

图 6-4　土壤水分剖面随时间变化

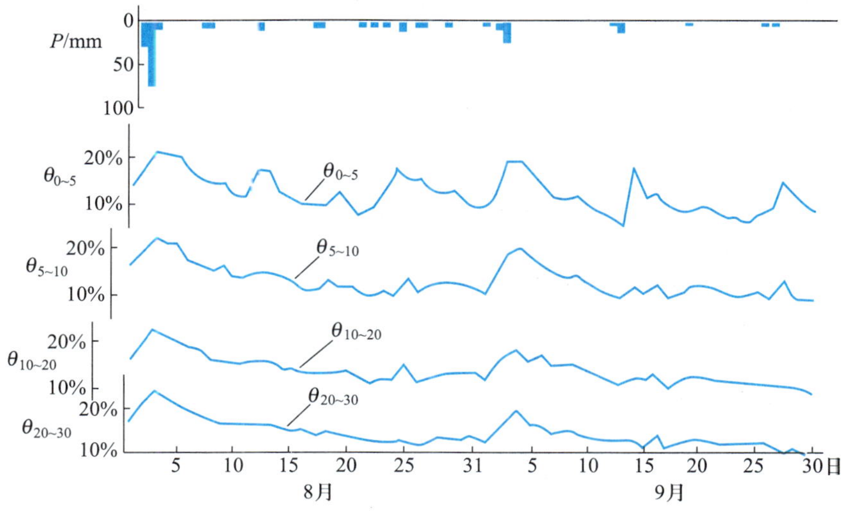

图 6-5 太原西庄沟 1958 年 8—9 月的降水和不同深度土壤含水率随时间的变化

对于均质半无限土柱，在下渗过程中，如果随时测出其土壤水分剖面，可以发现下渗一段时间后土壤水分剖面具有如下的基本特点（图 6-6）：靠近地面的一层处于饱和含水量状态，其厚度变化很小，称为饱和带。饱和带以下有相当厚的一层，其土壤含水量随深度变化不大，并且大体上在饱和含水量和田间持水量之间，称为水分传递带。传递带在下渗过程中只表现为水分的传递或输移。水分传递带向下就是土壤含水量随深度剧烈变化带，土壤含水量可从接近饱和含水率减小到初始土壤含水率，这一带叫作湿润带。湿润带的下界就是其与初始土壤的界面，其上土壤含水量大于初始土壤含水量，其下则为初始土壤含水量，这个界面称为下渗锋面，也叫作湿润锋。下渗过程中土壤水分剖面的这一特点是长期试验得到的结论，由贝德曼（Bedman）和科尔曼（Colman）两位学者于 1943 年首先提出，这是以后建立饱和下渗理论的基础。

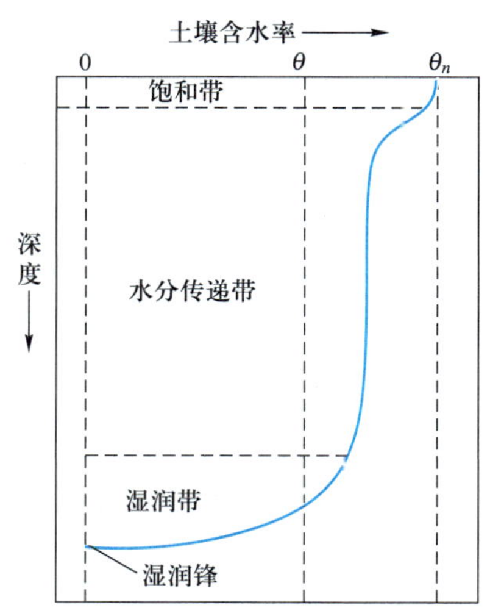

图 6-6 贝德曼和科尔曼给出的下渗过程中的土壤水分剖面

四、下渗能力与土壤水分剖面的关系

前已述及，下渗能力是供水充分时的下渗率。什么是供水充分呢？最基本的就是在下渗过程中让下渗面表面始终保持为饱和含水率，这就是供水充分但不产生积水的情况。现在提出一个问题，对于初始含水率为 θ_0 且沿深度均匀分布的土层，在供水充分但不积水的情况

下，从时间 0 到时间 t，将有多少水量下渗到土壤中呢？这可以有两种算法：根据下渗曲线计算，得

$$F_p = \int_0^t f_p \mathrm{d}t \tag{6-5}$$

而根据土壤水分剖面计算，得

$$F_p = \int_{\theta_0}^{\theta_n} z(\theta, t)\, \mathrm{d}\theta + K_s t \tag{6-6}$$

式中 $z(\theta,t)$——供水充分时测得的土壤水分剖面；

K_s——渗透系数，也就是稳定下渗率 f_c。

式(6-5)和式(6-6)两种算法虽不一样，但结果必然是相等的。这样，就得到下渗能力与土壤水分剖面的关系为

$$\int_0^t f_p \mathrm{d}t = \int_{\theta_0}^{\theta_n} z(\theta,t)\, \mathrm{d}\theta + K_s t$$

即

$$f_p = \frac{\mathrm{d}}{\mathrm{d}t} \int_{\theta_0}^{\theta_n} z(\theta, \theta)\, \mathrm{d}\theta + K_s \tag{6-7}$$

如果忽略重力对下渗的作用，那么式(6-7)将变为

$$f_p = \frac{\mathrm{d}}{\mathrm{d}t} \int_{\theta_0}^{\theta_n} z(\theta, t)\, \mathrm{d}\theta \tag{6-8}$$

直接由达西定律也可导出下渗能力与土壤水分剖面的关系。对于供水充分条件下的下渗率（即下渗能力），地面作为下渗面的含水率将保持为饱和含水率 θ_n，水力传导度也保持为饱和水力传导度 K_s，并且总势 ψ 将为重力势 ψ_g 和基膜势 ψ_m 之和，即 $\psi = \psi_m + z$，这里重力势取土柱深度 z。将这些代入式（5-39）就可得到下渗能力 f_p 的数学表达式为

$$f_p = -K_s \left. \frac{\partial(\psi_m + z)}{\partial z} \right|_{z=0}$$

考虑下渗水流的方向总是从总势大指向总势小，也就是指向土柱深度方向，则可将上式改写为

$$f_p = K_s \left. \frac{\partial(\psi_m + z)}{\partial z} \right|_{z=0}$$

展开此式的中心偏微分式，并令 $K_s \dfrac{\partial \psi_m}{\partial \theta} = D$，则有

$$f_p = D \left. \frac{\partial \theta}{\partial z} \right|_{z=0} + K_s \tag{6-9}$$

式中 D——饱和含水率时的扩散系数。

若忽略重力对下渗的作用，则式（6-9）变为

$$f_p = D\frac{\partial\theta}{\partial z}\bigg|_{z=0} \tag{6-10}$$

式(6-7)、式(6-8)和式(6-9)、式(6-10)把下渗曲线和土壤水分剖面联系起来了，因此，如果直接求下渗曲线有困难，就可先求出供水充分条件下的土壤水分剖面，然后再通过式(6-7)、式(6-8)或式(6-9)、式(6-10)转换成下渗曲线。

五、影响下渗曲线的主要因素

影响下渗曲线的主要因素来自两方面：一是土壤的质地、结构和水的有关性质；二是对土壤质地、结构和水的性质有影响的外部条件。

1. 土壤的质地和结构

土壤固体颗粒的粒径越大或孔隙越大，下渗能力就越强。土壤的团粒结构也会增加下渗能力。

2. 水的有关性质

水的黏滞性越大，下渗能力越弱。水的表面张力变小也会使下渗能力减弱。

3. 土壤中的胶质物

土壤中的胶质物由极细小的粉粒组成。土壤质地越细腻，胶质物的含量就越多。这种胶质物遇水即膨胀，干燥则收缩。因此，干燥的土壤如遇雨水，初始下渗能力就会很强，但由于胶质物遇水膨胀，随即又会使下渗能力明显减弱。

4. 生物作用

微生物滋生会阻塞土壤孔隙，减弱下渗能力。微生物死亡，会增强下渗能力。植物根系有疏通土壤的作用，使下渗能力增强。生活在土壤中的小动物也会形成洞穴，增强下渗能力。

5. 化学作用

空气中的二氧化碳溶解于雨水可形成稀碳酸盐溶液，其侵入土壤中的易溶性物质如石灰岩等，就会形成孔隙，增强下渗能力。

6. 温度影响

温度影响水的黏滞性、水的表面张力和微生物的繁殖。水的黏滞性随温度升高而降低，水的表面张力随温度升高而减小。温度升高还会使微生物繁殖加快。

7. 地面覆盖作用

裸土直接受到雨滴的冲击作用，使地面板结，减弱了下渗能力。如地面有植被覆盖，则会降低雨滴的冲击作用，下渗能力不会减弱很多。不透水的硬质地面覆盖会使下渗能力为零。

8. 耕作作用

耕作主要通过改变土壤结构来影响下渗能力。新耕的土地下渗能力强，压实的耕地下渗能力减弱。

第二节 非饱和下渗理论

一、下渗方程的导出

非饱和下渗理论建立在非饱和水流运动的基础上，基本依据就是竖向一维形式的理查兹方程式(5-58)。

对于非饱和土壤，总势是由重力势和基膜势组成的，但由于下渗的方向总是沿着土柱深度方向的，因此，在推导非饱和下渗方程时采用了不同于推导式(5-58)的坐标系，即取地面为基准面，设定坐标沿深度方向为正，这样就可使得非饱和土壤中任一点的重力势均为正值。此时 z 不再是位置高度，而是土柱深度，z 越小，重力势越大。将式(5-36)代入式(5-58)，得非饱和下渗方程为

$$\frac{\partial\theta}{\partial t}=\frac{\partial}{\partial z}\left[K(\theta)\frac{\partial\psi_{\mathrm{m}}}{\partial z}\right]+\frac{\partial K(\theta)}{\partial z} \tag{6-11}$$

在式(6-11)中，假设 K 与 θ、ψ 与 θ 均为单值关系，则变成

$$\frac{\partial\theta}{\partial t}=\frac{\partial}{\partial z}\left[K(\theta)\frac{\mathrm{d}\psi_{\mathrm{m}}}{\mathrm{d}\theta}\frac{\partial\theta}{\partial z}\right]+\frac{\mathrm{d}K(\theta)}{\mathrm{d}\theta}\frac{\partial\theta}{\partial z} \tag{6-12}$$

引入新的物理量——扩散系数 D，式(6-12)又可写成

$$\frac{\partial\theta}{\partial t}=\frac{\partial}{\partial z}\left[D(\theta)\frac{\partial\theta}{\partial z}\right]+k(\theta)\frac{\partial\theta}{\partial z} \tag{6-13}$$

其中

$$k(\theta)=\frac{\mathrm{d}K(\theta)}{\mathrm{d}\theta}$$

$$D(\theta)=K(\theta)\frac{\mathrm{d}\psi_{\mathrm{m}}}{\mathrm{d}\theta}$$

式(6-13)即为非饱和下渗理论的基本方程，它只包括一个未知函数 θ，并且 θ 是 z 和 t 的函数，因此，求解方程式(6-13)就能得到土壤水分剖面$\theta(z,t)$，进而可求出下渗曲线。

二、定解问题的构成

1. 忽略重力作用的下渗问题

设定的下渗问题是：不考虑重力作用，只考虑分子力和毛管力的作用；供水充分但不积水，也就是使下渗面土壤含水率维持为饱和含水率 θ_n；初始土壤含水率沿深度分布均匀，且为 θ_0；下渗土柱为无限深，即 $z\to\infty$ 。这样的下渗问题转换成数学问题就是

$$\frac{\partial\theta}{\partial t}=\frac{\partial}{\partial z}\left[D(\theta)\frac{\partial\theta}{\partial z}\right] \tag{6-14}$$

$$\theta(z,0)=\theta_0 \tag{6-15}$$

$$\theta(0,t)=\theta_n \tag{6-16}$$

$$\lim_{z\to\infty}\theta(z,t)=\theta_0 \tag{6-17}$$

因不考虑重力，故下渗方程为式(6-14)。因供水充分但不积水，故在$z=0$处土壤含水率始终为饱和含水率θ_n，这就是式(6-16)。供水开始时土壤水分剖面为均匀分布，且为θ_0，这就是式(6-15)。因土柱为无限深，故在$z\to\infty$处一定仍保持为初始土壤含水率θ_0，这就是式(6-17)。

式(6-14)~式(6-17)描述的就是忽略重力作用的下渗过程的数学物理方程的定解问题。其中式(6-14)为泛定方程，式(6-15)是初始条件，式(6-16)为上边界条件，式(6-17)为下边界条件。式(6-16)和式(6-17)合称为边界条件。

2. 考虑重力作用的下渗问题

在前述设定的下渗问题中，如果要考虑重力对下渗的作用，那么只需将其中的下渗方程改为考虑重力作用的形式，因此，其定解问题变为

$$\frac{\partial\theta}{\partial t}=\frac{\partial}{\partial z}\left[D(\theta)\frac{\partial\theta}{\partial z}\right]+k(\theta)\frac{\partial\theta}{\partial z} \tag{6-18}$$

$$\theta(z,0)=\theta_0 \tag{6-19}$$

$$\theta(0,t)=\theta_n \tag{6-20}$$

$$\lim_{z\to\infty}\theta(z,t)=\theta_0 \tag{6-21}$$

式(6-18)~式(6-21)描述的就是考虑重力作用的下渗过程的数学物理方程的定解问题。

三、忽略重力作用的定解问题的解

1. 扩散系数为常数的解

如果D为常数，定解问题中的泛定方程式(6-14)就变成

$$\frac{\partial\theta}{\partial t}=D\frac{\partial^2\theta}{\partial z^2} \tag{6-22}$$

式(6-22)与热传导方程一样，在数学上称为扩散方程。它是一个线性偏微分方程。对于由线性偏微分方程式(6-22)和线性形式的式(6-15)~式(6-17)所构成的定解问题，采用拉普拉斯（Laplace）变换法可求得其解析解，因为经过拉普拉斯变换后，线性偏微分方程会变换成线性常微分方程，而线性常微分方程是有解析解的。最后得忽略重力作用、扩散系数为常数的解为

$$\frac{\theta-\theta_0}{\theta_n-\theta_0}=\mathrm{erfc}\left(\frac{z}{2\sqrt{Dt}}\right) \tag{6-23}$$

式中 erfc(·)——余误差函数，其表达式为

$$\mathrm{erfc}(x)=\frac{2}{\sqrt{\pi}}\int_x^\infty \exp(-x^2)\,\mathrm{d}x \tag{6-24}$$

2. 扩散系数随土壤含水率呈单值关系的解

如果D是θ的单值函数，定解问题中的泛定方程式(6-14)就变为

$$\frac{\partial\theta}{\partial t}=D(\theta)\frac{\partial^2\theta}{\partial z^2}+\frac{\partial D(\theta)}{\partial z}\frac{\partial\theta}{\partial z} \tag{6-25}$$

式(6-25)是一个非线性偏微分方程，因为它的两个系数 $D(\theta)$ 和 $\frac{\partial D(\theta)}{\partial z}$ 都是 θ 的函数。对于这个方程，至今尚不能求出它的解析解，只能用近似解法来求解，例如玻尔兹曼（Boltzman）变换法。玻尔兹曼变换法的基本思想就是通过设置一个新的变量 $\eta=zt^{-\frac{1}{2}}$，将非线性偏微分方程式(6-25)变为一个非线性常微分方程，然后用近似解法求出 η，最后得如下形式的解：

$$z(\theta,t)=\eta t^{\frac{1}{2}} \tag{6-26}$$

3. 下渗曲线的求得

先推导扩散系数 D 为常数情况下的下渗曲线，此情况下求得的土壤水分剖面是式(6-23)。因为忽略重力情况下土壤水分剖面与下渗曲线之间的关系为式(6-8)，因此，从式(6-23)中解出 z 并代入式(6-8)后就可得到此情况的下渗曲线为

$$f_{\mathrm{p}}=(\theta_n-\theta_0)\sqrt{D/\pi}\ t^{-\frac{1}{2}} \tag{6-27}$$

由式(6-27)可以看出，忽略重力作用的下渗能力与 $t^{-\frac{1}{2}}$ 有关，即下渗能力按照与 $t^{\frac{1}{2}}$ 成反比的规律变化，当 $t\to0$ 时，$f_{\mathrm{p}}\to\infty$；当 $t\to\infty$ 时，$f_{\mathrm{p}}\to0$。

也可利用式（6-10）来推导下渗曲线。先由式（6-23）求得

$$\begin{aligned}\frac{\partial\theta}{\partial z}&=-(\theta_n-\theta_0)\frac{\partial}{\partial z}\left[\operatorname{erfc}\left(\frac{z}{2\sqrt{Dt}}\right)\right]\\&=-(\theta_n-\theta_0)\frac{2}{\pi^{\frac{1}{2}}}\exp\left[-\left(\frac{z}{2\sqrt{Dt}}\right)^2\right]\cdot\frac{1}{2\sqrt{Dt}}\end{aligned}$$

进一步求得

$$D\frac{\partial\theta}{\partial z}=-(\theta_n-\theta_0)\sqrt{\frac{D}{\pi t}}\exp\left(-\frac{z^2}{4Dt}\right)$$

和

$$D\frac{\partial\theta}{\partial z}\bigg|_{z=0}=-(\theta_n-\theta_0)\sqrt{\frac{D}{\pi}}t^{-\frac{1}{2}}$$

即

$$f_{\mathrm{p}}=-(\theta_n-\theta_0)\sqrt{\frac{D}{\pi}}t^{-\frac{1}{2}}$$

这与式（6-27）相同。

再来推导扩散系数 D 与土壤含水率 θ 呈单值关系情况的下渗曲线。将式(6-26)代入式(6-8)，可得到此种情况的下渗曲线为

$$f_{\mathrm{p}}=\frac{1}{2}st^{-\frac{1}{2}} \tag{6-28}$$

其中

$$s=\int_{\theta_0}^{\theta_n}\eta\mathrm{d}\theta \tag{6-29}$$

式中　s——土壤吸收度。根据土壤实验得到的 η 与 θ 的关系曲线，代入式(6-29)，经近似积分就可求得 s 值。

由式(6-28)可以看出，D 与 θ 成单值关系时下渗能力 f_p 也与 $t^{-\frac{1}{2}}$ 有关：当 $t \to 0$ 时，$f_p \to \infty$；当 $t \to \infty$ 时，$f_p \to 0$。

四、考虑重力作用的定解问题的解

考虑重力作用的下渗方程为式(6-13)，又称为完全下渗方程，考虑重力作用的下渗方程解就是完全下渗方程解。

1. D 为常数且 K 与 θ 为线性函数关系的情况

这时式(6-13)中的 $k(\theta)=k$ 是一个常数，因此，在 D 为常数且 K 与 θ 为线性函数关系的情况下，考虑重力作用的下渗方程[式(6-13)]也必定是一个线性偏微分方程，但比前述忽略重力作用的情形多了一项 $k\dfrac{\partial\theta}{\partial z}$，这一项在物理上叫作对流项，而 $D\dfrac{\partial^2\theta}{\partial z^2}$叫作扩散项。这就表明，在考虑重力作用时，土壤水分的时空变化既有扩散作用，也有对流作用。在数学上称式(6-13)为对流扩散方程，其线性形式为

$$\frac{\partial\theta}{\partial t}=D\frac{\partial^2\theta}{\partial z^2}+k\frac{\partial\theta}{\partial z} \tag{6-30}$$

采用拉普拉斯变换法可求得由线性偏微分方程式(6-30)和式(6-19)～式(6-21)构成的定解问题的解为

$$\frac{\theta-\theta_0}{\theta_n-\theta_0}=\frac{1}{2}\left[\operatorname{erfc}\left(\frac{z-kt}{2\sqrt{Dt}}\right)+\exp\left(\frac{kz}{D}\right)\operatorname{erfc}\left(\frac{z+kt}{2\sqrt{Dt}}\right)\right] \tag{6-31}$$

2. D 不为常数且 K 与 θ 也不为线性关系的情况

这时泛定方程就是式(6-18)。不难看出该式是一个十分复杂的非线性方程，将其与定解条件式(6-19)～式(6-21)合在一起就构成一个定解问题。对此，目前只能采用近似方法求解。

菲利普（Philip）于1957年提出了一种级数解法。该法假设解是存在的，而且具有无穷级数的形式，即

$$z(\theta,t)=f_1t^{\frac{1}{2}}+f_2t+f_3t^{\frac{3}{2}}+\cdots \tag{6-32}$$

式(6-32)中每一项的差别，除了系数外，就是 t 的幂以$\dfrac{1}{2}$等差在增加。这种解法实际上使用了反证法的解题思路：假设解已求得，把这个解代入定解问题，其中的微分方程就变成代数恒等式，再通过系数比较求出其中的系数 f_1、f_2等。

菲利普导得 f_1应满足：

$$\int_{\theta_0}^{\theta_n}f_1\mathrm{d}\theta=-2D(\theta)\Big/\left(\frac{\mathrm{d}f_1}{\mathrm{d}\theta}\right) \tag{6-33}$$

f_2应满足：

$$\int_{\theta_0}^{\theta_n} f_2 \mathrm{d}\theta = D(\theta) \frac{\mathrm{d}f_2}{\mathrm{d}\theta} \Big/ \left(\frac{\mathrm{d}f_1}{\mathrm{d}\theta}\right)^2 + k(\theta) - k(\theta_0) \tag{6-34}$$

余类推。

由式(6-33)、式(6-34)可见，式(6-32)中的待定系数f_1，f_2，…都可以根据土壤特性求得。因此，菲利普得到的近似解就可表达成式(6-32)的形式。

函数级数式(6-32)在理论上是一个无穷级数，但实际上菲利普通过数值实验发现，起作用的主要是前两项，即$f_1 t^{\frac{1}{2}} + f_2 t$，其余项的影响都很小(图 6-7 和图 6-8)。出于这个缘故，对于 D 为非常数且 K 与 θ 为非线性关系的情况，常用的解可简化为

$$z(\theta, t) = f_1 t^{\frac{1}{2}} + f_2 t \tag{6-35}$$

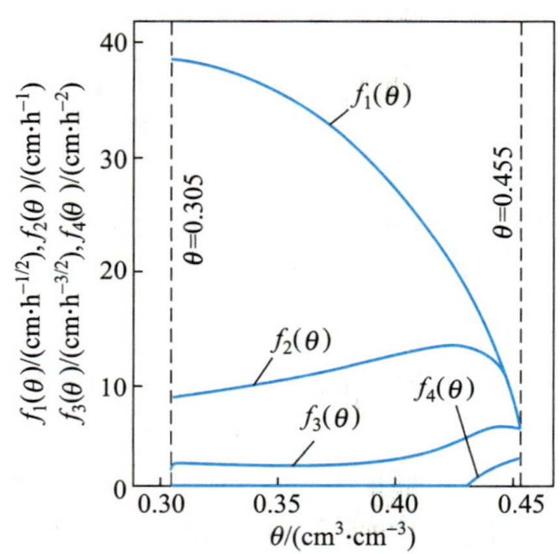

图 6-7 莫诺纳 (Monona) 粉壤土的 f_1、f_2、f_3 和 f_4 的函数图

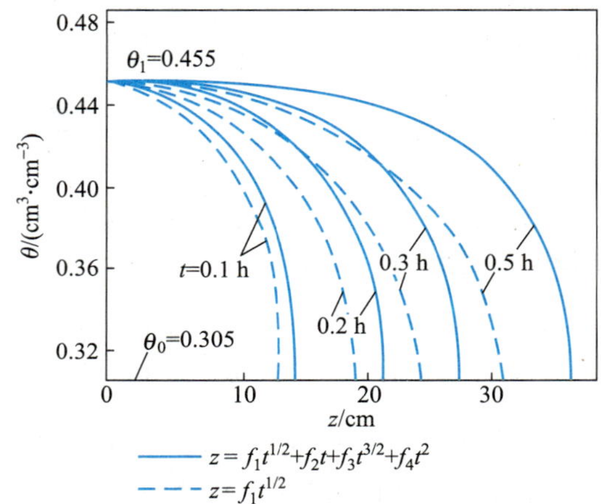

图 6-8 由式(6-18)解得的莫诺纳粉壤土的土壤水分剖面

3. 下渗曲线的求得

对于考虑重力作用，D 为常数，且 K 与 θ 为线性关系的情况，将式(6-31)代入式(6-7)[或式(6-9)]，得下渗曲线为

$$f_p = \frac{(\theta_n - \theta_0)k}{2}\left\{\frac{\exp[-k^2 t/(4D)]}{\sqrt{k^2 \pi t/(4D)}} - \mathrm{erfc}\left(\sqrt{\frac{k^2 t}{4D}}\right)\right\} - k\theta_n \tag{6-36}$$

由于假设 K 与 θ 是线性关系，所以，式(6-36)中的 $k\theta_n$ 即为 K_s，也就是稳定下渗率。

对于考虑重力作用，D 为非常数，且 K 与 θ 为非线性关系的情况，将式(6-32)代入式(6-7)，得下渗曲线为

$$f_p = \frac{s}{2}t^{-1/2} + [A + k(\theta_0)] \tag{6-37}$$

其中

$$s = \int_{\theta_0}^{\theta_n} f_1(\theta)\,\mathrm{d}\theta \tag{6-38}$$

$$A = \int_{\theta_0}^{\theta_n} f_2(\theta)\,\mathrm{d}\theta \tag{6-39}$$

由式(6-37)可以看出，根据菲利普解得到的下渗曲线也说明下渗能力 f_p 与 $t^{-\frac{1}{2}}$ 有关：当 $t=0$ 时，$f_p \to \infty$；$t \to \infty$ 时，$f_p \to [A+k(\theta_0)]$。这里，可认为 $A+k(\theta_0)$ 是稳定下渗率的近似值。

第三节　饱和下渗理论

一、基本假设

前已述及，对于均质土柱，在下渗过程中，土壤水分剖面通常最终会处于如图 6-6 所示的近似状态。靠近地表这一薄层处于饱和含水量，其以下是很厚的一层含水量随深度的变化很小且处于田间持水量和饱和含水量之间的土层，再往下就是土壤含水量随深度快速减小直至下渗锋面，下渗锋面以下的土壤仍处于初始含水量。对此，可进一步近似概括为：在下渗过程中，地面至下渗锋面之间的土壤近似为饱和含水量，而下渗锋面以下的土壤仍为初始含水量，下渗过程就是下渗锋面不断下移和土壤水分剖面中饱和含水量层向深度方向不断伸长的过程，从某一个时刻 t_1 到另一个时刻 t_2，土壤水分剖面的伸长就像沿深度方向搭积木一样(图 6-9)。

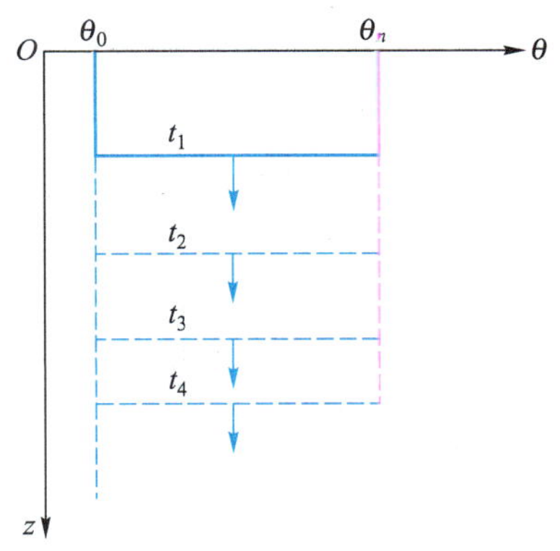

图 6-9　概化的下渗锋面移动

这种对下渗过程的概化，实际上体现了两个基本假设：一是以下渗锋面为界，其上土壤含水量为饱和含水量，其下仍保持原来的初始含水量；二是下渗锋面沿深度方向运动的条件是下渗锋面以上土壤含水量达到饱和含水量。这两个假设缺一不可，因为第一个假设只是对土壤水分剖面形状的概化，没有涉及运动的概念，有了第二个假设才能知道下渗锋面是怎样运动的。这两个基本假设是建立饱和下渗基本方程式的前提。

二、下渗方程的建立

1. 动力方程

如果在下渗面上保持一定水深 h_p，那么这时的下渗肯定是供水充分条件下的下渗。如果下渗锋面在某时刻 t 已运动到一定深度，那么根据前述两个基本假设，下渗锋面上方的土壤已经达到饱和含水量，而下方的土壤仍为初始含水量(图 6-10)。令 l 为单位面积的下渗土柱长度，作用在这个下渗土柱上的力有：水压力 h_p，方向向下；大气压力 p_0，方向向下；重力，即土柱中的水分重量，为下渗土柱长度 l、容积含水率表示的饱和含水率 θ_n、水的密度 ρ_w 和重力加速度 g 的乘积，方向向下。由于水的密度是常数，对于一定的土壤 θ_n 也是常数，因此，下渗土柱中水分受到的重力可用土柱长度 l 表示；下渗锋面以下的非饱和土壤对其上面土壤中的水分的分子力和毛管力的合力为 H_c，方向向下；由于下渗锋面以下仍为非饱和土壤，表明还有一部分孔隙仍充满着空气，因此，当下渗锋面向下移动时，下面土壤孔隙的空气就要受到压缩而产生反抗力，称为空气余压力，用 p 表示，方向向上。所有这些作用力的合力显然为

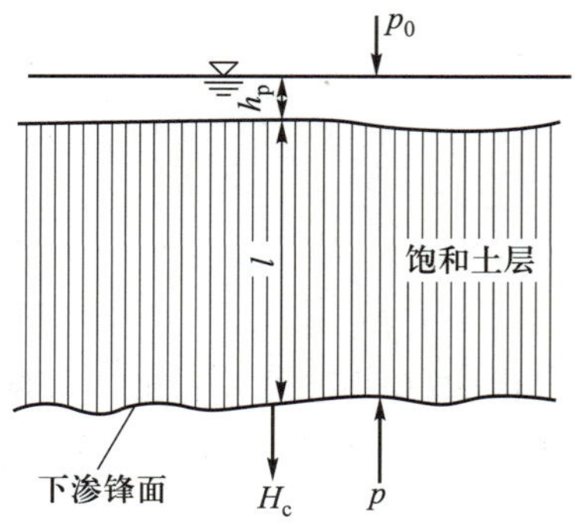

图 6-10 下渗锋面及其作用力

$$H=h_p+l+H_c-(p-p_0) \tag{6-40}$$

对于无限深土柱，下渗锋面在向下运动的过程中，会不断地将空气自由地压向下面，故有 $p_0-p=0$。此时，式(6-40)可简化为

$$H=h_p+l+H_c \tag{6-41}$$

供水充分但不积水意味着 $h_p=0$，于是，式(6-41)又可进一步简化为

$$H=l+H_c \tag{6-42}$$

式(6-42)表明，在供水充分但不积水、土柱为无限深的情况下，下渗受到的合力由重力、分子力和毛管力组成。这个合力及其中各分力均用长度作为量纲。这个合力实际上就是作用于下渗土柱、驱使其向下运动的总势差。因为假定下渗锋面上部总是处于饱和含水量状态，所以，这时的土壤水运动属于饱和水流运动，服从饱和达西定律。

由式(6-42)和下渗路径长度 l，得总势梯度 i 为

$$i=\frac{l+H_c}{l} \tag{6-43}$$

于是，由达西定律可得

$$f_p=-K_s\frac{l+H_c}{l} \tag{6-44}$$

式中 K_s——饱和水力传导度，或稳定下渗率。

式(6-44)即为饱和下渗理论的动力方程，其中负号表示下渗速度的方向总是指向总势减少的方向。

2. 水量平衡方程

下渗过程不仅要满足动力方程，还应该满足水量平衡方程。对于供水充分的下渗，从 $t=0$ 到 t，土柱中因饱和下渗增加的水量有两种算法：一是根据下渗曲线计算，应为 $\int_0^t f_p\mathrm{d}t$；二是根据下渗土柱含水量的变化计算，应为 $(\theta_0-\theta_n)l$。根据质量守恒定律，必有

$$\int_0^t f_p \mathrm{d}t = (\theta_0 - \theta_n) l$$

因此，饱和下渗应满足的水量平衡方程为

$$f_p = (\theta_n - \theta_0)\frac{\mathrm{d}l}{\mathrm{d}t} \tag{6-45}$$

三、下渗曲线的导出

可以看出，在水量平衡方程式(6-45)中，未知函数是f_p和l。在动力方程式(6-44)中，未知函数也是f_p和l。因此，将式(6-44)和式(6-45)联立起来就可求得唯一解。

由式(6-44)和式(6-45)，得

$$\frac{\mathrm{d}l}{\mathrm{d}t}+\frac{K_s H_c}{\theta_n-\theta_0}\frac{1}{l}+\frac{K_s}{\theta_n-\theta_0}=0 \tag{6-46}$$

解常微分方程式(6-46)，并将结果代入式(6-45)，最后导得

$$f_p=\sqrt{0.5K_s H_c(\theta_n-\theta_0)}\cdot t^{-1/2}+K_s \tag{6-47}$$

式(6-47)就是饱和下渗理论的下渗曲线的数学表达式，其中根号里面的数可认为是一个已知数。

由式(6-47)可见，下渗能力f_p与$t^{-\frac{1}{2}}$有关。当$t=0$时，$f_p\to\infty$；$t\to\infty$时，$f_p\to K_s$。这个结论与考虑重力作用的非饱和下渗理论一致。

式(6-47)与1911年格林-安普特（Green-Ampt）导出的下渗公式一致，所以又称为格林-安普特公式。

非饱和下渗理论的数学基础是偏微分方程，饱和下渗理论的数学基础则是常微分方程。对于所讨论的供水充分但不积水、土柱为无限深的下渗问题，这两种理论使用起来均较方便。但如果要确定地面有积水或土柱为有限深的下渗曲线，使用非饱和下渗理论就要困难得多，而饱和下渗理论却是值得期待的。

第四节 经验下渗曲线

一、基本思路

前面讨论的非饱和下渗理论和饱和下渗理论，都是在一定的简化条件下建立起来的。自然界的下渗是一个非常复杂的过程，因此，使用基于一定简化条件建立起来的非饱和下渗理论或饱和下渗理论解决现实世界中真实的下渗问题，不一定能保证成功。在这种情况下，人们就开辟了另外一条思路，就是通过下渗实验来解决问题。下渗实验可以在实验室里做，也可到现场去做。但要使下渗符合实际情况，最好是到现场去做。通过供水充分情况下的下渗实验可以得到一组累积下渗量与相应的下渗时间的实验数据，利用这些数据可建立累积下渗量与时间的关系曲线，再对这条累积下渗曲线求微分就可得到下渗曲线。这样得到的下渗曲

线可以用图解的形式表达出来，也可以把它归纳成一个公式。如果是后者，就是用经验方法建立下渗曲线的基本思路。在解决复杂下渗问题时，这种思路往往很有用。

二、常见形式

水文学发展到今天，人们对经验下渗曲线有很多研究，其中有三种形式是值得推荐的。

1. 考斯加科夫（Kostiakov）公式

考斯加科夫于 1931 年提出了如下形式的经验下渗公式：

$$f_p=\sqrt{\frac{a}{2}}\ t^{-1/2} \tag{6-48}$$

式中 a——经验常数。

式(6-48)认为在下渗过程中，下渗能力 f_p 与累积下渗量 F_p 成反比关系，即

$$f_p \propto \frac{1}{F_p} \tag{6-49}$$

如图 6-11 所示，f_p 越小，F_p 就越大；f_p 越大，F_p 就越小。这是符合下渗物理过程的第一和第二阶段的基本特点的。根据这个反比关系，就可以建立一个微分方程：

$$\frac{\mathrm{d}F_p}{\mathrm{d}t}=\frac{a}{F_p} \tag{6-50}$$

式(6-50)是一个关于 F_p 的常微分方程，解这个常微分方程式就可得到式(6-48)。

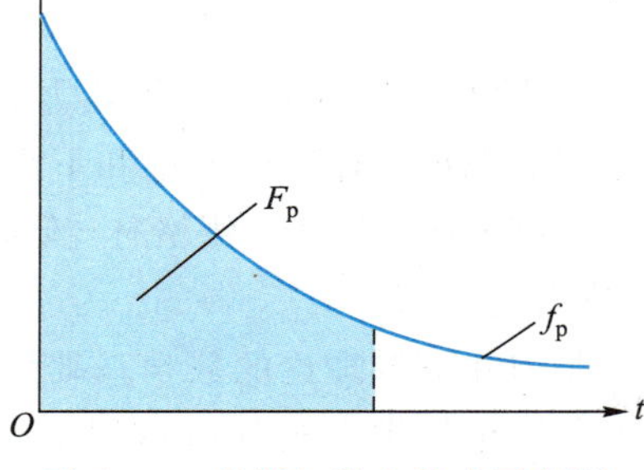

图 6-11 考斯加科夫公式示意图

2. 霍顿公式

霍顿于 1932 年提出了如下形式的经验下渗公式：

$$f_p=f_c+(f_0-f_c)\mathrm{e}^{-kt} \tag{6-51}$$

式中 f_0——干燥土壤时的下渗能力；

f_c——稳定下渗率；

k——经验常数。

式(6-51)表达的是指数型下渗曲线，它实际上认为(f_0-f_p)与(F_p-f_ct)是成正比的关系（图 6-12），即

$$f_0-f_p \propto F_p-f_ct \tag{6-52}$$

因而，有

$$f_0-f_p=k(F_p-f_ct) \tag{6-53}$$

最终得

$$\frac{\mathrm{d}F_p}{\mathrm{d}t}+kF_p=f_0+kf_ct \tag{6-54}$$

式(6-54)是关于 F_p 的常微分方程，其解即为式(6-51)。

事实表明，在世界上许多地区使用霍顿下渗公式一般都能取得比其他经验公式好一些的结论，因而它受到人们的青睐。一个经验公式之所以会有这样强的适用性，很可能因为其具备较好的理论根据。因为只有理论才可能会“放之四海而皆准”，而经验总是有局限性的。事实上，对于在非饱和下渗理论中用到的偏微分方程式(6-22)，如果不采用拉普拉斯变换法求解，而是采用分离变量法求解，导出的结果就与式(6-51)基本一致。

3. 菲利普公式

在非饱和下渗理论中已经讨论过菲利普的解。菲利普在 1957 年得到式(6-37)后，就曾建议下渗公式可采用下列形式：

$$f_p=\sqrt{\frac{a}{2}}\ t^{-1/2}+f_c \tag{6-55}$$

由此可见，菲利普公式(6-55)是一个在理论解基础上发展起来的经验下渗公式。菲利普公式(6-55)与菲利普解式(6-37)相比较，等号右边前两项形式完全一样，不同的只是式(6-37)中的系数都有一定的物理意义，而式(6-55)中的系数则是经验常数。

式(6-55)实际上认为，在下渗过程中(f_p-f_c)与(F_p-f_ct)是成反比的(图 6-13)，即

$$f_p-f_c\propto\frac{1}{F_p-f_ct} \tag{6-56}$$

因此，有

$$f_p-f_c=\frac{a}{F_p-f_ct} \tag{6-57}$$

从而得到下列常微分方程：

$$\frac{\mathrm{d}F_p}{\mathrm{d}t}-f_c=\frac{a}{F_p-f_ct} \tag{6-58}$$

解常微分方程式(6-58)就可得式(6-55)。

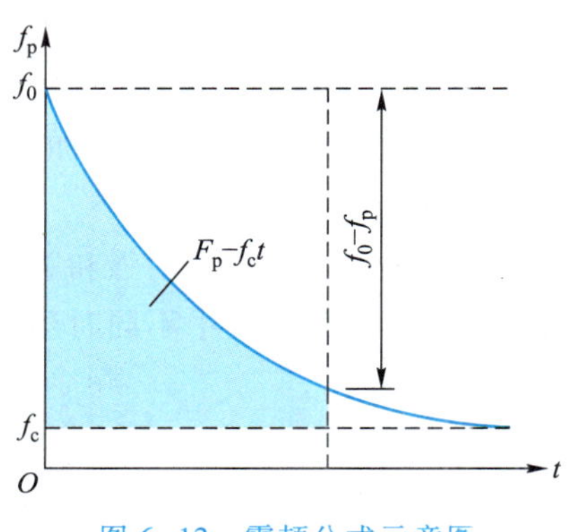

图 6-12 霍顿公式示意图

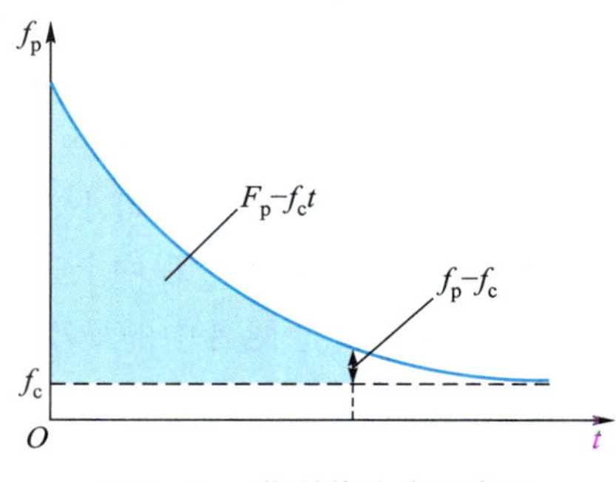

图 6-13 菲利普公式示意图

三、参数确定

目前世界上至少有十几种经验下渗公式，这里讨论的仅是其中三个比较常用的。考斯加科夫下渗公式没有考虑重力的作用，所以它只能用在下渗的初始阶段，或者干旱地区；霍顿下渗公式和菲利普下渗公式都考虑了重力的作用，适用性必然广泛一些。

任何一个经验下渗公式，都包含有一至几个参数或系数。如何确定其中的参数或系数自然成为使用经验公式必须解决的重要问题。根据实验，可以得到 F_p 随时间 t 变化的数据，将这些数据点绘成 F_p 与 t 的关系曲线，会发现它既具有一定的趋势，又局部显得散乱。有了可靠的实验资料，也就隐含地有了经验公式的数学形式，使用图解法、最优化方法或机器学习算法，就可率定出其中的参数或系数。

第五节 降雨过程中的下渗

一、下渗率与降雨强度和下渗能力的关系

在自然界中，下渗的供水来源主要是降雨。因此，明确降雨强度、下渗率和下渗能力三者之间的关系，再讨论降雨过程中的下渗就比较容易了。为方便计，在以下讨论中用 i 表示降雨强度，用 f 表示下渗率，用 f_p 表示下渗能力，用 r_s 表示地面积水率。地面积水是地面径流的来源，地面积水率又叫作地面径流率。降雨强度和下渗能力之间的关系，无非是大于、等于和小于三种关系。

如果某一个时刻降雨强度 i 与下渗能力 f_p 的关系为 $i<f_p$，那么根据下渗的物理概念，下渗率 f 应等于 i，即这个时刻的降雨全部下渗到土壤中，地面不可能积水，$r_s=0$。如果某一时刻 $i=f_p$，那么根据下渗的物理概念，降雨全部下渗到土壤中，地面也不可能积水，$r_s=0$。如果某一时刻 $i>f_p$，那么根据下渗的物理概念，下渗率 f 等于下渗能力 f_p，多余的降雨 $(i-f_p)$ 形成地面积水，$r_s=i-f_p$。将以上前两种情况合并，i、f 和 f_p 三者之间的关系就可写成：当 $i\leqslant f_p$ 时，$f=i$，而 $r_s=0$；当 $i>f_p$ 时，$f=f_p$，而 $r_s=i-f_p$。

由此可见，在降雨过程中，不是任何时刻的降雨都能形成地面积水，也不是任何时刻都按下渗能力 f_p 下渗。较小的雨强是不会形成地面积水，也不会按下渗能力 f_p 下渗的，只有较大的雨强才会按下渗能力 f_p 下渗并形成地面积水。

一场降雨过程中，雨强可大可小，有时还有间歇，下渗能力也在变化。雨强和下渗能力的随时间变化使得一场降雨过程中上述两种情况都有可能遇到。降雨过程中不同时刻的下渗率 f 显然总是等于 i 和 f_p 两者中的最小者，即

$$f=\min\{i,f_p\} \tag{6-59}$$

式(6-59)揭示的原理并不复杂，但很重要。

二、降雨强度不变的情况

如图 6-14 所示，在降雨下渗的初始阶段，下渗能力 f_p 一般会比降雨强度 i 大很多，按照式(6-59)，这时下渗率 f 应等于降雨强度 i。随着降雨历时增长，土壤含水量逐步增加，下渗能力将随时减小。但由于降雨强度不变，因此，必然会到某一个时刻下渗能力正好减小至等于降雨强度。此后，将进入降雨强度大于下渗能力阶段。因此，只要找到了下渗能力等于降雨强度这一时刻，就可以确定此前为下渗率等于降雨强度阶段，此后为下渗率等于下渗能力阶段，且超过下渗能力的降雨强度就成为地面积水。可见，在降雨强度不变的情况下，下渗能力等于降雨强度的出现时刻就是地面积水的开始时刻，令 t_p 为这个时刻，则容易理解下式是成立的：

$$it_p=\int_0^{t_0} f_p(t)\mathrm{d}t \tag{6-60}$$

其中

$$t_0=f_p^{-1}(i) \tag{6-61}$$

将式(6-61)代入式(6-60)就可解出 t_p：

$$t_p=\frac{1}{i}\int_0^{t_0} f_p(t)\mathrm{d}t \tag{6-62}$$

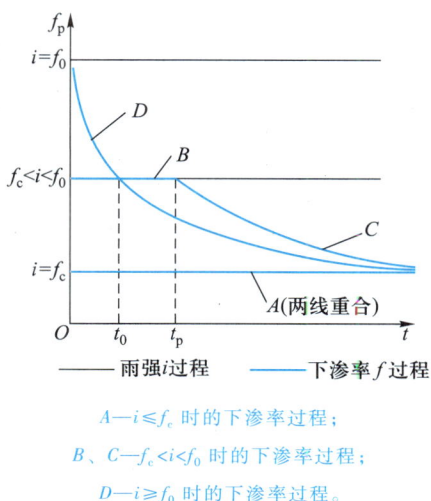

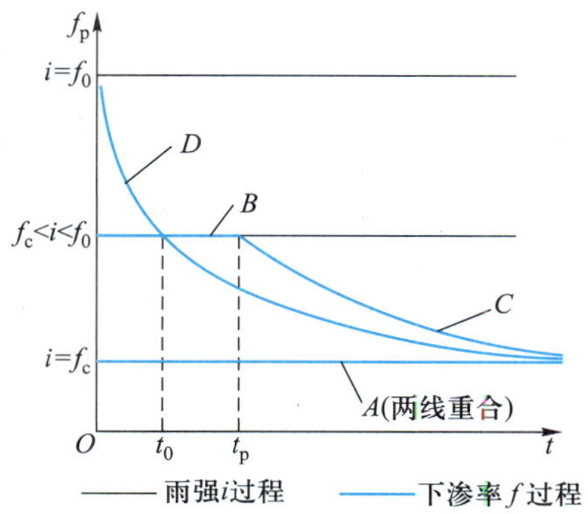

A—$i\leqslant f_c$ 时的下渗率过程；
B、C—$f_c<i<f_0$ 时的下渗率过程；
D—$i\geqslant f_0$ 时的下渗率过程。

图 6-14　降雨强度不变情况的下渗率过程

在降雨强度不变的情况下，只要找到 t_p，就可给出实际的下渗率变化过程和地面积水过程。

三、降雨强度变化的情况

为了直观地说明降雨强度随时间变化时下渗率的变化，可将连续的降雨强度过程曲线改成时段平均降雨强度阶梯状图，然后逐时段进行分析(图 6-15)。对第一时段，先求出降雨开始时的土壤含水量，据此求出相应的下渗能力，将其与第一时段平均降雨强度进行比较，若这一时段平均降雨强度小于当时的下渗能力，则该时段下渗率即为该时段平均降雨强度。对第二时段，第一时段末的土壤含水量就是第二时段初的土壤含水量，根据求得第一时段末的土壤含水量可求得第二时段初的下渗能力，比较第二时段的降雨强度与求得的第二时段初的下渗能力，如果降雨强度大于下渗能力，则第二时段的下渗率为下渗能力，剩余的降雨成为地面积水。这样，按照式(6-59)所揭示的规律，一个时段一个时段地进行下去，最后就可得到一场降雨过程的下渗率变化过程和地面积水过程。这种分析方法的精度显然与所选用的时段长短有关，所取时段越短，结果的精度就越高。

图 6-15 给出了不同降雨强度过程的分析结果。

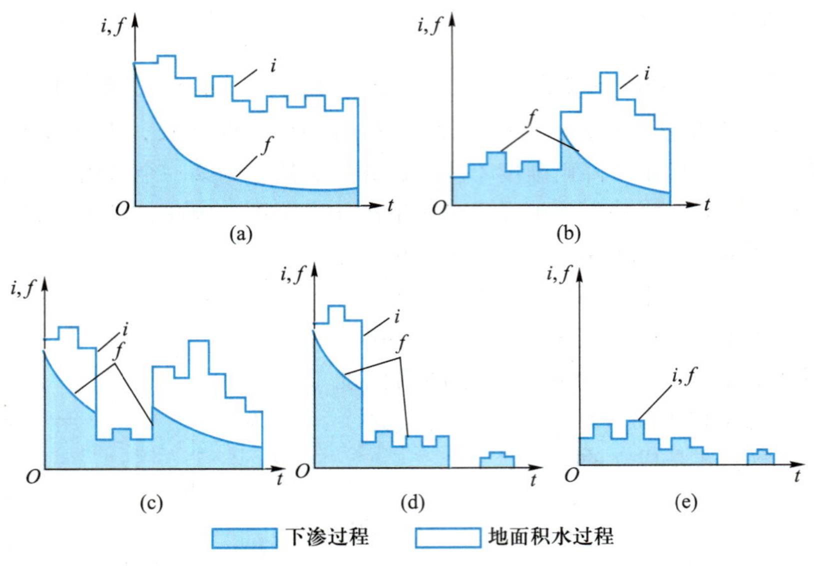

图 6-15 降雨强度变化情况下的下渗过程

第六节 下渗后的土壤水分再分布

对下渗面的供水停止后，下渗面滞蓄的水因蒸散发或下渗不断减少，直至耗尽，此时下渗过程即告结束，但是，土壤内部水分的向下移动并没有随即终止，一般还要持续一个很长的时间。在此期间，水分在土壤内进行着不断的再分配。

根据地下水位的有无和地下水埋藏的深浅，可以分两种情况来讨论下渗后的土壤水分再分布问题。

1. 没有地下水位或地下水埋深无穷大的情况

在这种情况下，下渗终止后的典型的土壤水分剖面将由剖面上部的湿润层和下部未被湿润的土层组成(图 6-16)。这样的土壤水分剖面就像一只无底的水桶。湿润锋以下土壤将不断地从上部土壤中吸取水分。再分布速度与原先的湿润层厚度、湿润锋以下土壤的相对干燥程度和土壤的水力传导度有关。湿润层厚度小、湿润锋以下土壤又比较干燥，土水势的梯度可能相当大，再分布的速度就较快；反之，湿润层厚度较大、湿润锋以下土壤的含水量也较大，再分布可能主要在重力作用下进行，速度就会变得小而稳定。总之，再分布的速度是随着时间逐渐减小的，主要原因有二：一是当湿润层水分减少、干土层水分增加后，上下土层之间的土

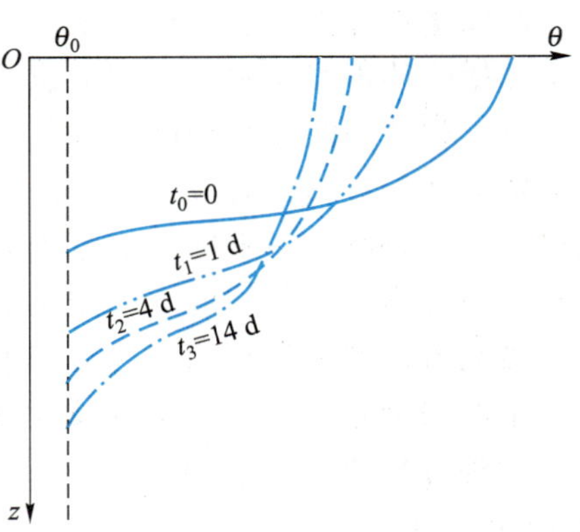

图 6-16 再分布过程的土壤水分剖面

水势梯度减小；二是原先湿润层脱水后的水力传导度要相应减小。这两个原因都会使水分下移速度减小。与此相应，湿润锋的前伸速度也会逐渐减缓，在下渗期间颇为明显的湿润锋在再分布过程中将会逐渐消失。显然，当没有蒸散发和植物根系吸水时，这种情况下的再分布必然满足条件

$$\int_0^{\infty}\theta \mathrm{d}z=\text{常数} \tag{6-63}$$

由式(6-63)可见，再分布过程中变化的只是土层的水分剖面。如不考虑土壤蒸散发，土层中总的含水量始终是不变的。

满足条件式(6-63)的再分布过程，可用下列定解问题描述：

$$\begin{cases}\dfrac{\partial\theta}{\partial t}=\dfrac{\partial}{\partial z}\left[D(\theta)\dfrac{\partial\theta}{\partial z}\right]-\dfrac{\mathrm{d}K(\theta)}{\mathrm{d}\theta}\dfrac{\partial\theta}{\partial z}\\ \theta(0,z)=\theta_b(z)\\ q(t,0)=0\\ \theta(t,\infty)=\theta_0\end{cases} \tag{6-64}$$

式中　$\theta_b(z)$——下渗后（即再分布前）的土壤水分剖面；

$q(t,0)$——通过下渗面的水流通量；

θ_0——初始土壤含水率；

$K(\theta)$——土壤的水力传导度。

2. 地下水位离地面相当近的情况

在地下水位离地位相当近的土壤情况下，下渗后地下水位以上的土壤水分剖面很容易与地下水发生水力联系，如图6-17所示。这种情况下，下渗后的土壤水再分布显然表现为向地下水排水而补给地下水。由于这个缘故，此时的再分布又称为内排水。若地下水位以上的土层厚为 z，则在内排水时，必然有

$$\int_0^{z}\theta \mathrm{d}z\neq\text{常数} \tag{6-65}$$

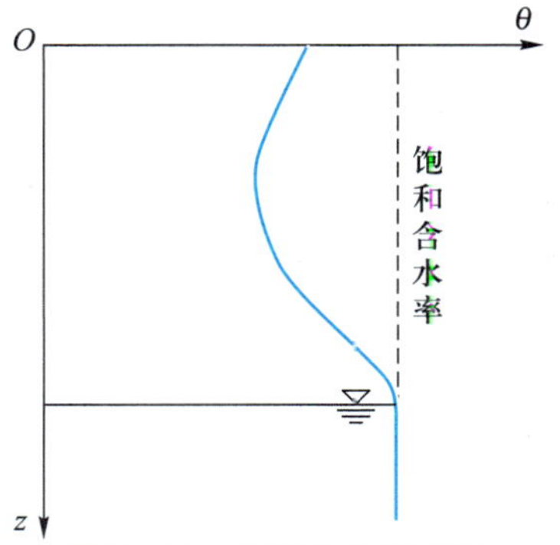

图6-17　土壤水分剖面与地下水的水力联系

内排水的结果将趋于下述状态：土壤水分剖面上各深度的土壤吸力等于该点以地下水位为基准面的高程。也就是内排水的结果要趋于各点总土水势均为零的平衡状态。这种平衡状态一旦出现，内排水即告终止。内排水过程用下列定解问题描述：

$$\begin{cases}\dfrac{\partial\theta}{\partial t}=\dfrac{\partial}{\partial z}\left[D(\theta)\dfrac{\partial\theta}{\partial z}\right]-\dfrac{\mathrm{d}K(\theta)}{\mathrm{d}\theta}\dfrac{\partial\theta}{\partial z}\\ \theta(0,z)=\theta_b(z)\\ q(t,0)=0\\ q(t,z)=K(\theta)\end{cases} \tag{6-66}$$

式中 $\theta_b(z)$——下渗后（即内排水前）的土壤水分剖面；

$q(t,z)$——通过土层底部排向地下水储量的水流通量。

希勒尔（Hillel）等人曾对黏土、壤土和砂土用数值方法解出定解问题[式(6-66)]，结果如图6-18所示。由图可见，在内排水初期，砂土的排水速度是很快的。在最初两天内，砂土的排水量大约是壤土的2倍、黏土的5倍；随后这种差别逐渐缩小；再进一步则出现相反的情况，砂土排水速度变得缓慢，而壤土和黏土却保持着比砂土快的排水速度。

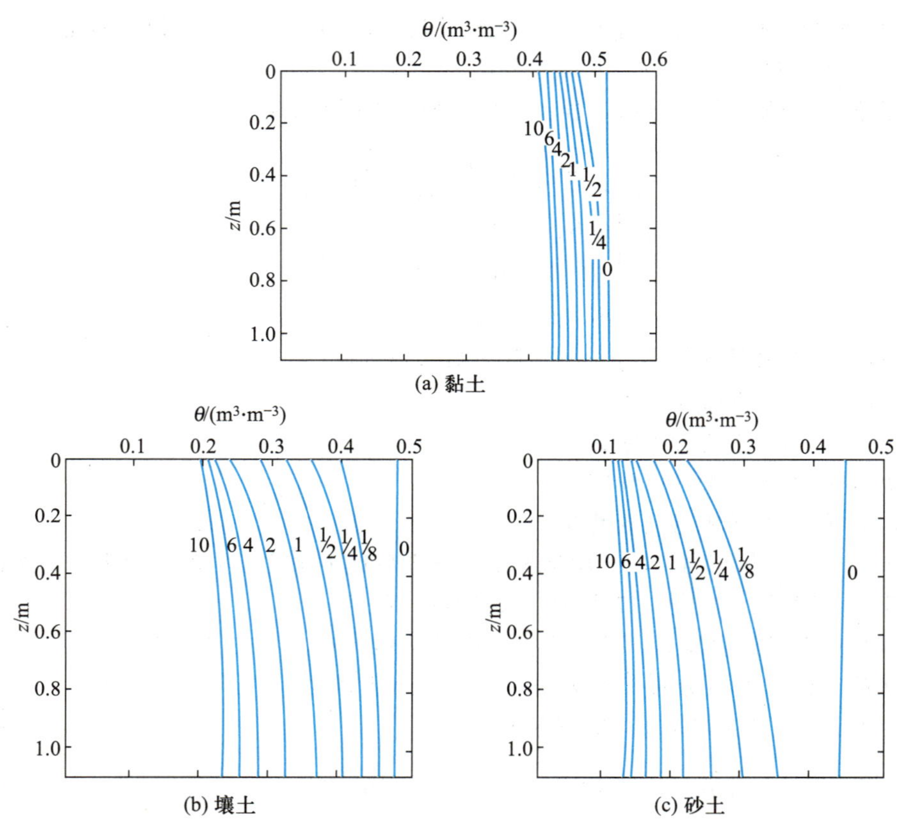

图中线旁数字为内排水时间，单位为d。

图6-18 不同土壤内排水时的水分剖面

求定解问题[式(6-64)和式(6-66)]原本就十分困难，加之在再分布过程中，土层上部处于脱水过程，而下部的土壤处于吸水过程，造成不同深度的土壤含水量与土壤吸力之间有不同的关系，不是一条简单“绳套”曲线，而是由无数个“绳套”组成的“扫描”曲线(图5-12)，每一个小“绳套”描述的是从任一土壤含水量开始的湿润或干燥过程。

这种在再分布情况下更为复杂的滞后现象，大大增加了求解定解问题[式(6-64)和式(6-66)]的困难，但由此引起的滞后作用一般会延缓再分布过程。

习　题

第六章习题参考解答

6-1　下渗曲线的数学表达式为 $f_p=f_c+(f_0-f_c)e^{-kt}$，其中 f_0 为土壤干燥时的下渗能力，f_c 为土壤达到田间持水量时的下渗能力，k 为常数。试证明

$$k=\frac{1}{F_c}(f_0-f_c)$$

其中 F_c 值如图 6-19 所示，$F_c=\int_{f_c}^{f_0}t\mathrm{d}f_p$。

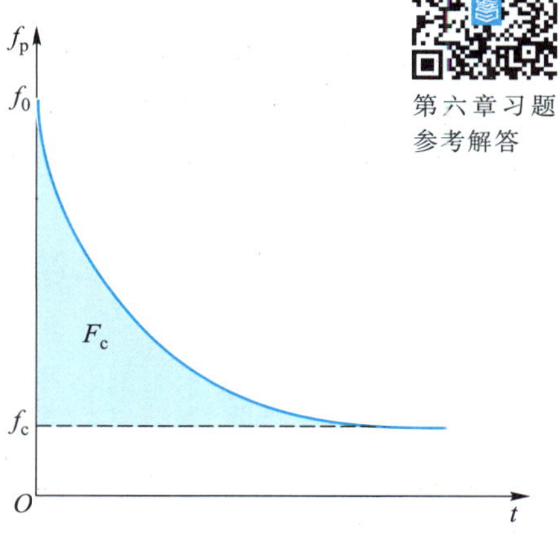

图 6-19　霍顿下渗曲线

6-2　在流域某处做同心环下渗实验，实验是在供水充分条件下进行的。实验开始时，测得该处土柱的含水率为 0，实验得到的数据如表 6-1 所示。试绘制出实验得到的下渗曲线、累积下渗曲线和累积下渗量与下渗能力的关系曲线。若可用 $f_p=f_c+(f_0-f_c)e^{-kt}$ 拟合得到下渗曲线，试确定其参数。

表 6-1　下渗实验的观测数据

t/min	0	4.7	11.7	22.1	37.7	59.5	84.5	100
f_p/(mm/min)	2.60	1.70	1.14	0.77	0.51	0.43	0.40	0.40

6-3　土柱中均匀地填满饱和水力传导度 $K_s=10^{-2}$ cm/min、饱和含水率 $\theta_s=0.50$（为容积含水率）的土壤。土壤初始含水率沿土深分布均匀，$\theta_0=0.1$（为容积含水率），此时做一次下渗实验，在供水充分条件下下渗 16 min 后，测得下渗锋面已下移到 10 cm 埋深处。若用下渗公式 $f_p=\frac{1}{2}st^{-0.5}+A$ 来模拟这次下渗过程，试推求该下渗公式中的参数 s 和 A，并计算下渗实验 10 min 后和 100 min 后的下渗水量。

6-4　已知流域某处的下渗曲线为 $f_p=\frac{1}{2}st^{-0.5}+A$，其中 s 和 A 是常数，t 以 min 计。在该处土壤干燥时遭遇一次强度为 i（以 mm/min 计）的暴雨。若雨强 i 不变，试问这次暴雨经历多长时间该处才会产生地面积水。

***6-5**　试根据式（6-31）推导公式（6-36）。

第七章　蒸发与散发

蒸发与散发是下垫面的水分向大气层逸散的现象，与下渗一样，是自然界的一种物理过程，也是揭示径流形成机理和土壤墒情变化的物理基础。它与水量和热量均有密切关系。研究蒸发和散发不仅涉及动力学，还涉及热力学。对于散发问题，还涉及植物生理学。

第一节　蒸发机理

一、蒸发与凝结

人们在日常生活中能够直接感受到的蒸发是水面蒸发。放置一盆水在大气中，几天之后再去看，会发现盆中的水减少了，这就是蒸发的作用。在自然界，湖泊、河流等水体都有蒸发发生。因此，用水面蒸发来说明蒸发现象比较贴近生活。

水分子总是在不断地运动。这种运动方向多变，杂乱无章，随机性很强。在做随机运动的水分子中，那些能够克服其他水分子吸引力的，就会逃逸到大气中去，这种现象叫作蒸发。空气里的水汽分子也在做杂乱无章的运动，其随机性比液态水的水分子还要大。这些杂乱无章的水汽分子互相碰撞以后，有些水分子的能量会减少，从而又返回到水体中，这种现象叫作凝结。蒸发和凝结是相伴发生的两个现象，有蒸发发生，就必然有凝结存在。蒸发是地球陆地水体和海洋水量损失的原因，所以研究蒸发非常重要。

蒸发消耗的能量是根据蒸发潜热来计算的。蒸发潜热是指单位质量的水从水体里蒸发到大气中所需要的能量。蒸发潜热主要与水温有关，可用下式计算：

$$L=2\ 491-2.177t_w \tag{7-1}$$

式中　L——蒸发潜热，J/g；

t_w——水温，℃。

由式(7-1)可见，如果水温等于零，蒸发潜热就是2 491 J/g；如果水温降至零下，蒸发潜热就要增大；如果水温升高，蒸发潜热就会减小。

蒸发需要吸收能量，凝结则要释放能量。单位质量的水从大气里返回到水体所释放的能量就是凝结潜热。蒸发和凝结是可逆的两个现象，所以蒸发潜热和凝结潜热相同，也就是说，单位质量的水从大气里返回到水体所释放的能量也可用式(7-1)计算。

二、蒸发分类

蒸发现象可以发生在许多物体上，只要这个物体存在水分，就会有蒸发现象发生。土壤中含有水分，生物体内也含有水分，所以土壤和生物体都有蒸发现象发生。冰和积雪也由水分子组成，也会发生蒸发现象。自然界许多物体与大气都有交界面，物体中所含的水分子就是通过这个交界面逸散到大气中去的，这个交界面称为蒸发面。对于河流、湖泊、水库、海洋等水体，其与大气的交界面就是水面；对于土壤，就是土壤的表面；对于积雪，就是积雪的表面；对于积冰，就是冰的表面；对于植物，就是植物茎和叶的表面。根据蒸发面的不同，可赋予蒸发不同的名称。蒸发面为水面的称为水面蒸发。发生在水库、湖泊、河流、海洋表面的蒸发都是水面蒸发。发生在地下水面的蒸发也是一种水面蒸发，不过这个蒸发面不是直接与大气接触，而是间接与大气接触的，中间隔了一层多孔介质——土壤，所以称为潜水蒸发。蒸发面为植物根茎叶的表面，称为植物散发。散发和蒸发的主要区别是植物有生命，有新陈代谢，所以在植物散发过程中一些关于生命的因素要产生作用。蒸发面为土壤，称为土壤蒸发。蒸发面为冰面，称为冰面蒸发。蒸发面为雪盖面，称为雪面蒸发。冰面蒸发和雪面蒸发都是发生在寒冷气候条件下的固态水蒸发。冰雪一般是共存的，计算方法也相似，所以常将它们合称为冰雪蒸发。水文学常把流域作为研究单元，流域是一个复合体，流域上有水面，有生长植被的地方，也有土壤裸露的地方，在寒冷地区还可能有冰雪覆盖，将流域作为蒸发面的就称为流域蒸散发。

三、控制蒸发的物理条件

控制蒸发的物理条件是指发生蒸发现象所必须具备的外部条件。在自然界，同一地方同一时间不同蒸发面，或者同一蒸发面在不同的地方，或者在同一个地方的不同时间，为什么蒸发的数量千变万化，就是因为各自控制蒸发的物理条件不一样。根据对蒸发机理的研究，控制蒸发的物理条件可归纳为供水条件、能量条件和水汽输移条件三个方面。

1. 供水条件

蒸发是需要有水分供给的。没有水，即使加热，也不会发生蒸发现象。蒸发供水一般有充分和不充分两种条件。不同类型的蒸发，供水条件是不同的。对于水面蒸发，水分的供给源源不断，显然总是充分的；对于土壤蒸发，土壤含水量有一个上限，就是饱和含水量，如果开始时土壤含水量饱和，那么供水是充分的，但随着蒸发的进行，土壤含水量不断减少，供给土壤蒸发的水分就会越来越少，所以，土壤蒸发的供水条件是变化的。植物中的水分来自根系对土壤中水分的吸取，因此，植物散发的供水条件不仅受到土壤含水量的制约，还要受到植物生理作用的影响。

2. 能量条件

物体从外界获得能量越多，逸散到大气中的水分子就越多，蒸发量就越大。同一地方白天比夜里的蒸发量大、夏天比冬天的蒸发量大就是这个原因。自然界能量的主要来源是太阳辐射。

3. 水汽输移条件

先看一个实验，如图 7-1 所示，在一个封闭的玻璃罩里面放了一盆水，并给这盆水加热。因为这里既有水，又有能量条件，所以会发生蒸发现象。随着温度的升高，蒸发量会不断增加，最终这个玻

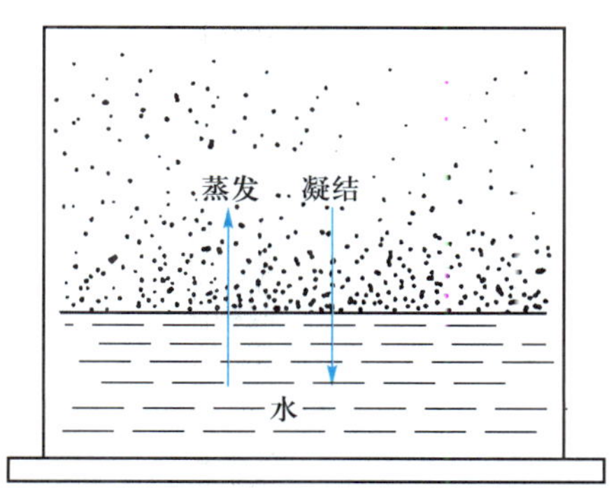

图 7-1 密封容器中的水面蒸发

璃罩里的水汽含量必将达到饱和状态，此时虽然蒸发现象还存在，但蒸发量却没有了，因为这时从水面逸散到空气中的水分子与从空气中返回到水面的水分子数相等。此时，如果将玻璃罩拿掉，那么玻璃罩里的水汽会随着大气运动跑到别的地方，这盆水上空的水汽就处于非饱和状态，蒸发量又有了。所以，只要蒸发面之上空气所含水汽不饱和，就一直会有蒸发量存在。这就是水汽输移条件对蒸发的作用。水汽的输移条件主要依靠空气运动。空气运动一般有两种形式：一是对流，就是空气在垂直方向的上下运动，比如在夏天，地面温度很高，接近地面的空气温度就会升高，密度则会减小，于是这部分空气会上升，高空的冷空气会下降补充，这样就形成了对流。对流能把湿热空气带到上面去，而把干冷空气带到下面来，这样的交换会使水汽不断地输移。二是平流，就是空气在水平方向的运动，实际上就是风。风是由气压梯度造成的。在水汽输移条件中，平流作用相对比较大，对流作用相对比较小。

由于反映能量条件的太阳辐射和气温，以及反映水汽输移条件的风速和饱和差都是一些气象因素，因此可以将控制蒸发的能量条件和水汽输移条件合并为气象条件。这样，控制蒸发的条件又可归并为供水条件和气象条件。明确控制蒸发的条件，对分析蒸散发的影响因素和构建蒸散发计算公式都是很有必要的。

四、蒸发率和蒸发能力

要对蒸发这一物理现象做进一步分析，必须先解决用什么物理量来定量分析蒸发的问题。蒸发率就是一个很合适的物理量。单位时间内，从单位面积的蒸发面逸散到大气中的水分子数量与从大气返回到蒸发面的水分子数量的差值，当其大于或等于零时，称为蒸发率。常用的蒸发率单位是 mm/h、mm/d 等。蒸发率显然与前面讨论的三个控制蒸发的物理条件有关。这三个控制条件不一样，蒸发率也就不一样。

如果供水条件充分，即蒸发不受供水的限制，那么蒸发率必然仅受控于能量条件和水汽输移条件，即气象条件。供水充分条件下，单位时间内从单位面积的蒸发面逸散到大气中的水分子数量与从大气返回到蒸发面的水分子数量的差值，当其大于或等于零时，称为蒸发能力，又称为潜在蒸发率，其单位与蒸发率相同。蒸发能力实际上就是供水充分条件下的蒸发率。

由蒸发能力和蒸发率的定义可知，它们之间的关系必然满足蒸发能力总是大于或等于蒸发率，即

$$E_{m} \geqslant E \tag{7-2}$$

式中 E_{m}——蒸发能力；

E——蒸发率。

正因为蒸发能力与供水条件无关，所以它实际上综合反映了能量条件和水汽输移条件对蒸发的影响。这样一来，蒸发率就只取决于供水条件和蒸发能力，而且三者的关系为

$$E = \min\{I, E_{m}\} \tag{7-3}$$

式中 I——供水强度或供水能力。

在相同的能量和水汽输移条件下，不同蒸发面的蒸发能力通常是不相同的，这是因为不同蒸发面的蒸发能力除了与能量条件和水汽输移条件有关外，还与蒸发面的热学性质有关。例如，由于水的比热容大于土壤的比热容，所以在同样的气温和太阳辐射条件下，水体升温

就慢于土壤升温，从而造成土壤的蒸发能力比相同气象条件下的水面大。

第二节 水面蒸发

一、基本途径

水面蒸发是供水充分条件下的蒸发，本身就是蒸发能力，因此，影响水面蒸发的因素首先是能量条件和水汽输移条件，但这两个条件都是外界施予的。除此而外，影响水面蒸发的还有水体本身的条件，包括水体的形状、大小、水深、水质等。有的水体是圆的，有的水体是长条形的；有的水体比较宽，有的水体比较窄；有的水体很深，有的水体很浅；有的水体干净，有的水体浑浊……这些条件都会影响水面蒸发。总之，影响水面蒸发的因素是能量条件、水汽输移条件和水体条件等。

揭示水面蒸发与其影响因素之间关系的目的在于建立计算公式，进行定量计算。在物理学家、气象学家和水文学家的共同努力下，目前已提出了两种确定水面蒸发的途径：理论途径和经验公式途径。

1. 理论途径

理论途径就是根据物理学、气象学和水文学的基本知识和基本定律来构建水面蒸发计算方法。这种途径已产生四种方法：根据热量平衡原理建立的方法，称为热量平衡法；根据大气扩散理论建立的方法，称为空气动力学法；既考虑热量平衡原理又考虑大气扩散理论建立的方法，称为混合法；根据水量平衡原理建立的方法，称为水量平衡法。

2. 经验公式途径

这种途径的基本思路与前面讨论的经验下渗公式的构建类似，就是通过实验把水面蒸发量观测出来，将影响水面蒸发的因素也同步观测出来，然后应用统计综合法找出它们之间的定量关系，建立经验公式。这种方法称为经验公式法。

二、热量平衡法

热量平衡法依据的原理是能量守恒定律。某时段内一个水体的能量收入和支出一般为：水体接受的净太阳辐射；以水流为载体通过地面和地下与周围进行的热量交换；水体通过热传导形式与其固体边界进行的热量交换；因水面蒸发而消耗的热量；等等。因此，按照能量守恒定律，有

$$Q_n - Q_E + Q_v - Q_h = Q_\theta \tag{7-4}$$

式中 Q_n——某时段内太阳净辐射；

Q_v——某时段内水体以水流为载体与周围进行的热量交换；

Q_h——某时段内水体以热传导形式与其固体边界进行的热量交换；

Q_E——某时段内因水面蒸发而耗散的热量；

Q_θ——某时段内水体自身热量的变化量，Q_θ 为正值表示水体温度增加，Q_θ 为负值表示水体温度降低。

气象学家鲍恩（Bowen）发现 Q_h 和 Q_E 之间有一定的关系，并引进了一个称为“鲍恩比”的系数。鲍恩比是 Q_h 与 Q_E 的比值，它与水体温度、空气温度和饱和差之间有下列关系：

$$R=\frac{Q_h}{Q_E}=\gamma\frac{t_w-t_a}{d} \tag{7-5}$$

式中 R——鲍恩比；

t_w——水体温度；

t_a——空气温度；

d——饱和差；

γ——温度计常数，其值与采用摄氏温度或华氏温度有关。

式(7-5)表明，鲍恩比可以通过气象要素来确定。有了鲍恩比，Q_h 和 Q_E 就可以互相推求。一般情况下，Q_v 是很小的，在实际应用中通常令 $Q_v=0$。这样就可以得到一个形式较为简单的水体热量平衡方程式：

$$Q_n-(1+R)Q_E=Q_\theta \tag{7-6}$$

从式(7-6)中求出 Q_E，再利用蒸发潜热的概念，就可得到用热量平衡法计算水面蒸发的公式：

$$E_w=\frac{Q_E}{\rho_w AL}=\frac{Q_n-Q_\theta}{\rho_w AL(1+R)} \tag{7-7}$$

式中 E_w——某时段内水面蒸发；

A——水体的水面面积；

ρ_w——水的密度；

L——蒸发潜热。

式(7-7)表明，用热量平衡原理确定水面蒸发应考虑的影响因素，一是太阳净辐射 Q_n，可用日照时数来反映其值；二是水体的储热量 Q_θ，它与水温有关；三是鲍恩比 R，前已述及，它与气温、水温和饱和差有关。饱和差又与空气湿度和气温有关，水温和气温之间也有一定关系。因此，用热量平衡原理计算水面蒸发应考虑的影响因素可归纳为太阳净辐射、气温和空气湿度，即

$$E_w=f(s,t_a,q) \tag{7-8}$$

式中 s——日照时间，反映太阳净辐射的影响；

q——比湿，反映空气湿度。

如用饱和差 d 作为影响因素，式(7-8)又可写成

$$E_w=f(s,d) \tag{7-9}$$

在中国长江以南地区，气候湿润，影响水面蒸发的主要因素是太阳净辐射和气温，例如对于浙江省姜湾径流试验站，根据日照时间 s 和气温 t_a，可以较精确地计算其水面蒸发(图 7-2)。

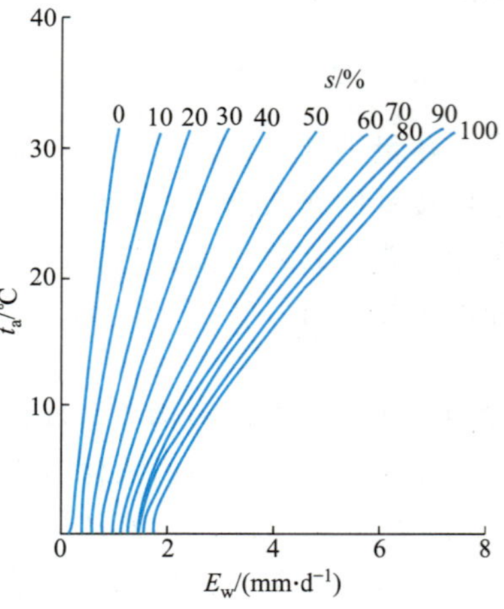

图 7-2 浙江省姜湾径流试验站计算的 $E_w=f(s,t_a)$ 曲线

三、空气动力学法

空气动力学法的基本原理是菲克（Fick）第一扩散定律。菲克第一扩散定律表明物质的通量与其浓度梯度成正比。这里，浓度梯度是指通量方向上物质浓度对距离的变化率；通量是单位时间内通过单位面积界面的物质数量。蒸发率和下渗率都具有通量的意义。将菲克第一扩散定律用到水面蒸发问题上就可以得到下式：

$$E_w \propto \frac{dq}{dz} \tag{7-10}$$

式中 $\frac{dq}{dz}$——比湿在垂直方向上的变化率，表示水汽浓度梯度。

如果要把式(7-10)写成等式，只需引进一个比例系数，即

$$E_w = -\rho K_\omega \frac{dq}{dz} \tag{7-11}$$

式中 K_ω——大气的紊动扩散系数；

ρ——水汽密度。

由气象学可知，比湿与水汽压有如下关系：

$$q = 0.622 \frac{e}{p} \tag{7-12}$$

式中 e——水汽压；

p——大气压。

将式(7-12)代入式(7-11)，即得用空气动力学法计算水面蒸发的公式：

$$E_w = 0.622 K_\omega \frac{\rho}{p}\left(\frac{e_0 - e_2}{2}\right) \tag{7-13}$$

式中 e_0——相应于水面温度的饱和水汽压；

e_2——距离水面 2 m 高处的水汽压。

大气的紊动扩散系数 K_ω 与大气运动有关，空气的对流和平流是两种基本的大气运动，对 K_ω 都有影响，但平流的作用更大些，于是式(7-13)又可写成下列函数形式：

$$E_w = f(u) \frac{e_0 - e_2}{p} \tag{7-14}$$

式中 u——风速；

$f(u)$——风速函数。

早在 19 世纪，著名气象学家道尔顿（Dulton）就曾得到水面蒸发与饱和差成正比、与大气压成反比的结论，其比例系数就是风速函数，数学表达即为式(7-14)，后人称其为道尔顿蒸发定律。

由式(7-13)或式(7-14)不难看出，空气动力学法能考虑水面温度、空气湿度和风速对水面蒸发的影响，而水面温度与气温关系密切，因此，可将空气动力学法公式写成如下的函数形式：

$$E_w = f(t_a, q, u) \tag{7-15}$$

由于饱和差 d 与 t_a 和 q 有关，式(7-15)又可写成

$$E_w = f(d, u) \tag{7-16}$$

中国北方和西北地区属于干旱、半干旱气候，饱和差和风速对水面蒸发影响明显，例如对于黑龙江省宾县径流试验站，用饱和差和风速作为水面蒸发影响因子就比较合适(图7-3)。

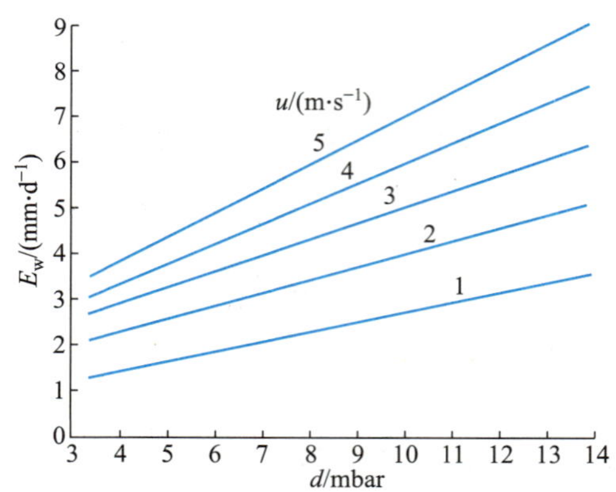

图7-3 黑龙江省宾县径流试验站 $E_w = f(d, u)$ 曲线

四、混合法

无论是热量平衡法，还是空气动力学法，对水面蒸发影响因素的考虑都不够全面。热量平衡法只考虑了太阳净辐射和饱和差对水面蒸发的影响，空气动力学法只考虑了风速和饱和差对水面蒸发的影响。1948年彭曼（Penmann）尝试将这两种方法结合起来以全面考虑影响水面蒸发的因素，提出了计算水面蒸发的混合法。彭曼得到的计算水面蒸发的公式为

$$E_w = \frac{\Delta}{\Delta+\gamma}\overline{Q}_n + \frac{\gamma}{\Delta+\gamma}E_a \tag{7-17}$$

式中 $\overline{Q}_n$——根据热量平衡法，按太阳净辐射求出的水面蒸发；

E_a——根据空气动力学法，按大气温度求出的水面蒸发；

Δ——温度与饱和水汽压关系的斜率，见图7-4；

γ——温度计常数。

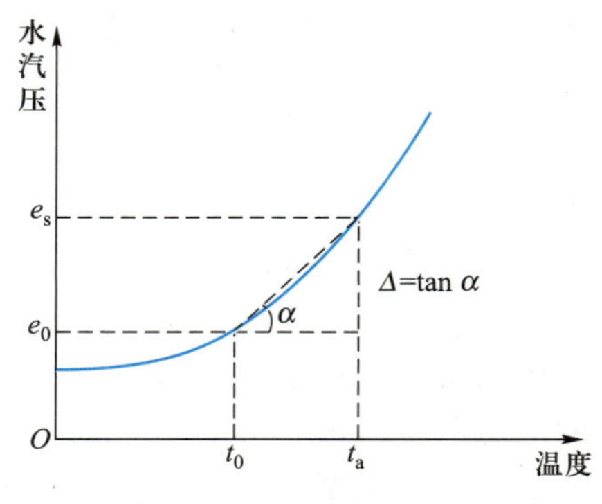

图7-4 饱和水汽压曲线

式(7-17)表明水面蒸发由两项构成：一项是根据热量平衡法按太阳净辐射计算的水面蒸发，另一项是根据空气动力学法按大气温度计算的水面蒸发。这两项对水面蒸发的贡献通过与 Δ 和 γ 有关的权重来体现。

五、水量平衡法

水量平衡法的基本原理是质量守恒定律。对任一水体，可以写出下列水量平衡方程式：

$$W_2=W_1+\bar{I}\Delta t-\bar{O}\Delta t+P-E_w \tag{7-18}$$

式中 W_2——Δt 时段末水体的蓄水量；

W_1——Δt 时段初水体的蓄水量；

$\bar{I}\Delta t$——Δt 时段内进入水体的水量，包括地面和地下；

$\bar{O}\Delta t$——Δt 时段内流出水体的水量，包括地面和地下；

P——Δt 时段内水体表面接受的降雨量；

E_w——Δt 时段内水体的水面蒸发量。

由式(7-18)可得水面蒸发为

$$E_w=P+\bar{I}\Delta t-\bar{O}\Delta t-(W_2-W_1) \tag{7-19}$$

在式(7-19)中，降雨量和流进、流出水体的水量可由观测得到，水体的蓄水量可根据水位通过水体的容积曲线求得，未知的仅为水面蒸发 E_w。因此，只要将所有的已知项代入式(7-19)就可求出水面蒸发 E_w。

水量平衡法看起来是个很好的方法，但可惜的是，现有的站网布设和测验技术还难以保证所获取的降雨量、水体入流量、水体出流量、水体水位等数据都有较高精度，因此须慎重使用水量平衡法确定水面蒸发。

六、经验公式法

水面蒸发经验公式法的基本思路就是根据观测到的水面蒸发数据和影响水面蒸发的因素来建立经验公式。经验公式很多，这里仅举两例。

1. 迈耶尔 (Mayer) 公式

迈耶尔于1942年根据道尔顿定律，建议用下列经验公式计算水面蒸发 E_w（单位为 in · d^{-1}）①：

$$E_w=C(e_{us}-e_a)\left(1+\frac{u}{10}\right) \tag{7-20}$$

式中 e_{us}——相应于水面温度的饱和水汽压，in(1 in=25.4 mm)；

e_a——大气水汽压，in；

u——风速，mile · h^{-1}(1 mile=1 609.344 m)；

C——经验系数，一般取 $C=0.36$。

2. 华东水利学院公式

华东水利学院②于1966年根据中国大型蒸发池的观测资料，得出计算水面蒸发 E_w(单位

① 本书经验公式均保留原计量单位。

② 1985年更名为河海大学。

为 m·d^{-1}）的经验公式为

$$E_w = 0.22\sqrt{1+0.31u_2^2}\,(e_0 - e_2) \tag{7-21}$$

式中 e_0——相应于水面温度的饱和水汽压，mbar（1 bar=100 kPa）；

e_2——水面以上 2 m 处的大气水汽压，mbar；

u_2——水面以上 2 m 处的风速，m·s^{-1}。

经验公式有很强的地域性，一般不宜移用。经验公式使用的数据范围，一般也不得随意外延。如果要移用外延，都要非常慎重。

经验公式五花八门，应从本质上掌握其理论依据和使用条件。

第三节 土壤蒸发

一、土壤蒸发现象

目前主要通过实验，尤其是野外实验对土壤蒸发的物理过程进行探讨。国内外学者做过的这类实验很多。尽管每个实验所取的土样和实验条件各不相同，但都发现在土壤蒸发过程中，随着土壤含水量的变化，明显地存在三个阶段(图 7-5)。当土壤含水量小于最大分子持水量时，土壤蒸发 E_s 与土壤蒸发能力 E_m 的比值 E_s/E_m 小而稳定；当土壤含水量超过最大分子持水量后，随着土壤含水量的增加，比值 E_s/E_m 增加得较快，两者呈近似直线关系；从土壤含水量等于田间持水量开始一直到饱和含水量，虽然土壤含水量仍有所增加，但比值 E_s/E_m 几乎不再增加，并近似稳定在最大值 1。对不同类型的土壤，实验结果的不同仅体现在三个阶段的分界点和第二阶段的直线斜率上。

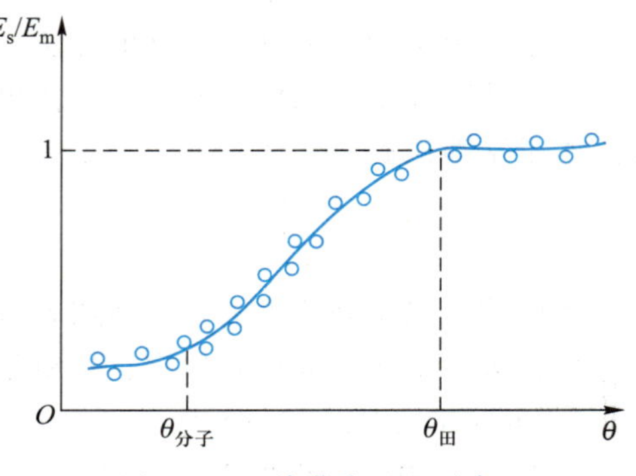

图 7-5 土壤蒸发过程示意

水文学家试图将这一由实验得到的结果归纳为一种理论：土壤蒸发的物理过程分为三个阶段，并由两个土壤含水量阈值加以区别：第 1 个阈值为最大分子持水量 $\theta_{分子}$，第 2 个阈值为田间持水量 $\theta_{田}$。土壤含水量小于 $\theta_{分子}$ 时，土壤蒸发小而稳定；土壤含水量大于或等于 $\theta_{田}$ 时，土壤蒸发达到其蒸发能力；土壤含水量在 $\theta_{分子}$ 和 $\theta_{田}$ 之间时，土壤蒸发与土壤含水量成正比。

土壤含水量达到田间持水量，表明土层中上升毛管水带和悬着毛管水带完全连接起来。土壤含水量减小至最大分子持水量，表明土层中上升毛管水带和悬着毛管水带连接状态遭到完全破坏。因此，如果土壤含水量从最大分子持水量不断增加，连接状态的毛管就越来越多，通过毛管供水也越来越多，蒸发也就越来越大。土壤含水量达到田间持水量，供水达到充分，土壤蒸发开始按蒸发能力蒸发，即 E_s/E_m 等于 1。土壤含水量从田间持水量再增加，土壤蒸发还是以蒸发能力蒸发，E_s/E_m 稳定为 1。如果土壤含水量从最大分子持水量不断减小，由于通过毛管水输送水分供给蒸发的机制消失，转而由薄膜水以极慢的速度来供给蒸发，土壤蒸发必然小而稳定，此时 E_s/E_m 成为一个较小的常数。

二、土壤蒸发的实验验证

中国辽宁省叶柏寿径流试验站曾于 20 世纪 60 年代对土壤蒸发进行过系统的实验研究。用于实验的土层厚度为 1 m，土壤属于轻壤土，干密度为 1.40 g/cm^3，孔隙率为 51%，按容积含水率计，田间持水量为 22%，毛管断裂含水量为 16%，最大分子持水量为 9%，最大吸湿量为 3%。通过大量的实验资料分析，获得了如下结论：

① 当土层含水量超过田间持水量时，在土壤蒸发过程中，土壤水分剖面呈平移消退（图 7-6）。这种情况大约要延续到土壤含水量接近田间持水量时。

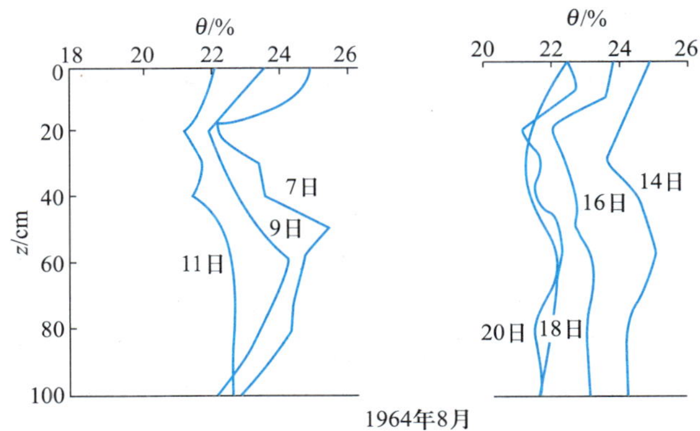

图 7-6　土层含水量超过田间持水量时土壤水分剖面的变化

② 当土层含水量介于毛管断裂含水量和田间持水量之间时，土壤蒸发影响土层的深度不再是整个土层，而减小为 0~50 cm，其中 0~20 cm（或 0~30 cm）是土壤蒸发强烈影响土层。深度大于 50 cm 处，由于毛管水上升缓慢，蒸发小，因此，土壤含水量变化很小（图 7-7）。

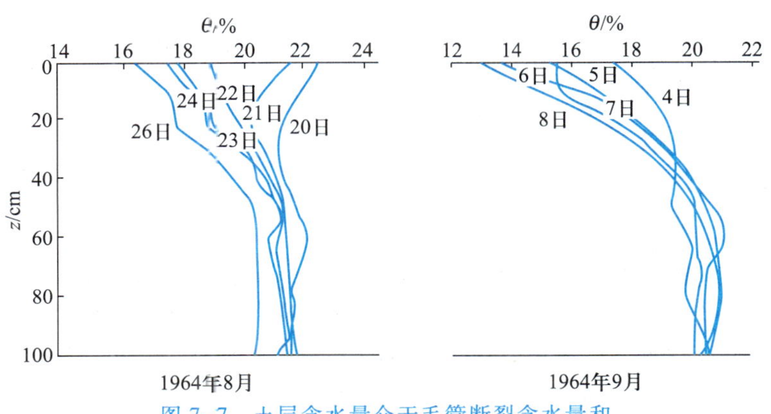

图 7-7　土层含水量介于毛管断裂含水量和田间持水量之间时土壤水分剖面的变化

③ 当土层中表层的土壤含水量降至小于毛管断裂含水量而大于最大分子持水量时，强烈蒸发层大约在 0~20 cm 之间(图 7-8)。

④ 当土层中表层的土壤含水量小于最大分子持水量而大于最大吸湿量时，土壤含水量消退十分缓慢。20 cm 深度处的土壤含水率稳定在毛管断裂含水率左右(图 7-8)。

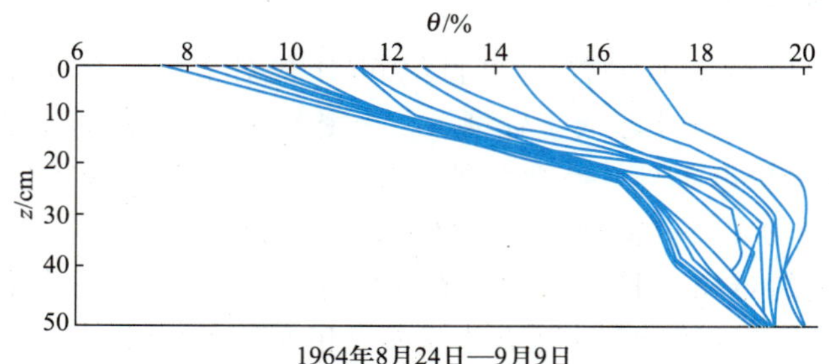

图 7-8　土壤含水量在最大吸湿量和毛管断裂含水量之间时土壤水分剖面的变化

不难看出，以上得到的实验结论与所述土壤蒸发物理过程基本一致。

三、土壤蒸发计算方法

揭示土壤蒸发物理过程的目的是为了进一步探讨其定量计算方法。在土壤含水量小于最大分子持水量阶段，E_s/E_m 不仅是一个很小的数值，还随着土壤含水量从最大分子持水量减少到干燥，变化非常缓慢，是一个比 1 小很多的常数值 c。在土壤含水量大于或等于最大分子持水量而小于田间持水量阶段，随着土壤含水量的增加，E_s/E_m 近似呈直线增加。在土壤含水量大于或等于田间持水量阶段，E_s/E_m 等于 1。归纳以上分析，得到土壤蒸发的定量规律为

$$\begin{cases} E_s/E_m = c \quad (c<1) & \theta<\theta_{分子} \\ E_s/E_m \propto \theta & \theta_{分子} \leqslant \theta<\theta_{田} \\ E_s/E_m = 1 & \theta \geqslant \theta_{田} \end{cases} \tag{7-22}$$

将式(7-22)转换成土壤蒸散发计算公式：

$$\begin{cases} E_s = cE_m & \theta<\theta_{分子} \\ E_s = \left[1-\dfrac{1-c}{\theta_{田}-\theta_{分子}}(\theta_{田}-\theta)\right]E_m & \theta_{分子} \leqslant \theta<\theta_{田} \\ E_s = E_m & \theta \geqslant \theta_{田} \end{cases} \tag{7-23}$$

式中　θ——土壤含水率；

$\theta_{分子}$、$\theta_{田}$——分别为土壤的最大分子持水量和田间持水量；

c——常数，$c \ll 1$。

土壤蒸发能力是反映能量条件和水汽输移条件对土壤蒸发影响的综合性物理量，是土壤蒸发计算方法的重要基础。观测土壤蒸发能力比较困难，不但观测复杂、代价大，而且在空间上布点观测，难以代表一个区域或一个流域的土壤蒸发能力。因此，目前大多采用间接的方法来确定土壤蒸发能力。其中较常用的方法是通过水面蒸发换算，这是因为水面蒸发和土壤蒸发能力都由气象因素决定，有相似之处，差别仅在于两者的比热容不同。研究表明，土

壤蒸发能力与同气象条件下的水面蒸发一般为线性关系，即

$$E_m = KE_w \tag{7-24}$$

式中　K——蒸发系数。

蒸发系数 K 与蒸发皿的型号有关。经验表明，对于 20 cm 直径的蒸发皿，K 值一般小于 1。对于 E601 型蒸发皿，K 值近似于 1。

四、影响土壤蒸发的因素

影响土壤蒸发的因素除土壤含水量以外，可分为两类：一类是气象因素；另一类是其他土壤特性。气象因素的影响已在水面蒸发中阐述，这里主要从土壤孔隙性、地下水水位、温度梯度等方面来讨论其他土壤特性对土壤蒸发的影响。

1. 土壤孔隙性

土壤孔隙性是指孔隙的形状、大小、数量等。土壤孔隙性是通过影响土壤水分存在形态和连续性来影响土壤蒸发的。一般言之，直径为 0.001～0.1 mm 的孔隙，毛管现象最为显著；直径大于 8 mm 的孔隙不存在毛管现象；直径小于 0.001 mm 的孔隙只存在结合水，也没有毛管现象发生。因此，孔隙直径为 0.001～0.1 mm 的土壤的蒸发显然要比其他情况大。土壤孔隙性与土壤的质地、结构和层次均有密切关系。例如，砂土和团聚性强的黏土的蒸发要比壤土和团聚性差的黏土小。对于黄土型黏壤土，毛管孔隙很发达，蒸发很大。在层次性土壤中，土层交界处的孔隙状况与均质土壤明显不同，当土壤质地呈上轻下重时，交界附近的孔隙呈“酒杯”状，反之，呈“倒酒杯”状(图 7-9)。因为毛管力总是使毛管水从大孔隙体系向小孔隙体系输送，所以“酒杯”状孔隙不利于土壤蒸发，而“倒酒杯”状孔隙则有利于土壤蒸发。

2. 地下水水位

如果地下水面以上的土层全部处于上升毛管水带内，毛管中的水分弯月面互相联系，有利于水分迅速向土层表面运行，土壤蒸发就大。如果地下水面以上土层的上部分仍处于土壤含水量稳定区域，水分向土壤表面运行困难会导致土壤蒸发较小。随着地下水埋深的增加，土壤蒸发呈递减趋势(图 7-10)。

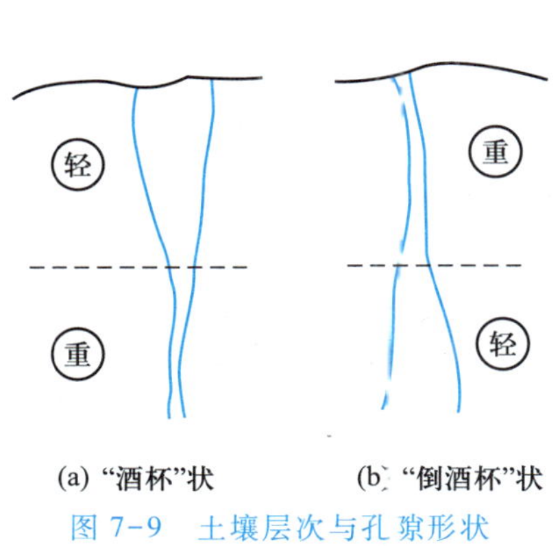

图 7-9　土壤层次与孔隙形状

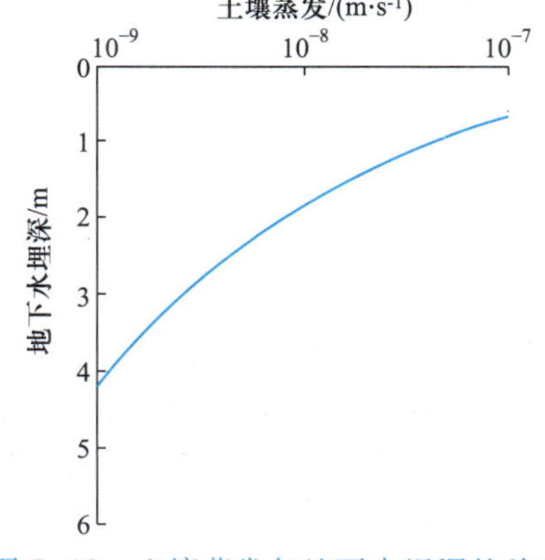

图 7-10　土壤蒸发与地下水埋深的关系

3. 温度梯度

土壤温度梯度首先影响土壤水分运行方向。温度高的地方水汽压大，表面张力小；反之，温度低，水汽压小，表面张力大。气态水总是从水汽压大的地方向水汽压小的地方运行，液态水总是从表面张力小的地方向表面张力大的地方运行。综合这两方面可知，土壤水分将由温度高的地方向温度低的地方运行。参与运行的水分的多少与初始土壤含水量有关，土壤含水量太大或太小，参与运行的水分都较少，只有在中等含水量时，参与运行的水分才比较多，这时的土壤含水量大体相当于毛管断裂含水量。土层中高含水量区域的形成也与温度梯度有关，因为温度梯度的存在将会使蒸发层下面发生水汽浓集过程，所以，当土壤中存在冻土层时，土壤水分必向冻土层运行，从而在冻土层底部形成高含水量带，在冻土层以下土壤含水量则相对较低。

五、蒸发条件下的土壤水运动

土层因下渗获得水分，从而改变土壤水分剖面，因蒸发消耗水分，也改变着土壤水分剖面。式(5-58)不仅是下渗条件下土壤水运动遵循的偏微分方程，也是蒸发条件下土壤水运动遵循的偏微分方程。但蒸发条件下的土壤水运动方向与下渗条件下相反，若以地面为坐标原点，垂直向下沿土深方向为正，则蒸发条件下土壤水运动的偏微分方程的一维形式为

$$\frac{\partial\theta}{\partial t}=\frac{\partial}{\partial z}\left[K(\theta)\frac{\partial\varphi_{\mathrm{m}}}{\partial z}\right]-\frac{\partial K(\theta)}{\partial z} \tag{7-25}$$

式中各符号的意义与式(6-11)相同。

由于初始条件和边界条件不同，描述蒸发条件下土壤水运动的数学物理方程定解问题也不同。对于一维蒸发条件下的土壤水运动，应有上、下两端的边界条件。上边界条件可以是土层表面含水率不变、具有稳定的土壤蒸发率等；下边界条件可以是土层底部所处的条件，如土层无限深、底部为不透水基岩、底部为地下水面等。通过求解所构成的数学物理方程定解问题，既可分析蒸发过程中土壤水分剖面的变化，又能对土壤蒸发进行计算。

尽管描写蒸发条件下土壤水运动的数学物理方程定解问题在多数情况下都得不到解析解，即使用数值解也会遇到困难，但建立上述思维方式，能够明确对土壤蒸发现象的认识，从而进一步揭示土壤蒸发的物理性质，寻求实用的计算土壤蒸发的方法。

第四节 植物散发

一、植物的基本构造

植物散发与植物的生理作用有关，而植物的生理作用又与其基本构造相关。植物由根、茎、叶三部分构成。植物的根在散发中起关键作用的部分是根毛，根毛很多，也很细，会形成一个根毛区。有些植物在 1 cm^2 根毛区里甚至有成千上万条根毛。植物从土壤中吸收水分和养分，靠的就是这些根毛。根毛能将从土壤中吸取的水分和养分输送到根部，然后由根部输送到植物的茎，再输送到植物的叶。在根毛和根部里有很多导管，用于输送根毛从土壤中

吸收的水分和无机盐（养分）。茎的组成相对比较简单，里面主要有导管和筛管。茎的作用就是一个通道。茎中的导管与根中的导管相通，用于输送水分和无机盐；筛管则能将植物体自身形成的一些有机物从植物的茎部输送到植物的叶。植物最复杂的部分是叶（图 7-11）。把一片叶子放大后可以看到叶的上、下面都有表皮，上表皮是透明的，上下表皮之间是叶肉，叶肉是叶的主体，叶肉里排列着很多叶绿体，形成许多气孔，上、下表皮则形成一些气腔。一般上表皮的气腔多于下表皮的气腔。气腔两边各有一个半月形的细胞，这两个细胞就像气腔的两个“卫士”，称为保卫细胞，控制气腔的开启和关闭。叶里的导管和筛管分别与茎中的导管和筛管相通。

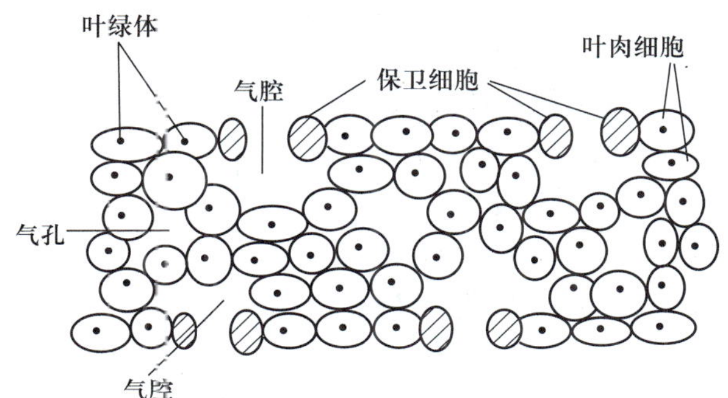

图 7-11　植物叶的内部构造

二、植物散发现象

植物从土壤中吸取的水分被输送到叶后就储存在气腔里。如果气腔吸收了外界的热量，储存在气腔中的水分就会汽化。当保卫细胞打开气腔门时，水汽会逸散到大气当中去，这就是植物的散发现象。植物通过散发调节自身温度，确保其正常生长发育。

根毛之所以能从土壤中吸取水分，是因为根毛里面有很多液泡，液泡中储存有一定浓度的液体。植物根毛吸取了土壤中的水分后将其先储存在液泡里。当植物的叶面接收到外界热量后，原来储存在气腔里的水分因发生散发而减少。气腔中缺少的水量就由根毛液泡里的水分通过导管的输送来补充。根毛液泡中的水分输走之后，液泡里液体的浓度就会增加，当高于土壤水所含无机盐的浓度时，渗透压将使液体从浓度低的地方向浓度高的地方运动，根毛又能从土壤中吸取水分了。这样的过程在植物生长期不断地进行着，直到植物枯萎死亡，这样的过程才会停止。

三、植物散发计算方法

决定植物散发的因素也是能量条件、水汽输移条件和供水条件。

植物散发的供水条件比较复杂，它取决于两方面：一是土壤含水量。土壤含水量大，植物从土壤中吸收水分比较容易，散发也会比较强烈一些。二是植物的生理作用。对同样的土壤含水量，有些植物就能吸收到水分，有些植物则不能吸收到水分。同种植物在不同生长期，其吸收水分的情况也不相同。

揭示植物散发基本规律的主要方法也是实验。这样的实验在国内外做过很多，图 7-12 所示就是其中之一。将水面蒸发 E_w 乘以一个系数 ε 作为植物散发能力，系数 ε 反映植物生理对植物散发的作用，称为植物生理系数。由实验可以发现，植物散发 E_p 与 εE_w 的比值［即 $E_p/(\varepsilon E_w)$］与土壤含水率 θ 的关系一般存在两个转折点：第一个转折点与作物的凋萎系数 $\theta_{凋}$ 有关。如果土壤含水率比凋萎系数小，植物已经枯萎，散发自然就停止了。第二个转折点接近田间持水量，相应的土壤含水率为 θ_K。如果土壤含水率大于或等于 θ_K，植物散发就达到散发能力。$E_p/(\varepsilon E_w)$ 与土壤含水率 θ 关系的这两个转折点将植物散发划分为三个重要阶段：当土壤含水率小于或等于植物凋萎系数 $\theta_{凋}$ 时，植物散发为 0；当土壤含水率大于 $\theta_{凋}$ 而小于 θ_K 时，$E_p/(\varepsilon E_w)$ 的值与土壤含水率 θ 呈线性关系；当土壤含水率大于或等于 θ_K 时，植物散发等于植物散发能力。由此可得计算植物散发的公式为

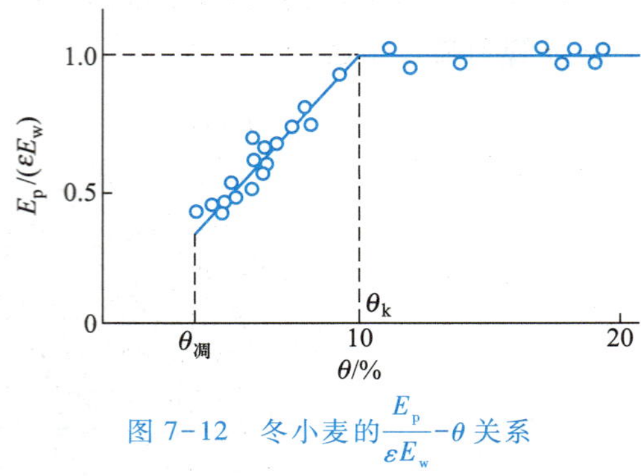

图 7-12 冬小麦的 $\frac{E_p}{\varepsilon E_w}$-$\theta$ 关系

$$\begin{cases} E_p = 0 & \theta \leqslant \theta_{凋} \\ E_p = \left(\dfrac{\theta - \theta_{凋}}{\theta_K - \theta_{凋}}\right)\varepsilon E_w & \theta_{凋} < \theta < \theta_K \\ E_p = \varepsilon E_w & \theta \geqslant \theta_K \end{cases} \tag{7-26}$$

用式(7-26)计算植物散发需要的参数为 $\theta_{凋}$ 和 θ_K。凋萎系数 $\theta_{凋}$ 可由实验测定，而 θ_K 一般通过观测资料率定。

第五节 流域蒸散发

一、流域蒸散发现象

无论是水面蒸发还是土壤蒸发或植物散发，蒸发面都是单一的，分别为水面、土壤层面和植物的茎叶面。水文学研究通常针对一个流域，而流域既包括水面，又包括土壤和植被，在寒冷地区还有冰雪。流域作为一个复合蒸发面，其蒸散发的基本规律与水面蒸发、土壤蒸发和植物散发的基本规律必然有着密切的关系。一般情况下，流域中水面的面积占比不到 10%，因此，流域蒸散发的主要部分是植物散发和土壤蒸发，流域蒸散发规律主要取决于土壤蒸发规律和植物散发规律。

土壤蒸发规律已在图 7-5 中表明，E_s/E_m 与 θ 的关系有两个转折点，一个转折点在最大分子持水量 $\theta_{分子}$，另一个转折点在田间持水量 $\theta_{田}$。植物散发的规律已在图 7-12 中表明，$E_p/(\varepsilon E_w)$ 与 θ 的关系也有两个转折点，一个在凋萎系数 $\theta_{凋}$，另一个在 θ_K，θ_K 小于并接近田

间持水量。

在讨论流域水文问题时，考虑到流域是一个复合水体，一般将流域含水量称为流域蓄水量，用 mm 水深作为单位，并用 W 来表示。为此，需将上述 $\theta_{分子}$、$\theta_{田}$、$\theta_{凋}$ 和 θ_{K} 换算成用 mm 水深作为单位的量，并分别记为 $W_{分子}$、W_{m}、$W_{凋}$ 和 W_{K}。

令流域中土壤覆盖的面积比例为 α，水面的面积比例因为很小可忽略不计，植物覆盖的面积比例就是$(1-\alpha)$。根据式(7-23)和式(7-26)分别计算得裸土蒸发为 E_{s}、植物散发为 E_{p}，于是流域蒸散发应为

$$E_{b}=\alpha E_{s}+(1-\alpha)E_{p} \tag{7-27}$$

由式(7-27)可知，流域蒸散发能力应该等于土壤蒸发能力乘以 α 与植物散发能力乘以$(1-\alpha)$之和，即

$$E_{mb}=\alpha E_{ms}+(1-\alpha)E_{mp} \tag{7-28}$$

据此可以推知，流域蒸散发随流域蓄水量的变化也与图 7-5 和图 7-12 有关，但流域蒸散发与流域蒸散发能力的比值随流域蓄水量变化曲线的两个转折点相应的流域蓄水量 W_{a} 和 W_{b} 与图 7-5 和图 7-12 所示不同：首先，应有 $W_{K}\leqslant W_{a}\leqslant W_{m}$。因为只有当流域上全是植物时蓄水量为 W_{K}，而流域上一般不可能全是植物，所以 $W_{K}\leqslant W_{a}$；同理，只有当流域全为土壤覆盖时蓄水量为 W_{m}，流域上一般不可能全是土壤，所以 $W_{a}\leqslant W_{m}$。综合这两方面应有 $W_{K}\leqslant W_{a}\leqslant W_{m}$。其次，应有 $W_{凋}\leqslant W_{b}\leqslant W_{分子}$。因为只有当流域全部为植物覆盖时蓄水量是 $W_{凋}$，流域上一般不可能全是植物，所以 $W_{b}\geqslant W_{凋}$；同理，只有当流域全部为土壤覆盖时蓄水量是 $W_{分子}$，流域上一般不可能全是土壤，所以 $W_{b}\leqslant W_{分子}$。综合这两方面应有 $W_{凋}\leqslant W_{b}\leqslant W_{分子}$。

由此可见，流域蒸散发规律也划分为三个阶段(图 7-13)，两个转折点相应的流域蓄水量 W_{a} 和 W_{b} 分别为 $W_{K}\leqslant W_{a}\leqslant W_{m}$ 和 $W_{凋}\leqslant W_{b}\leqslant W_{分子}$。

这种根据实验得到的土壤蒸发规律和植物散发规律及推断流域蒸散发规律的思路，是水文学家通过长期研究摸索出来的，具有比较清晰的物理概念。

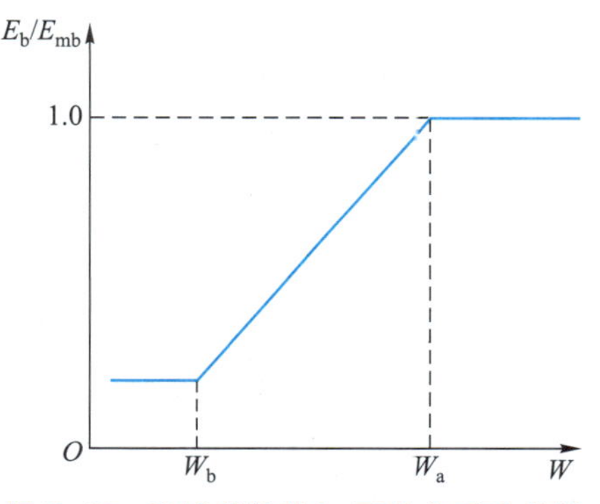

图 7-13　流域蒸散发与 W 的关系示意图

二、流域蒸散发计算方法

根据上述揭示的流域蒸散发规律，当流域蓄水量 W 小于 W_{b} 时，流域蒸散发与流域蒸散发能力的比值 E_{b}/E_{mb} 几乎等于一个比 1 小很多的常数，用 c 来表示。根据经验，c 值约为 0.1~0.15。当流域蓄水量 W 介于 W_{b} 和 W_{a} 之间时，E_{b}/E_{mb} 与 W 成正比关系。当流域蓄水量 W 大于 W_{a} 时，E_{b}/E_{mb} 等于 1。因此，得到计算流域蒸散发的公式为

$$\begin{cases} E_{b}=cE_{mb} & W<W_{b} \\ E_{b}=\left[1-\dfrac{1-c}{W_{a}-W_{b}}(W_{a}-W)\right]E_{mb} & W_{b}\leqslant W\leqslant W_{a} \\ E_{b}=E_{mb} & W>W_{a} \end{cases} \tag{7-29}$$

利用式(7-29)计算流域蒸散发，事先要把其中的参数 W_a、W_b、c 确定出来，还需已知初始流域蓄水量和流域蒸散发能力。

习 题

第七章习题参考解答

7-1 某水文站用直径 20 cm 的蒸发皿观测水面蒸发 E_w，同步观测气温 T、饱和差 d、日照时间 s、风速 u 等气象要素。表 7-1 中列出了连续三年的 6—9 月各旬平均的日 E_w、T、d、s 和 u 值。试点绘该站以 u 为参变量的 E_w 与 d 的散点图及以 s 为参变量的 E_w 与 T 的散点图，求该站 E_w 的经验公式并对拟合精度进行比较。

表 7-1 某水文站连续三年蒸发观测数据的旬平均值

第一年												
观测要素	6月			7月			8月			9月		
	上旬	中旬	下旬	上旬	中旬	下旬	上旬	中旬	下旬	上旬	中旬	下旬
E_w/mm	10.2	10.1	6.6	6.2	5.4	4.5	6.8	5.4	5.1	5.0	6.1	5.2
T/℃	22.2	25.5	24.6	25.4	26.3	25.5	24.6	25.2	22.8	22.0	19.5	17.7
d/mba	11.1	10.0	7.9	6.0	4.0	2.7	6.7	5.8	3.0	5.3	6.1	4.1
s/h	8.3	10.1	7.5	7.7	7.1	4.4	9.3	7.2	6.1	7.4	9.3	7.8
$u/(\mathrm{m\cdot s^{-1}})$	2.5	2.1	1.7	1.6	1.9	1.0	1.7	1.2	1.1	1.5	1.2	1.7
第二年												
观测要素	6月			7月			8月			9月		
	上旬	中旬	下旬	上旬	中旬	下旬	上旬	中旬	下旬	上旬	中旬	下旬
E_w/mm	12.2	13.4	10.5	10.5	11.1	7.4	6.1	5.8	7.6	4.5	4.4	6.9
T/℃	27.1	25.2	26.0	28.2	28.4	25.4	26.2	24.0	22.5	19.6	21.7	16.4
d/mba	11.7	13.3	11.2	11.8	11.9	7.6	4.6	7.9	7.8	3.1	4.5	8.0
s/h	10.6	9.7	9.8	8.7	8.8	6.4	5.4	5.8	7.9	6.3	4.5	8.4
$u/(\mathrm{m\cdot s^{-1}})$	2.1	2.6	1.8	1.8	1.3	1.4	6.7	0.6	1.6	1.3	1.2	2.8
第三年												
观测要素	6月			7月			8月			9月		
	上旬	中旬	下旬	上旬	中旬	下旬	上旬	中旬	下旬	上旬	中旬	下旬
E_w/mm	6.7	6.0	7.2	4.1	5.2	5.8	5.3	3.4	4.5	3.7	4.4	4.4
T/℃	20.7	21.7	25.1	24.0	24.1	25.4	26.4	23.8	22.8	20.8	20.1	18.4
d/mba	5.5	4.4	7.0	2.5	5.0	4.3	4.3	3.7	2.6	3.7	3.4	3.5
s/h	7.5	7.1	7.3	3.2	5.8	6.9	6.4	3.4	6.8	6.8	8.1	8.3
$u/(\mathrm{m\cdot s^{-1}})$	2.0	2.0	1.5	1.2	1.3	1.1	1.2	1.8	0.9	0.9	1.1	0.8

7-2　图 7-13 是通过对实验资料的分析，凝练出的流域蒸散发的基本特点，W_b 和 W_a 是流域的两个蓄水量阈值。试推导流域蒸散发的计算公式(7-29)，并解释 W_b 和 W_a 两个阈值的物理意义。

7-3　土层中土壤蒸发处于稳定蒸发阶段。已知土层为均质土壤，土层中同一条垂线上的 A、B 两点的位置如图 7-14 所示，两点的基模势分别为-2 000 cm 和-1 000 cm，若两点之间的水力传导度为 10^{-8} cm/s，试求 1 d 内土层中通过单位面积的土壤蒸发量。

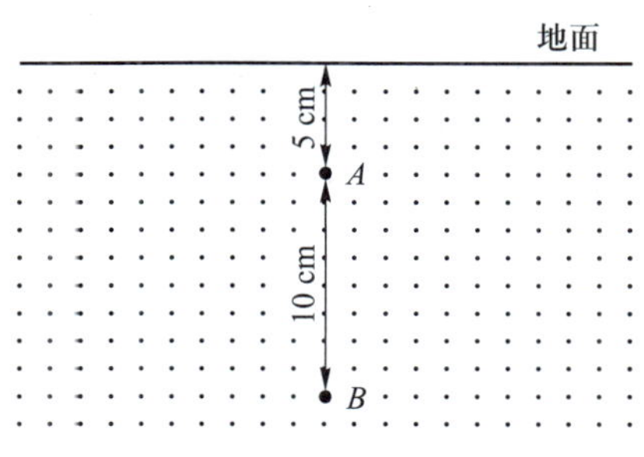

图 7-14　A、B 两点在土层中的位置

第八章　产流机制和流域产流

产流是指雨水降落到流域后，通过植物截留过程、下渗过程、蒸散发过程、土壤水的增减过程等，产生能经由地面和地下汇集至流域出口断面的水量的现象。产流的先决条件是降雨，而相同的降雨条件之所以会有不同的产流量和产流特点，则与下垫面条件的复杂性有关。如果有人类活动，那么人类活动也将主要通过影响下垫面来影响产流。揭示产流机制、探求流域产流量计算方法是水文学的重要任务之一。

第一节　包气带及其结构

一、包气带和饱和带

在流域上沿着深度方向自地面至不透水基岩切出一个土壤剖面(图 8-1)，从中可以看出，从其下界面基岩到上界面地面被透水的土壤所填充，其间一般存在一个地下水水面。地下水水面以下、基岩以上的土壤含水量是饱和含水量，这部分土层称为饱和带或饱水带，其中只包含土壤固体颗粒和填充在孔隙里的水两种物质。地下水水面以上、地面以下的土层，土壤含水量没有达到饱和，其中就会含有三种物质，除了土壤固体颗粒和水以外，还有空气，此土层称为包气带或非饱和带。饱和带是固、液二相结构，包气带则是固、液、气三相结构。饱和带的总势由重力势和水压力势组成，包气带的总势则由重力势和基模势组成。

包气带中的毛管水有两种形态(图 8-2)：上升毛管水和悬着毛管水。靠近地下水水面形成的毛管水带为上升毛管水带。有降雨时地面以下会形成一个悬着毛管水带。因此，降雨时包气带在深度方向上一般也可分为三带：上升毛管水带、悬着毛管水带和位于两者之间的中间带。包气带中这三带不是一成不变的，如果雨水不断地降落，那么悬着毛管水带就会不断地向下移动，即使上升毛管水带不发生变化，中间带也会逐步缩小。当降雨达到一定数量时，悬着毛管水带和上升毛管水带基本上就会连接在一起，整个包气带也就达到了田间持水量。此后，因为毛管力和分子引力对下渗不再起作用，只有重力对下渗起作用，所以就达到稳定下渗。如果降雨还未停止，那么下渗到土壤里的雨水就以重力水形式补给地下水。降雨停止后，包气带会因蒸散发而失去水分，悬着毛管水带的范围就会逐渐变小，甚至会消失，同时，地下水水面也会因水蒸发而下降，从而导致上升毛管水带下降，这样中间带就会扩大。

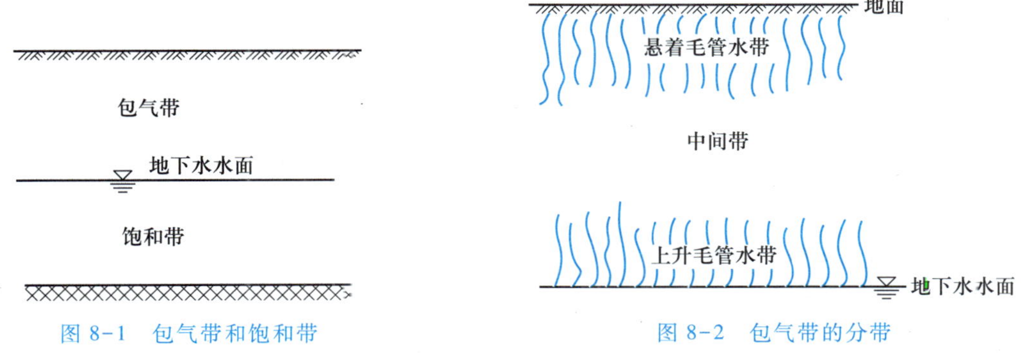

图 8-1　包气带和饱和带

图 8-2　包气带的分带

二、包气带的结构

包气带的结构一般有三种情况：一是包气带由土壤颗粒组成，这是比较常见的；二是包气带由岩石裂隙组成，有些地方虽没有土壤覆盖，但却存在由风化作用或地壳运动造成的大量岩石裂隙；三是包气带既有土壤又有岩石裂隙。单纯由土壤覆盖形成的包气带或单纯由岩石裂隙构成的包气带属于结构简单的包气带。土壤覆盖中混合着岩石裂隙的情况比较复杂，因为两者的组成比例不一样，对产流的影响就会有所不同。在喀斯特地区，由于无规律地分布着溶洞甚至暗河，包气带的结构十分复杂。中国大概有 55×10^{4} km^{2}的国土面积位于岩溶地区，主要集中在云南、贵州、广西一带。如果地表不透水，那么包气带厚度可认为等于零，例如由水泥、沥青铺设的道路、广场、屋面均不透水，雨水降落到这些表面只要扣除蒸发就是所产生的径流。

不同结构的包气带输送水分的作用不同。对包气带结构的深入了解，有利于深入认识流域产流。

第二节　包气带对降雨的再分配作用

一、地面的再分配作用

径流过程是具有一定时空分布的降雨经由下垫面条件综合作用的产物，包气带对降雨的再分配作用就是这种综合作用的体现。包气带对降雨的再分配作用可以从包气带地面和包气带土层两个角度来进行分析。

地面对降雨的再分配作用可分成以下两种情况。

1. 瞬时降雨情况

如图 8-3 所示，某一个瞬时降落到包气带地面的降雨强度为 i，在该瞬时包气带的土壤含水量为 W_0，根据 W_0 可以知道相应的下渗能力为 f_p。如果降雨强度 i 小于或等于下渗能力 f_p，那么降雨全部下渗到土壤中，地面不产生积水。如果降雨强度 i 大于下渗能力 f_p，那么

不但能按下渗能力下渗，而且降雨扣除了下渗后，还有剩余，剩余的雨水就成为地面积水，可表示为

$$f=\begin{cases} i & i\leqslant f_{\mathrm{p}} \\ f_{\mathrm{p}} & i>f_{\mathrm{p}} \end{cases} \tag{8-1}$$

$$r_{\mathrm{s}}=\begin{cases} 0 & i\leqslant f_{\mathrm{p}} \\ i-f_{\mathrm{p}} & i>f_{\mathrm{p}} \end{cases} \tag{8-2}$$

式中 f——包气带地面下渗率；

r_{s}——包气带地面积水率。

由式(8-1)和式(8-2)可见，强度为 i 的降雨会被包气带地面分成两部分：一部分下渗到土壤中；另一部分成为地面积水。地面积水是产生地面径流的重要条件。

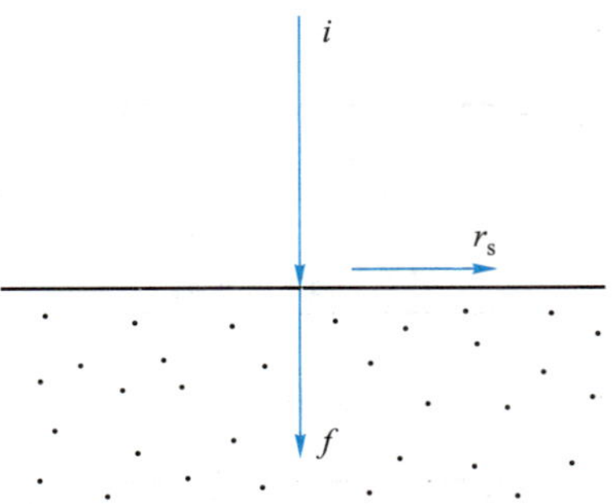

图 8-3 包气带地面对瞬时降雨的再分配作用

2. 一次降雨情况

降雨一般是一个过程，是降雨强度随时间的变化过程。如果用函数 $i(t)$ 来表示降雨强度随时间的变化过程，那么这场降雨的总雨量 P 就等于这个函数对这场降雨历时的积分(图 8-4a)，即

$$P=\int_{T} i(t)\,\mathrm{d}t \tag{8-3}$$

式中 T——降雨历时。

在降雨过程中可能出现的降雨强度、下渗能力和下渗率之间的关系，无非是式(8-1)和式(8-2)所表达的情况之一。降雨强度在变化，下渗能力随着土壤含水量也在变化，因此降雨强度和下渗能力的对比关系也在不断地发生变化，但无论怎样变化无非是出现雨强大于下渗能力和雨强小于或等于下渗能力两种情况之一。如果出现前者，那么按下渗能力进行下渗，来不及下渗的形成地面积水。如果出现后者，那么按雨强进行下渗，即全部降雨参与下渗。

根据以上分析，一场降雨过程中总的下渗水量应等于两部分之和：一部分是降雨强度大于下渗能力时的下渗水量 $I_{i>f_{\mathrm{p}}}$，可表示为

$$I_{i>f_{\mathrm{p}}}=\int_{i>f_{\mathrm{p}}} f_{\mathrm{p}}\,\mathrm{d}t \tag{8-4}$$

另一部分是降雨强度小于或等于下渗能力时的下渗水量 $I_{i\leqslant f_{\mathrm{p}}}$，可表示为

$$I_{i\leqslant f_{\mathrm{p}}}=\int_{i\leqslant f_{\mathrm{p}}} i(t)\,\mathrm{d}t \tag{8-5}$$

式(8-4)和式(8-5)之和就是在这场降雨过程中下渗到土壤中的水量 I，即

$$I=I_{i>f_{\mathrm{p}}}+I_{i\leqslant f_{\mathrm{p}}}=\int_{i>f_{\mathrm{p}}} f_{\mathrm{p}}\,\mathrm{d}t+\int_{i\leqslant f_{\mathrm{p}}} i(t)\,\mathrm{d}t \tag{8-6}$$

由于在这场降雨过程中，只有出现 $i>f_{\mathrm{p}}$ 的情况才能出现地面积水量 R_{s}，因此有

$$R_{\mathrm{s}}=\int_{i>f_{\mathrm{p}}}(i-f_{\mathrm{p}})\,\mathrm{d}t \tag{8-7}$$

由此可见，一场总量为 P 的降雨，落到地面后就分成两部分(图 8-4b)：一部分下渗到

土壤中，其量为 I；另外一部分成为地面积水，其量为 R_s。因此，下列水量平衡方程成立：

$$P=I+R_s \tag{8-8}$$

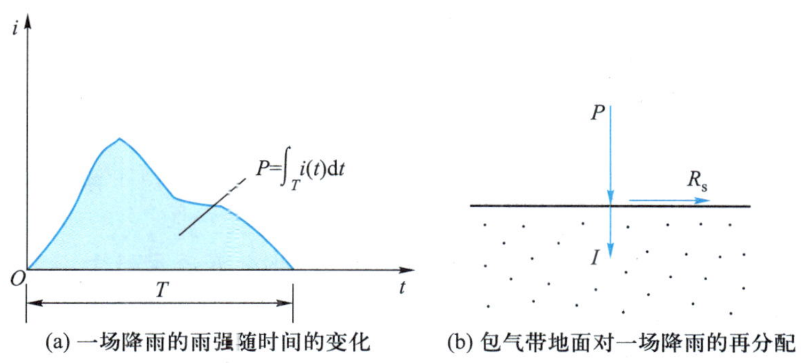

(a) 一场降雨的雨强随时间的变化　(b) 包气带地面对一场降雨的再分配

图 8-4

地面之所以能将承接的降雨分成下渗水和地面积水两部分，是因为土壤有很多孔隙。地面可以比喻成"筛子"，地面下渗能力 f_p 就好比"筛孔"。一场变强度的降雨落到地面就好像大大小小的"物体"落在"筛子"上，比"筛孔"小的雨强部分"掉"到"筛子"下面，成为下渗水量，超过"筛孔"的雨强部分就留在"筛子"上面，成为地面积水。但地面作为"筛子"与日常生活中见到的筛子有一定区别，日常生活中筛子的筛孔大小是不变的，而地面作为"筛子"，其"筛孔"是变化的。下渗能力随着土壤含水量的增加而减小，就好像"筛孔"随着土壤含水量的增加在逐步减小，如果包气带达到了田间持水量，那么由于此时已达到稳定下渗率，"筛孔"就不再变化了。为此，邓恩（Dunne）把包气带地面对降雨的再分配作用比喻为"筛子作用"。

二、土层的再分配作用

前已述及，包气带地面的"筛子作用"将降雨分成了下渗水和地面积水两部分。地面积水会去哪里呢？下渗水又去哪里呢？前一个问题留待讨论产流量时再回答，后一个问题就是包气带土层对降雨的再分配作用所要回答的。

如图 8-5 所示，一场降雨的降雨量 P 经过包气带地面的再分配作用后产生的下渗水量 I，要供给包气带的蒸散发 E，还要补充包气带土壤含水量，使包气带的土壤含水量有所增加。如果包气带初始土壤含水量为 W_0，到降雨停止时增加至 W，那么包气带土壤含水量经历一场降雨的增量为$(W-W_0)$。由于土壤保持水分的上限是田间持水量 W_m，超过 W_m 的水属于自由重力水，因此，将 (W_m-W_0) 定义为包气带缺水量，用 D 表示，即

$$D=W_m-W_0 \tag{8-9}$$

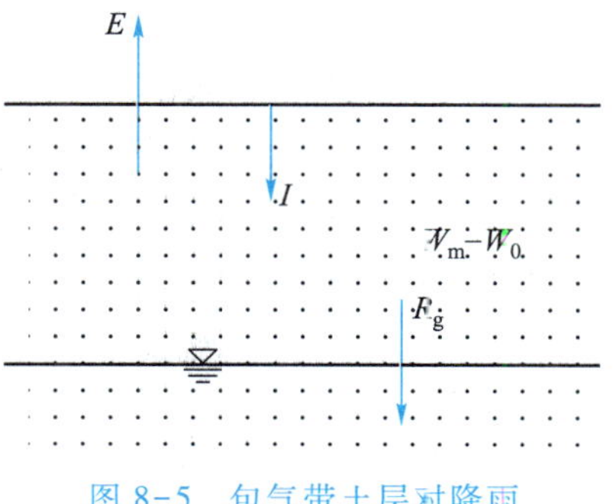

图 8-5　包气带土层对降雨下渗水量的再分配作用

如果一场降雨下渗到土壤中的水量 I 扣除蒸散发 E 以后还不能使包气带达到田间持水量 W_m，那么这场降雨结束时包气带缺水量不能得到满足，下渗不可能达到稳定。出现这种情况表明将没有重力水下渗到地下水面，即这场降雨不会补给地下水。如果这场降雨的下渗水量 I，不但能满足包气带蒸散发 E，使包气带缺水量得到满足，即土壤含水量达到田间持水量 W_m，而且还有剩余。这多余的水分就是不能为土壤颗粒吸附和毛细管保持的渗透重力水，将在重力作用下补充地下水。

由此可见，包气带土层对降雨的再分配作用，与这场降雨的总下渗水量能否使包气带缺水量得到满足，即能否达到田间持水量 W_m 有关。

如果一场降雨不能使包气带达到田间持水量 W_m，那么下渗水量中一部分蒸散发了，余下的只增加包气带土壤含水量，而不产生渗透重力水，包气带土壤含水量将从初始的土壤含水量 W_0 增加到降雨结束时的一个小于田间持水量 W_m 的土壤含水量 W。此时，有

$$I=E+(W-W_0) \tag{8-10}$$

如果一场降雨能够使包气带达到田间持水量，那么下渗水量将分配成三部分：一部分用于蒸散发 E；一部分用于使包气带的土壤含水量从 W_0 增加到田间持水量 W_m；余下的部分就补给地下水，成为地下水径流 R_g。此时，有

$$I=E+(W_m-W_0)+R_g \tag{8-11}$$

考虑到式(8-9)，式(8-11)又可以写成

$$I=E+D+R_g \tag{8-12}$$

由式(8-10)和式(8-12)可见，田间持水量 W_m 在包气带土层对降雨的再分配中起着很重要的作用，它好像是一个“门槛”。如果土壤含水量不超过这个“门槛”，那么降雨就不能补充地下水；如果超过这个“门槛”，那么就有地下水径流形成。为此，邓恩将包气带土层对降雨的再分配作用比喻为“门槛作用”。

三、包气带水量平衡方程式

包气带水量平衡方程式表达包气带在某个时段内水量的收支平衡。

如果一场降雨不能使包气带达到田间持水量，那么将式(8-10)代入式(8-8)，得场次降雨的包气带水量平衡方程式为

$$P=E+(W-W_0)+R_s \tag{8-13}$$

式(8-13)表明，如果一场降雨不能使包气带达到田间持水量，那么包气带收入的水量是降雨量，支出的水量有三部分：蒸散发、土壤含水量的增加和地面积水。

如果一场降雨能够使包气带达到田间持水量，那么将式(8-11)代入式(8-8)，得场次降雨的包气带水量平衡方程式为

$$P=E+(W_m-W_0)+R_g+R_s \tag{8-14}$$

式(8-14)表明，如果一场降雨能使包气带达到田间持水量，那么包气带收入的水量是降雨量，支出的水量有四部分：蒸散发、包气带缺水量、地面积水和补充给地下水。

式(8-13)和式(8-14)就是一场降雨的包气带水量平衡方程式。它们针对的空间范围是包气带，针对的时段是一场降雨的历时。在实际应用中，包气带水量平衡方程式也可以针对

任一固定时段来建立，例如时段包气带水量平衡方程式、日包气带水量平衡方程式、月包气带水量平衡方程式、年包气带水量平衡方程式等。

第三节　径流产生的物理条件

一、霍顿产流理论

自然界降雨的复杂性主要表现在它的时空变化上，自然界下垫面条件的复杂性主要表现在包气带结构及地表形态的多样性上。因此，自然界径流产生的物理条件必然具有多样性和复杂性。

从理论上研究径流产生的物理条件开始于20世纪30年代，但对径流产生的感性认识却要早得多。第二章第二节曾经提及的柳宗元于公元806年关于降雨产流的描述“坟垆燥疏，渗渴而升。充融有余，泄漏复行”就是一例。这种对径流形成的早期感性认识已达到了比较高的水平。

霍顿产流理论最初发表在1935年的一篇论文《地表径流现象》中。在这篇论文中，霍顿认为自然界的降雨特征与包气带水分变化可概括为四种组合，并对此做了详细叙述。

① 第一种组合　如果一场降雨的强度很小，总是小于下渗能力，且降雨历时不长，下渗水量在扣除蒸散发后总是小于包气带缺水量，那么在这场降雨后河道中的流量和水位没有任何反应(图8-6)。河流原来处于退水状态，在这场降雨之后仍处于退水状态。这种情况既没有可能产生地面积水，也没有可能产生地下水径流，属于不产流情况。

② 第二种组合　如果一场降雨的强度很大，大于地面下渗能力，但历时较短，无法满足包气带缺水量，那么原来处于退水状态的河流的水位和流量就会因此而有所反应，形成一个尖瘦洪峰(图8-7)。这个尖峰的特点是涨水快，退水也快。若以洪峰出现时间为分界，则涨水过程与退水过程比较对称。这场降雨之所以产生了一个尖瘦而对称的洪水过程线，是因为这场降雨的降雨强度大于地面下渗能力，使地面积水，从而产生了单一的地面径流 R_s。这种地面径流是由降雨强度超过地面下渗能力而形成的，所以称为超渗地面径流。

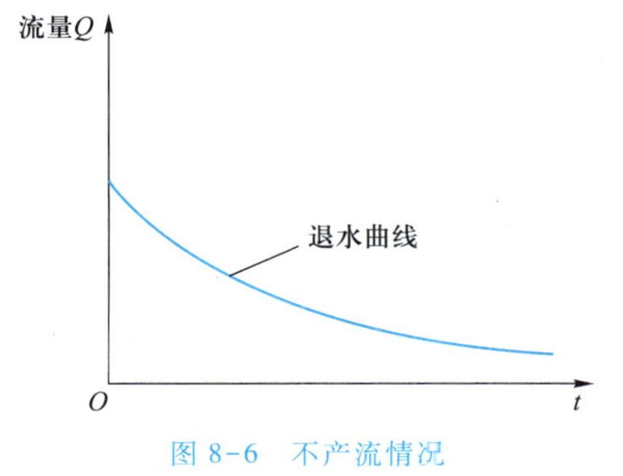

图8-6　不产流情况

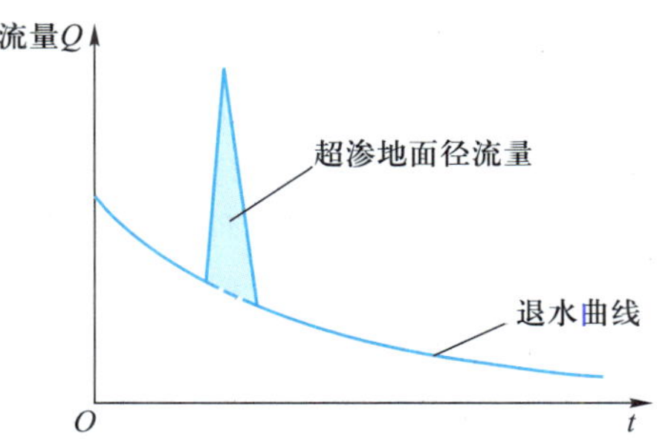

图8-7　只产生超渗地面径流的情况

③ 第三种组合　如果一场降雨的降雨强度很大，大于地面下渗能力，降雨历时也足够长，使得下渗水量扣除蒸散发后能超过包气带缺水量，那么这场降雨在河流中的反应是形成一个似乎由两部分合成的过程线(图 8-8)，在一个矮胖的洪水过程之上叠加一个尖瘦的洪水过程。这是因为这种情况下形成的径流成分有两种：一种是超渗地面径流，另一种是地下水径流。前者为明渠水流，后者为土壤孔隙水流动，称为多孔介质水流。明渠水流流动较快，多孔介质水流流动较慢。两种径流成分合在一起，必然表现为涨水快、退水慢。如果以洪峰出现时间为分界，涨水过程和退水过程就很不对称。

④ 第四种组合　如果一场降雨的强度小于地面下渗能力，但降雨历时很长，可以产生足够的下渗水量使包气带缺水量得到满足，那么就会在河流中出现一个比较矮胖且对称性较好的流量过程线(图 8-9)。这种情况显然不可能形成超渗地面径流，但却可能形成地下水径流。由于地下水径流流动速度比较慢，涨水慢，退水也慢，所以形成的流量过程为矮胖且对称。

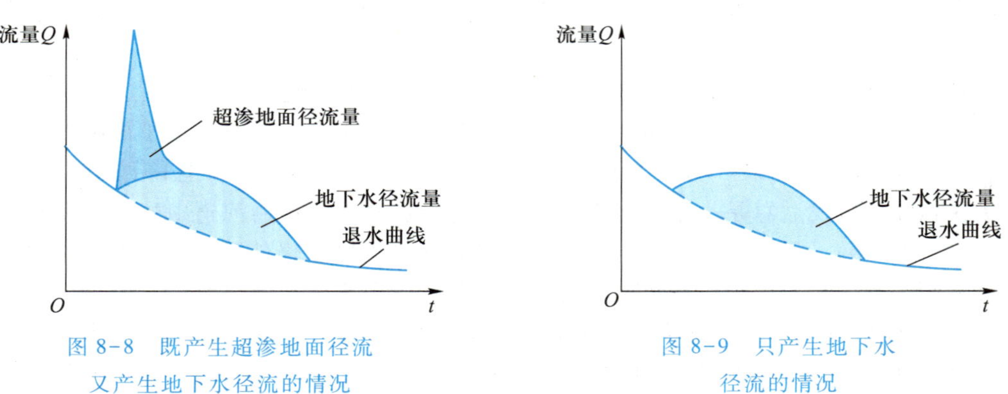

图 8-8　既产生超渗地面径流又产生地下水径流的情况

图 8-9　只产生地下水径流的情况

以上就是霍顿在其论文《地表径流现象》中提出的自然界可能出现的四种产流现象。事实证明，这与实际情况已经很接近。在中国，处于不同气候和下垫面条件的流域，形成的洪水过程形状大部分属于这四种情况之一。在干旱地区，易出现第二种组合的洪水过程，例如陕西、山西和内蒙古交界处的黄土高原地区，气候干旱，多年平均降雨量不足 200 mm，由于长期干旱，这里的包气带非常厚，一般能达到几十米至几百米，包气带缺水量很大，很难有一场降雨能使包气带达到田间持水量，至少有水文记录以来，人们还没有发现这样大的降雨。如果分析这些地方的流域的实测流量资料，就可以发现大多属于第二种组合，涨水快，退水也快，一般每年只有为数不多的几次暴雨洪水，有些年份甚至一次也没有。在湿润地区，易出现第三种或第四种组合的洪水过程线，例如，在秦岭—淮河以南的广大湿润地区，绝大部分流域的流量过程线都属于涨水快、退水慢的第三种组合，也有少数属于涨水和退水都缓慢的第四种组合。这与这些地方的气候条件和包气带结构有关。因为在湿润地区，多年平均降雨量大于 800 mm，包气带比较薄，包气带缺水量少，一场降雨较容易使包气带缺水量得到满足，因此，比较容易出现既有超渗地面径流产生，又有地下水径流产生的情况。如果在湿润地区遇到一场强度不大但历时较长的降雨，尤其是包气带特别疏松、下渗能力特别大的情况，降雨强度很难超过下渗能力，就只会产生地下水径流，而不可能产生超渗地面径流。

从上述霍顿对产流现象的描述和分析可以看出，控制产流的物理条件有两个：一个是降雨强度大于下渗能力；另一个是降雨入渗水量扣除蒸发后大于包气带缺水量。后来的事实证明，用这套理论来解释均质包气带的产流物理条件是合理的。所谓均质包气带就是指包气带土壤结构无论颗粒大小还是孔隙分布都是均匀的。而对于非均质包气带的产流条件，这套理论虽然不完善，但仍是最基础的。所以，霍顿产流理论是经典的产流理论，后来的发展都是对霍顿产流理论的补充。

二、邓恩产流理论

邓恩产流理论产生的时代相对较晚，大约在 20 世纪 60 年代至 70 年代初，迟于霍顿产流理论 30 年左右。1970 年出版的《山坡水文学》一书详细地阐明了这一新的产流理论。

邓恩在研究产流时发现，自然界有一些产流现象按照霍顿产流理论是解释不通的。例如，在有些地区，包气带表层很疏松，以致地面下渗能力很强，而一场降雨的降雨强度并不是很大，按照霍顿产流理论，这种情况应当不太可能产生地面径流，但事实上却常常能明显观测到地面径流。又如，人们发现一场降雨形成的洪水过程的退水段包含着丰富的水文信息。如果一场洪水是由多种径流成分组成的，那么由于不同径流成分流速有快有慢，在其退水段上就会形成一些转折点，这个转折点在数学上就是曲线的拐点，即二阶导数$\frac{\partial^2 Q}{\partial t^2}=0$的地方。退水曲线上的拐点越多就意味着组成这场洪水的径流成分越多。如果自然界中的产流完全符合霍顿理论，那么洪水过程的退水曲线至多只能有 1 个拐点，但事实上，不同流域的拐点不完全一样(图 8-10)，有的流域只有 1 个，有的流域有 2 个，有的流域有 3 个甚至更多，这也是霍顿理论无法解释的。

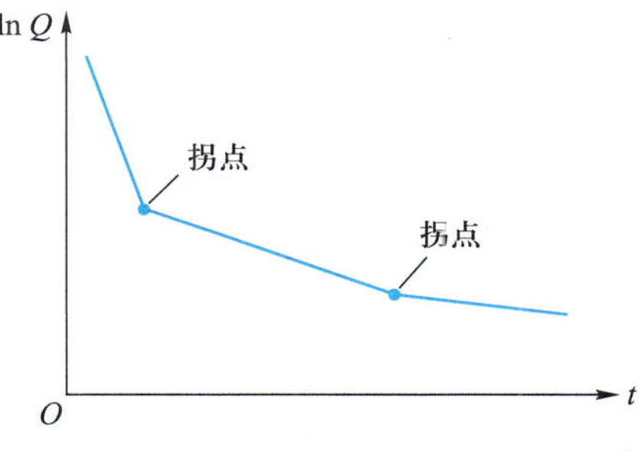

图 8-10 退水曲线的拐点

霍顿产流理论在解决实际问题时遇到的困难，使科学家相信自然界产流还应该有其他的物理条件。在大量水文实验的基础上，邓恩于 20 世纪 70 年代初发表了新的产流理论。邓恩产流理论的创新主要有二：一是发现了壤中水径流现象及其产生的物理条件；二是发现了产生地面径流的另一机制——饱和地面径流形成机制。

① 壤中水径流的发现 邓恩在考察实际问题时，发现一些地方的包气带并不像霍顿所说的那样是均质的，而且不均质包气带常常表现在层次结构上，层与层之间会形成界面，界面下方的土壤颗粒一般比界面上方的小，土壤孔隙、岩石裂隙也是界面下方比上方小，这样就造成界面下方的饱和水力传导度（即稳定下渗率）比上方小。为了便于识别，一般用 A 表示包气带上层，用 B 表示包气带下层(图 8-11)。为什么天然包气带土层会有这样的分层结构呢？这可以从土壤的形成过程得到解释。地球刚形成时并没有土壤，只有岩石。地球原来是一个火球，岩石等矿物质都熔化了。地球冷却之后，这些岩浆就凝固成了岩石。岩石经

过太阳照射、温差变化、降雨侵蚀和生物作用，开始逐步风化，经过几亿年的风化，有的岩石就变成了土壤。这是一般的土壤形成原理。在湿润地区的土壤形成过程中，存在着“溶提”作用和“淀积”作用两个重要机理(图 8-12)。湿润地区雨水较多，雨水会通过风化岩石的裂隙渗透到岩石中去。岩石由矿物质组成，很多岩石的碳酸钙比例较大。碳酸钙易于与水发生化学反应，岩石中易于与水起化学作用的矿物质除碳酸钙外还有其他。雨水渗透到岩石中之后，使岩石的裂隙不断地发育，可溶性矿物质增加了水的浓度，那些岩石风化形成的细小颗粒也会被水携带着向下渗透，这两者合起来就是“溶提”作用。因为下层岩石的风化程度小，裂隙也较小，所以渗透速度一般越向下越慢，结果使得那些被水携带的泥沙颗粒和矿物质在下层沉淀下来，这就是“淀积”作用。“溶提”和“淀积”作用必然使得包气带上层的细小土壤颗粒越来越少，而下层的细小土壤颗粒越来越多。长年累月的作用导致了

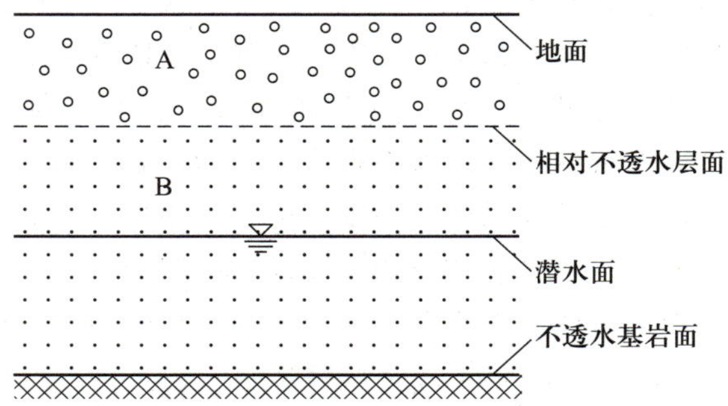

图 8-11 具有一个相对不透水层的包气带

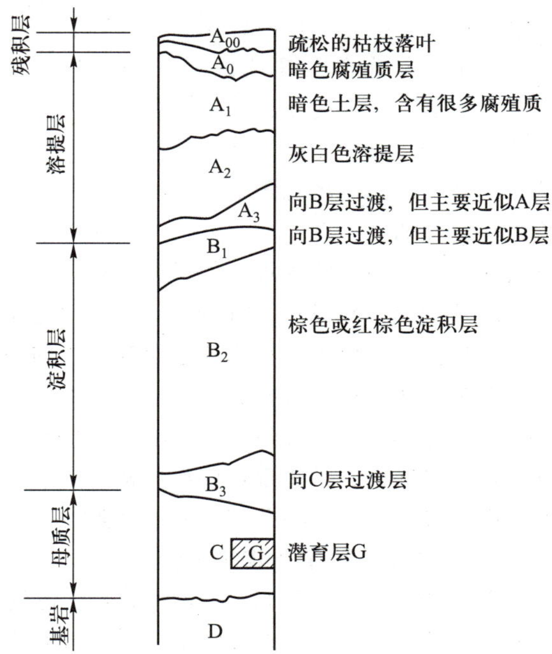

图 8-12 湿润条件下木本植物群落的典型土壤剖面

湿润地区的包气带一般具有 A 和 B 两层之分，A 层（即上层）的透水性好，B 层（即下层）的透水性差。也可能会分成三层、四层、五层等，但道理是一样的。如果包气带上层透水性好，下层透水性差，那么下层相对于上层就是相对不透水层。相对不透水层并非绝对不透水。

邓恩发现对于这样一种分层次的包气带结构，一场降雨经过地面的再分配后的下渗水量，对相对不透水层面以上的 A 层，可以说是“近水楼台先得月”，“抢先”把这一部分水吸附，增加了 A 层土壤含水量，A 层缺水量得到满足就出现稳定下渗，继续下渗的水分遇到相对不透水层后，虽然还要继续下渗，但由于 A 层的下渗能力较强，B 层的下渗能力较弱，对位于土壤中的下渗面（即相对不透水层面），A 层的稳定下渗率与降雨强度中较小者就是其供水强度。当相对不透水层面的供水强度大于 B 层的下渗能力时，在相对不透水层面上就会产生积水，形成饱和带。由于这种饱和带只有在降雨期间才可能出现，降雨结束之后很快就会消失，所以称为临时饱和带。如果河槽切入地面以下很深，人们就可以观测到这个临时饱和带中的重力水将成为汇入河槽中的径流，邓恩称这种径流为壤中水径流。

由此可见，产生壤中水径流的物理条件有两条：一是包气带中必须存在相对不透水层；二是至少上层（即 A 层）的土壤含水量必须达到田间持水量。邓恩通过现场科学实验，证实了壤中水径流的存在（图 8-13）。

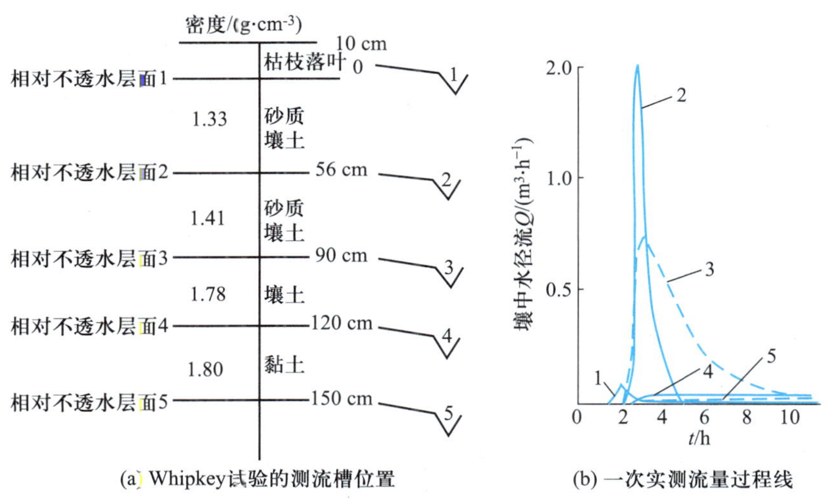

图 8-13　邓恩发现壤中水径流的实验装置及部分观测结果

② 饱和地面径流的发现　仍参见图 8-11。如果 A 层达到田间持水量后降雨还在继续，那么相对不透水层上产生的积水就会越来越深，临时饱和带的水面将不断地上升。若降雨历时足够长，临时饱和带的水面就会上升到与地面同一高程，这时至少包气带的 A 层就变成饱水带。当 A 层（即上层）达到饱和含水量后，如果再继续降雨，那么这部分降雨在扣除蒸散发和稳定下渗率之后，就会沿着与地面一致的水面流动，形成地面径流。这种地面径流的形成机理与超渗地面径流的形成机理不同，这是因临时饱和带发展到整个 A 层后产生的一种地面径流，邓恩称之为饱和地面径流。由此可见，产生饱和地面径流的条件也是两个：

一是包气带中必须存在相对不透水层；二是至少上层（即 A 层）必须达到饱和含水量。

邓恩所揭示出的壤中水径流和饱和地面径流产生的物理条件，是对水文学的重大贡献，因为它把霍顿产流理论所不能解释的现象解释通了。

霍顿产流理论无法解释的第一个现象是：有些地方土壤表层非常疏松，下渗能力很强，而这些地方出现大强度暴雨的可能性并不大，也许是 5 年一遇，10 年一遇，甚至更稀遇，如果按照霍顿理论，那么这些地方出现地面径流的概率也大体上是 5 年一遇，10 年一遇，甚至更稀遇，但实际上几乎年年都可以看到地面径流，在雨季甚至场场暴雨都可以发现地面径流。原因就是这些地方的包气带存在相对不透水层，上层很疏松，下层较密实，而且上层比较薄，临时饱和带很容易形成，上层易达到饱和含水量，因此产生饱和地面径流的机会非常多。

霍顿产流理论无法解释的第二个现象是：按照霍顿理论，退水曲线上应该只有 1 个转折点，但很多情况下却有多于 2 个的转折点存在。根据邓恩产流理论，如果包气带有 1 个相对不透水层，那么它就有可能产生三种径流成分：一是地面径流，它有“超渗”和“饱和”两种产生机制；二是在相对不透水层面上产生的壤中水径流；三是地下水径流。这样在退水曲线上就会有 2 个转折点。由于地面径流流速大于壤中水径流流速，壤中水径流流速又大于地下水径流流速，因此较早一个转折点将出现在地面径流全部从流域出口断面通过时，较迟一个转折点将出现在壤中水径流全部从出口断面通过时。如果包气带有多于 1 个相对不透水层，那么退水曲线就会有多于 2 个的转折点，产生的径流成分除地面径流和地下水径流外，还会有多于 1 个相对不透水层面的壤中水径流。反之，通过对退水曲线转折点的分析可以推知：如果退水曲线上只有 1 个转折点，那么包气带为均匀结构；如果有 2 个转折点，那么包气带中有 1 个相对不透水层；如果有 3 个转折点，那么包气带中有 2 个相对不透水层……退水曲线上的转折点越多，表明包气带结构层次越多，产生的径流成分就会越多。

三、山坡产流过程

由霍顿产流理论和邓恩产流理论可知，从产流的物理条件来看，自然界形成的径流成分有四种：一是超渗地面径流，二是饱和地面径流，三是壤中水径流，四是地下水径流。它们均有各自的形成机理。超渗地面径流和饱和地面径流都是地面径流，只是产生的物理条件不同。壤中水径流和地下水径流都是地面以下土壤中产生的径流，不但产生的物理条件不同，而且发生的位置也不同。对于壤中水径流，根据其在包气带中发生的位置不同，又可以划分为很多层次，靠近地表的是浅层壤中水径流，靠近地下水水面的是深层壤中水径流。不同层次产生的壤中水径流在流速上也存在差异，尤其是最浅和最深处，其差异一般是较大的。

霍顿产流理论和邓恩产流理论都认为地形坡度是均匀的，没有考虑地形坡度变化对径流形成的影响，然而地形坡度在一个总的趋势下一般会有高低起伏的变化，会使得前面所讨论的四种径流成分的关系变得复杂。图 8-14 所示为一个从 1 级流域上垂直于河流水流方向切出的剖面，实际上就是一个山坡的剖面图。从图中可以看出，地面上分水线处最高，河谷处最低，中间的地势是起伏的。包气带有 1 个相对不透水层，其界面也有一定的坡度，界面上面的透水性好于下面的透水性。再向下就是地下水水面。地下水可以比较稳定地向河槽补给水量。在长时间不下雨的情况下，河流之所以还有连续不断的水流，靠的就是地下水补给。只要地下水不枯竭，河槽中总是有水流的。如果有一定强度的雨水降落到这个流域上，那么根据超渗地面径流产生的机理，在地面上那些下渗能力小于降雨强度的地方就会有超渗地面径流 R_s 产生，其余的雨水就下渗到土壤中。由于包气带中存在相对不透水层，因此，如果上层缺水量得到满足，那么在相对不透水层面上就会形成临时饱和带，从而形成壤中水径流 R_{int}。相对不透水层也有一定坡度，壤中水径流运动的结果是在山坡坡脚处形成较大的水深，坡脚附近的包气带土层会较早地达到饱和含水量，从而就有了形成饱和地面径流 R_{sat} 的条件。如果继续有降雨下渗，则可使整个包气带达到田间持水量，这时就会产生地下水径流 R_g。由于坡脚附近会先达到饱和含水量，而其他地方达到饱和含水量在此之后，因此，在饱和土壤和非饱和土壤的分界处就成为土壤应力薄弱环节。流域上继续降雨，壤中水径流不断增加，并在坡度作用下不断向坡脚方向流动，当遇到应力薄弱的饱和土壤与非饱和土壤分界处，壤中水径流就会从土层中冲出来，原来的壤中水径流过了这一点之后会变成地面径流，并与那里产生的饱和地面径流混在一起，叫作回归流。坡面上产生的超渗地面径流将沿着总的坡度方向流动，当遇到地形凸出部分时，不可能全部越过这一凸出部分，总会有一部分“钻”进土壤中成为壤中水径流；而当遇到低洼地形时，它又会从土壤中“钻”出来成为地面径流。这种一会儿在土壤中流动、一会儿又在地面上流动的水流，窜来窜去，称为“窜流”（图 8-15），它是回归流的另一种表现形式。

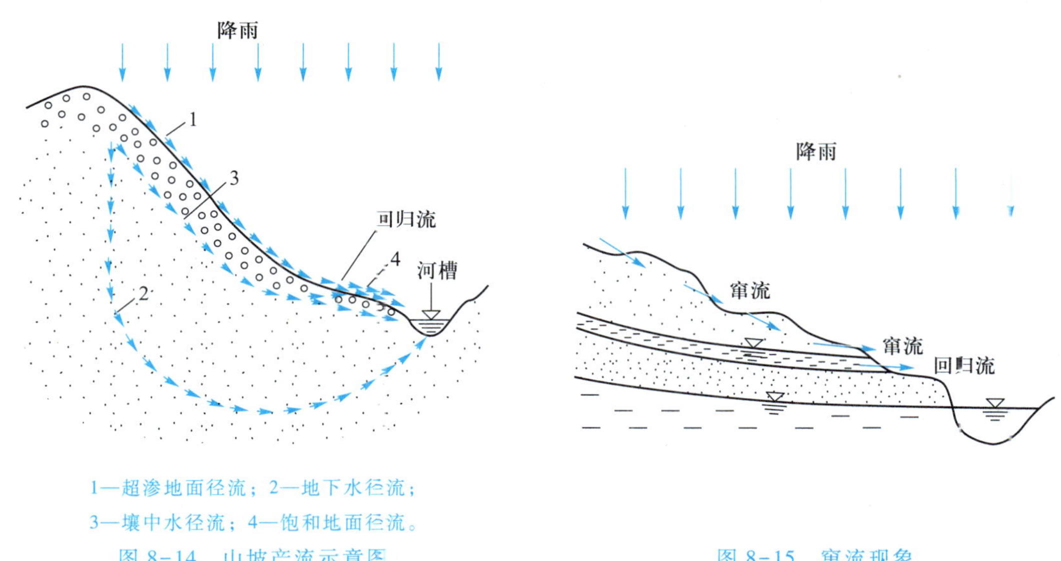

1—超渗地面径流；2—地下水径流；
3—壤中水径流；4—饱和地面径流。
图 8-14　山坡产流示意图

图 8-15　窜流现象

综上所述，如果考虑地形坡度变化对径流形成的影响，就会发现回归流现象。回归流有两种形式：一种原来是壤中水径流，到河谷附近就变成了饱和地面径流；另一种以“窜流”现象表现出来，一会儿在地下，一会儿在地上，窜来窜去，最后流到河槽里。回归流与前述讨论的超渗地面径流、饱和地面径流、壤中水径流和地下水径流不同，不是原生的径流成分，而是径流产生以后受地形坡度变化影响的一种流动现象。由于它的随机性，处理这种水流运动要比处理单纯在河道中或土壤里的水流运动复杂许多。回归流现象的存在显然增加了流域汇流的复杂性，但却为认识流域汇流中的水流现象和更好地解决流域汇流问题提供了物理基础。

第四节　流域产流的基本模式

一、流域产流量的组成

根据霍顿产流和邓恩产流的物理条件形成的超渗地面径流、饱和地面径流、壤中水径流和地下水径流中能汇集至流域出口断面的那部分称为流域产流量。流域产流量可以直接测定，但满足一定产流物理条件产生的径流成分却难以直接测定，而且一场降雨形成的流域产流量一般并不等于由一定产流物理条件得到的超渗地面径流量、饱和地面径流量、壤中水径流量和地下水径流量之和。

无论从蒸散发角度和下渗角度看，还是从产流角度和流域汇流角度看，流域都是一个复合体。整个流域不可能只是一种土壤覆盖，各处包气带厚度也不相同，流域上的植被分布千差万别，流域各处的土地利用情况也不一样。怎样将霍顿产流理论和邓恩产流理论用到作为复合体的流域的产流量计算中去呢？这就要分析不同类型流域的流域产流量的形成和组成。

1. 包气带为均质的流域

如果一场降雨的雨强大，历时短，只可能出现雨强大于地面下渗能力的情况，那么由霍顿产流理论可知，这场降雨的流域水量平衡方程式为

$$\begin{cases} P=E+(W_e-W_0)+R \\ R=R_s \end{cases} \tag{8-15}$$

式中　P——降雨量；

E——雨期蒸散发；

W_0——初始的流域蓄水量；

W_e——雨末的流域蓄水量；

R_s——超渗地面径流量；

R——流域产流量。

如果一场降雨的雨强大，历时长，不但会出现雨强大于地面下渗能力的情况，而且可使包气带达到田间持水量，那么由霍顿产流理论可知，这场降雨的流域水量平衡方程式为

$$\begin{cases} P=E+(W_m-W_0)+R \\ R=R_s+R_g \end{cases} \tag{8-16}$$

式中　W_m——包气带达到田间持水量时的流域蓄水量；

R_g——地下水径流量。

如果一场降雨的雨强小，不可能出现雨强大于地面下渗能力的情况，但历时长，能使包

气带达到田间持水量，那么由霍顿产流理论可知，这场降雨的流域水量平衡方程式为

$$\begin{cases}P=E+(W_{m}-W_{0})+R\\R=R_{g}\end{cases}\tag{8-17}$$

2. 包气带具有一个相对不透水层的流域

如果一场降雨的雨强很大，能超过地面下渗能力，但历时较短，仅能使包气带上层达到田间持水量，那么由霍顿产流理论和邓恩产流理论可知，这场降雨的流域水量平衡方程式为

$$\begin{cases}P=E+(W_{mu}-W_{0u})+(W_{el}-W_{0l})+R\\R=R_{s}+R_{int}\end{cases}\tag{8-18}$$

式中　W_{mu}——上层达到田间持水量时的流域蓄水量；

W_{0u}——上层初始的流域蓄水量；

W_{el}——下层雨末的流域蓄水量；

W_{0l}——下层初始的流域蓄水量；

R_{int}——壤中水径流量。

如果一场降雨的雨强较大，能超过地面下渗能力，且历时较长，能使整个包气带达到田间持水量，那么由霍顿产流理论和邓恩产流理论可知，这场降雨的流域水量平衡方程式为

$$\begin{cases}P=E+(W_{m}-W_{0})+R\\R=R_{s}+R_{int}+R_{g}\end{cases}\tag{8-19}$$

如果一场降雨的雨强较小，不超过地面下渗能力，但历时较长，能使包气带上层达到饱和含水量，那么由霍顿产流理论和邓恩产流理论可知，这场降雨的流域水量平衡方程式为

$$\begin{cases}P=E+(W_{su}-W_{0u})+(W_{el}-W_{0l})+R\\R=R_{sat}+R_{int}\end{cases}\tag{8-20}$$

式中　W_{su}——上层达到饱和含水量时的流域蓄水量；

R_{sat}——饱和地面径流量。

如果一场降雨的雨强较小，不超过地面下渗能力，但历时较长，不但能使包气带上层达到饱和含水量，而且能使包气带下层至少达到田间持水量，那么由霍顿产流理论和邓恩产流理论可知，这场降雨的流域水量平衡方程式为

$$\begin{cases}P=E+(W_{su}-W_{0u})+(W_{ml}-W_{0l})+R\\R=R_{sat}+R_{int}+R_{g}\end{cases}\tag{8-21}$$

式中　W_{ml}——下层达到田间持水量时的流域蓄水量。

如果一场降雨的雨强较小，不超过地面下渗能力，且历时较短，只能使包气带上层达到田间持水量，那么由霍顿产流理论和邓恩产流理论可知，这场降雨的流域水量平衡方程式为

$$\begin{cases}P=E+(W_{mu}-W_{0u})+(W_{el}-W_{0l})+R\\R=R_{int}\end{cases}\tag{8-22}$$

如果一场降雨的雨强较小，不超过地面下渗能力，但历时较长，能使整个包气带达到田间持水量，那么由霍顿产流理论和邓恩产流理论可知，这场降雨的流域水量平衡方程式为

$$\begin{cases} P=E+(W_m-W_0)+R \\ R=R_{int}+R_g \end{cases} \tag{8-23}$$

3. 包气带具有多于一个相对不透水层的流域

可用类似于包气带只具有一个相对不透水层的流域的分析方法进行讨论，所不同者是此时可产生多于一个层次的壤中水径流量。

式(8-15)~式(8-23)所表达的9种流域产流量组合是自然界中最可能出现的情况。其中式(8-15)表明，单一超渗地面径流组成了流域产流量。式(8-16)表明，超渗地面径流和地下水径流组成了流域产流量。式(8-17)表明，单一地下水径流组成了流域产流量。式(8-18)表明，超渗地面径流和壤中水径流组成了流域产流量。式(8-19)表明，超渗地面径流、壤中水径流和地下水径流组成了流域产流量。式(8-20)表明，饱和地面径流和壤中水径流组成了流域产流量。式(8-21)表明，饱和地面径流、壤中水径流和地下水径流组成了流域产流量。式(8-22)表明，单一壤中水径流组成了流域产流量。式(8-23)表明，壤中水径流和地下水径流组成了流域产流量。

表8-1列出了以上9种组合在自然界中最可能发生的条件。

表 8-1 流域产流量的组成情况

包气带结构	降雨条件	场次降雨的流域水量平衡方程式	流域产流量 R 的组成	影响流域产流量的因子
均质	雨强大，历时短，仅能出现雨强大于地面下渗能力的情况	$P=E+(W_e-W_0)+R$	R_s	P，E，W_0，i
	雨强大，历时长，不但能出现雨强大于地面下渗能力的情况，而且能使包气带达到田间持水量	$P=E+(W_m-W_0)+R$	R_s，R_g	P，E，W_0
	雨强小，不可能出现雨强大于地面下渗能力的情况，但历时长，能使包气带达到田间持水量	$P=E+(W_m-W_0)+R$	R_g	P，E，W_0
具有一个相对不透水层	雨强超过地面下渗能力，但历时短，仅能使包气带上层达到田间持水量	$P=E+(W_{mu}-W_{0u})+(W_{el}-W_{0l})+R$	R_s，R_{int}	P，E，W_0，i
	雨强超过地面下渗能力，且历时长，能使整个包气带达到田间持水量	$P=E+(W_m-W_0)+R$	R_s，R_{int}，R_g	P，E，W_0

续表

包气带结构	降雨条件	场次降雨的流域水量平衡方程式	流域产流量 R 的组成	影响流域产流量的因子
具有一个相对不透水层	雨强不超过地面下渗能力，但历时较长，能使包气带上层达到饱和含水量	$P=E+(W_{su}-W_{0u})+(W_{el}-W_{0l})+R$	R_{sat}，R_{int}	P，E，W_0，i
	雨强不超过地面下渗能力，但历时很长，不但能使包气带上层达到饱和含水量，而且能使其下层至少达到田间持水量	$P=E+(W_{su}-W_{0u})+(W_{ml}-W_{0l})+R$	R_{sat}，R_{int}，R_g	P，E，W_0
	雨强不超过地面下渗能力，且历时较短，只能使包气带上层达到田间持水量	$P=E+(W_{mu}-W_{0u})+(W_{el}-W_{0l})+R$	R_{int}	P，E，W_0，i
	雨强不超过地面下渗能力，但历时较长，能使整个包气带达到田间持水量	$P=E+(W_m-W_0)+R$	R_{int}，R_g	P，E，W_0

二、影响流域产流量的因子

一般可通过流域包气带水量平衡方程式来分析影响流域产流量 R 的因子。

对于表 8-1 中的情况 1，由流域水量平衡方程式(8-15)可以解得

$$R=P-E-(W_e-W_0) \tag{8-24}$$

式(8-24)表明，对于表 8-1 中的情况 1，R 与 P 和 E 有关，也与 W_0 和 W_e 有关。每一场降雨结束时的 W_e 虽然未知，但它应等于 W_0 与下渗水量之和，下渗水量与 i 和 f_p 的对比关系有关，而 f_p 与 W_0 有关。由此可得影响 R 的因子就是 P、E、W_0 和 i。

对于表 8-1 中的情况 2，由流域水量平衡方程式(8-16)可以解得

$$R=P-E-(W_m-W_0) \tag{8-25}$$

式(8-25)表明，对于表 8-1 中的情况 2，R 是 P、E 和 W_0 的函数。

用类似的方法可分析得出表 8-1 中第 3—9 种情况的流域产流量影响因子。

三、蓄满产流和超渗产流

流域产流模式是对流域的复杂多样的产流现象的科学概括。由表 8-1 可以看出，虽然常见的流域产流量的组成有 9 种情况，但从影响流域产流量的因子看却只有两种情况：

① 影响流域产流量的因子是 P、E 和 W_0，即

$$R=f(P,E,W_0) \tag{8-26}$$

式(8-26)适用于表 8-1 中的第 2、第 3、第 5、第 7 和第 9 种组合。

② 影响流域产流量的因子是 P、E、W_0 和 i，即

$$R=f(P,E,W_0,i) \tag{8-27}$$

式(8-27)适用于表 8-1 中的第 1、第 4、第 6 和第 8 种组合。

式(8-26)和式(8-27)就是人们所揭示出的自然界的两种最基本的流域产流模式。式(8-26)所揭示的流域产流模式称为“蓄满产流”模式；式(8-27)所揭示的流域产流模式称为“超渗产流”模式。

由表 8-1 不难发现：

① 与降雨强度有关的第 1、第 4、第 6、第 8 种等组合，流域产流量中都不包括地下水径流。也就是说，由超渗产流模式得到的流域产流量不补给潜水，但却可能包括壤中水径流。事实上，第 4 种、第 5 种和第 6 种组合都包括壤中水径流。早期人们认为超渗产流模式只有一种超渗地面径流成分，但理论分析和实践证明，超渗产流模式的流域产流量中也可以包括饱和地面径流和壤中水径流。与降雨强度无关的第 2、第 3、第 5、第 7、第 9 种等组合，流域产流量中都包括地下水径流，也就是说，由蓄满产流模式得到的流域产流量一定有地下水径流补给潜水。

② 当出现第 1、第 4、第 6 和第 8 种组合时，包气带缺水量要么没有得到满足，要么仅上层缺水量得到满足，可见超渗产流模式是包气带未达到田间持水量的产流模式。由此，“超渗产流”模式又称为“非饱和产流”模式或者“非蓄满产流”模式。而当出现第 2、第 3、第 5、第 7 和第 9 种组合时，包气带缺水量都得到了满足，也就是包括上层和下层的全部包气带都达到田间持水量，可见“蓄满产流”模式是包气带达到田间持水量的产流模式。

流域产流量是复合产流量，它是由不同径流成分组成的。若要把不同径流成分从中划分出来，那就是分水源问题了。

四、蓄满产流模式的两种情形

包气带蓄水量达到田间持水量一般有两种情形：一是产流开始时包气带蓄水量已处于田间持水量状态；二是产流开始时包气带蓄水量并未达到田间持水量，必须经历一段时间的降雨下渗后才达到田间持水量。这就导致蓄满产流模式也有两种情形：全程蓄满产流模式和延后蓄满产流模式。

对于全程蓄满产流模式(图 8-16)，若雨强大于稳定下渗率，对均质包气带，就会有超渗地面径流和地下水径流同时形成；对具有一个相对不透水层的包气带，就会有超渗地面径流、壤中水径流和地下水径流几乎同时形成。若雨强小于或等于稳定下渗率，对均质包气带只会形成地下水径流；对具有一个相对不透水层的包气带将会有壤中水径流和地下水径流几乎同时形成，延后一定时间后还会有饱和地面径流现象发生。

对于延后蓄满产流模式(图 8-17)，若雨强大于地面下渗能力，则对均质包气带会在降雨初期只形成超渗地面径流，必须在蓄满后才有地下水径流形成，同时也会有蓄满后的超渗地面径流产生；而对具有一个相对不透水层的包气带，会先只形成超渗地面径流，或几乎同时形成超渗地面径流和壤中水径流。若雨强小于或等于地面下渗能力，则对均质包气带将在

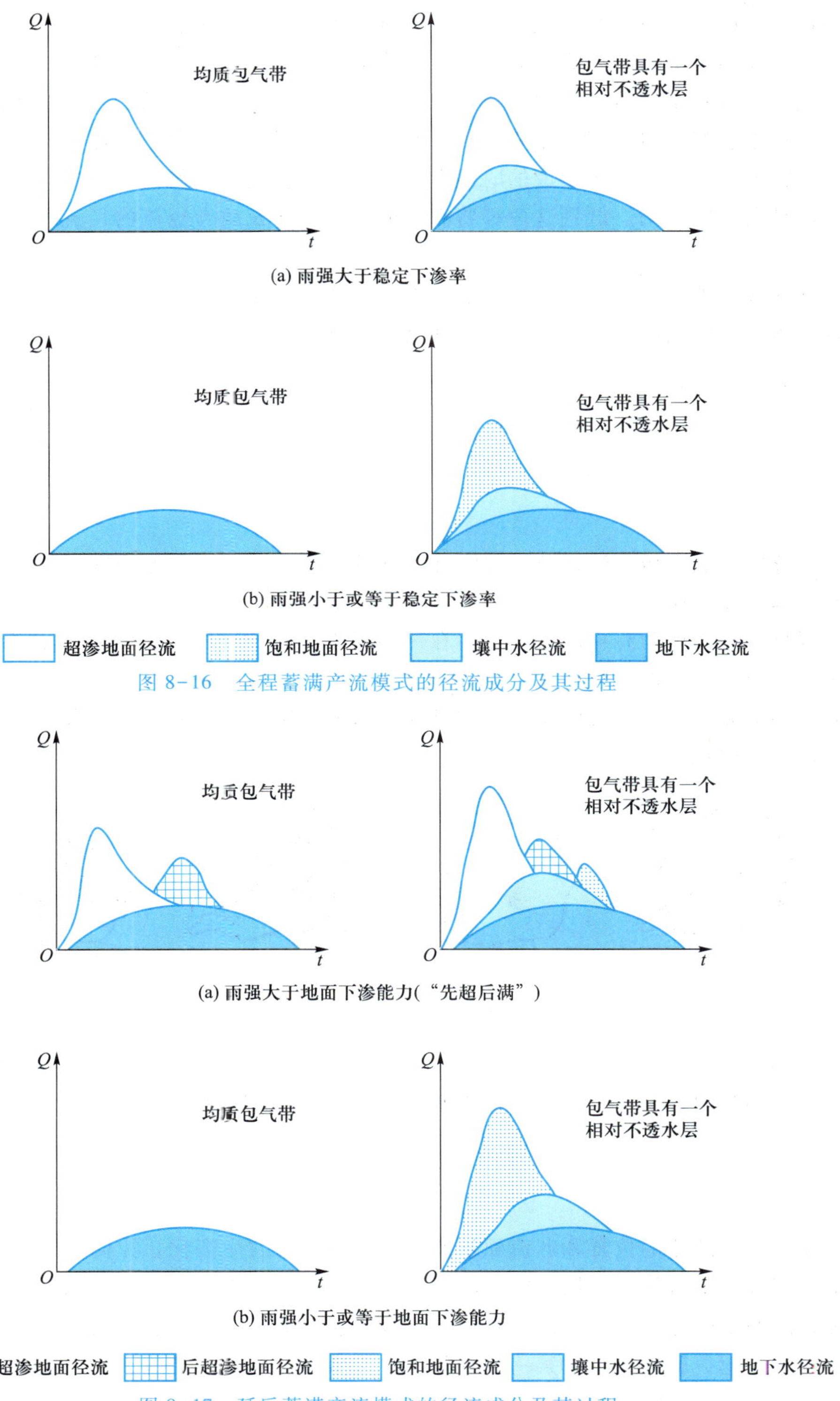

图 8-16　全程蓄满产流模式的径流成分及其过程

图 8-17　延后蓄满产流模式的径流成分及其过程

包气带蓄满后即产生地下水径流；而对于只有一个相对不透水层的包气带，会先形成壤中水径流，之后才会有地下水径流形成，并有可能形成饱和地面径流。在经历一段时间的降雨下渗后，包气带蓄水量将达到田间持水量，此后，产流就与全程蓄满产流模式相同了。

这两种蓄满产流情形都遵循蓄满产流模式的包气带水量平衡方程式(8-26)，只是组合径流中的径流成分及其开始形成的时间有所不同。也就是说，就组合径流而言，这两种蓄满产流情形是没有区别的。区别这两种蓄满产流情形仅涉及组合径流的径流成分及开始时间的不同。

在湿润气候地区，或者在湿润季节，常见的蓄满产流模式是全程蓄满产流模式，只有在久旱以后遇到雨强大的降雨才有可能出现延后蓄满产流模式。

第五节 产流面积的变化

一、产流面积变化现象

对十分复杂的流域产流现象，仅掌握流域基本产流模式还不能合理地解决流域产流量计算问题，因为在流域产流过程中产流面积是随时变化的。

流域承受降雨以后有可能产流，但在一场降雨过程中并不是时时都是整个流域在产流。事实是，流域上有些地方会产流，有些地方则不产流。降雨时流域上能产生到达流域出口断面径流的那些面积叫作产流面积。降雨过程中产流的位置及产流面积的大小随着时间变化的现象叫作产流面积变化(图 8-18)。

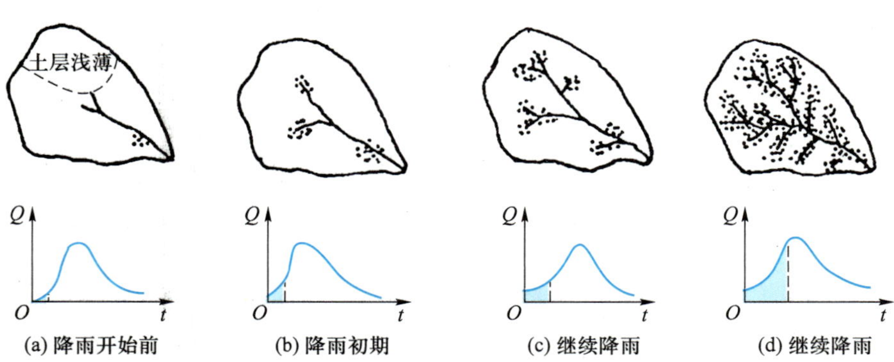

图 8-18 流域产流面积变化

图中黑点“·”为流域上有径流补给河流的地方

一场降雨中产流的位置和产流面积的大小之所以会发生变化，原因之一是任何一个时刻的降雨空间分布都可能是不均匀的；原因之二是下垫面条件的空间分布也是不均匀的。前者是一种动态的空间分布不均匀，后者一般可视为静态的空间分布不均匀。这两种空间分布不均匀组合在一起，就造成了对某一时刻降雨，流域上有的地方产流，有的地方不产流，而到了另一个时刻，由于降雨的空间分布发生了变化，产流的位置和产流面积的大小也随之发生变化。

动态的降雨空间分布不均匀和静态的下垫面条件空间分布不均匀的共同作用导致了产流面积的变化。早在 20 世纪 60 年代末，就有学者发现并论述过产流面积变化和局部产流问题。1975 年，林斯利（Linsley）等人在其所著的《工程水文学》（第 2 版）中指出："统计论据、野外观测和逻辑学告诉我们，径流很少在流域上均匀地产生，雨量及强度变化、土壤特征、植被、前期含水量和地形都促使发生复杂的径流成分，其中大多数暴雨产生的径流仅来自最靠近河槽的较小部分流域面积。"这一观点使人领悟到了大道至简的魅力，也感悟到了在繁与简之间有时并不存在不可逾越的鸿沟。

二、蓄满产流的产流面积变化

1. 流域蓄水容量曲线

为了讨论蓄满产流情况下产流面积的变化，引进"流域蓄水容量曲线"这一分析工具。先做一个实验，设想在流域上布置了足够多的观测点，测量这些观测点处包气带的田间持水量。具体方法就是先把土壤烘干，称出质量，然后注水使其正好"蓄满"，也就是正好达到田间持水量，再称重，两者之差就是其田间持水量。如果这个流域上的土壤是同种类的，包气带厚度也是相同的，那么田间持水量就应该各处一样，呈均匀分布。但天然流域的田间持水量空间分布一般是不均匀的，因此，由每个观测点得到的田间持水量就构成了一个观测数组$\{W'_{m,i}\}$，$i=1, 2, 3, \cdots$这个数组理论上是无穷的，实际上只能是有限的。按照数理统计观点，这个有限的数组具有随机性，实际上就是从总体中抽取的一个随机样本，利用这个随机样本可以推断总体分布函数。首先把这些数据按从小到大排列，并分别计算其不及制累积频率。如果观测点布设是均匀的，共有 n 个，也就是样本容量为 n，那么每一观测点测得的数值的频率均可认为是$\frac{1}{n}$。以田间持水量作为纵坐标，以小于或等于该田间持水量的累积频率（即不及制累积频率）作为横坐标，就可以画出一条图 8-19 所示的曲线，这条曲线就是流域田间持水量的空间分布曲线，称为流域蓄水容量曲线。

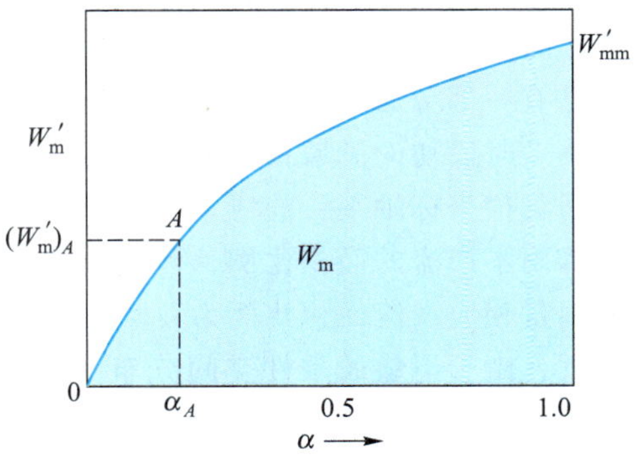

图 8-19 流域蓄水容量曲线

流域蓄水容量曲线具有如下性质：

① 对于一个流域，田间持水量的最小值可以为 0，也可以为大于 0 的某一个数。如果田间持水量等于 0 的面积比例为 0.1，那么说明该流域有 10% 的面积的田间持水量是等于 0 的，这些面积应该是不透水的，包括裸露的岩石，不透水的道路、地面、屋顶等。

② 对于闭合流域，这条曲线有上限，其上限值就是流域上各点包气带田间持水量中的最大值。

③ 对于一个流域，流域蓄水容量曲线是唯一的，一个流域只有一条。不同流域的流域

蓄水容量曲线一般不一样。

④ 流域蓄水容量曲线包围的面积相当于全流域达到田间持水量时流域的平均蓄水深，称为流域蓄水容量，用 W_m 表示。对于一个流域，如无明显人类活动影响，W_m 是一个常数。

2. 降雨空间分布均匀的情况

前已述及，导致产流面积变化的原因，一是下垫面条件空间分布不均匀，二是降雨空间分布不均匀。如果把这两个因素放在一起讨论，通常比较困难。如果先固定一个因素，再讨论另一个因素的影响，就会容易得多。这是一种通用的科学思维方法。

首先讨论降雨空间分布均匀的情况。

不难理解，流域蓄水容量曲线只具有统计意义，它只能告知流域上小于或等于某一个田间持水量的面积占多少，而并不能告知这些面积分布在流域上哪些地方。因此，用流域蓄水容量曲线分析流域产流面积变化，只适用于降雨空间分布均匀的情况。

如图 8-20 所示。如果一场降雨开始时流域是干燥的，即初始流域蓄水量 $W_0=0$，那么此时流域包气带缺水量的空间分布就是流域蓄水容量曲线。这场降雨的第 1 时段降雨量为 P_1，雨期蒸散发量为 E_1，空间分布均匀。由于蓄满产流与降雨强度无关，因此，只要(P_1-E_1)为正就有流域产流量产生，并且可以用(P_1-E_1)在流域蓄水容量曲线上作一条与横坐标轴平行的线。这是降雨空间分布均匀在流域蓄水容量曲线上的表达，降雨空间分布不均匀就不能这样做。根据流域蓄水容量曲线的物理意义，在这条降雨空间均匀分布线与流域蓄水容量曲线相交点的右边，是不产流面积的比例，这部分面积上的降雨全部变成流域蓄水量，而交点的左边是产流面积的比例。这样就得到第 1 时段降雨量相应的产流面积的比例为 α_1。这场降雨的第 2 时段降雨量为 P_2，雨期蒸散发量为 E_2，空间分布均匀。第 2 时段降雨是接着第 1 时段降雨的，所以，第 2 时段初流域蓄水量就不是 $W_0=0$，经过第 1 时段的降雨，流域上已有一部分面积的包气带不再缺水，其他地方的包气带虽还缺水，但缺的数量也减少了。第 2 时段初的流域蓄水量的分布如图 8-20a 中浅灰色阴影所示，在其上加(P_2-E_2)，并作一条与横坐标轴平行的线。它与流域蓄水容量曲线也有一个相交点，该交点的右边是第 2 时段降雨不产流的面积比例，而左边则为第 2 时段降雨产流的面积比例。这样就得到第 2 时段降雨量相应产流面积比例为 α_2。α_2 显然大于 α_1，余类推。因此，在降雨空间分布均匀的情况下，由于下垫面条件空间分布不均匀，随着降雨量的增加，蓄满产流的产流面积在增加。可以设想，当降雨量达到一定值后，将会出现全流域产流。可见全流域产流不是一有降雨就马上发生的，早期的人们就没有认识到这一点。在自然界中，一般只有较小的流域才有可能在一次降雨过程中达到全流域产流。

3. 降雨空间分布不均匀的情况

在此情况下，如果仍用只有统计意义的流域蓄水容量曲线表示包气带缺水量的空间分布不均匀性，那么必须先将整个流域划分成若干个子区域，使每个子区域的降雨空间分布是均匀的。这样，对每个子区域，就可按前述方法求得其降雨空间分布均匀但包气带缺水量空间分布不均匀情况下的产流面积变化，然后再综合成降雨空间分布和包气带缺水量空间分布都不均匀情况下蓄满产流的全流域的产流面积变化。这种处理方法要求提供子区域的划分方法，常见的有泰森多边形法。

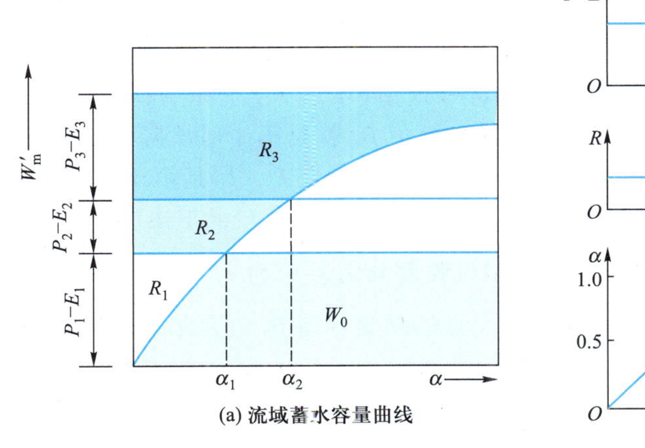

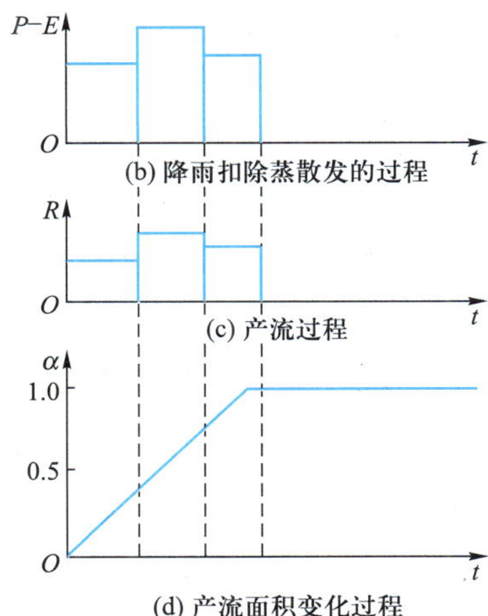

P—降雨量；*E*—蒸散发量；*R*—总径流量。

图 8-20 蓄满产流的产流面积变化

三、超渗地面径流的产流面积变化

1. 流域下渗能力面积分配曲线

讨论超渗地面径流的产流面积变化，也要引进一个分析工具。设想在流域上布设很多的观测点。假设初始流域蓄水量 $W_0=0$，此时，对每个观测点均可测得其地面下渗能力，这样就可得到一组 $W_0=0$ 时地面下渗能力的空间分布数据。采用与构建流域蓄水容量曲线相同的统计方法，就可得到一条以地面下渗能力为纵坐标，以小于或等于这个下渗能力的面积比例 β 为横坐标的曲线，这条曲线称为下渗能力面积分配曲线，如图 8-21 所示。如果初始流域蓄水量 $W_0\neq 0$，那么随着初始流域蓄水量增加，地面下渗能力减小，因此，流域蓄水量的增加必然会使下渗能力面积分配曲线下移；反之，初始流域蓄水量减少，这条曲线就会上移。这就表明，一个流域的流域下渗能力面积分配曲线是一组曲线，而不是一条曲线。这组曲线的上包线是流域蓄水量等于零时的流域下渗能力面积分配曲线，下包线是流域蓄水量等于田间持水量时的流域下渗能力面积分配曲线。

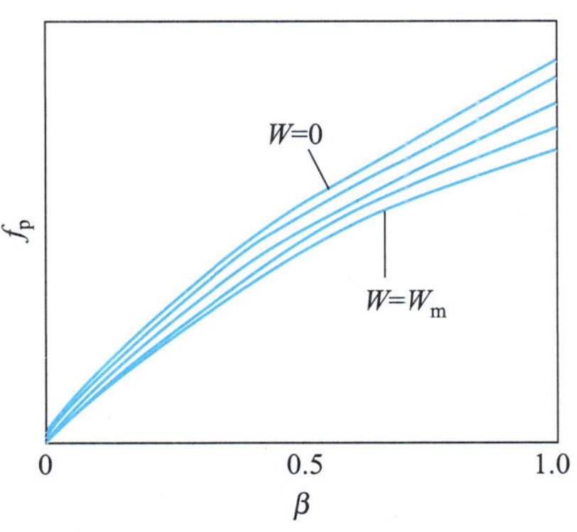

图 8-21 流域下渗能力面积分配曲线

2. 降雨空间分布均匀的情况

已知流域的下渗能力面积分配曲线如图 8-21 所示。假设一场降雨有 3 个时段：第 1 时段的平均降雨强度为 $\bar{i}_1$、平均蒸发强度为 $\bar{e}_1$，空间分布均匀；第 2 时段分别为 $\bar{i}_2$ 和 $\bar{e}_2$，空间分布均匀；第 3 时段分别为 $\bar{i}_3$ 和 $\bar{e}_3$，空间分布均匀。时段长 Δt 应取得很小，因为超渗产流与降雨强度有关系，如果 Δt 取长了，降雨强度会太均化，超渗地面径流的产生就不真实。

假设这场降雨的初始流域蓄水量 $W_0=0$，对应 $W_0=0$ 的流域下渗能力面积分配曲线可以从图 8-21 中找出来，见图 8-22a。由于超渗地面径流形成的条件是降雨强度扣除蒸散发强度后大于地面下渗能力，因此，对于第 1 时段就可根据$(\bar{i}_1-\bar{e}_1)$作一条与横坐标轴平行的线，该线与流域下渗能力面积分配曲线相交点的横坐标值 β_1 就是第 1 时段降雨相应的产流面积比例。第 2 时段降雨开始时流域蓄水量已经不再是零，而是 I_1，I_1 是第 1 时段的下渗水量。据此，从图 8-21 中找出相应于初始流域蓄水量为 $W_0=(0+I_1)=I_1$ 的下渗能力面积分配曲线，见图 8-22b。第 2 时段的平均降雨强度和蒸散发强度分别为 $\bar{i}_2$ 和 $\bar{e}_2$，对于第 2 时段，应根据$(\bar{i}_2-\bar{e}_2)$作一条与横坐标轴平行的线，所得相交点的横坐标值 β_2 就是第 2 时段降雨的产流面积比例。第 3 时段降雨开始时的流域蓄水量将增加至 $W_0=0+I_1+I_2$，I_2 是第 2 时段的下渗水量。由图 8-21 可知，其所相应的下渗能力面积分配曲线又下移了。这时根据$(\bar{i}_3-\bar{e}_3)$又可得到一个相交点(图 8-22c)，其相应的横坐标值 β_3 就是第 3 时段降雨的产流面积比例。如果仍有后续降雨，还可以用类似的分析方法继续讨论下去。

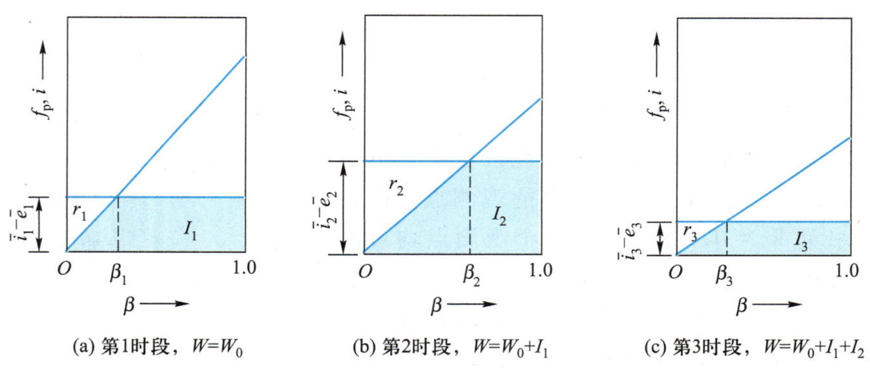

图 8-22 超渗地面径流的产流面积变化

由此可见，在降雨空间分布均匀但下渗能力空间分布不均匀的情况下，不同降雨时段的超渗地面径流的产流面积是不同的。显然，超渗地面径流的产流面积的变化取决于降雨强度和初始流域蓄水量。

3. 降雨空间分布不均匀的情况

当下渗能力空间分布和降雨空间分布都不均匀时，超渗地面径流的产流面积变化将更加复杂，但仍可采用与蓄满产流相同的思路和处理方法，此处不再详述。

第六节 流域产流量的计算

一、引言

降雨形成的流域产流量可以实测，也可以用某种方法计算，前者又是后者的基础和检验准则。根据实测资料得到的流域产流量只能说明过去。如果建立了流域产流量的计算方法，就可以实现预测未来的目的。只要把规律找到，就可以运用所掌握的规律在已知降雨时预知这场降雨将形成的流域产流量。研究和讨论流域产流量计算方法的目的，就是为了根据已知的降雨时空分布来预测其形成的流域产流量。由前面的讨论可知，要想达到这一目的，需要两方面的理论准备：一是要明确流域的产流模式，因为对不同的产流模式，影响流域产流量的因素不同；二是要考虑产流面积的变化，因为降雨空间分布不均匀性和下垫面条件空间分布不均匀性所导致的产流面积变化是客观存在的。在建立流域产流量计算方法时，一定要同时解决产流模式和产流面积变化两个问题。

二、蓄满产流的流域产流量计算

1. 降雨和包气带缺水量空间分布都均匀的情况

对于蓄满产流，如果一个流域的蓄水容量、初始流域蓄水量和降雨空间分布都均匀，那么初始流域蓄水量为 W_0、降雨量为 P、雨期蒸散发为 E 的一场降雨形成的流域产流量显然为(图 8-23)

$$R=(P-E)-(W_m-W_0) \tag{8-28}$$

式中　R——流域产流量；

W_m——流域蓄水容量。

式(8-28)表明，在降雨和包气带缺水量空间分布都均匀的情况下，蓄满产流的流域产流量计算是一个简单的水量平衡问题，而且满足条件$(P-E)>(W_m-W_0)$就全流域产流，否则不产流。

2. 降雨空间分布均匀但包气带缺水量空间分布不均匀的情况

将流域蓄水容量曲线表达成下列函数形式(图 8-24)：

$$\alpha=\phi(W'_m) \tag{8-29}$$

式中　W'_m——流域上任一点的田间持水量或蓄水容量；

α——流域中小于或等于 W'_m 的面积所占的比例。

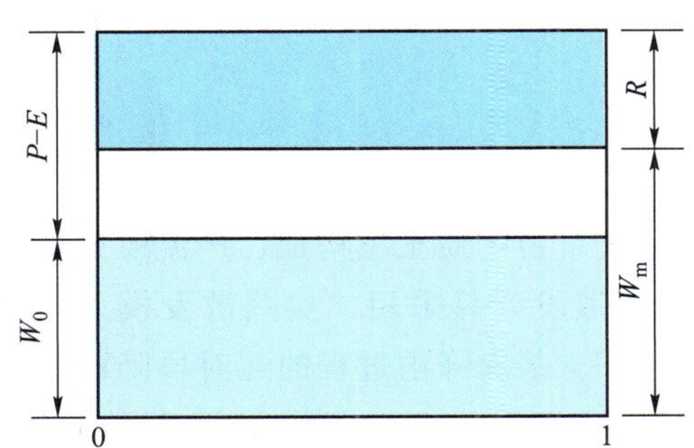

图 8-23　降雨及流域蓄水容量和初始流域蓄水量都均匀分布时的蓄满产流流域产流量计算

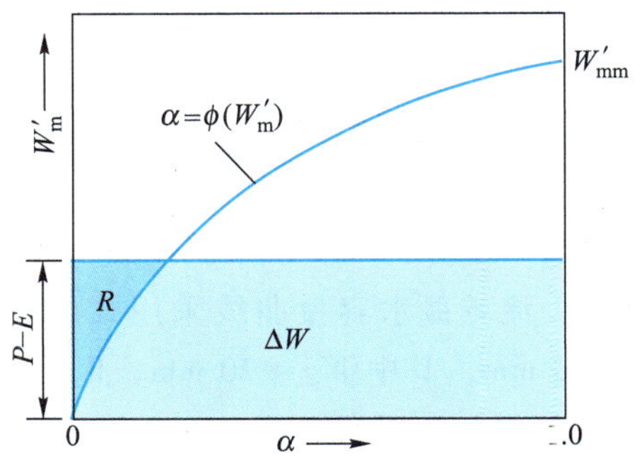

图 8-24　$W_0=0$ 时蓄满产流的流域产流量的计算

根据蓄满产流的条件，如果一场降雨的初始流域蓄水量 $W_0=0$，那么当降雨量 P 和蒸散

发量 E 的空间分布都均匀时，就可以在图 8-24 上从坐标原点开始按 $(P-E)$ 作一条与横坐标轴平行的直线，从而可求得这场降雨的蓄满产流的流域产流量 R 为

$$R=(P-E)-\int_0^{P-E}[1-\phi(W'_m)]\mathrm{d}W'_m \tag{8-30}$$

在式(8-30)中，若 $P-E>W'_{mm}$，则为全流域产流，即

$$R=P-E-(W_m-W_0) \tag{8-31}$$

根据蓄满产流的条件，如果一场降雨的初始流域蓄水量 $W_0\neq0$，那么就先要解决初始流域蓄水量 W_0 的空间分布问题。一个实用的做法是假设初始流域蓄水量在流域上的分布如图 8-25 所示，这样就有

$$\int_0^a[1-\phi(W'_m)]\mathrm{d}W'_m=W_0 \tag{8-32}$$

由式(8-32)可解出 a。a 确定之后即可定出初始流域蓄水量 W_0 的空间分布。据此，按下式就可计算由 $(P-E)$ 形成的蓄满产流的流域产流量，即

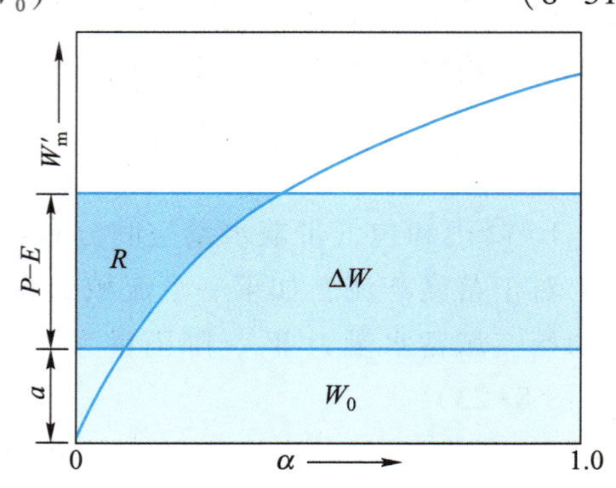

图 8-25 $W_0\neq0$ 时蓄满产流的流域产流量的计算

$$R=(P-E)-\int_a^{a+P-E}[1-\phi(W'_m)]\mathrm{d}W'_m \tag{8-33}$$

在式(8-33)中，若 $(P-E+a)>W'_{mm}$，则为全流域产流，则

$$R=P-E-(W_m-W_0) \tag{8-34}$$

比较式(8-30)和式(8-33)可知，$W_0=0$ 就是 $a=0$ 的特例。

由式(8-30)和式(8-33)可见，只要给出了式(8-29)的具体形式，就可根据降雨量和雨期蒸发量求得流域产流量。

在中国南方湿润地区，经过大量资料验证，式(8-29)可取下列抛物线形式：

$$\alpha=1-\left(1-\frac{W'_m}{W'_{mm}}\right)^b \tag{8-35}$$

式中 W'_{mm}——流域上最大蓄水容量；

b——经验指数。

分析一个算例如下：某流域面积为 402 km²，包气带由均质土壤构成，产流模式属于蓄满产流，流域蓄水容量曲线采用式(8-35)。流域蒸散发计算采用二层蒸散发模型。已知 $W_m=100$ mm，其中 $W_{mu}=20$ mm，$W_{ml}=80$ mm，$b=0.3$。某次降雨过程的逐时段降雨量及蒸散发能力见表 8-2 的第 2 列和第 3 列。本次降雨开始时 $W_0=61.83$ mm，其中 $W_{0u}=0$，$W_{0l}=61.83$ mm。试求该次降雨的逐时段的流域产流量和流域蒸散发量，以及不同时刻的流域蓄水量。计算时段取 $\Delta t=3$ h。

当流域蓄水容量曲线为式(8-35)时，根据 W_m 的意义及式(8-32)和式(8-33)可推导出下列一组计算公式：

$$W_m = \int_0^{W'_{mm}} [1 - \phi(W'_m)] \mathrm{d}W'_m = \frac{1}{1+b} W'_{mm} \tag{8-36}$$

$$a = W'_{mm}\left[1-\left(1-\frac{W_0}{W_m}\right)^{\frac{1}{1+b}}\right] \tag{8-37}$$

$$R = \begin{cases} P-E-W_m\left[\left(1-\frac{a}{W'_{mm}}\right)^{1+b}-\left(1-\frac{a+P-E}{W'_{mm}}\right)^{1+b}\right] & P-E+a<W'_{mm} \\ P-E-(W_m-W_0) & P-E+a \geqslant W'_{mm} \end{cases} \tag{8-38}$$

又知，闭合流域的时段水量平衡方程式为

$$W_{t+\Delta t} = W_t + P_{\Delta t} - E_{\Delta t} - R_{\Delta t} \tag{8-39}$$

式中　W_t、$W_{t+\Delta t}$——时段初、末的流域蓄水量；

$P_{\Delta t}$——时段降雨量；

$E_{\Delta t}$——时段蒸散发量；

$R_{\Delta t}$——时段降雨产生的总径流量；

Δt——时段长；

t——时间。

对于二层蒸散发模型，可按下列思路确定流域蒸散发量：将 W_m 分为上层 W_{um} 与下层 W_{lm}，$W_m = W_{um} + W_{lm}$。W 也要分为 W_u 与 W_l，$W = W_u + W_l$。降雨先补充上层，满足 W_{um} 后，再补充下层；蒸散发则先消耗上层的 W_u，消耗完了之后，再蒸发下层的 W_l。流域蒸散发量的计算公式为

$$\left.\begin{aligned} E_u &= E_m \\ E_l &= 0 \\ E &= E_m \end{aligned}\right\},\quad P+W_u>E_m \tag{8-40}$$

$$\left.\begin{aligned} E_u &= W_u \\ E_l &= (E_m-E_u)\cdot W_l/W_{lm} \\ E &= E_u+E_l \end{aligned}\right\},\quad P+W_u \leqslant E_m \tag{8-41}$$

蓄满产流情况下流域产流量计算的具体步骤如下：

① 由时段初的流域蓄水量 W_t，本时段降雨量 $P_{\Delta t}$、W_m 及本时段蒸散发能力 E_m，利用式(8-38)、式(8-39)，按二层蒸散发模型计算本时段蒸发量 $E_{\Delta t}$。

② 计算($P_{\Delta t}-E_{\Delta t}$)。

③ 由 W_m 及 b 按式(8-36)计算 W'_{mm}。

④ 由 $W_t(W_0)$、b、W'_{mm} 按式(8-37)计算 a。

⑤ 由 b、($P_{\Delta t}-E_{\Delta t}$)、$a$、$W'_{mm}$ 按式(8-38)计算本时段降雨量产生的总径流量。

⑥ 利用式(8-39)计算本时段末，即下一时段初的流域蓄水量 $W_{t+\Delta t}$。

⑦ 转入下一时段计算。重复上述步骤，最后可求得流域蒸散发量、流域蓄水量和总径流量的逐时段变化过程。

6 月 27 日 17 时为本例的计算起始时刻，此时，流域蓄水量为 61.83 mm，其中上层为

0，下层为 61.83 mm。6 月 27 日 17—20 时，蒸散发能力为 0，降雨量为 0.5 mm。据此，计算得 6 月 27 日 17—20 时的流域蒸散发量为

$$E_u=0,\ E_l=0,\ E=E_u+E_l=0$$

计算得 6 月 27 日 17—20 时降雨量产生的总径流量为

$$W'_{mm}=(1+b)W_m=(1+0.3)\times100\ \text{mm}=130\ \text{mm}$$

$$a=W'_{mm}\left[1-\left(1-\frac{W_0}{W_m}\right)^{\frac{1}{1+b}}\right]=130\left[1-\left(1-\frac{61.83}{100}\right)^{\frac{1}{1+0.3}}\right]\ \text{mm}=68.03\ \text{mm}$$

$$\begin{aligned}R&=P-E-W_m\left[\left(1-\frac{a}{W'_{mm}}\right)^{1+b}-\left(1-\frac{a+P-E}{W'_{mm}}\right)^{1+b}\right]\\&=\left\{0.5-0-100\left[\left(1-\frac{68.03}{130}\right)^{1+0.3}-\left(1-\frac{68.03+0.5-0}{130}\right)^{1+0.3}\right]\right\}\ \text{mm}\\&=0.1\ \text{mm}\end{aligned}$$

计算得 6 月 27 日 20 时的流域蓄水量为

$$W_1=W_0+P-E-R=(61.83+0.5-0-0.1)\ \text{mm}=62.23\ \text{mm}$$

其中 $W_{1u}=0.4$ mm，$W_{1l}=61.83$ mm。

以计算所得的 6 月 27 日 20 时的流域蓄水量为初始值，按上述步骤转入下一时段计算，可得第 2 时段的流域产流量、流域蒸散发量和第 2 时段末的流域蓄水量。余类推。全部计算结果列于表 8-2。

表 8-2 某流域蓄满产流的产流量计算表（二层蒸散发模型）

月	日	时	P/mm	E_m/mm	E/mm	R/mm	W_u/mm	W_l/mm	W/mm
6	27	17						61.83	61.83
		20	0.5	0	0	0.1	0.4	61.83	62.23
		23	38.1	0	0	11.14	20	69.13	89.19
	28	2	28.9	0	0	18.09	20	80	100
		5	6.8	0	0	6.8	20	80	100
		8	19.7	0	0	19.7	20	80	100
		11	46.7	0.143	0.143	46.56	20	80	100
		14	24.5	0.143	0.143	24.36	20	80	100
		17	3.8	0.143	0.143	3.66	20	80	100
		20	2.3	0.143	0.143	2.16	20	80	100
		23	4.6	0.154	0.154	4.45	20	80	100
	29	2	0.1	0.154	0.154	0	19.946	80	100
		5	0.7	0.154	0.154	0.01	20	80	100
		8	2.3	0.154	0.154	2.15	20	80	100

3. 降雨和包气带缺水量空间分布都不均匀的情况

根据本章第五节所述，此时，必须划分子区域进行计算。

三、超渗产流的流域产流量计算

仅讨论只有超渗地面径流的超渗产流的流域产流量计算问题。

1. 降雨和地面下渗能力空间分布都均匀的情况

地面下渗能力空间分布均匀意味着整个流域只需用一条下渗曲线。此时，只要知道一条下渗曲线和一个雨量站的降雨资料就能计算超渗地面径流量。具体计算方法一般有图解计算法和列表计算法两种。采用列表计算法时应先将下渗曲线转换成下渗能力与流域蓄水量关系曲线的形式。

举例说明列表计算法的步骤。该例取自中国比较典型的超渗产流地区。流域面积很小，为 0.45 km^2。计算时段 Δt 取 1 min。列表计算过程见表 8-3。降雨开始于 1965 年 5 月 11 日 16 时 08 分，$W_0=0$，相应 $f_p\to\infty$。该日 16 时 08—09 分的平均雨强 $i=0.3$ mm/min，因为 $i<f_p$，所以本时段不产流，降雨全部下渗。于是时段末（即该日 16 时 09 分）的 $W=0.3$ mm，相应的 $f_p=5.7$ mm/min。该日 16 时 09—10 分的平均雨强为 0.3 mm/min，也因为 $i<f_p$，所以不产流，降雨全部下渗。于是时段末（即该日 16 时 10 分）的 $W=0.6$ mm。这样逐时段计算下去，最终求得该流域一场暴雨形成的超渗地面径流过程如表 8-3 最后一列所示。计算中没有考虑雨期蒸散发，因为暴雨历时太短，雨期蒸散发量太小，可以忽略不计。

表 8-3　超渗地面径流计算表

年	月	日	时	分	i/(mm·min^{-1})	W/mm	I/mm	f_p/(mm·min^{-1})	r/(mm·min^{-1})
1965	5	11	16	08		0		∞	
				09	0.3	0.3	0.3	5.7	0
				10	0.3	0.6	0.3	2.6	0
				11	0.3	0.9	0.3	2.54	0
				12	0.3	1.2	0.3	2.5	0
				13	1	2.2	1	2.47	0
				14	1	3.2	1	2.34	0
				15	1.9	5.1	1.9	2.25	0
				16	1.9	7	1.9	2.03	0
				17	1.9	8.86	1.86	1.86	0.04
				18	1.9	10.52	1.66	1.66	0.24
				19	3.3	12.08	1.56	1.56	1.74
				20	3.3	13.51	1.56	1.43	1.74
				21	3.4	14.86	1.35	1.35	2.05

2. 降雨空间分布均匀但地面下渗能力空间分布不均匀的情况

这种情况下如何计算超渗地面径流量的问题，已在本章第五节有讨论，见图 8-21，用流域下渗能力面积分配曲线来反映下垫面条件空间分布不均匀的影响。如果初始流域蓄水量 $W_0=0$，那么可以找到一条相应于 $W_0=0$ 的流域下渗能力面积分配曲线。由于降雨空间分布均匀，所以，对第 1 时段，以降雨强度与蒸散发强度的差值作横坐标轴的平行线，该线与流域下渗能力面积分配曲线相交点的左边面积即为第 1 时段降雨的流域产流量。对第 2 时段，初始流域蓄水量已不再为 0，而应为第 1 时段降雨下渗到土壤里的水量，据此又可找到一条相应于该时刻流域蓄水量的流域下渗能力面积分配曲线。由于流域蓄水量增加了，相应的流域下渗能力面积分配曲线应在 $W_0=0$ 那条以下。以第 2 时段的降雨强度与蒸散发强度之差值作横坐标轴的平行线，相交点的左边面积即为第 2 时段的超渗地面径流量。对第 3 时段，初始流域蓄水量变成前两个时段下渗水量之和，据此又可找到一条与之相应的流域下渗能力面积分配曲线，再以第 3 时段的降雨强度与蒸散发强度差值作平行于横坐标轴的线，就可得到第 3 时段产生的超渗地面径流量。如果还有降雨，那么还应继续计算下去。如果降雨停止了，计算就停止。这就是降雨空间分布均匀而下垫面条件空间分布不均匀情况下计算超渗地面径流量的方法。

3. 降雨和地面下渗能力空间分布都不均匀的情况

此时必须划分子区域进行计算，详细内容可参考本章第五节。

习　题

第八章习题参考解答

8-1　流域蓄水容量曲线如图 8-26 所示，$W_m=100$ mm。一场空间分布不均匀降雨的降雨量列于表 8-4。这场降雨产流属于蓄满产流，降雨开始时的流域蓄水量（即初始蓄水量）和雨期蒸散发的空间分布均为均匀，分别为 $W_0=40$ mm，$E=0.2$ mm。试求：

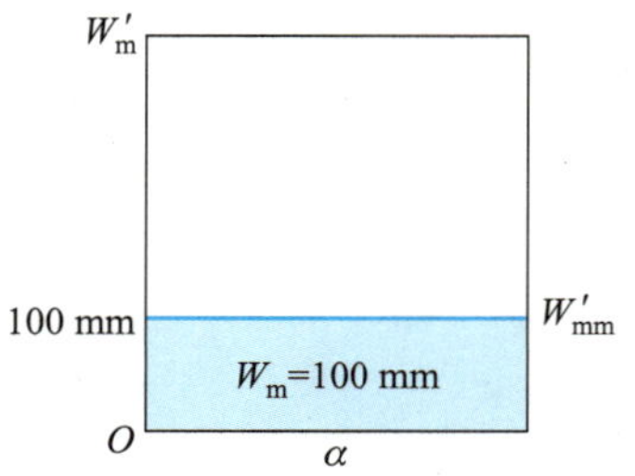

图 8-26　流域蓄水容量曲线

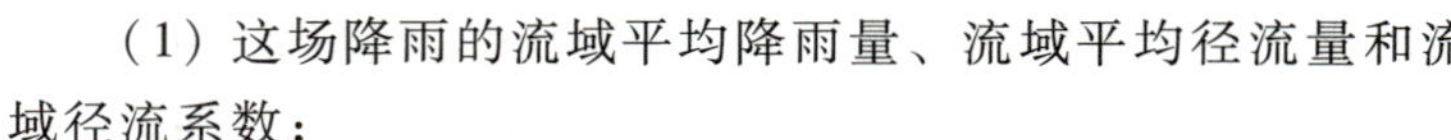

（1）这场降雨的流域平均降雨量、流域平均径流量和流域径流系数；

（2）这场降雨的产流面积占全流域面积的比例，以及产流面积上的平均降雨量、平均径流量和径流系数。

表 8-4　一次降雨的降雨量及相应的笼罩面积比例

降雨量/mm	10	30	50	70	90
笼罩面积占流域面积的比例	15%	20%	30%	25%	10%

8-2　式(8-38)为根据流域蓄水容量曲线为抛物线形式［式(8-35)］导出的蓄满产流模式的流域降雨-径流关系的数学表达式，试：

（1）分别求出局部流域产流和全流域产流的$\frac{\mathrm{d}R}{\mathrm{d}P}$；

（2）分别求出局部流域产流和全流域产流的$\frac{R}{P}$；

（3）分别比较局部流域产流和全流域产流的$\frac{\mathrm{d}R}{\mathrm{d}P}$和$\frac{R}{P}$，并说明比较结果的水文学意义。

8-3　流域平均下渗能力的计算公式为

$$\bar{f}_{\mathrm{p}}=\frac{A}{(W/W_{\mathrm{m}})^{n}} \tag{8-42}$$

式中　$\bar{f}_{\mathrm{p}}$——流域平均下渗能力，mm/min；

W——与$\bar{f}_{\mathrm{p}}$相应的流域蓄水量，mm；

W_{m}——流域蓄水容量；

A、n——经验常数。

流域的下渗能力面积分配曲线如图 8-27 所示，图中f'_{p}为流域上某点处的下渗能力，f'_{pp}为其中最大者。已知该流域面积为 0.55 km^2，$W_{\mathrm{m}}=50$ mm，$A=5$ mm/min，$n=1.5$，一场空间分布均匀的降雨的降雨强度随时间的变化见表 8-5。若这场降雨开始时$W_0=10$ mm，试求这场降雨产生的超渗地面径流及其时程分配。（注：降雨历时较短时，计算中可不计及雨期蒸散发量。）

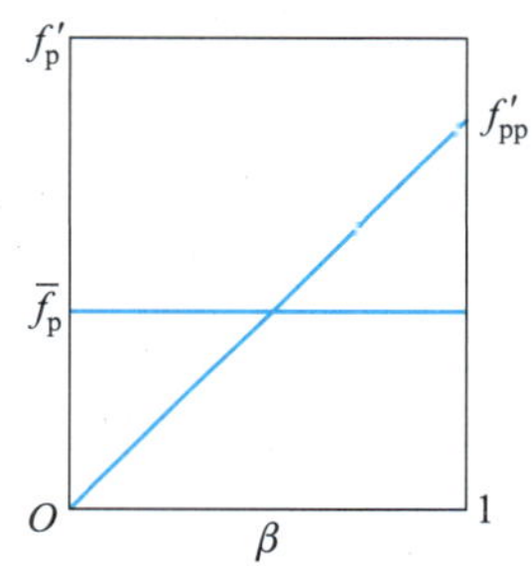

图 8-27　流域蓄水量为W_0时的下渗能力面积分配曲线

表 8-5　一场空间分布均匀的降雨的降雨强度过程

t/min	0	1	2	3	4	5	6	7	8	9
i/(mm/min)	0	3	5	9	7	4	2	2	1	0

***8-4**　将一个流域划分成两个面积相等的子流域，每个子流域中均设立一个代表性雨量站，分别为 A 和 B。有三场流域平均降雨量均为 20 mm 的降雨，其中之一降雨空间分布均匀，A、B 两雨量站均为 20 mm；之二降雨空间分布不均匀，A 站无雨，B 站降雨量为 40 mm；之三降雨空间分布也不均匀，A 站降雨量为 0，B 站降雨量为 30 mm。试用线性降雨径流关系$R=0.6P$和非线性降雨径流关系$R=P^{0.5}$、$R=\mathrm{e}^{P/50}$，按先求流域平均降雨量再求流域径流量和先划分子流域计算径流再求全流域径流量两种算法，分别计算这三场降雨产生的径流量，并说明从计算结果中得到的启发。

第九章　地 下 水 流

地下水有多种赋存形式，也有其运动特点。由降雨产流形成的地下水径流，是河流、湖泊等水体枯季水量的主要来源，是水文学主要讨论的一种地下水流。

第一节　含水层类型

具有透水和给水条件，能产出显著水量的岩土层称为含水层。在含水层中土壤处于饱和状态。不含有孔隙的岩土层，因不能吸收水分和储存水分，也不能导水，称为无水层或不透水层，例如密实的花岗岩就是不透水层。含有孔隙，虽能够储水但导水能力极小的岩土层，称为隔水层，例如黏土层或页岩组成的岩土层就是隔水层。水力传导度太小，但有可能影响临近含水层水力特性的岩土层，称为弱透水层。隔水层和弱透水层均属于相对不透水层。

哈姆图希（Hamtush）曾于 1964 年将含水层分为承压含水层、非承压含水层、滞水含水层和渗漏含水层等四类，如图 9-1 所示。

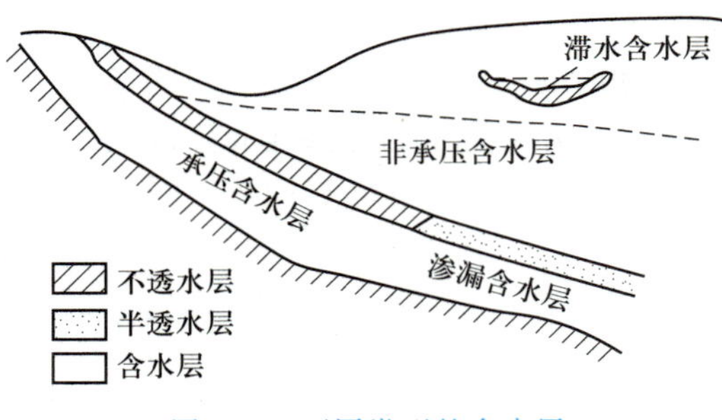

图 9-1　不同类型的含水层

1. 承压含水层

承压含水层又称为压力含水层。承压含水层中的地下水承受的压力大于覆盖其上面的不透水层或半透水层所承受的大气压力，因此，若打一水井贯穿承压含水层，则井水位将高出其上隔水层的底部，甚至可能超出地面。当井水位达到地面或地面以上时，相应的承压含水层称为自流含水层，这样的井称为自流井。自流井水位的升降变化主要受压力变化的影响，而不受蓄水量变化的影响。

2. 非承压含水层

非承压含水层又称为自由含水层、无压含水层或潜水层。非承压含水层中的地下水面承受的是大气压力，因此，若打一水井贯穿非承压含水层，则井水位与地下水位一致。地下水位的升降变化主要受含水层蓄水量变化的影响。在承压含水层中，如果出现测压管液面低于其上不透水层底的情况，则承压含水层就变成非承压含水层。

3. 滞水含水层

主体地下水位以上存在的相对较小范围的不透水层或半透水层所支撑的含水层称为滞水含水层，它是非承压含水层的特殊情况。如果该不透水层或半透水层的底部贯穿地下水主体，则称为半栖留含水层。在沉积黏土层之上通常存在滞水含水层，它贮存的地下水量一般很少。

4. 渗漏含水层

无论是否承压，渗漏含水层均通过临近的半透水层损失或获得水量。至少有一个半透水隔水层的承压含水层称为承压渗漏含水层，半透水层以上的非承压含水层称为非承压渗漏含水层。

第二节　含水层的水文特征

一、非承压含水层的水文特征

非承压含水层一般位于地面以下，第一个区域性隔水层之上。非承压含水层地下水具有自由水面，受重力作用，水压力分布与静水压力分布相同，水面线的形状与地形、含水层的透水性和厚度、隔水层的起伏等有关，其补给区和排泄区分布一致。非承压含水层地下水通过包气带可与大气层发生一定的水分交换。

非承压含水层地下水与地表水体的关系一般十分密切。在靠近河流、湖泊的区域，由于枯水期潜水位往往高于水体的枯水位，地下水将补给地表水体，甚至成为有些地表水体枯水期径流的主要来源；而在洪水期，则由于潜水位低于地表水体水位，地表水将会补充潜水。

在一次洪水过程中，可能时而出现地表水体水位高于潜水位的情况，时而又出现相反的情况。当地表水体水位高于潜水位时，地表水体就会向岸边土层输送水量，而当地表水体水位低于潜水位时，储存在岸边土层中的地下水又会逐渐流归地表水体，这种现象称为河岸调节作用。距离地表水体越近，河岸调节作用越明显。在平原地区，这种河岸调节作用的范围可以达到离河岸 1~2 km 远的地方。影响河岸调节量的主要因素是地表水体水位与潜水位的相对高差，决定河岸调节周期长短的是洪水的延续时间。含水层的厚度和透水性，以及含水层相对于地表水体的位置，则决定河岸调节作用是否存在，以及属于何种类型的河岸调节作用。据此，可将地下水与地表水之间的联系分为以下几种情况（图 9-2）。

① 具有周期性水力联系。当不透水层低于河流的最枯水位时，河槽的底部一般位于非承压含水层中。在这种情况下，一次洪水过程中，河岸调节作用明显。从水位过程线上可以看出地下水受控于河水。在大江大河的中下游，第四纪松散沉积物深厚，常见此种情况。

② 具有单向水力联系。这种情况出现在河水位始终高于潜水位时，表现为河水长期渗漏，不断地补给地下水。在山前冲积扇地区常见这种情况。

③ 无水力联系。河槽切割很深，使洪水位可能低于不透水层面的标高，以致潜水位始终高于河水位，地下水总是补给河流，并无水力联系。这种补给量虽然不大，但比较稳定，是山溪性河流可靠的补给来源。

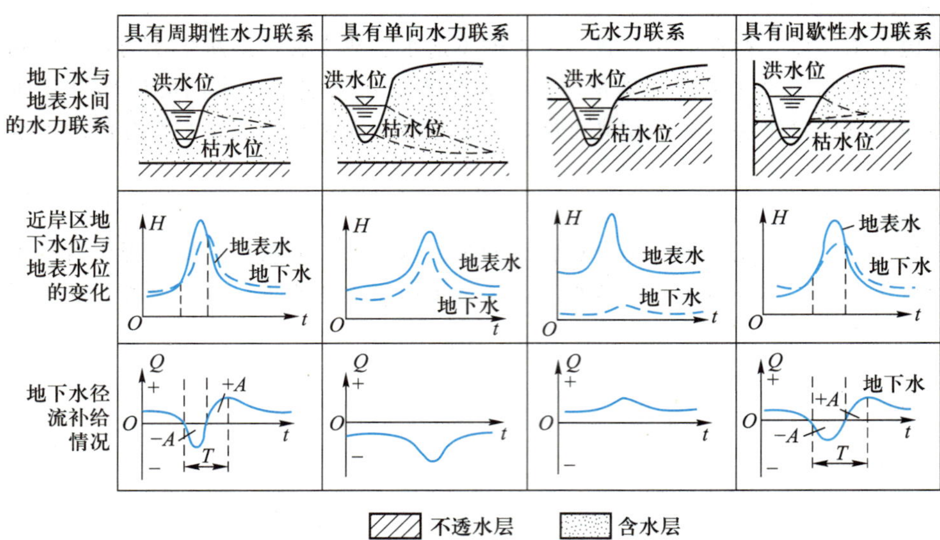

图 9-2　非承压含水层地下水与地表水之间的联系

④ 具有间歇性水力联系。不透水层位置处于河流洪水位、枯水位之间，地下水与地表水之间将具有间歇性水力联系，即洪水期地下水与地表水发生水力联系，枯水期则不发生水力联系。这种情况常出现在丘陵低山、非承压含水层较厚的地区。

二、承压含水层的水文特征

承压含水层位于两个隔水层之间。承压含水层地下水虽然也受重力作用，水压力分布与静水压力分布相同，但它没有自由水面，假想的压力水面只有在隔水层被揭穿时才会显现出来，其形状与补给区和排泄区的相对位置有关。承压含水层地下水测压管水位，因为取决于水压力的传导作用，所以比较稳定。承压含水层的补给区和排泄区一般不一致，补给区可能远离排泄区，补给的时间可能较长。只有当河流切割到承压含水层时，承压地下水才会补给河流。

形成承压地下水的地质构造是褶曲型储水构造，它包括向斜蓄水构造和单斜蓄水构造(图 9-3)。补给区位于构造边缘、地势较高的地面部位，直接承受大气降水和地表水补给，其动态变化受气象和水文因素影响。承压区是含水层被上隔水层所覆盖的地段，主要承受静水压力，具有压力水头。承压含水层的储水量主要与承压区分布的范围、含水层厚度和透水性、补给区的大小、补给来源等有关。一般在承压区分布面积广、含水层厚度大、透水性强、补给来源充分的地区，承压水储量大，动态变化也比较稳定。承压地下水的排泄区常处在构造边缘地势较低的地段，或出于断裂构造错动带。含水层被河流侵蚀或被断裂破坏，往往以上升泉的形式出露地表(图 9-4)，或者直接向河流排泄，补给河流。有时也可能成为非承压含水层的补给源。

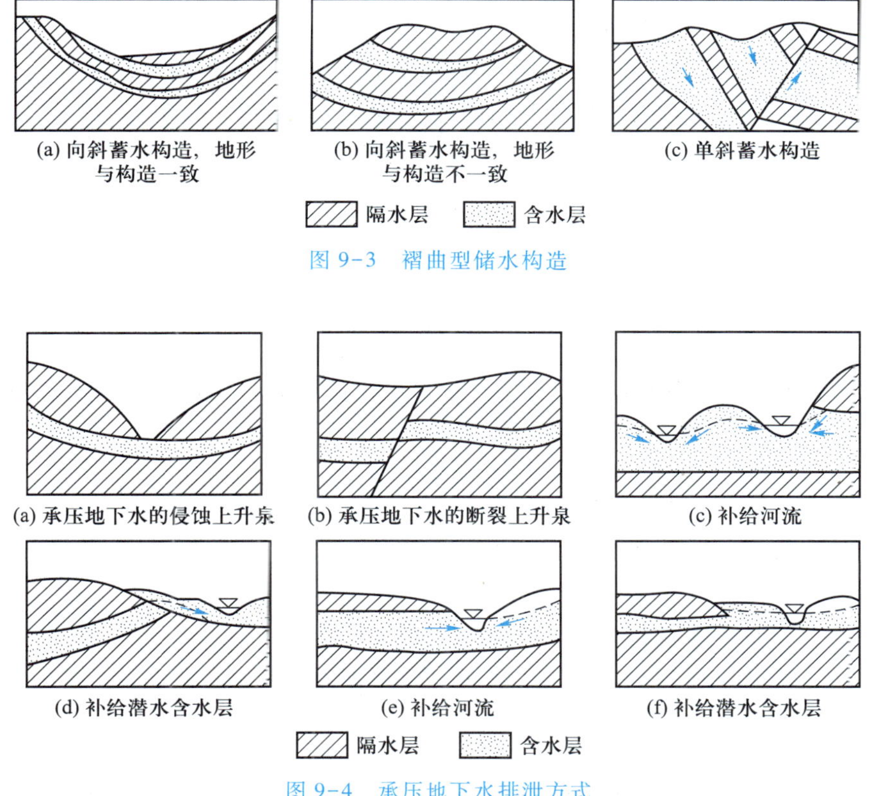

图 9-3　褶曲型储水构造

图 9-4　承压地下水排泄方式

第三节　地下水运动的控制方程

一、一般形式

地下水运动控制方程的构成与土壤水运动控制方程类似，也由达西定律和连续性方程组成。它们描述了地下水在运动过程中必须满足的能量（或动量）守恒和质量守恒两个基本物理定律。

地下水达西定律即为饱和水流达西定律，其一维形式见式(5-38)。对于它的三维形式，如果仅考虑 x、y、z 三个主方向上的土壤各向异性，则可表达为

$$\begin{cases} v_x = -K_{sx}\dfrac{\partial \varphi}{\partial x} \\ v_y = -K_{sy}\dfrac{\partial \varphi}{\partial y} \\ v_z = -K_{sz}\dfrac{\partial \varphi}{\partial z} \end{cases} \tag{9-1}$$

式中 v_x、v_y、v_z——x、y、z 三个方向上的地下水流速；

φ——地下水的总势；

K_{sx}、K_{sy}、K_{sz}——x、y、z 三个方向上的饱和水力传导度，即渗透系数。

若 $K_{sx}=K_{sy}=K_{sz}=K_s$，即含水层为各向同性土壤，则式(9-1)变为

$$\begin{cases} v_x=-K_s\dfrac{\partial\varphi}{\partial x} \\ v_y=-K_s\dfrac{\partial\varphi}{\partial y} \\ v_z=-K_s\dfrac{\partial\varphi}{\partial z} \end{cases} \tag{9-2}$$

地下水运动必须满足的连续性方程式，也可应用类似于推导土壤水运动连续性方程式的方法来导出。地下水运动的连续性方程式为

$$\frac{\partial}{\partial t}[\rho_w f\Delta x\Delta y\Delta z]=-\left[\frac{\partial(\rho_w v_x)}{\partial x}+\frac{\partial(\rho_w v_y)}{\partial y}+\frac{\partial(\rho_w v_z)}{\partial z}\right]\Delta x\Delta y\Delta z \tag{9-3}$$

式中 Δx、Δy、Δz——从含水层中取出的微分体在 x、y、z 三个方向上的长度；

ρ_w——水的密度；

f——孔隙度。

式(9-1)［或式(9-2)］和式(9-3)构成了地下水运动控制方程组的一般形式。

二、地下水稳定流控制方程

假设水为不可压缩液体，由式(9-3)可得地下水稳定流的连续性方程式为

$$\frac{\partial v_x}{\partial x}+\frac{\partial v_y}{\partial y}+\frac{\partial v_z}{\partial z}=0 \tag{9-4}$$

将式(9-2)代入式(9-4)，就可得到描述各向同性含水层、不可压缩液体的地下水稳定流的控制方程式为

$$\frac{\partial^2\varphi}{\partial x^2}+\frac{\partial^2\varphi}{\partial y^2}+\frac{\partial^2\varphi}{\partial z^2}=0 \tag{9-5}$$

在数学物理方程中，式(9-5)称为拉普拉斯方程，又称为椭圆型方程。在许多情况下，地下水稳定流问题都可以归结为由式(9-5)和有关定解条件构成的定解问题。

1. 承压含水层情况

对于完全承压的情况，不可能存在 z 方向上的水流运动，因此，式(9-5)可简化为

$$\frac{\partial^2\varphi}{\partial x^2}+\frac{\partial^2\varphi}{\partial y^2}=0 \tag{9-6}$$

式(9-6)就是等厚度、完全承压含水层的地下水稳定流控制方程。

2. 半承压含水层情况

对于半承压含水层，地下水运动比完全承压的情况稍微复杂，因为这时通过低渗透率的承压面仍可以有少量水分渗入或渗出含水层。在此种情况下，虽然平面地下水流仍占优势，

但完全不考虑 z 方向上的地下水流是不正确的。为推导出此种情况下地下水稳定流控制方程，设想从半承压含水层中取出一个长为 Δx、宽为 Δy、高为 H 的土柱(图 9-5)。根据稳定流条件下的连续性原理，可推导得半承压含水层地下水稳定流控制方程为

$$K_s H\left(\frac{\partial^2\varphi}{\partial x^2}+\frac{\partial^2\varphi}{\partial y^2}\right)-\frac{\varphi-\varphi_1}{C_1}-\frac{\varphi-\varphi_2}{C_2}=0 \tag{9-7}$$

其中

$$C_1=\frac{d_1}{K_1} \tag{9-8}$$

$$C_2=\frac{d_2}{K_2} \tag{9-9}$$

式中　K_s——含水层渗透系数；

H——含水层厚度；

d_1、d_2——含水层上、下隔水层的厚度；

K_1、K_2——含水层上、下隔水层的渗透系数，K_1、K_2 远小于 K_s。

3. 非承压含水层情况

根据裘布依-傅希海姆（Dupuit-Forchheimer）假设，在非承压含水层情况下，式(9-2)中的 φ 等于地下水面的高度(图 9-6)，这样就可以推导出非承压地下水稳定流控制方程为

$$\frac{K_s}{2}\left[\frac{\partial^2(h^2)}{\partial x^2}+\frac{\partial^2(h^2)}{\partial y^2}\right]+N=0 \tag{9-10}$$

式中　h——非承压地下水面高度；

N——单位时间通过单位含水层平面面积的降雨补给量，负值则表示地下水蒸发量。

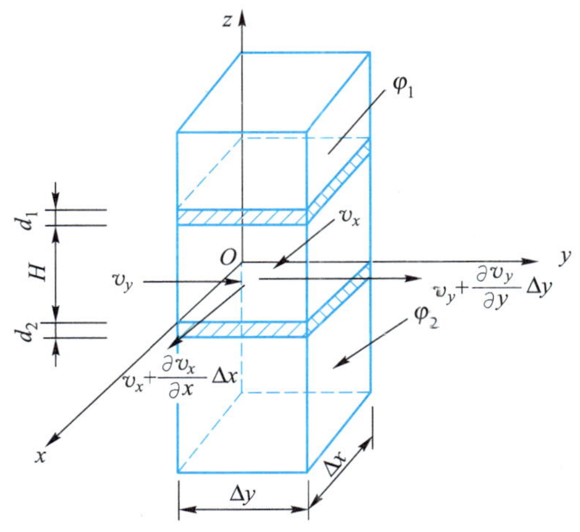

图 9-5　从半承压含水层中取出的微分体

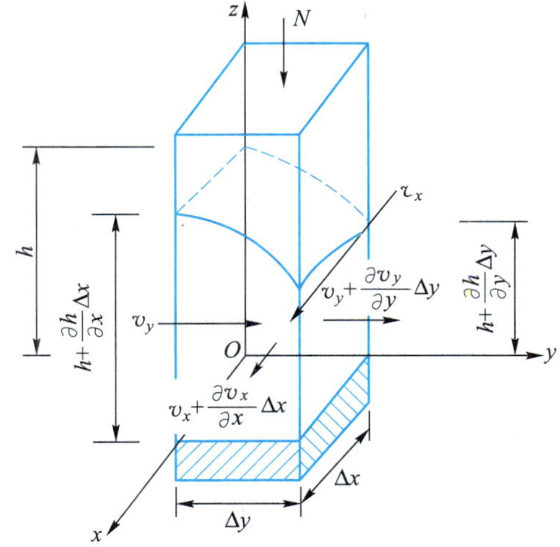

图 9-6　从非承压含水层中取出的微分体

三、地下水不稳定流控制方程

1. 潜水蓄量和弹性蓄量

地下水不稳定流与明渠不稳定流虽然均表现为蓄量随时间的变化，但是两者是有区别的，这就是地下水存在的两种蓄量概念：潜水蓄量和弹性蓄量。潜水蓄量体现在地下水位的升降上，是发生在非承压含水层中的现象；弹性蓄量则由土壤的变形引起，是一种可以发生在任何类型含水层的现象。但在承压含水层中，弹性蓄量是唯一的蓄量形式。

对弹性蓄量，现在做如下进一步的说明。在从承压含水层抽水前，含水层的上覆岩层的重量是通过含水层骨架对它的反作用力和动水压力来平衡的。因为抽水或其他原因，承压水头会降低，含水层中水的压强要相应地减小，减小的数量等于承压水头降低值 ΔH 与水的密度 ρ 的乘积，这必然引起两方面的反应：一是为了平衡上覆岩层的荷重，将本应由水压力承担的荷重转移到含水层骨架上，使作用在含水层骨架上的力增加 $\Delta H \cdot \rho$，这就导致含水层压缩、孔隙度减小、含水层变薄，使原先储存在含水层孔隙中的水被挤压出来；二是将引起水的弹性膨胀，使土的体积增大，导致余下的水分从含水层中释放出来。这就是承压含水层水的释放机制，即水的储存机制或弹性蓄量机制。

2. 给水度和储水系数

在非承压含水层中，地下水位降低或增加 1 个单位所释放或储存的水量称为给水度。在承压含水层中，水头降低或增加 1 个单位引起含水层内骨架的压缩或水的膨胀，导致从平面面积为 1 个单位、高度为含水层厚度的柱体中释放或储存的水量称为储水系数。给水度显然是区别于储水系数的。与储水系数有关的水文地质参数是储水率。在承压含水层中，水头降低或升高 1 个单位而导致含水层内骨架的压缩或水的膨胀，从单位体积含水层中释放或储存的总水量称为储水率。根据储水系数和储水率的定义，易知两者之间存在如下关系：

$$S = S_s M \tag{9-11}$$

式中 S——储水系数；

S_s——储水率；

M——承压含水层厚度。

3. 承压含水层情况

对于承压含水层，根据弹性蓄量的概念，地下水运动连续性方程一般形式式(9-3)中的 ρ_w、f 和 Δz 均为变量。因此，式(9-3)的左边项可展开成

$$\frac{\partial}{\partial t}\left[\rho_w f \Delta x \Delta y \Delta z\right] = \left[f\rho_w \frac{\partial(\Delta z)}{\partial t} + \rho_w \Delta z \frac{\partial f}{\partial t} + f \Delta z \frac{\partial \rho_w}{\partial t}\right] \Delta x \Delta y \tag{9-12}$$

进一步可以证明

$$\frac{\partial(\Delta z)}{\partial t} = -\alpha(\Delta z)\frac{\partial \sigma_z}{\partial t} \tag{9-13}$$

$$\frac{\partial f}{\partial t} = -(1-f)\alpha \frac{\partial \sigma_z}{\partial t} \tag{9-14}$$

$$\frac{\partial\rho_w}{\partial t}=\rho_w\beta\frac{\partial p}{\partial t} \tag{9-15}$$

式中　Δz——承压含水层的压力水头改变量；

σ_z——作用于承压含水层固体骨架上的垂直应力；

α——土壤压缩系数；

β——水的压缩系数；

p——孔隙水的压强。

将式(9-13)~式(9-15)代入式(9-12)，并利用下列两个关系式

$$\sigma_z+p=常数$$

和

$$\varphi=z+\frac{p}{\rho_w g}$$

最终推导得承压含水层的地下水运动连续性方程式为

$$-\left(\frac{\partial v_x}{\partial x}+\frac{\partial v_y}{\partial y}+\frac{\partial v_z}{\partial z}\right)=\rho_w g(\alpha+f\beta)\frac{\partial\varphi}{\partial t} \tag{9-16}$$

将式(9-2)代入式(9-16)，得

$$\frac{\partial^2\varphi}{\partial x^2}+\frac{\partial^2\varphi}{\partial y^2}+\frac{\partial^2\varphi}{\partial z^2}=\frac{\rho_w g(\alpha+f\beta)}{K_s}\frac{\partial\varphi}{\partial t} \tag{9-17}$$

分析式(9-17)右边项系数的物理意义。$\rho_w g\alpha$ 的意义是：当水头降低 1 个单位时，因单位体积含水层骨架压缩所释放的水量。$\rho_w gf\beta$ 的意义是：当水头降低 1 个单位时，因单位体积含水层内水的膨胀所释放的水量。这就表明，($\rho_w g\alpha+\rho_w gf\beta$) 的意义是：当水头降低 1 个单位时，从单位体积含水层中释放的总水量，即储水率：

$$S_s=\rho_w g(\alpha+f\beta) \tag{9-18}$$

再引入导水系数：

$$T=K_s M \tag{9-19}$$

式中　T——导水系数。

综合考虑式(9-11)、式(9-18)和式(9-19)，式(9-17)又可表述为

$$\frac{\partial^2\varphi}{\partial x^2}+\frac{\partial^2\varphi}{\partial y^2}+\frac{\partial^2\varphi}{\partial z^2}=\frac{S}{T}\frac{\partial\varphi}{\partial t} \tag{9-20}$$

式(9-20)就是承压含水层地下水不稳定流控制方程。

4. 非承压含水层情况

因非承压含水层上部不存在隔水顶板，故在推导非承压含水层地下水不稳定流控制方程时，必须考虑来自含水层上部的下渗补给，但可以不考虑在 z 方向上存在流速。这就是说，非承压含水层地下水不稳定流一般是一维流或二维流。

对于一维流，有

$$\frac{\partial h}{\partial t}=\frac{K_s}{\mu}\frac{\partial}{\partial x}\left(h\frac{\partial h}{\partial x}\right)+\frac{N}{\mu} \tag{9-21}$$

对于二维流，有

$$\frac{\partial}{\partial x}\left(h\frac{\partial h}{\partial x}\right)+\frac{\partial}{\partial y}\left(h\frac{\partial h}{\partial y}\right)+\frac{N}{K_s}=\frac{\mu}{K_s}\frac{\partial h}{\partial t} \tag{9-22}$$

式中 h——非承压含水层地下水深；

μ——给水度。

式(9-21)和式(9-22)就是非承压含水层地下水不稳定流控制方程的一维和二维形式。它们都是非线性偏微分方程。

第四节 地下水与地表水的关系

识别、明确地下水流向和地表水流向之间的关系，就能具体揭示图 9-2 所示的地下水与地表水的关系。以河流与非承压含水层的关系为例，河流水流一般可视为一维水流，自水位高的地方流向水位低的地方；非承压地下水流一般为二维水流，故它的流向必须通过等地下水位线来判断。与等地下水位线正交、指向地下水位低的方向才是地下水的流向。图 9-7 列出了自然界可能出现的 5 种地下水流向和地表水流向之间的关系，从中易知河流与非承压地下水之间的补给关系。

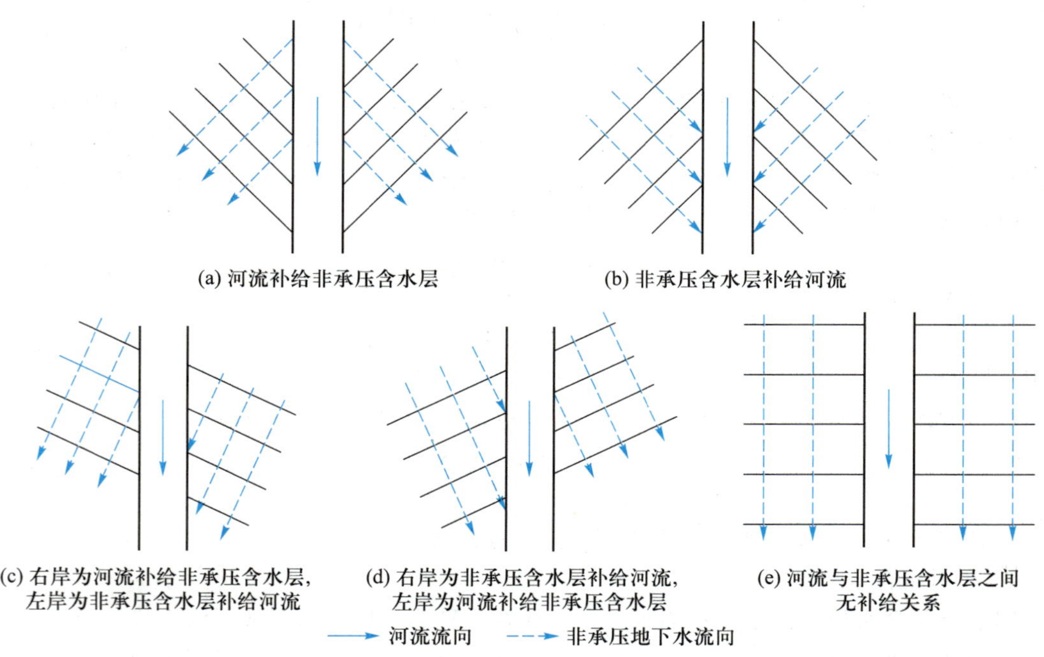

图 9-7 河流流向与非承压地下水流向的关系

由图 9-7 可以看出，当等地下水位线为一组近似平行线时，可将原本属于二维的地下水流简化为一维问题来处理。以下给出若干实例。

例 9-1：河流与圩田由不透水堤坝隔开(图 9-8)。含水层的上部为半透水隔水层，下部为不透水底板。堤坝的一边是水从河流渗入含水层，另一边则是水由含水层补给圩田。若其中的 φ_1 和 φ_4 不变，该问题就是一个地下水稳定流问题。

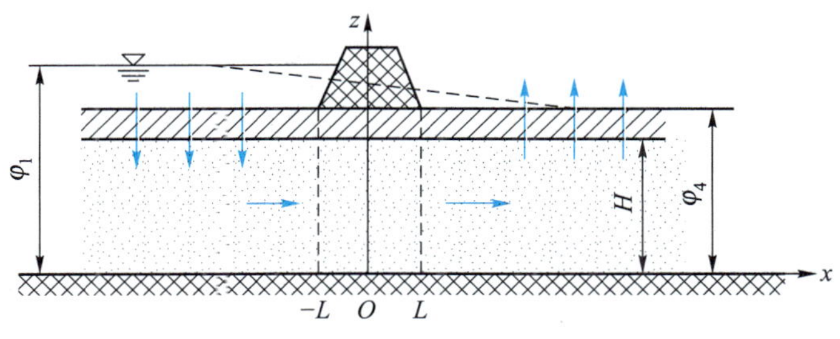

图 9-8　例 9-1 示意图

解： ① 建立微分方程式。由于各部分具体情况不同，故必须划分成三部分来建立微分方程式。

对 $-\infty<x<-L$ 部分，根据式(9-7)，有

$$K_sH\frac{\partial^2\varphi}{\partial x^2}-\frac{\varphi-\varphi_1}{C}=0$$

对于 $-L<x<L$ 部分，根据式(9-7)，有

$$\frac{\partial^2\varphi}{\partial x^2}=0$$

对于 $L<x<+\infty$ 部分，根据式(9-7)，有

$$K_sH\frac{\partial^2\varphi}{\partial x^2}-\frac{\varphi-\varphi_4}{C}=0$$

② 解微分方程式。对于 $-\infty<x<-L$ 部分，微分方程式的解为

$$\varphi=\varphi_1+(\varphi_2-\varphi_1)\mathrm{e}^{(x+L)/\lambda}$$

对于 $-L<x<L$ 部分，微分方程式的解为

$$\varphi=-\frac{1}{2}(\varphi_2-\varphi_3)\left(\frac{x}{L}\right)+\frac{1}{2}(\varphi_2+\varphi_3)$$

对于 $L<x<+\infty$ 部分，微分方程式的解为

$$\varphi=\varphi_4+(\varphi_3-\varphi_4)\mathrm{e}^{(-x+L)/\lambda}$$

其中

$$\lambda=\sqrt{K_sHC}$$

式中　φ_2、φ_3——$x=-L$ 和 $x=L$ 处的地下水总势。

③ 求地下水流速。应用地下水达西定律，即可求得各部分的地下水流速。对 $-\infty<x<-L$ 部分，有

$$v_x=-K_s\frac{\partial\varphi}{\partial x}=K_s(\varphi_2-\varphi_1)\frac{1}{\lambda}\mathrm{e}^{(L-x)/\lambda}$$

对 $-L<x<L$ 部分，有

$$v_x=-K_s\frac{\partial\varphi}{\partial x}=\frac{K_s(\varphi_2-\varphi_3)}{2L}$$

对 $L<x<+\infty$ 部分，有

$$v_x=-K_s\frac{\partial\varphi}{\partial x}=K_s(\varphi_3-\varphi_4)\frac{1}{\lambda}e^{(L-x)/\lambda}$$

④ 求地下水出流量。在 $x=-L$ 处，地下水单宽出流量为

$$q_{x=-L}=K_sH(\varphi_1-\varphi_2)/\lambda$$

当 $-L<x<L$ 时，地下水单宽出流量处处相等，为

$$q=K_sH(\varphi_2-\varphi_3)/(2L)$$

在 $x=L$ 处，地下水单宽出流量为

$$q_{x=L}=K_sH(\varphi_3-\varphi_4)/\lambda$$

⑤ 根据连续性原理，有 $q_{x=-L}=q=q_{x=L}$。因此，求得最终结果为

$$\varphi_2=\varphi_1-(\varphi_1-\varphi_4)\lambda/(2L+2\lambda)$$

$$\varphi_3=\varphi_4+(\varphi_1-\varphi_4)\lambda/(2L+2\lambda)$$

$$q=K_sH(\varphi_1-\varphi_4)/(2L+2\lambda)$$

例 9-2：两河之间地带的含水层为均值非承压含水层（图 9-9）。当河流水位稳定不变时，分无降雨下渗补给和有稳定降雨下渗补给两种情况讨论河流与地下水之间的关系。这明显是一个非承压含水层一维地下水稳定流问题。

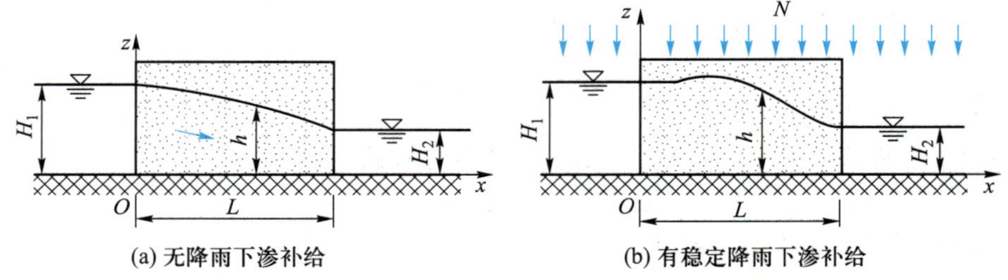

图 9-9 两河之间的非承压含水层

解：① 无降雨下渗补给（图 9-9a）

根据式(9-10)，在无降雨下渗补给情况下，一维的基本微分方程为

$$\frac{d^2(h^2)}{dx^2}=0$$

边界条件为

$$h=\begin{cases}H_1 & (x=0)\\ H_2 & (x=L)\end{cases}$$

解上述微分方程式，得地下水面线和地下水单宽流量分别为

$$h^2=H_1^2-(H_1^2-H_2^2)\frac{x}{L}$$

$$q=\frac{K_s(H_1^2-H_2^2)}{2L}$$

② 有稳定降雨下渗补给（图 9-9b）

根据式(9-10)，在有稳定降雨下渗补给的情况下，一维的基本微分方程为

$$\frac{K_s}{2}\frac{\mathrm{d}^2(h^2)}{\mathrm{d}x^2}+N=0$$

若边界条件同前述无降雨下渗补给情况，则可解得地下水面线和地下水单宽流量分别为

$$h^2=H_1^2-(H_1^2-H_2^2)\frac{x}{L}+\frac{N}{K_s}x(L-x)$$

$$q=\frac{K_s(H_1^2-H_2^2)}{2L}+N\left(x-\frac{L}{2}\right)$$

例 9-3：均质非承压含水层位于两河之间（图 9-10）。初始时刻两条河流水位相同。若只有一侧河流因洪水来临水位突然升高，试分析此情况下河流与地下水的关系。

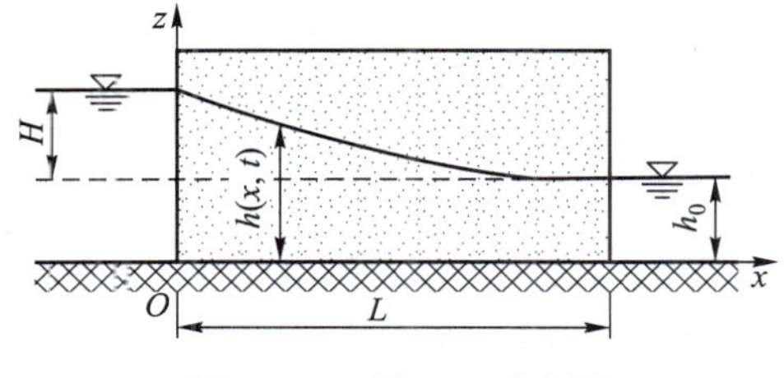

图 9-10　例 9-3 示意图

解：显然可用一维、无降雨下渗补给的非承压含水层地下水不稳定流微分方程式来描述该情况下的河流与地下水之间的关系。于是由式(9-21)可得到描述该问题的定解问题为

$$\frac{\partial}{\partial x}\left(h\frac{\partial h}{\partial x}\right)=\frac{\mu}{K_s}\frac{\partial h}{\partial t}$$

$$h(x,0)=h_0$$

$$h(0,t)=h_0+H$$

$$h(L,t)=h_0$$

这是一个非线性定解问题。但如用含水层平均地下水深 $\bar{h}$ 代替系数中的 h，并令 $D=h-h_0$，$a=K_s\bar{h}/\mu$，则可以将其变为下列线性定解问题：

$$\frac{\partial D}{\partial t}=a\frac{\partial^2 D}{\partial x^2}$$

$$D(x,0)=0$$

$$D(0,t)=H$$

$$D(L,t)=0$$

为便于求解上述定解问题，可进一步将其无量纲化。令

$$\bar{x}=\frac{x}{L},\bar{t}=t/\left(\frac{L^2}{a}\right),D'=\frac{D}{L},\bar{H}=\frac{H}{L}$$

则上述线性定解问题就变成无量纲形式，即

$$\frac{\partial D'}{\partial \bar{t}}=\frac{\partial^2 D'}{\partial \bar{x}^2}$$

$$D'(\bar{x},0)=0$$

$$D'(0,\bar{t})=\bar{H}$$

$$D'(1,\bar{t})=0$$

应用拉普拉斯变换法，求得上述定解问题的解为

$$D'(\bar{x},\bar{t})=\bar{H}\sum_{n=0}^{\infty}\left[\operatorname{erfc}\left(\frac{2n+\bar{x}}{2\sqrt{\bar{t}}}\right)-\operatorname{erfc}\left(\frac{2n+2-\bar{x}}{2\sqrt{\bar{t}}}\right)\right]$$

利用达西公式可求得含水层中任一断面的地下水单宽流量为

$$q(\bar{x},\bar{t})=K_s\bar{h}\bar{H}\frac{1}{\sqrt{\pi\bar{t}}}\sum_{n=0}^{\infty}\exp\left[-\left(\frac{2n+\bar{x}}{2\sqrt{\bar{t}}}\right)^2\right]+\exp\left[-\left(\frac{2n+2-\bar{x}}{2\sqrt{\bar{t}}}\right)^2\right]$$

例 9-4：均质非承压含水层位于两河之间，并有降雨下渗补给（图 9-11）。若两河水位保持不变，试分析河流与地下水之间的关系。

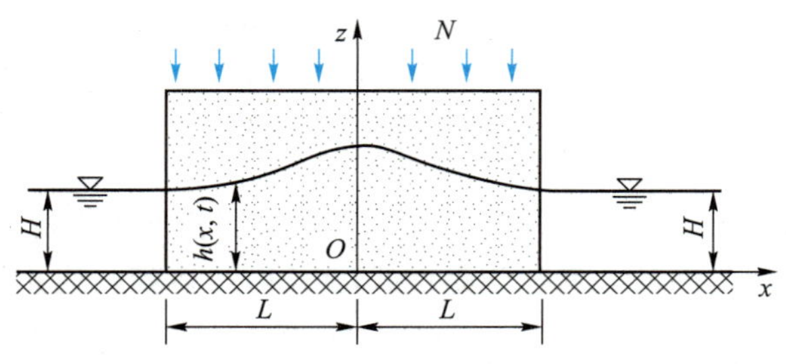

图 9-11　例 9-4 示意图

解：利用式(9-21)，并采用含水层平均地下水深 $\bar{h}$ 代替系数中的 h，则得到描述该问题的定解问题为

$$a\frac{\partial^2 h}{\partial x^2}+\frac{N}{\mu}=\frac{\partial h}{\partial t}$$

$$h(x,0)=H$$

$$h(-L,t)=H$$

$$h(L,t)=H$$

这是一个线性定解问题，但求其严格的解析解是困难的。这里采用一个独特的解法来给出其近似解。

首先，求稳定流情况下的解。不难理解，该问题的稳定流情况出现在 $t\to\infty$ 时。因此，当 $t\to\infty$ 时，上述定解问题变为

$$a\frac{\partial^2 h}{\partial x^2}+\frac{N}{\mu}=0$$

$$h(-L,t)=H$$

$$h(L,t)=H$$

解上式得

$$h=H+\frac{N}{2a\mu}(L^2-x^2)=H+\frac{N}{2K_s\bar{h}}(L^2-x^2)$$

其次，为了求不稳定情况下的解，假设不稳定的解具有下列形式：

$$h=H+\frac{N(L^2-x^2)}{2K_s\bar{h}}\varphi(t)$$

这里的 $\varphi(t)$ 是 t 的函数，反映 h 随时间 t 的变化情况。根据定解条件和解的物理意义，$\varphi(t)$ 必须满足：当 $t=0$ 时，$\varphi(t)=0$；当 $t\to\infty$ 时，$\varphi(t)=1$。

再次，确定待定函数 $\varphi(t)$。根据区域水量平衡原理，可导得下列微分方程：

$$\frac{\mathrm{d}\varphi(t)}{\mathrm{d}t}=\frac{3K_s\bar{h}}{\mu L^2}[1-\varphi(t)]$$

得该方程满足 $\varphi(t)$ 的基本条件的解为

$$\varphi(t)=1-\exp\left(-\frac{3K_s\bar{h}t}{\mu L^2}\right)$$

最后，得近似解为

$$h(x,t)=H+\frac{N(L^2-x^2)}{2K_s\bar{h}}\left[1-\exp\left(-\frac{3K_s\bar{h}t}{\mu L^2}\right)\right]$$

利用达西定律，得含水层中任一断面的地下水单宽流量为

$$q(x,t)=Nx\left[1-\exp\left(-\frac{3K_s\bar{h}t}{\mu L^2}\right)\right]$$

并且可知，此情况下，地下水对两侧河流的补给流量均为

$$q(L,t)=NL\left[1-\exp\left(-\frac{3K_s\bar{h}t}{\mu L^2}\right)\right]$$

习　题

第九章习题参考解答

9-1　在例 9-2 中，已知两河之间含水层长度 $L=50$ m，渗透系数（即饱和水力传导度）$K_s=10^{-8}$ m/s。若两河维持不变的水位分别为 $H_1=8$ m 和 $H_2=2$ m，试计算较高水位的河流经由含水层向较低水位河流补给的单宽流量。当含水层有空间分布均匀的不变下渗率为 $N=4.8\times10^{-8}$ m/s 的补给时，较高水位

的河流经由含水层向较低水位河流补给的单宽流量又是多少？最高地下水位将出现在什么位置？

9-2 含水层饱和水力传导度是计算地下水与地表水关系的重要参数。在实验室中可用图 9-12 所示的装置来测定土样的饱和水力传导度。土样由两种土块拼接而成，每块长度都是 10 cm，土块的横截面面积为 10 cm^2。其中一块的饱和水力传导度为 $K_{s1}=10^{-5}$ m/s，另一块的饱和水力传导度 K_{s2}未知。已知作用于土样的水头差稳定在 5 cm，测得通过土样的稳定流量为 4×10^{-5} cm^3/s，试求 K_{s2}。

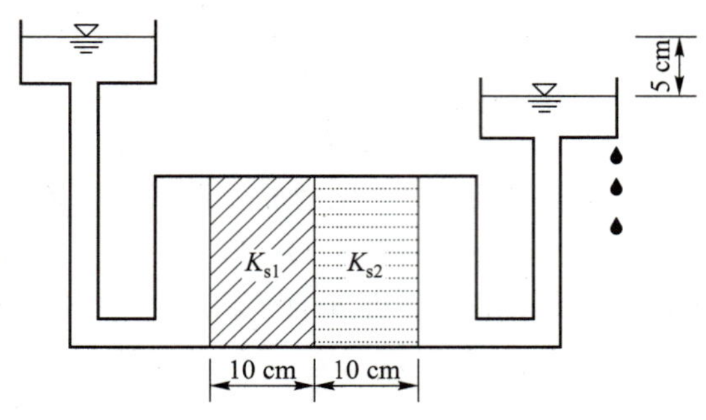

图 9-12 习题 9-2 示意图

***9-3** 两河之间的含水层如图 9-13 所示，长度为 a、饱和水力传导度为 K_{s2}的土层被两块长度均为 L、饱和水力传导度均为 K_{s1}的土层夹在中间。两河水位分别稳定在 H_1和 H_2。已知 $H_1=20$ m、$H_2=10$ m、$K_{s1}=10^{-5}$ m/s、$K_{s2}=10^{-8}$ m/s、$L=25$ m、$a=1$ m，试求高水位河流向低水位河流补给的单宽流量。

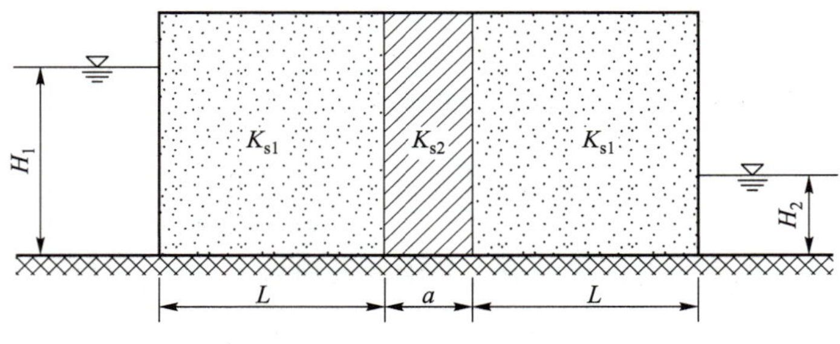

图 9-13 一个有芯墙的含水层夹在两河之间

第十章　洪水波运动

洪水波是常见而重要的水文现象，研究洪水波旨在探讨它的物理本质和运动规律。洪水波运动规律是讨论洪水演算的理论基础。

第一节　洪水波的形成及其基本特征

一、对洪水波的早期认识

洪水波运动是常见的发生在河流中的水文现象之一，尤其在每年汛期，河流中经常有洪水波现象发生。洪水波造成了洪水，而大洪水和特大洪水又可能酿成灾害，因此，水文学家历来重视对洪水波的研究。根据记载，人类与洪水作斗争至少已有 4 000 多年的历史。民间流传的大禹治水就是发生在 4 000 多年之前的劳动人民与洪水作斗争的故事。但对洪水波进行科学研究的时间却并不长。1858 年，克雷兹（Kleits）在对河道中发生的洪水波进行科学观察后认为，河道洪水波由两个单向波，即一个单向上升波和一个单向下降波组成，其中单向上升波如图 10-1a 所示。图 10-1b 为初始稳定流。1900 年，塞登（Sedden）根据对美国最大河流密西西比河洪水波运动的观测，基于单向上升波，导出了河道洪水波的运动速度（即波速）为

$$c = \mathrm{d}Q/\mathrm{d}A \tag{10-1}$$

式中　c——洪水波波速；

Q——通过河道的流量；

A——流量通过时的过水断面面积。

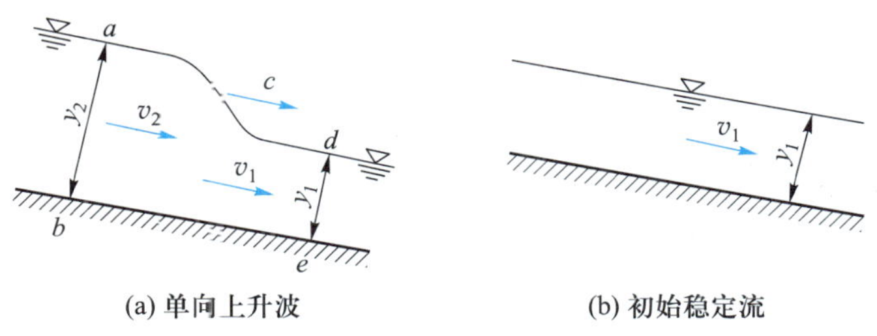

图 10-1　塞登推导波速公式建立的不稳定体

在之后的一个多世纪里，人们对洪水波问题进行了大量的研究，所取得的成果已成为水文学的经典内容之一。

塞登推导波速公式(10-1)的思路有其独特性，故在此进行详细介绍。

受克雷兹思想的启发，1899—1900 年，塞登在观察密西西比河洪水时也认为洪水波是

由一个单向上升波和一个单向下降波合成的。如果在传播中形状不变，那么只需针对其中的单向上升波来推导其波速。河道水流原先处于稳定流状态，相应的断面平均流速、水深、过水断面面积和流量分别为 v_1、y_2、A_1 和 $Q_1=v_1A_1$，一旦出现了洪水波，河道水流的断面平均流速、水深、过水断面面积和流量则分别增至 v_2、y_1、A_2 和 $Q_2=v_2A_2$。这样就会观察到一个不稳定体 *abed*（即单向上升波）在河道中传播(图 10-1b)。令这个单向上升波的波速为 c，设想观察者以波速 c 为速度沿波传播方向移行，则由物理学知识可知，这时观察者是看不到波在传播的，看到的只是河道中水的流动，其中不稳定体 *abed* 的上断面的水流速度为 $(c-v_2)$，下断面的水流速度为 $(c-v_1)$。因为不稳定体 *abed* 在运动中保持形状不变，因此下断面的出流量 $(c-v_1)A_1$ 应等于上断面的入流量 $(c-v_2)A_2$，即

$$(c-v_1)A_1=(c-v_2)A_2$$

从上式中解出 c，有

$$c=\frac{v_1A_1-v_2A_2}{A_1-A_2}=\frac{Q_1-Q_2}{A_1-A_2}=\frac{\Delta Q}{\Delta A}$$

若上述所取的不稳定体 *abed* 为微元，即其沿水流方向的长度趋于零，则上式就简化为式(10-1)的形式：

$$c=\frac{\mathrm{d}Q}{\mathrm{d}A}$$

二、洪水波的形成

人们研究洪水波，首先关注的是洪水波的形成原因。按照水力学的观点，波是不稳定流。不稳定流是指水位、流量、流速、水深、过水断面面积等水力要素均随时间变化的水流，而稳定流是指这些水力要素都不随时间变化的水流。波的产生就是因为稳定流受到了来自外界的某种“干扰”而变成了不稳定流。这种外界“干扰”有很多，例如当一阵风吹过水体表面时，水面上会形成风浪这样一种不稳定流，风浪就是一种波；如果河道里有船只在航行，就会激起水波，引起水面波动，这就是航行波；在平静的水面上投下一颗石子，也会激起水波，“一石激起千重浪”。但上述列举的“干扰”基本上只能使水分子围绕着原来位置发生振荡，从而引起波。在河道里还有一种常见的来自突然向河道注入一定的水量而引发的干扰，如图 10-2 所示，在河道稳定流水面上突然注入一块水体，原来“平静”的稳定流水面就受到了干扰。这部分突然注入的水体不会静止，而成为一种运动的波，并在运动过程中不断发生变化。这种由于突然注入了一块水体而形成的“波”，水力要素不断地随时间变化着，称为洪水波。

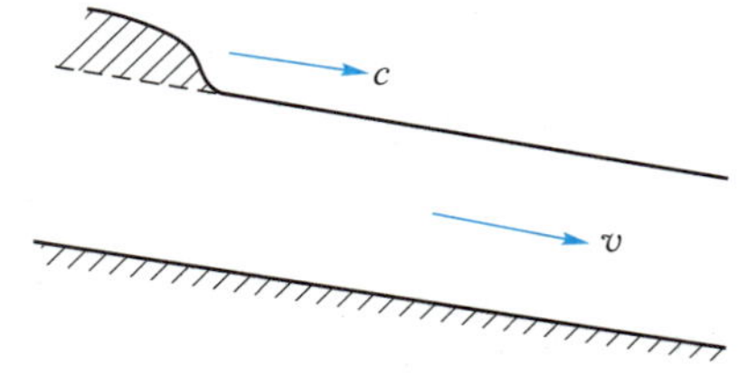

图 10-2 波流量

洪水波形成的具体原因主要有三方面：一是暴雨径流。流域上降了一场暴雨，会产生径流，汇集到河道里，就在河道稳定流水面上施加了一个“干扰”，从而形成洪水波。二是闸坝放水。河流上建有水闸，关闸时

闸的上、下游由于闸门的切断，水流是不连接的，如果突然把闸门打开，闸上水位会很快降低，闸下水位会很快升高，对闸下来说就是在稳定流水面上施加了一块水体，从而形成洪水波。三是溃坝。由于某种原因引起大坝倒塌，垮坝后水库中一部分水会突然施加到坝下游的稳定流水面上，从而形成洪水波。

施加在稳定流水面上的水体叫作波流量。波流量不仅在不断运动之中，还在运动中发生变化。波流量的运动就是洪水波运动(图 10-3)。波流量是洪水波运动的重要标志，波流量的传播是洪水波运动的本质。

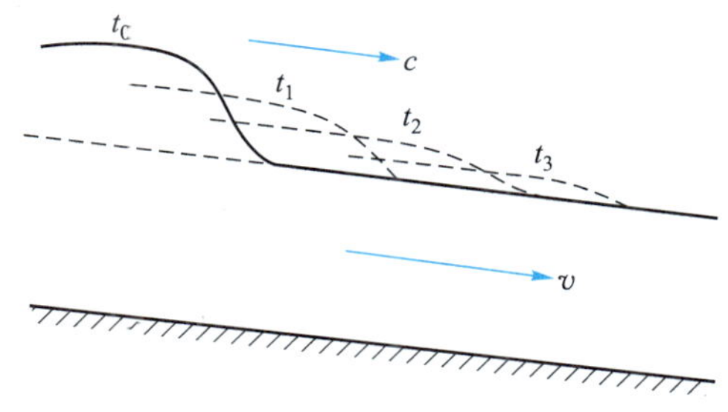

图 10-3　洪水波运动

为区别暴雨径流、闸坝放水和溃坝形成的洪水波，一般将由暴雨径流引起的“波”称为洪水波，而将由闸坝放水引起的“波”称为放水波，将由溃坝引起的“波”称为溃坝波。

三、洪水波的特征

要认识洪水波就必须抓住洪水波的基本特征，因为只有抓住了事物的特征或本质才能使抽象的概念具体化。

人类认识自然的第一步就是观测，但河流里是否出现了洪水波，用眼睛是不容易察觉的，这就需要靠仪器来帮助。最容易观测的就是水位随时间的变化，据此可得到水位过程线；也可以观测流量随时间的变化，从而得到流量过程线。通过分析观测得到的水位过程线或流量过程线的形状，可以推测出洪水波的纵剖面应是一个曲边三角形(图 10-4a)。因为如果洪水波的纵剖面形状不是曲边三角形，那么在河道某断面观测到的水位过程线或流量过程线就不可能是一个有涨、有落、有峰值的过程线(图 10-4b)。

洪水波的基本特征包括几何特征和运动特征。

1. 洪水波的几何特征

洪水波的几何特征主要有波体、波长、波高和波峰(图 10-5)。波体是指稳定流水面线以上的附加水体，也就是形成波流量的水体，在图 10-5 中表示为 *ABCD* 的体积。波长是指波体与稳定流水面交界面在水流方向上的长度，在图 10-5 中表示为 *ADC* 的长度。波高是指波体水面上一点至稳定流水面的垂直距离，由图 10-5 可以看出，波高是沿水流变化的，其中最大的波高叫作波峰。以波峰为界可以把波体分成沿水流方向和逆水流方向两个部分，沿水流方向部分叫作波前，逆水流方向部分叫作波后。在洪水波运动过程中，当波前通过河流上某断面时，水位、流量在上涨，而当波后通过时，水位、流量在降落。所以，波前是洪水

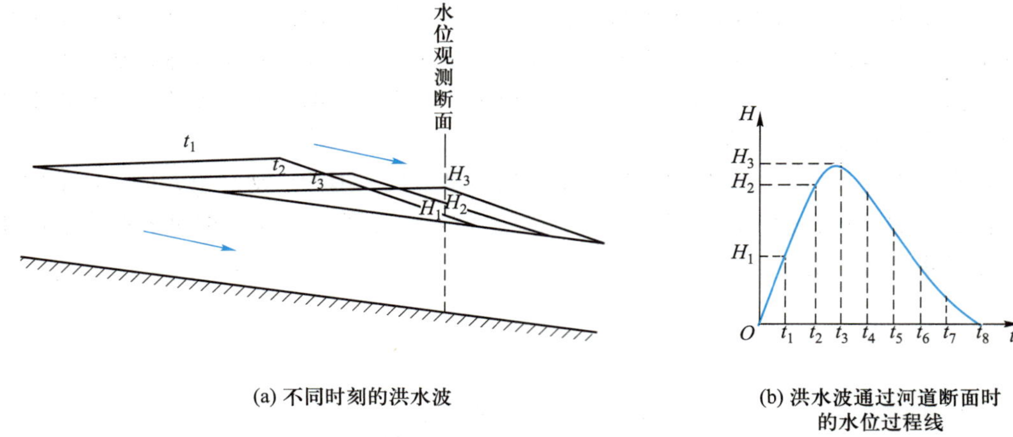

图 10-4 洪水波通过河道断面时水位随时间的变化

波的涨洪段，波后是洪水波的落洪段。波前的水面线叫作波锋，在图 10-5 中就是 BC 这条线。

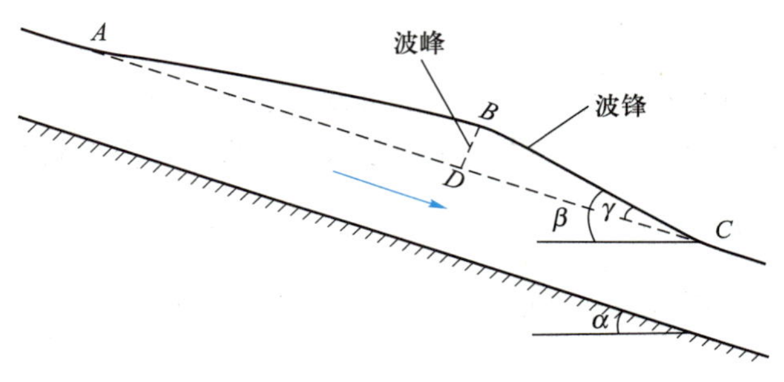

图 10-5 洪水波基本形状

2. 洪水波的运动特征

洪水波的运动特征主要有附加比降、位相、相应流量、相应水位和波速。

附加比降是指洪水波水面线相对于稳定流水面线的比降，也就是这两者夹角的正切。由于洪水波波前与波后的水面线走向不一致，所以波前和波后的附加比降有所不同。一般约定波前（即涨洪段）的附加比降为正，波后（即落洪段）的附加比降为负。波前附加比降的绝对值一般大于波后附加比降的绝对值。直接测定附加比降十分困难，所以一般按下述原理来确定附加比降。

如图 10-5 所示，河底线对基准面的倾斜角为 α，其正切就是河底比降 i_0，即 $i_0=\tan\alpha$。波前水面线与基准面的夹角为 β，其正切就是波前的水面比降 i，即 $i=\tan\beta$。波前水面线与稳定流水面线的夹角为 γ，其正切是波前的附加比降 i_Δ，即 $i_\Delta=\tan\gamma$。大部分天然河道都可以看成是棱柱形的，而棱柱形河道的稳定流水面线与河底线是平行的，因此河底比降就是稳定流水面比降。由于 $\beta=\alpha+\gamma$，所以有

$$\tan\beta=\tan(\alpha+\gamma)=\frac{\tan\alpha+\tan\gamma}{1-\tan\alpha\tan\gamma} \tag{10-2}$$

且知 $\tan\beta=i$、$\tan\alpha=i_0$ 和 $\tan\gamma=i_\Delta$，式(10-2)又可写成

$$i=\frac{i_0+i_\Delta}{1-i_0 i_\Delta} \tag{10-3}$$

天然河流的河底比降是比较小的，山区河道约为百分之几、千分之几，平原河道只有万分之几、十万分之几。天然河流的附加比降是一个更小的数值，可能是几十万分之一，甚至百万分之一。因此，两者之乘积远小于1。如果忽略这个乘积，式(10-3)可以写成下列近似形式，即

$$i=\frac{i_0+i_\Delta}{1-i_0 i_\Delta}\approx i_0+i_\Delta \tag{10-4}$$

式(10-4)表明，附加比降近似等于水面比降与河底比降之差，即

$$i_\Delta=i-i_0 \tag{10-5}$$

由于水面比降容易通过水文测验得到，河底比降又可由地形测量获得，因此，利用式(10-5)就容易求得洪水波附加比降。

洪水波水面线上每一点都有一个相对位置，例如在落洪段水面线长的1/2处取一点，这一点的相对位置就在落洪段水面线长的1/2处。洪水波水面线上任一点的相对位置称为位相。尽管洪水波在运动中会发生变形，但每一点的相对位置是不变的。如图10-6所示，图中点1与点2同位相，点3与点4同位相。洪水波上最明显、最特殊的位相就是波峰。

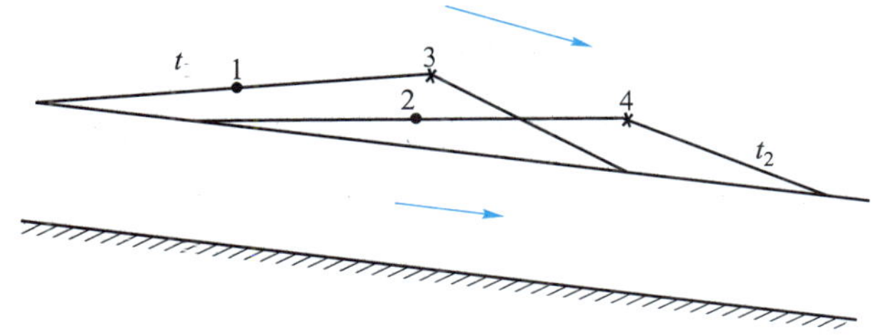

图10-6　洪水波位相概念

洪水波上任一位相都对应着一个流量或水位。相应流量是指洪水波同位相的流量，又称传播流量。相应水位是指洪水波同位相的水位，又称传播水位。在洪水波上最容易识别的相应流量是洪峰流量，最易识别的相应水位是洪峰水位。如果在河流的水流方向上设置一个上游断面和一个下游断面，当洪水波通过这个河段时，在上、下游两个断面就可分别观测到各自的流量过程线或水位过程线。这两个流量过程线的同样相对位置的流量就是相应流量，这两个水位过程线的同样相对位置的水位就是相应水位。

相应流量或相应水位在河道中的传播速度称为波速。洪峰流量是洪水波最明显、最特殊的一个相应流量，讨论洪峰流量的传播速度有助于对波速的理解。上游断面洪峰流量与下游断面洪峰流量出现时间的差就是相应洪峰在上、下游断面之间的河段里的传播时间，将这个河段长度除以这个传播时间就是洪峰流量在该河段里传播的波速。

四、洪水波的传播

洪水波在传播过程中有哪些值得注意的重要现象呢？考察一个没有旁侧入流的河段（图 10-7a）。洪水波从上游断面进入河段，从下游断面流出河段，河段中间没有任何水量进入，这样的河段就是无旁侧入流河段。在这种情况下，下游断面的流量过程线与上游断面流量过程线之间的差异就完全体现了洪水波在该河段中运动所发生的内在变化。用 $I(t)$ 表示上游断面的入流过程，用 $O(t)$ 表示下游断面的出流过程，比较这两个过程线可以发现：

① 入流的总量与出流的总量相等，即

$$\int_0^\infty O(t)\,\mathrm{d}t = \int_0^\infty I(t)\,\mathrm{d}t \tag{10-6}$$

式(10-6)表明，如果没有旁侧入流，那么当洪水波通过河段时，进入这个河段的总水量与从这个河段流出去的总水量完全相同。

② 相应流量的传播速度 c 沿河长可能是变化的。在这种情况下，相应流量通过河段所需时间（即传播时间）τ 为

$$\tau = \int_0^L \frac{\mathrm{d}x}{c(x)} \tag{10-7}$$

式中 L——河段的长度。

如果相应流量的传播速度 c 是常数，式(10-7)就变成

$$\tau = \frac{L}{c} \tag{10-8}$$

③ 比较上、下游两个断面的流量过程线形状，也就是将 $O(t)$ 的形状与 $I(t)$ 的形状进行比较，可以发现下游断面流量过程线发生了坦化变形，即 $O(t)$ 会变得比 $I(t)$ 更矮胖些（图 10-7b）。

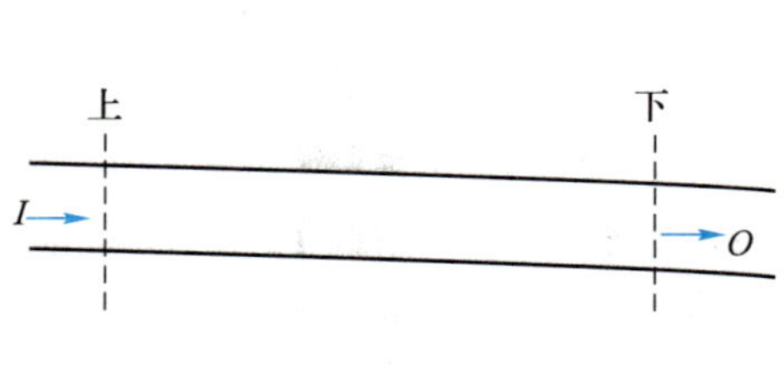

(a) 无旁侧入流的河段

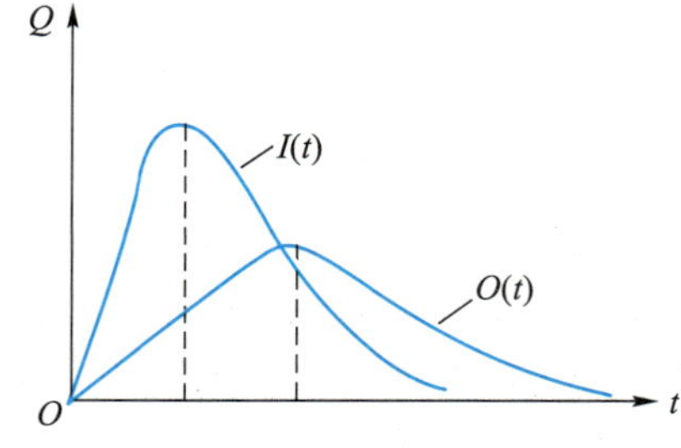

(b) 上、下游断面流量过程线比较

图 10-7

以上观测到的第 1 个现象表明洪水波运动受控于质量守恒定律，或者水量平衡原理。第 2 和第 3 个现象是洪水波在运动过程中所发生的空间位置和形状变化。洪水波从上游断面传播到下游断面需要时间，所以相应流量在下游断面出现的时间总是迟于在上游断面出现的时间，这种现象称为洪水波的推移。河段还能使洪水波的形状发生坦化，这种现象称为洪水波

的坦化。所以，洪水波通过河道必须满足水量平衡原理，同时要受到河道对它的推移作用和坦化作用。

第二节 洪水波运动的数学描述

一、概述

人们研究洪水波的目的不只是为了认识它，更重要是为了揭示它的运动规律，通过掌握洪水波的运动规律，对其未来的状态做出预测。为了在认识洪水波特征的基础上进一步揭示其运动规律，必须借助数学、物理知识建立描述洪水波运动的数学方程式。水文学发展到今天，用于建立洪水波运动数学描述的途径主要有三条：一是水力学途径，就是根据水力学理论来建立洪水波运动的数学描述；二是水文学途径，就是根据水文学原理对洪水波运动进行数学描述；三是系统论途径，就是根据系统论和控制论的研究思路，用系统分析法对洪水波运动进行数学描述。

本节仅涉及水力学途径和水文学途径，因为这两类途径的物理概念比较清晰，通过对这两类途径的讨论，不仅可以给出具体的洪水演算方法，还可以加深对洪水波运动的物理理解。

二、水力学途径的描述

由暴雨径流形成的洪水波是一种水波。因其驱动力为重力，故属于长波；其位相随波而行进，故属于行进波；其波长远大于水波，故属于浅水波。又因其涨落相对比较缓慢，故属于缓变不稳定流。描述缓变不稳定流的数学方程是由圣维南（St. Vennat）于 1871 年导出的，被后人称为圣维南方程组的偏微分方程组，由连续性方程和动力方程构成。

无旁侧入流情况下，一维缓变不稳定流的连续性方程为

$$\frac{\partial Q}{\partial x}+\frac{\partial A}{\partial t}=0 \tag{10-9}$$

式中 Q——流量，在洪水波运动中，是相应流量或传播流量；

A——过水断面面积；

x——沿水流方向的河长；

t——时间。

无旁侧入流情况下，一维缓变不稳定流的动力方程为

$$\frac{1}{g}\frac{\partial v}{\partial t}+\frac{v}{g}\frac{\partial v}{\partial x}+\frac{\partial y}{\partial x}=i_0-i_f \tag{10-10}$$

式中 v——断面平均流速；

y——水深；

g——重力加速度；

i_0——河底比降；

i_f——摩阻比降，反映运动过程中摩擦力的作用。

连续性方程式(10-9)是根据物理学中的质量守恒定律导出来的。动力方程式(10-10)可以根据牛顿第二运动定律来推导，也可以根据能量守恒定律或动量守恒定律来推导，所以式(10-10)有很多别称，运动方程、动量方程或能量方程就是它的别称。

连续性方程式(10-9)表明，洪水波在无旁侧入流的河段中运动必须满足流量沿着河长的变化与过水断面面积随时间的变化正好互相抵消的条件，即必须满足$\frac{\partial Q}{\partial x}=-\frac{\partial A}{\partial t}$，这是质量守恒所要求的。如果$\frac{\partial Q}{\partial x}\neq-\frac{\partial A}{\partial t}$，那么就不符合无旁侧入流情况下的质量守恒定律。

对动力方程式(10-10)的物理意义的理解，既可以基于力平衡观点，也可以基于能量平衡观点。为了以后研究的需要，这里从力平衡观点来分析理解动力方程式(10-10)。

式(10-10)左边第1项中的$\frac{\partial v}{\partial t}$是加速度，其系数$\frac{1}{g}$是单位重量水的质量，因此，式(10-10)左边第1项就是加速度与质量的乘积，按牛顿第二定律，$\frac{1}{g}\frac{\partial v}{\partial t}$就是惯性力。式(10-10)左边第2项中的$\frac{\partial v}{\partial x}$也是一种“加速度”，但它不是速度随时间变化的加速度，而是速度随空间变化的“加速度”。$\frac{\partial v}{\partial x}$与$v$的乘积与加速度的量纲相同，因此，式(10-10)左边第2项$\frac{v}{g}\frac{\partial v}{\partial x}$的量纲与惯性力的量纲相同，也是一种“惯性力”。式(10-10)左边第1项和第2项合起来就是洪水波在运动过程中的惯性力，但是这两种惯性力的形成原因不同，为区别计，称由速度随时间变化引起的$\frac{1}{g}\frac{\partial v}{\partial t}$为局地（时间）惯性力，而称由速度随空间变化引起的$\frac{v}{g}\frac{\partial v}{\partial x}$为迁移（空间）惯性力。

为了说明式(10-10)左边第3项$\frac{\partial y}{\partial x}$的意义，设想从发生洪水波运动的河道中取出一个隔离体(图10-8)。这个隔离体沿水流方向的河段长为Δx。在洪水波运动情况下，由于附加比降的存在，其上断面的水深与下断面的水深是不同的。对这个隔离体，如果假设所受的水压力可按静水压力分布确定，那么这个隔离体上断面受到的水压力分布是以上断面水深为腰的直角等腰三角形，下断面受到的水压力分布是以下断面水深为腰的直角等腰三角形。所以，$\frac{\partial y}{\partial x}$是水压力沿水流方向的变化率，反映了上、下断面压力差对洪水波运动的作用。

式(10-10)右边第1项i_0为河底比降，反映水从位置高的地方向位置低的地方流动，体现了重力的作用。式(10-10)右边第2项i_f反映了洪水波在运动过程中所受到的摩擦力，称为摩阻比降。摩擦力是一种阻碍水流运动的力。

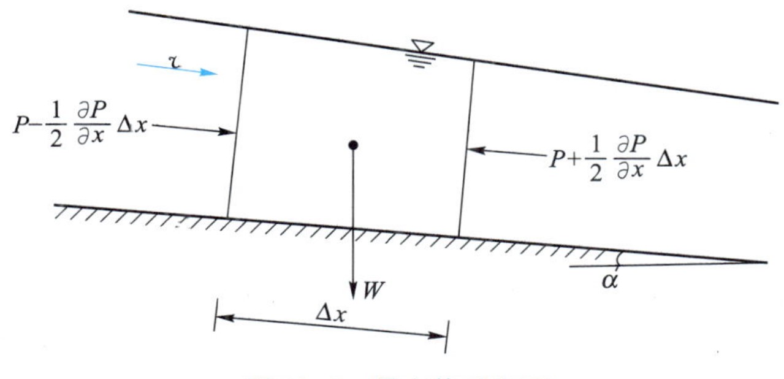

图 10-8　隔离体受力图

综上所述，从力平衡的观点分析，圣维南方程组的动力方程式(10-10)中的每一项都是一种力，这些力平行于水流方向，服从一个代数恒等式，表明这些作用力在洪水波运动中处于动态平衡。

由于水位 H 是河底高程 z 与水深 y 之和，即

$$H=z+y$$

所以有

$$\frac{\partial H}{\partial x}=\frac{\partial z}{\partial x}+\frac{\partial y}{\partial x} \tag{10-11}$$

在式(10-11)中，$\frac{\partial H}{\partial x}$为水位沿河长的变化率，与水面比降有关，正好是水面比降的负值，即$\frac{\partial H}{\partial x}=-i$。$\frac{\partial z}{\partial x}$是河底高程沿河长的变化率，与河底比降有关，正好是河底比降的负值，即$\frac{\partial z}{\partial x}=-i_0$。所以，式(10-11)又可写成

$$-\frac{\partial y}{\partial x}=i-i_0 \tag{10-12}$$

且知

$$i-i_0=i_\Delta$$

所以

$$\frac{\partial y}{\partial x}=-i_\Delta \tag{10-13}$$

式(10-13)表明，$\frac{\partial y}{\partial x}$是附加比降的负值，即压力项就是附加比降项。

在式(10-9)和式(10-10)中，待求的未知函数为流量 $Q(x,t)$、过水断面面积$A(x,t)$、断面平均流速 $v(x,t)$和水深 $y(x,t)$。但考虑到 A、y 和 R 与水位 H 之间为单值函数关系，再利用下列二式，式(10-9)和式(10-10)中实际上就只包含 $Q(x,t)$和 $H(x,t)$两个待求的未知函数。

$$Q=vA \tag{10-14}$$

$$i_f = \frac{Q^2}{C^2 A^2 R} \tag{10-15}$$

式中 C——谢才（Chezy）系数；

R——水力半径。

因此，通过求解圣维南方程组就可得到流量随空间和时间的变化函数 $Q(x,t)$ 及水位随空间和时间的变化函数 $H(x,t)$。根据解出的 $Q(x,t)$ 和 $H(x,t)$ 就可以回答河道里发生洪水波运动后任何地点、未来任何时间将要出现的流量值和水位值。

求解圣维南方程组是数学问题。在数学上，圣维南方程组属于双曲型拟线性的偏微分方程。对此，直到目前还无法给出这类方程的解析解或严格解。用于求解圣维南方程组的近似方法已有两类：一是寻找某些合理条件将方程组线性化，然后再求解；二是寻求数值解，常见的有有限差分法、有限元方法、有限体积法等。

三、水文学途径的描述

如果在河段的上、下断面处各设立水文站观测其流量随时间的变化，就可以测得洪水波先后通过河段上、下断面时各自的流量过程线（图 10-9）。前已述及，当河段中无旁侧入流时，下断面出流量过程 $O(t)$ 不仅是上断面入流量过程 $I(t)$ 推移和坦化的结果，而且具有 $\int_0^\infty I(t)\,\mathrm{d}t = \int_0^\infty O(t)\,\mathrm{d}t$。对此物理现象还可做如下进一步的定量分析。

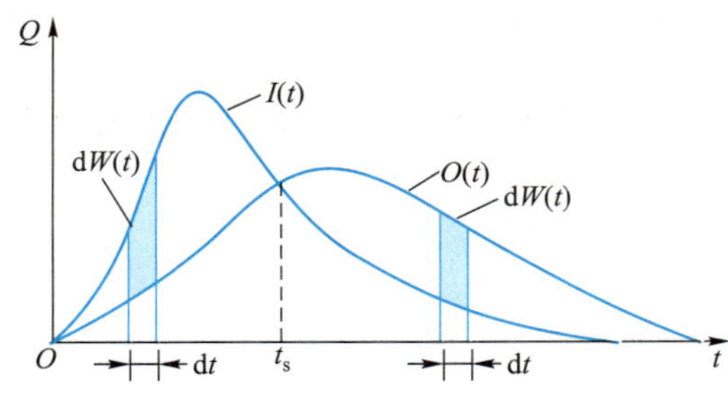

图 10-9 河槽调蓄作用

河段上断面入流过程 $I(t)$ 和河段下断面出流过程 $O(t)$ 会在 $I(t)$ 的落洪段某一时刻达到相同流量。令这个时刻为 t_s，有 $I(t_s)=O(t_s)$。如果将 $I(t)$ 和 $O(t)$ 绘在同一个坐标系内，那么这个 t_s 就是 $I(t)$ 与 $O(t)$ 形成交点的时间（图 10-9）。在交点出现之前取一微分时段 $\mathrm{d}t$，由图 10-9 可以看出，在这个 $\mathrm{d}t$ 时段内，进入河段的水量为 $I(t)\mathrm{d}t$，而流出河段的水量为 $O(t)\mathrm{d}t$。由于此时 $I(t)>O(t)$，故在 $\mathrm{d}t$ 时段内流进河段的水量多于流出河段的水量。根据水量平衡原理，此时段内河槽蓄水量 W 会增加 $\mathrm{d}W(t)$，即

$$I(t)\mathrm{d}t - O(t)\mathrm{d}t = \mathrm{d}W(t) \tag{10-16}$$

对交点出现之后可进行类似的分析。这时，由于 $I(t)<O(t)$，故在 $\mathrm{d}t$ 时段内流进河段的水量少于流出河段的水量。根据水量平衡原理，此时段内河槽蓄水量 W 会减少 $|\mathrm{d}W(t)|$，即

$$I(t)\mathrm{d}t - O(t)\mathrm{d}t = \mathrm{d}W(t) \tag{10-17}$$

式(10-16)和式(10-17)的区别仅在于前者 $dW(t)$ 为正，后者 $dW(t)$ 为负。$dW(t)$ 为正表示河槽蓄水量增加，$dW(t)$ 为负表示河槽蓄水量减少。因此，在洪水波通过河段时，河段中的河槽蓄水量随时间有一个先增后消的过程，这就是河槽调蓄作用。

河槽调蓄作用与水库调节作用相似而不相同。两者的表现形式是相似的，但引起的原因却是不同的。

考虑到 $dW(t)$ 可正可负，式(10-16)和式(10-17)实际上是一个公式，并可进一步写成

$$I(t)-O(t)=\frac{dW(t)}{dt} \tag{10-18}$$

式(10-18)就是河段水量平衡方程式的微分形式，所揭示的是洪水波通过河段时，河段入流、出流和河槽蓄水量之间的定量关系。但仅此式还不能解决洪水波运动的数学描述问题，因为在式(10-18)中，只有 $I(t)$ 是已知的，$O(t)$ 和 W 均为未知，所以仅用河段水量平衡方程式来描述河段洪水波运动是不充分的，无法实现已知上断面洪水过程预测下断面未来出现的洪水过程的目的。因此，设法建立一个槽蓄量与河段流量之间的本构关系就十分必要。容易理解，槽蓄量与河道水面线有关，而水面线就是洪水波通过河段时的水位沿程分布，水位与流量在一定条件下又存在一定的函数关系。因此，在一定条件下，槽蓄量 W 与河段上、下断面流量 I 和 O 之间会存在一定的函数关系，设想这个关系式为

$$W=f\left(I,\ \frac{dI}{dt},\ \frac{d^2I}{dt^2},\ \cdots,\ O,\ \frac{dO}{dt},\ \frac{d^2O}{dt^2},\ \cdots\right) \tag{10-19}$$

式中　$\frac{dI}{dt}$、$\frac{d^2I}{dt^2}$、…——河段上断面入流对时间的一阶导数、二阶导数……；

$\frac{dO}{dt}$、$\frac{d^2O}{dt^2}$、…——河段下断面出流对时间的一阶导数、二阶导数……。

式(10-19)称为槽蓄方程，它包含的两个未知函数与河段水量平衡方程式(10-18)包含的两个未知函数相同，因此，将两式联立就可描述洪水波运动。这就是用水文学方法描述洪水波运动的基本思路。

显然，如何建立槽蓄方程式(10-19)的具体表述式，就成为用水文学方法描述洪水波运动的关键。

四、两类途径之间的关系

基于水力学途径描述洪水波运动的方程组是由连续性方程式(10-9)和动力方程式(10-10)组成的偏微分方程组，求解得到的是 $Q(t,x)$ 或 $H(t,x)$。基于水文学途径描述洪水波运动的方程组是由河段水量平衡方程式(10-18)和槽蓄方程式(10-19)组成的常微分方程组，求解得到的是河段下断面的出流过程 $O(t)$。既然水力学途径和水文学途径都能描述洪水波运动，那么这两类途径之间必然存在一定的关系。

将连续性方程式(10-9)对河段长进行积分，即

$$\int_L \partial Q = -\int_L \frac{\partial A}{\partial t}\partial x$$

且知

$$\int_L \partial Q = Q\big|_{上}^{下} = Q(x_{下},t) - Q(x_{上},t) = O(t) - I(t)$$

$$\int_L \frac{\partial A}{\partial t}\partial x = \int_L \frac{\partial \overline{A}}{\partial t}\partial x = \frac{\partial \overline{A}}{\partial t}\int_L \partial x = \frac{\partial \overline{A}}{\partial t}L = \frac{\partial W}{\partial t}$$

最终得

$$I(t) - O(t) = \frac{\mathrm{d}W}{\mathrm{d}t}$$

由此可见，将连续性方程式(10-9)对河段长进行积分，就可得到河段水量平衡方程式(10-18)。

在一定条件下，动力方程与槽蓄方程是密切联系的。可以证明，当河道里的洪水波是运动波或扩散波时，槽蓄方程就是运动波或扩散波的动力方程。

水力学途径与水文学途径既有区别也有一定联系。水力学途径使用起来比较麻烦，但比较通用。水文学途径只能在一些特定的条件下才能适用，但应用比较方便。因此在解决实际问题时，对有些问题，水文学途径和水力学途径都能解决；而对另一些问题，只有水力学途径能解决，水文学途径就不能解决。

第三节 洪水波分类及运动波和扩散波

一、洪水波分类

自然界河流众多，不同河流发生的洪水波是否具有各自不同的特点呢？这是一个令水文学家感兴趣的问题。最早从理论上回答这个问题的是海耶弥（Hayami，日本名为日原腾次郎），他在 1951 年指出，河道中运动的洪水波在一定的情况下具有扩散波的特点，并且给出了描述扩散波的微分方程式。后来，在 1955 年，莱特希尔（Lighthill）又发现河道中运动的洪水波在其他情况下会表现出运动波的特点，并且给出了描述运动波的微分方程式。这些早期研究虽然还不够系统，但促使人们思考究竟应该按什么标准来识别洪水波的问题。1963 年，汉德森（Handerson）在前人研究的基础上，指出应该根据圣维南方程组动力方程式(10-10)中各项力的对比关系来进行洪水波分类，据此他提出洪水波有运动波、扩散波和惯性波之分。1977 年，庞斯（Ponce）进一步发展了汉德森的观点，根据圣维南方程组中动力方程各项力的对比关系将洪水波分成 6 类(表 10-1)。

表 10-1　洪水波的分类

洪水波	惯性项		附加比降项	阻力项	河底比降项
	局地惯性项	迁移惯性项			
	$\frac{1}{g}\frac{\partial v}{\partial t}$	$\frac{v}{g}\frac{\partial v}{\partial x}$	$\frac{\partial y}{\partial x}$	$\frac{v^2}{C^2R}$	i_0
运动波	×	×	×	√	√
扩散波	×	×	√	√	√
惯性波	√	√	√	×	×
局地惯性波	√	×	√	√	√
稳定动力波	×	√	√	√	√
动力波	√	√	√	√	√

注："×" 表示不考虑；"√" 表示考虑。

1. 运动波

惯性力和附加比降都很小，两者之和比河底比降小得多，以致可以忽略不计的洪水波叫作运动波。由式(10-10)可知，运动波的动力方程为

$$i_0 = i_f \tag{10-20}$$

2. 扩散波

惯性力远比河底比降小，可以忽略，但附加比降与河底比降量级相当的洪水波叫作扩散波。由式(10-10)可知，扩散波的动力方程为

$$\frac{\partial y}{\partial x} = i_0 - i_f \tag{10-21}$$

3. 惯性波

重力和阻力正好抵消，支配运动的力为惯性力和附加比降的洪水波叫作惯性波，又称重力波。由式(10-10)可知，惯性波的动力方程为

$$\frac{1}{g}\frac{\partial v}{\partial t} + \frac{v}{g}\frac{\partial v}{\partial x} + \frac{\partial y}{\partial x} = 0 \tag{10-22}$$

4. 局地惯性波

迁移惯性项很小，可以忽略不计的洪水波称为局地惯性波。由式(10-10)可知，局地惯性波的动力方程为

$$\frac{1}{g}\frac{\partial v}{\partial t} + \frac{\partial y}{\partial x} = i_0 - i_f \tag{10-23}$$

5. 稳定动力波

局地惯性力很小，可以忽略不计的洪水波称为稳定动力波。由式(10-10)可知，稳定动力波的动力方程为

$$\frac{v}{g}\frac{\partial v}{\partial x}+\frac{\partial y}{\partial x}=i_0-i_f \tag{10-24}$$

6. 动力波

动力方程中5个力都必须考虑的洪水波称为动力波。动力波的动力方程就是圣维南方程组中的动力方程，即式(10-10)。

庞斯不仅对洪水波进行了分类，而且利用小扰动法对这6类洪水波的特性进行了详细的分析。

在上述6类洪水波中，最常见的是运动波和扩散波。

二、运动波

运动波发生的条件是

$$\frac{1}{g}\frac{\partial v}{\partial t}+\frac{v}{g}\frac{\partial v}{\partial x}+\frac{\partial y}{\partial x}\ll i_0 \tag{10-25}$$

这种情况最可能在河底比降陡峻的山区性河流中出现。

1. 水位-流量关系

运动波的动力方程为式(10-20)。考虑到摩阻项 i_f 可用谢才公式表示，运动波的动力方程又可写成

$$i_0=i_f=\frac{Q^2}{C^2A^2R} \tag{10-26}$$

将 Q 从式(10-26)中解出来，有

$$Q=CA\sqrt{Ri_0} \tag{10-27}$$

因为在天然河道中，稳定流的水面比降是近似等于河底比降的，所以式(10-27)实际上是稳定流流量公式。由此可见，运动波动力方程的本质就是稳定流谢才公式。

式(10-27)中的 Chezy 系数 C，一般可视为常数，但近代研究发现 C 也可视作水位 H 的函数；A 是过水断面面积，是水位 H 的单值函数；R 是水力半径，对天然河道它近似等于平均水深，也是水位的单值函数；i_0为河底比降，可视为常数。这就表明在运动波情况下，流量与水位呈单值关系(图10-10)。因此，运动波的动力方程与单一水位-流量关系等价。

2. 运动波方程

控制运动波运动的连续性方程为式(10-9)，动力方程为式(10-20)或式(10-27)。可以看出，式(10-9)和式(10-27)所包含的未知函数都是流量 Q 和水位 H。如果在这两个方程式中消去水位 H，就可以得到一个以流量 Q 为未知函数的微分方程。具体推导过程如下：

因为 A 与 H 是单值关系，H 与 Q 也是单值关系，所以 A 是 Q 的单值函数。根据微分原理有

$$\frac{\partial A}{\partial t}=\frac{\mathrm{d}A}{\mathrm{d}Q}\frac{\partial Q}{\partial t} \tag{10-28}$$

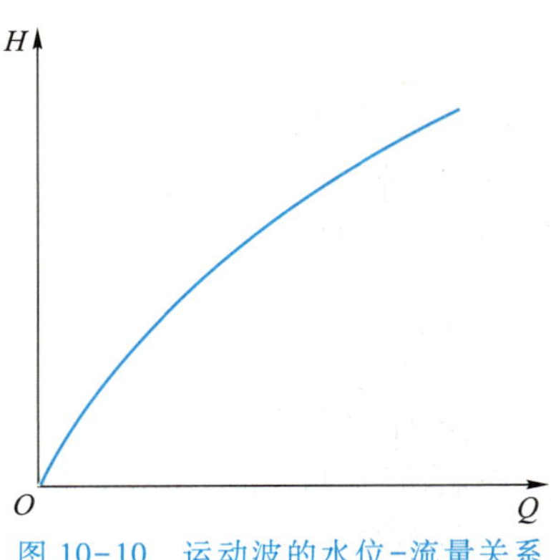

图10-10 运动波的水位-流量关系

将式(10-28)代入连续性方程式(10-9)，可得到

$$\frac{\mathrm{d}Q}{\mathrm{d}A}\frac{\partial Q}{\partial x}+\frac{\partial Q}{\partial t}=0 \tag{10-29}$$

令

$$\frac{\mathrm{d}Q}{\mathrm{d}A}=c \tag{10-30}$$

式(10-29)又可写为

$$\frac{\partial Q}{\partial t}+c\frac{\partial Q}{\partial x}=0 \tag{10-31}$$

式(10-31)是以 Q 作为未知函数的偏微分方程，叫作运动波方程，它描述了运动波相应流量的传播规律。

如果在运动波的连续性方程式(10-9)和动力方程式(10-27)中消去 Q，就可得到以 H 为未知函数的运动波方程：

$$\frac{\partial H}{\partial t}+c\frac{\partial H}{\partial x}=0 \tag{10-32}$$

非常巧合，式(10-32)的形式与以 Q 为未知函数的运动波方程式(10-31)相同。方程式(10-31)或方程式(10-32)在数学中叫作对流方程。自然界中的很多现象可以用对流方程来描述。对于基于运动波的洪水预报，利用式(10-31)可研制流量预报方法，利用式(10-32)可研制水位预报方法。因为式(10-31)和式(10-32)形式相同，所以下面以式(10-31)为例继续对运动波进行讨论。

3. 运动波方程的特征方程

如果 c 是常数，式(10-31)就是一个线性偏微分方程。如果 c 不是常数，式(10-31)就是一个非线性偏微分方程。根据偏微分方程的特征线理论，可以将 c 为常数的偏微分方程式(10-31)变换成一个等价的常微分方程组。

令函数 $Q(x,t)$ 为运动波方程式(10-31)的解，将 $Q(x,t)$ 对 t 求全导数，得

$$\frac{\mathrm{d}Q}{\mathrm{d}t}=\frac{\partial Q}{\partial x}\frac{\mathrm{d}x}{\mathrm{d}t}+\frac{\partial Q}{\partial t} \tag{10-33}$$

将式(10-33)与运动波方程式(10-31)进行比较，得

$$\frac{\mathrm{d}x}{\mathrm{d}t}=c \tag{10-34}$$

和

$$\frac{\mathrm{d}Q}{\mathrm{d}t}=0 \tag{10-35}$$

式(10-34)和式(10-35)组成了一个常微分方程组，求解这个常微分方程组与求解偏微分方程式(10-31)是等价的。

式(10-34)和式(10-35)就是运动波方程式(10-31)的特征方程。

4. 运动波的波速

式(10-34)中的$\frac{dx}{dt}$表示相应流量 Q 传播 dx 距离所花费的时间为 dt，因此，$\frac{dx}{dt}$的物理意义是相应流量 Q 的传播速度，即运动波的波速。再利用式(10-30)可得运动波的波速 $c=\frac{dQ}{dA}$，这与塞登根据单向上升波概念求得的波速公式(10-1)完全相同。

图 10-11 是河道中流量 Q 与过水断面面积 A 的关系曲线。由于 Q 与 A 的关系曲线总是凹向流量 Q 一边，所以 Q 对 A 的一阶导数$\frac{dQ}{dA}$总是正值。这表明运动波的传播方向与水流方向一致。水流从上游向下游运动，运动波也从上游向下游运动。

从几何意义看，$\frac{dQ}{dA}$是 Q 与 A 关系曲线的切线斜率，因此有

$$c=\frac{dQ}{dA}=\tan\alpha \tag{10-36}$$

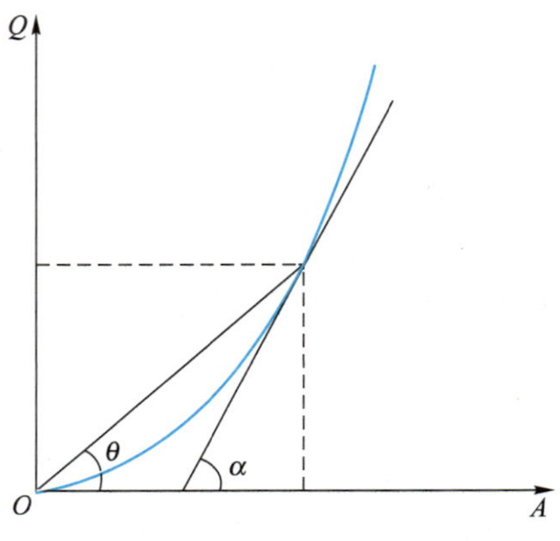

图 10-11 波速与流速的关系

式中 α——Q-A 关系曲线的切线与横坐标轴的夹角。

根据断面平均流速的定义，断面平均流速应是 Q 与 A 关系曲线的割线斜率，即

$$v=\frac{Q}{A}=\tan\theta \tag{10-37}$$

式中 v——断面平均流速；

θ——Q-A 关系曲线的割线与横坐标轴的夹角。

知 $\alpha\geqslant\theta$，$\tan\alpha\geqslant\tan\theta$，因此有

$$c\geqslant v \tag{10-38}$$

式(10-38)表明，运动波波速大于或等于同流量下的断面平均流速。其中$c=v$出现在 Q-A 关系呈直线的情况，在现实世界中这种情况几乎是不可能出现的。

5. 运动波的形状变化

式(10-35)表明相应流量 Q 在传播过程中随时间的变化率等于 0，这就是说，运动波上任一相应流量在传播过程中都不发生变化。如图 10-12 所示，当运动波从 t_1 时刻运动到 t_2 时刻时，由于$\frac{dQ}{dt}=0$，所以运动波上每一个相应流量在 t_2 时刻的大小应与在 t_1 时刻的大小相等。运动波是一种在运动过程中相应流量不发生变化的洪水波。运动波的形状在运动过程中是否发生变化呢？如果运动波波速为常数，即为线性运动波情况，从 t_1 时刻运动到 t_2 时刻，运动波不仅每个相应流量数量不变，而且其运动的距离也是相同的，结果必然是运动波在 t_2 时刻的形状与在 t_1 时刻的形状完全相同(图 10-12a)；如果运动波波速随流量增加而增大，

即为非线性运动波情况，虽然此时每个相应流量在传播过程中数量仍不改变，但从 t_1 时刻运动到 t_2 时刻，较大的相应流量传播的距离必然较大，结果必然是运动波的形状在 t_2 时刻发生了扭曲变形，即波前水面线越来越陡，波后水面线越来越缓(图 10-12b)，最终将导致运动波的破碎。可见运动波是以破碎的形式消失的。

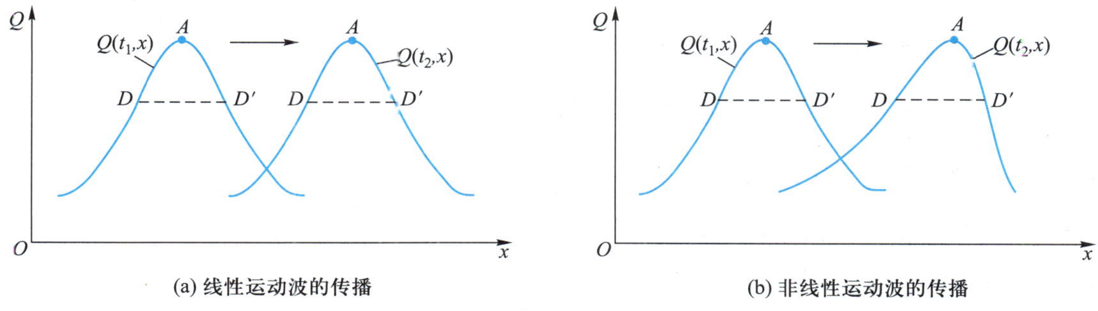

图 10-12　运动波的传播

从这里可以得到一个启示：如果运动波波速 c 为常数，那么运动波在传播过程中永远不发生变化，也永远不会消失。但人们并没有发现过去发生的运动波至今仍没有消失，这就表明，在天然河道中 c 一定是个变数，以致运动波总是会消失的。将 c 作为常数，仅仅是对有限河段的一个近似假设。

三、扩散波

扩散波发生的条件是

$$\frac{1}{g}\frac{\partial v}{\partial t}+\frac{v}{g}\frac{\partial v}{\partial x}\ll i_0 \tag{10-39}$$

这种情况最可能发生在河底比降平缓的河流中、下游段。

1. 水位-流量关系

扩散波的动力方程为式(10-21)。若用谢才公式表达式(10-21)中的 i_f，则可将其变为

$$\frac{\partial y}{\partial x}=i_0-\frac{Q^2}{C^2A^2R} \tag{10-40}$$

从式(10-40)中解出 Q，得

$$Q=CA\sqrt{R}\sqrt{i_0-\frac{\partial y}{\partial x}} \tag{10-41}$$

结合式(10-13)，式(10-41)又可写成

$$Q=CA\sqrt{R}\sqrt{i_0+i_\Delta} \tag{10-42}$$

将 $\sqrt{i_0}$ 作为公因子从根号中提取出来，得

$$Q=CA\sqrt{Ri_0}\sqrt{1+\frac{i_\Delta}{i_0}} \tag{10-43}$$

式(10-43)中的 $CA\sqrt{Ri_0}$ 即为稳定流流量 Q_0，所以，最终有

$$Q=Q_0\sqrt{1+\frac{i_\Delta}{i_0}} \tag{10-44}$$

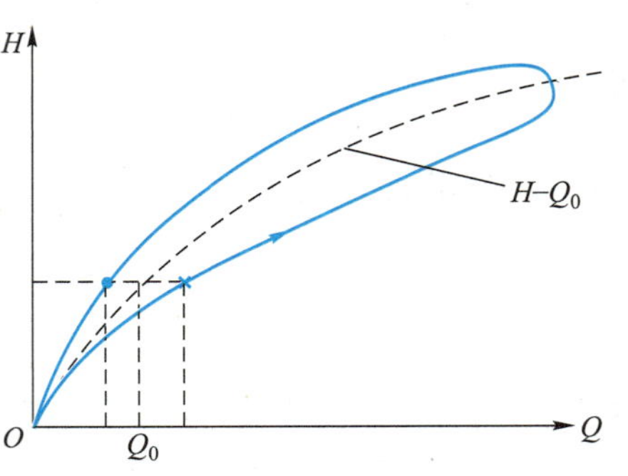

图 10-13 扩散波的水位-流量关系

式(10-44)表明，扩散波的流量等于同水位下的稳定流流量 Q_0 乘以因子 $\sqrt{1+\frac{i_\Delta}{i_0}}$。由于附加比降 i_Δ 有正负之分，涨洪时为正，落洪时为负，因此，数值 $\sqrt{1+\frac{i_\Delta}{i_0}}$ 在涨洪时必大于 1，在落洪时必小于 1。这就是说，对于扩散波，同水位下涨洪时和落洪时的流量是不相同的。在图 10-13 中，$H-Q_0$ 关系曲线为稳定流的水位-流量关系曲线；对于某一水位，如果扩散波处在涨洪段，由于 i_Δ 是正值，必有 $Q>Q_0$；如果扩散波处在落洪段，由于 i_Δ 是负值，必有 $Q<Q_0$。对于任何一个水位都可以作这样的分析。最终可得，当河道中为扩散波通过时，任一断面的水位与流量关系为一绳套曲线。如果用水位作纵坐标，用流量作横坐标，这个绳套将是逆时针方向的。扩散波动力方程的这一重要特点可作为河段中发生的洪水波是否为扩散波的判据。

2. 扩散波方程

扩散波运动由连续性方程式(10-9)和动力方程式(10-21)控制。这两个方程包含了流量和水位两个未知函数。如果设法先消去水位 H，就可得到流量 Q 作为未知函数的扩散波方程为

$$\frac{\partial Q}{\partial t}+\frac{\mathrm{d}Q}{\mathrm{d}A}\frac{\partial Q}{\partial x}=\frac{Q}{2Bi_0}\frac{\partial^2 Q}{\partial x^2} \tag{10-45}$$

式中 B——水面宽。

令

$$\frac{\mathrm{d}Q}{\mathrm{d}A}=c \tag{10-46}$$

$$\frac{Q}{2Bi_0}=D \tag{10-47}$$

式(10-45)就可写成如下紧凑形式：

$$\frac{\partial Q}{\partial t}+c\frac{\partial Q}{\partial x}=D\frac{\partial^2 Q}{\partial x^2} \tag{10-48}$$

如果在式(10-9)和式(10-21)中消去 Q，又可以得到以水位为未知函数的扩散波方程。非常巧合，它的形式仍是

$$\frac{\partial H}{\partial t}+c\frac{\partial H}{\partial x}=D\frac{\partial^2 H}{\partial x^2} \tag{10-49}$$

式(10-49)中的 c 和 D 与式(10-48)中的完全相同。

式(10-48)或式(10-49)称为扩散波方程。不难看出，如果 $D=0$，式(10-48)就变得与运动波方程式(10-31)相同。如果 $\frac{\mathrm{d}Q}{\mathrm{d}A}=0$，式(10-48)就成为数学上的扩散方程。可见式(10-48)包含两层含义：既有“对流”的物理意义，又有“扩散”的物理意义，故称为对流扩散方程。自然界里有很多现象是符合对流扩散规律的，例如下渗过程、河流污染物质的迁移扩散过程、水温的变化过程、悬移质泥沙的输移过程等都可用对流扩散方程描述。

3. 扩散波方程的特征方程

扩散波方程式(10-48)包含有 c 和 D 两个参数。$c=\frac{\mathrm{d}Q}{\mathrm{d}A}$，是 $Q-A$ 关系曲线的切线斜率。D 与流量、水面宽和河底比降等有关，是水力要素的综合表示。

将扩散波方程式(10-48)与其解 $Q(x,t)$ 对 t 的全导数进行比较，可得扩散波方程式(10-48)的特征方程为

$$\frac{\mathrm{d}x}{\mathrm{d}t}=\frac{\mathrm{d}Q}{\mathrm{d}A} \tag{10-50}$$

和

$$\frac{\mathrm{d}Q}{\mathrm{d}t}=D\frac{\partial^2 Q}{\partial x^2} \tag{10-51}$$

根据偏微分方程的特征线理论，常微分方程组式(10-50)和式(10-51)的解与偏微分方程式(10-48)的解等价。

4. 扩散波的波速

由于 $\frac{\mathrm{d}x}{\mathrm{d}t}$ 是相应流量的传播速度，即波速，所以扩散波方程式(10-48)的特征方程的第 1 个方程式(10-50)表明，扩散波波速 $c=\frac{\mathrm{d}Q}{\mathrm{d}A}$。这一结论与运动波一致。这就是说，扩散波在天然河道里的传播速度与运动波相同，运动方向也是从上游指向下游。

5. 扩散波的形状变化

扩散波方程式(10-48)的特征方程的第 2 个方程式(10-51)表明，$\frac{\mathrm{d}Q}{\mathrm{d}t}\neq 0$，即扩散波相应流量在运动中要发生变化，而且取决于 $D\frac{\partial^2 Q}{\partial x^2}$。$D$ 总是正值；$\frac{\partial^2 Q}{\partial x^2}$ 是流量随河长变化曲线的二阶导数，与波的形状有关。这两个数值的乘积就决定了相应流量在传播中随时间的变化率 $\frac{\mathrm{d}Q}{\mathrm{d}t}$。根据波的形状，$\frac{\partial^2 Q}{\partial x^2}$ 可正、可负，也可为零，所以 D 与 $\frac{\partial^2 Q}{\partial x^2}$ 的乘积必然会出现三种情况：一是大于零，为正值，表明相应流量在传播中会有所增加；二是等于零，表明相应流量在传播中不变化；三是小于零，为负值，表明相应流量在传播中会有所减少。扩散波上的相应流量，哪些在传播中会增加，哪些不发生变化，哪些又会减小呢？如图 10-14 所示，洪峰流量所在的位置是波峰处，此处有 $\frac{\partial Q}{\partial x}=0$；涨洪段和落洪段各有一个拐点，在这两点处必有

$\frac{\partial^2 Q}{\partial x^2}=0$。因此可以得知：在扩散波的拐点处，$\frac{\partial^2 Q}{\partial x^2}=0$；在两个拐点之间，$\frac{\partial^2 Q}{\partial x^2}<0$；在这两个拐点之外，$\frac{\partial^2 Q}{\partial x^2}>0$。所以，运动中的扩散波，两个拐点处的相应流量始终不变，位于两个拐点之间包括洪峰流量在内的相应流量都要衰减，而在两个拐点之外的相应流量将会有所增加。由此可见，扩散波从 t_1 时刻传播到 t_2 时刻，洪峰降低了，过程线坦化了。扩散波这种变化特点是它最终消亡的原因。由此可知，D 是反映扩散波形状变化的参数，称为扩散系数。

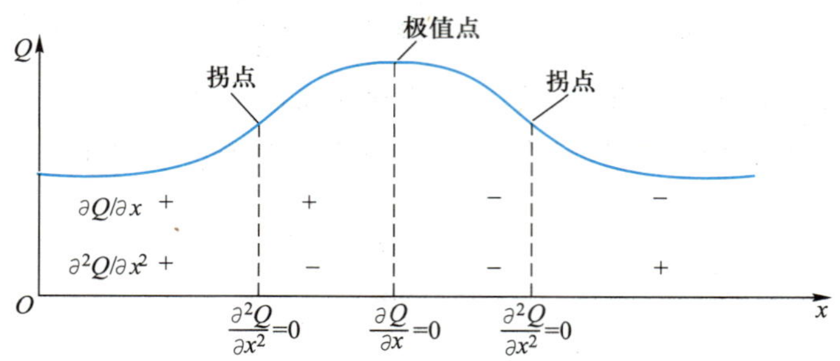

图 10-14 扩散波的极值点和拐点

第四节 特征河长与槽蓄理论

一、槽蓄量的变化

用水文学途径描述洪水波运动，关键在于建立槽蓄方程。槽蓄方程式的一般表达为式(10-19)，为了寻找其具体形式，可先考察洪水波运动情况下槽蓄量的变化现象。

如果河道里发生的是稳定流，就不存在槽蓄量变化现象(图 10-15)，此时，由于河段上断面入流量和下断面出流量都不随时间变化，槽蓄量也不随时间变化。

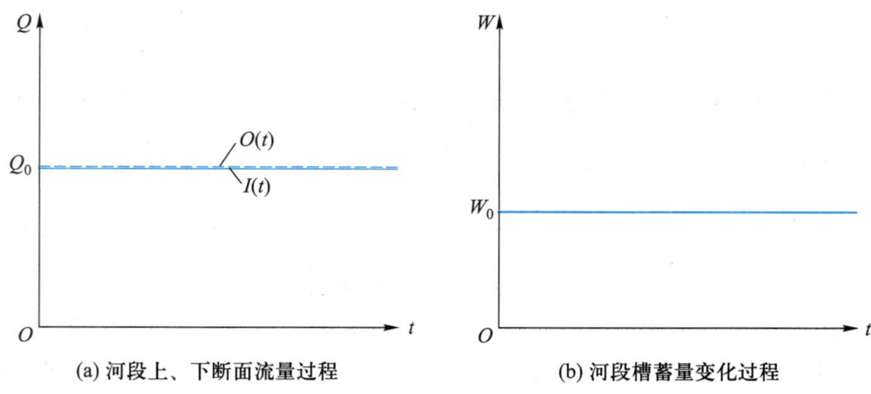

图 10-15 稳定流情况

如果河道里发生了洪水波运动，情况就不一样了。由河段的水量平衡方程式(10-18)可知，在洪水波通过河段的情况下，当 $I(t)>O(t)$ 时，河槽蓄水量随时间增加；而当 $I(t)<O(t)$ 时，河槽蓄水量随时间减小；当 $I(t)=O(t)$ 时，河槽蓄水量达到最大值。图 10-16 所示就是洪水波通过河段时，上、下断面的流量过程及河槽蓄水量随时间的变化过程。

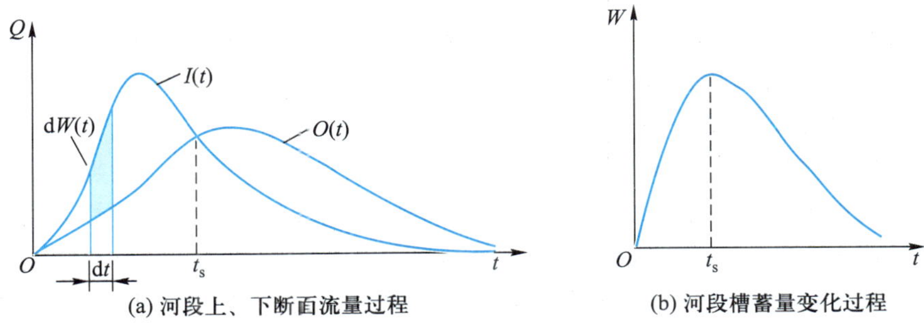

图 10-16　洪水波运动情况

水文学家观测发现，在洪水波通过河道时，如果没有旁侧入流和回水顶托作用，河段下断面出流过程峰值的出现时间只可能有图 10-17 所示的三种情况：图 10-17a 为下断面出流过程峰值出现在上断面入流过程线落洪段之外的情况；图 10-17b 为下断面出流过程峰值出现在上断面入流过程线落洪段上的情况；图 10-17c 为下断面出流过程峰值出现在上断面入流过程线落洪段以内的情况。

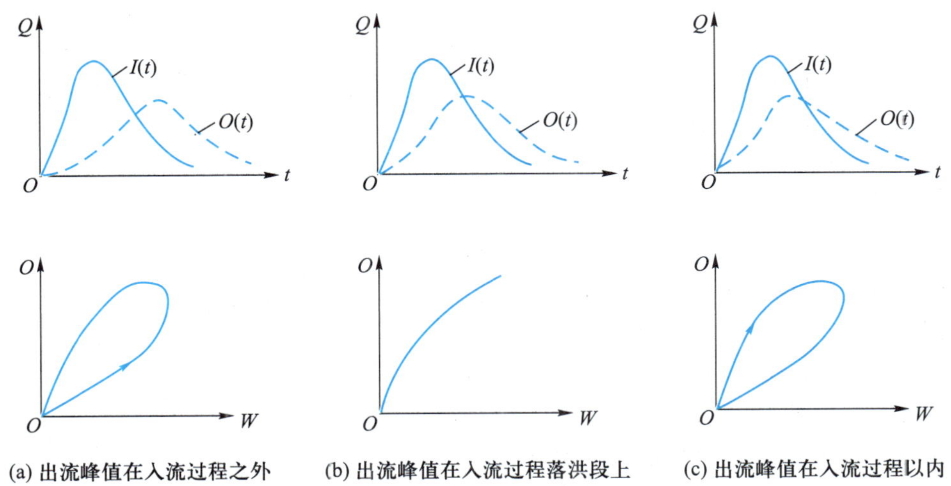

$I(t)$—河段的入流过程；$O(t)$—河段的出流过程。

图 10-17　洪水波情况下河段入、出流过程的相互关系及其 W-O 关系

现在来分析以上三种情况下河段槽蓄量 W 与其下断面流量 O 之间的关系。对于图 10-17a 所示的情况，当洪水波通过河段时，起初，随着下断面流量 O 的增加，槽蓄量 W 也在增加，当槽蓄量 W 达到最大后，下断面流量 O 还在增加。此后，下断面流量 O 虽还在增加，但槽

蓄量 W 已开始减小。在这种情况下，如果以槽蓄量 W 为横坐标、出流量 O 为纵坐标作 $W-O$ 关系曲线，那么 $W-O$ 关系曲线为逆时针绳套。对于图 10-17b 所示的情况，当洪水波通过河段时，起初，随着下断面流量 O 的增加，槽蓄量 W 也在增加，槽蓄量 W 达到最大值，下断面流量 O 也达到了最大值。此后，随着下断面流量 O 的减小，槽蓄量 W 也在减小。这种情况下所得到的 $W-O$ 关系曲线不可能为绳套，而是一条单一曲线。对于图 10-17c 所示的情况，当洪水波通过河段时，起初，随着下断面流量 O 的增加，槽蓄量 W 也在增加，当下断面流量 O 达到最大值时，槽蓄量 W 还未达到最大值。此后，下断面流量 O 虽开始减小，但槽蓄量 W 还在增加。这种情况下 $W-O$ 关系曲线为顺时针绳套。

在以上三种河段槽蓄量与其下断面流量之间的关系中，特别使人感兴趣的是河段槽蓄量与河段下断面流量为单一关系的情况，因为由单值槽蓄曲线构建的洪水演算方法将会比较简单、方便。在什么样的水力条件下河段槽蓄量与河段下断面流量之间才是单值关系呢？或者说什么样的河段才有单值的河段槽蓄量与河段下断面流量关系呢？为此，引进特征河长概念。

二、特征河长

特征河长及其数学表达式由加里宁（Kalinin）和米留柯夫（Milyukov）于 1957 年提出。

1. 特征河长概念

根据水力学知识，河流上任一断面的流量可表达为下列关系：

$$Q=Q(H,i) \tag{10-52}$$

式中　Q——河流的流量；

H——河流的水位；

i——河流的水面比降。

由式(10-52)可见，对任一断面，水面比降不变，水位发生变化，流量就要发生变化。同样的，水位不变，水面比降发生变化，流量也会发生变化。现在来考察在洪水波通过时，这两个因素是如何变化的。如图 10-18 所示，可认为天然河道是棱柱形的，故稳定流水面线平行于河底线，并假定其为直线。为便于分析问题，在河段中虚设一个中断面。在分析水位和水面比降对流量的影响时，应抓住中断面水位保持不变这一考察问题的思维方法。如果中断面水位保持不变，涨洪时水面比降虽比稳定流时增加了，但下断面水位却比稳定流时降低了；落洪时水面比降虽比稳定流时减小了，但下断面水位却比稳定流时升高了。由此可知，在洪水波运动情况下，无论涨洪还是落洪，对河段下断面的流量来说，水面比降和水位两个影响因子都存在着相互抵消或补偿作用。对一

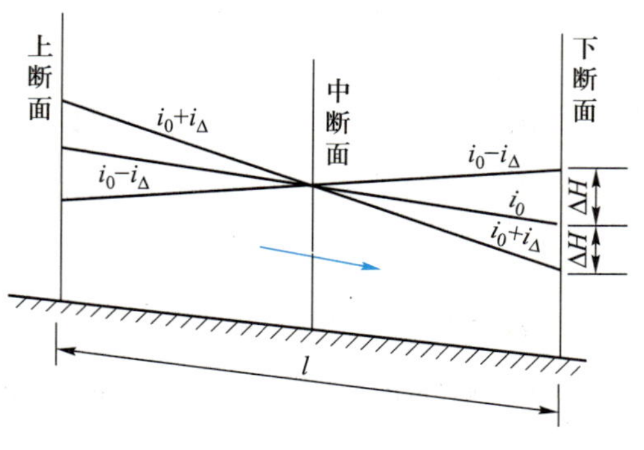

图 10-18　特征河长定义图

个河段，如果这两个因子的影响不能完全抵消，下断面流量与同水位的稳定流流量就不相同；如果全部抵消，下断面流量与同水位的稳定流流量就会相同。

假设洪水波的附加比降 i_Δ 不变化，且涨洪、落洪附加比降的绝对值相同，不难理解，无论是涨洪还是落洪，中断面以下各断面由附加比降引起的流量变化值是相同的，但由水位引起的流量变化各不相同。这就启示人们，可以通过调整下断面的位置（也就是河段的长短），来使由水位引起的流量变化与由附加比降引起的流量变化正好完全抵消，从而达到无论涨洪、落洪，河段下断面的流量与中断面水位所相应的稳定流流量相同。

所谓特征河长，就是无论涨洪还是落洪，由水位变化引起的下断面流量变化与由水面比降变化引起的下断面流量变化正好抵消的河段长。对于特征河长，其中断面水位必与下断面流量呈单一关系。

2. 特征河长的推导

现在来推导特征河长的表达式。

由式(10-52)可知，河道上任一断面流量的变化应由两部分组成，一部分是由于水位变化引起的流量变化，另一部分是由于水面比降变化引起的流量变化。对式(10-52)求全微分，就可得到这一概念的数学表达：

$$\mathrm{d}Q=\frac{\partial Q}{\partial H}\mathrm{d}H+\frac{\partial Q}{\partial i}\mathrm{d}i \tag{10-53}$$

式中　$\mathrm{d}Q$——流量的变化；

$\mathrm{d}H$——水位的变化；

$\mathrm{d}i$——水面比降的变化；

$\frac{\partial Q}{\partial H}\mathrm{d}H$——由于水位变化引起的流量变化；

$\frac{\partial Q}{\partial i}\mathrm{d}i$——由于水面比降变化引起的流量变化。

在洪水波运动情况下，$\mathrm{d}i$ 即为附加比降：

$$\mathrm{d}i=i_\Delta \tag{10-54}$$

假设水面线为直线，则下式应成立：

$$\mathrm{d}H=-\frac{l}{2}i_\Delta \tag{10-55}$$

式中　l——河段长。

将式(10-54)和式(10-55)代入(10-53)，得

$$\mathrm{d}Q=\frac{\partial Q}{\partial H}\left(-\frac{l}{2}i_\Delta\right)+\frac{\partial Q}{\partial i}i_\Delta \tag{10-56}$$

如果式(10-56)中的 l 为特征河长，那么按照其物理概念，由水位引起的其下断面流量变化与由水面比降引起的其下断面流量变化应正好抵消，即 $\mathrm{d}Q=0$。据此，就可由式(10-56)导得特征河长的表达式为

$$l=2\frac{\partial Q}{\partial i}\bigg/\frac{\partial Q}{\partial H} \tag{10-57}$$

由谢才公式知

$$Q=K\sqrt{i}$$

$$K=CA\sqrt{R}$$

式中　K——流量模数。

假设流量模数 K 为常数，则有

$$\frac{\partial Q}{\partial i}=\frac{Q}{2i} \tag{10-58}$$

将式(10-58)代入式(10-57)，得特征河长的表达式为

$$l=\frac{Q}{i}\frac{\partial H}{\partial Q} \tag{10-59}$$

由式(10-59)可知，特征河长体现了流量、水面比降和水位-流量关系三者的综合。

考虑到在天然河流中一般可以用 i_0 近似代替 i，在有些情况下又可用稳定流水位-流量关系的 $\left(\frac{\partial H}{\partial Q}\right)_0$ 近似代替 $\frac{\partial H}{\partial Q}$，式(10-59)又可表达成下列便于计算的形式：

$$l=\frac{Q_0}{i_0}\left(\frac{\partial H}{\partial Q}\right)_0 \tag{10-60}$$

若将式(10-60)与扩散波的扩散系数式(10-47)进行比较，则可得 l 与 D 的关系为

$$l=\frac{2D}{c} \tag{10-61}$$

3. 特征河长的重要意义

根据特征河长的物理意义，如果河段长 L 等于特征河长 l，即 $L=l$，河段中断面水位与河段下断面流量必呈单一关系，河段槽蓄量与河段下断面流量也必为单一关系(图 10-19a)。如果河段长 L 大于特征河长 l，即 $L>l$，河段中断面水位与河段下断面流量必为顺时针绳套曲线，而河段槽蓄量与河段下断面流量必为逆时针绳套曲线关系(图 10-19b)。如果河段长 L 小于特征河长 l，即 $L<l$，中断面水位与下断面流量必为逆时针绳套曲线，而河段槽蓄量与河段下断面流量必为顺时针绳套曲线关系(图 10-19c)。

因此，有了特征河长概念，可从理论上解释河段槽蓄量与河段下断面流量之间只可以存在以上三种情况的原因，就可给出河段槽蓄量与河段下断面流量呈单一关系的物理条件。特征河长已成为用水文学描述洪水波运动、构建河段槽蓄方程的理论基础，它的发现是水文学发展史上重要事件之一。

4. 特征河长的计算

举例说明计算特征河长的步骤。为便于计算，先将式(10-60)中的导数用商差来代替，即

$$\frac{\partial H}{\partial Q}\approx\frac{\Delta H}{\Delta Q} \tag{10-62}$$

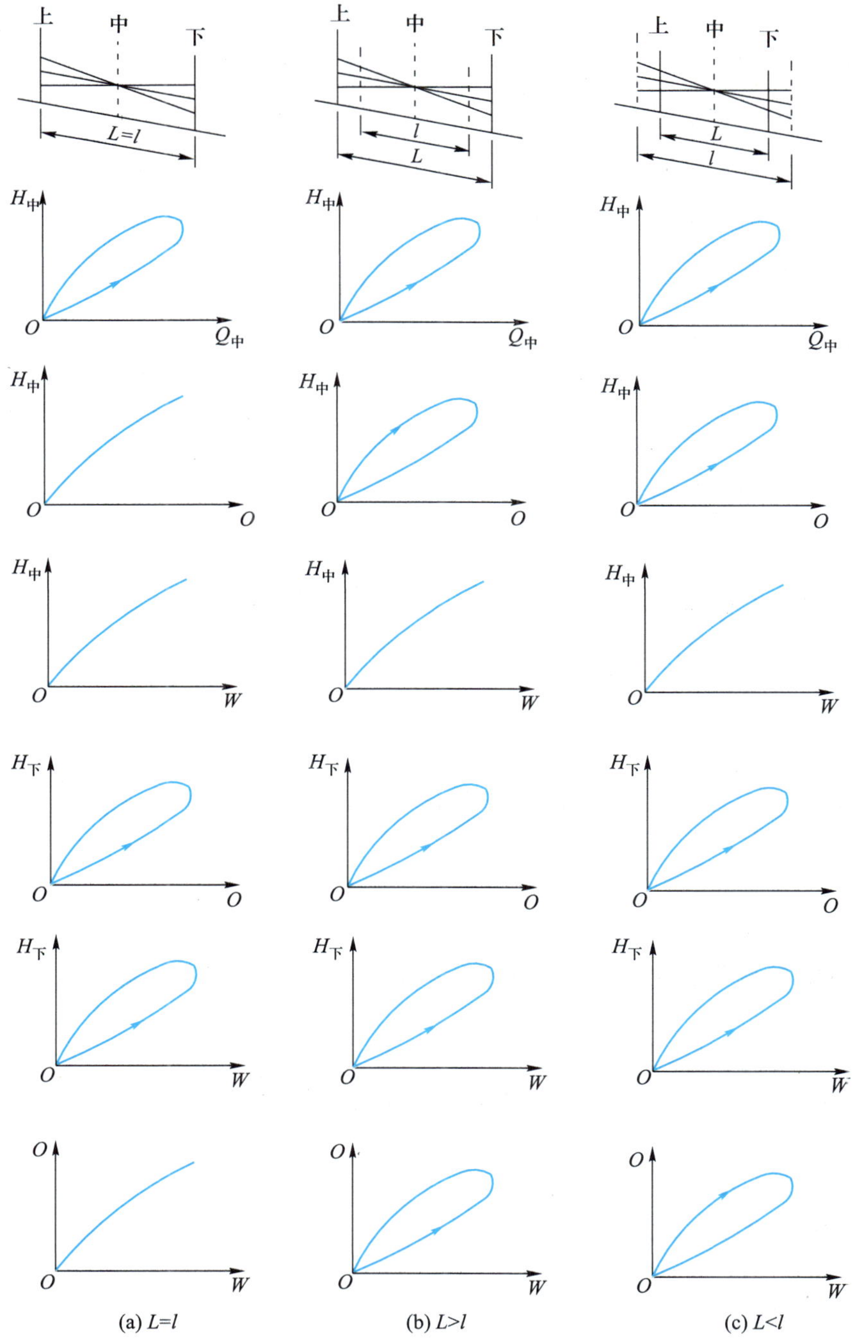

图 10-19　河段槽蓄曲线与特征河长的关系

海河流域永定河雁翅至三家店河段长 53 km，河段上断面雁翅水文站和河段下断面三家店水文站的稳定流水位-流量关系已知。计算步骤如表 10-2 所列：第①列为通过河段的稳定流流量。相应于这些稳定流流量的雁翅水文站和三家店水文站的水位分别列于第②列和第③列。由此求得不同流量时的稳定流水面比降列于第⑤列。根据雁翅水文站和三家店水文站的稳定流水位-流量关系计算各自的$\left(\frac{\Delta H}{\Delta Q}\right)_0$值，分别列于第⑥列和第⑦列。第⑧列和第⑨列为按式(10-60)计算的雁翅水文站和三家店水文站的特征河长。第⑩列为第⑧列和第⑨列的平均值，即为所求的雁翅至三家店河段的特征河长。

表 10-2 雁翅-三家店河段的特征河长计算

$Q/(m^3\cdot s^{-1})$	雁翅水文站 H/m	三家店水文站 H/m	ΔH/m	i_0/(‱)	雁翅水文站 $\left(\frac{\Delta H}{\Delta Q}\right)_0$	三家店水文站 $\left(\frac{\Delta H}{\Delta Q}\right)_0$	雁翅水文站 l/km	三家店水文站 l/km	河段平均 l/km
①	②	③	④	⑤	⑥	⑦	⑧	⑨	⑩
250	272.08	103.58	168.50	31.90	0.002 5	0.002 5	0.20	0.20	0.20
400	272.42	103.85	168.53	31.90	0.002 2	0.001 9	0.27	0.23	0.25
600	272.81	104.22	168.59	31.90	0.001 9	0.001 7	0.36	0.32	0.34
700	272.99	104.38	168.61	31.90	0.001 8	0.001 6	0.40	0.39	0.40
⋮	⋮	⋮	⋮	⋮	⋮	⋮	⋮	⋮	⋮

由表 10-2 可以看出，对于一个特定河段，特征河长与流量存在一定的关系，一般随着流量变大，特征河长在变长。但不同的河流和不同的河段，变化的程度是不相同的。

三、槽蓄方程的构建

1. 河段长等于特征河长的情况

由特征河长的物理意义可知，此种情况下河段槽蓄量与河段下断面流量必为单一关系，即

$$W=f(O) \tag{10-63}$$

如果式(10-63)是线性的，那么可将其表达为线性形式的槽蓄方程：

$$W=\tau_l O \tag{10-64}$$

式中 τ_l——蓄量系数。

如果式(10-63)是非线性的，那么可将其表达为非线性形式的槽蓄方程，例如

$$W=aO^n \tag{10-65}$$

式中 a、n——常数。

也可构建成如下形式的非线性槽蓄方程：

$$W=k(O)O \tag{10-66}$$

式中 $k(O)$——随河段下断面流量 O 变化而变化的系数。

将式(10-64)或式(10-65)或式(10-66)与水量平衡方程式(10-18)联立，可以解决根

据河段上断面入流过程推算河段下断面出流过程的问题。

式(10-64)中 τ_l 的物理意义可解释如下：由式(10-64)可知

$$\frac{\mathrm{d}W}{\mathrm{d}O}=\tau_l \tag{10-67}$$

且知

$$\frac{\mathrm{d}W}{\mathrm{d}O}=\frac{\mathrm{d}(\overline{A}l)}{\mathrm{d}O}=l\frac{\mathrm{d}\overline{A}}{\mathrm{d}O} \tag{10-68}$$

式中　$\overline{A}$——特征河长河段的平均过水断面面积。

再利用式(10-1)，最终得

$$\tau_l=\frac{\mathrm{d}W}{\mathrm{d}O}=\frac{\mathrm{d}(\overline{A}l)}{\mathrm{d}O}=l\frac{\mathrm{d}\overline{A}}{\mathrm{d}O}=\frac{l}{c} \tag{10-69}$$

式(10-69)表明，式(10-64)中 τ_l 的物理意义就是洪水波在特征河长里的传播时间。

2. 河段长不等于特征河长的情况

此时包括 $L>l$ 和 $L<l$ 两种情况，讨论的前提是假设水位和流量沿河长均呈线性变化。

① 先讨论 $L>l$ 的情形。

涨洪时，由图 10-20a 可以看出

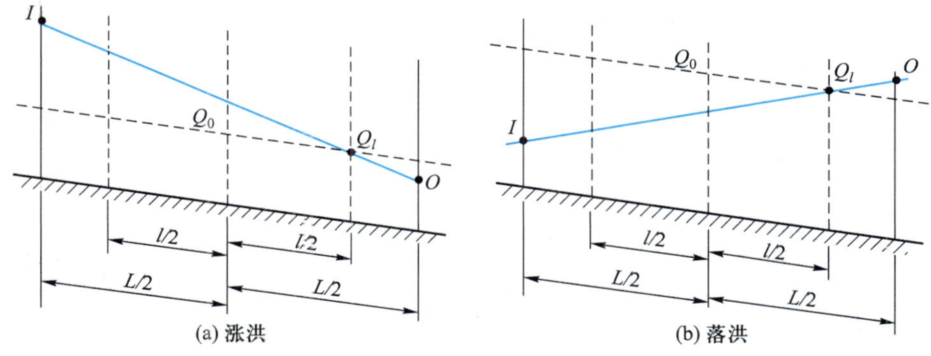

图 10-20　河段长 L 大于特征河长 l 时流量沿河长呈线性变化

$$\frac{Q_l-O}{I-O}=\frac{\frac{L}{2}-\frac{l}{2}}{L}$$

从而解得

$$Q_l=\left(\frac{1}{2}-\frac{l}{2L}\right)I+\left(\frac{1}{2}+\frac{l}{2L}\right)O$$

令

$$X=\frac{1}{2}-\frac{l}{2L}$$

则上式可表示为

$$Q_l=XI+(1-X)O$$

落洪时，由图 10-20b 可以看出

$$\frac{Q_l-I}{O-I}=\frac{\frac{L}{2}+\frac{l}{2}}{L}$$

从而解得

$$Q_l=\left(\frac{1}{2}-\frac{l}{2L}\right)I+\left(\frac{1}{2}+\frac{l}{2L}\right)O$$

令

$$X=\frac{1}{2}-\frac{l}{2L}$$

则上式变为

$$Q_l=XI+(1-X)O$$

综合以上分析，在 $L>l$ 的情况下，按特征河长概念，河段槽蓄量 W 必与 $Q_l=XI+(1-X)O$ 呈单值关系，其中

$$X=\frac{1}{2}-\frac{l}{2L}$$

若这种单值关系为线性关系，则可表示为

$$W=K[XI+(1-X)O]$$

式中　K——蓄量常数。

② 再讨论 $L<l$ 的情形。

涨洪时，由图 10-21a 可以看出

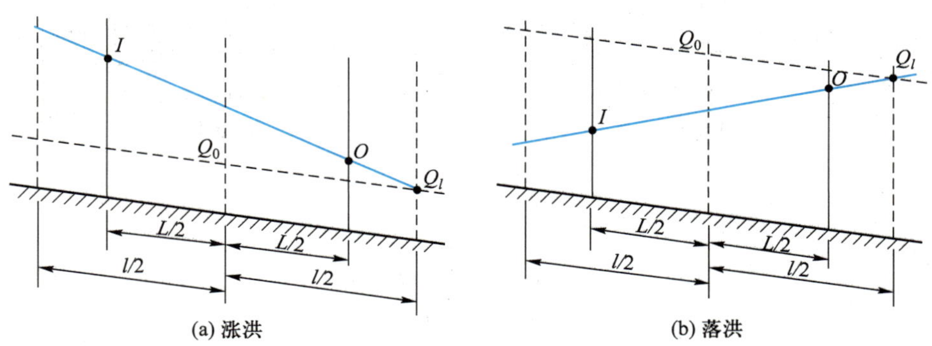

图 10-21　河段长 L 小于特征河长 l 时流量沿河长呈线性变化

$$\frac{O-Q_l}{I-Q_l}=\frac{\frac{l}{2}-\frac{L}{2}}{\frac{l}{2}+\frac{L}{2}}$$

从而可以解得

$$Q_l=\left(\frac{1}{2}-\frac{l}{2L}\right)I+\left(\frac{1}{2}+\frac{l}{2L}\right)O$$

令

$$X=\frac{1}{2}-\frac{l}{2L}$$

则上式可表示为

$$Q_l=XI+(1-X)O$$

落洪时，由图 10-21b 可以看出

$$\frac{O-I}{Q_l-I}=\frac{L}{\frac{l}{2}+\frac{L}{2}}$$

从而可以解得

$$Q_l=\left(\frac{1}{2}-\frac{l}{2L}\right)I+\left(\frac{1}{2}+\frac{l}{2L}\right)O$$

令

$$X=\frac{1}{2}-\frac{l}{2L}$$

则上式变为

$$Q_l=XI+(1-X)O$$

综合以上分析，在 $L<l$ 的情况下，按特征河长概念，河段槽蓄量 W 必与 $Q_l=XI+(1-X)O$ 呈单值关系，其中

$$X=\frac{1}{2}-\frac{l}{2L}$$

若这种单值关系为线性关系，则可表示为

$$W=K[XI+(1-X)O]$$

综上所述，当河段长 L 不等于特征河长 l 时，如果水位和流量沿河长呈线性变化，那么在下列条件下河段槽蓄量 W 必与 $Q_l=XI+(1-X)O$ 呈单值关系：

$$X=\frac{1}{2}-\frac{l}{2L} \tag{10-70}$$

相应的线性和非线性河段槽蓄方程分别为

$$W=K[XI+(1-X)O] \tag{10-71}$$

和

$$W=K[XI+(1-X)O]^n \quad (n\neq1) \tag{10-72}$$

式中　n——经验指数。

3. 河段长等于特征河长整数倍的情况

图 10-22 所示为河段长 L 等于特征河长 l 的 n 倍［即 $L=nl$（n 为正整数）］的情况。假设每个特征河长段的槽蓄方程均为线性形式。对第 1 子河段，因为它正好为特征河长，所以

其中洪水波运动应满足水量平衡方程

$$I_1-O_1=\frac{\mathrm{d}W_1}{\mathrm{d}t} \tag{10-73}$$

和槽蓄方程

$$W_1=\tau_l O_1 \tag{10-74}$$

式中 W_1——第 1 子河段的槽蓄量；

I_1——第 1 子河段的入流量；

O_1——第 1 子河段的出流量；

τ_l——洪水波在特征河长段内的传播时间，假定为常数。

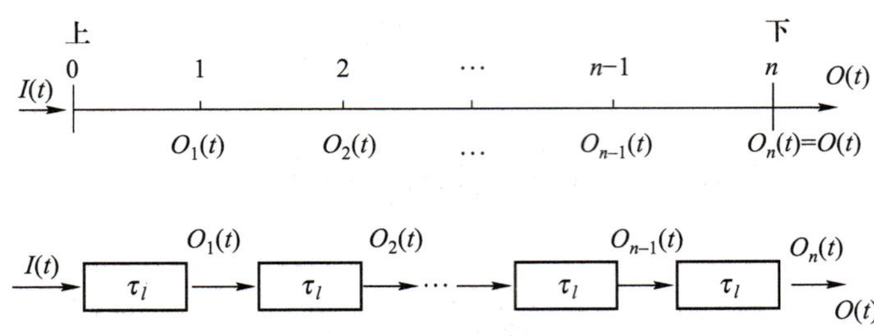

图 10-22 按相等特征河长为单元划分河段

将式(10-73)和式(10-74)合并，就可得到描述第 1 子河段洪水波运动的常微分方程为

$$I_1-O_1=\tau_l\frac{\mathrm{d}O_1}{\mathrm{d}t}$$

对第 2 子河段、第 3 子河段、……、第 n 子河段，同理可得相应的微分方程为

$$O_1-O_2=\tau_l\frac{\mathrm{d}O_2}{\mathrm{d}t}$$

$$O_2-O_3=\tau_l\frac{\mathrm{d}O_3}{\mathrm{d}t}$$

…………

$$O_{n-1}-O=\tau_l\frac{\mathrm{d}O}{\mathrm{d}t}$$

这样就可得到一个由 n 个微分方程组成的常微分方程组。如果将这 n 个微分方程中的中间变量 O_1，O_2，…，O_{n-1}消去，就有

$$O(t)+n\tau_l\frac{\mathrm{d}O}{\mathrm{d}t}+\frac{n(n-1)}{2!}\tau_l^2\frac{\mathrm{d}^2O}{\mathrm{d}t^2}+\frac{n(n-1)(n-2)}{3!}\tau_l^3\frac{\mathrm{d}^3O}{\mathrm{d}t^3}+\cdots+\tau_l^n\frac{\mathrm{d}^nO}{\mathrm{d}t^n}=I(t) \tag{10-75}$$

式(10-75)就是描述河段长等于特征河长 n 倍情况下河道洪水波运动的常微分方程式。

将式(10-75)与河段长为 L 的河段水量平衡方程式(10-18)比较，可得到河段长 L 为 n 倍特征河长情况下的槽蓄方程式为

$$W=n\tau_lO+\frac{n(n-1)}{2!}\tau_l^2\frac{\mathrm{d}O}{\mathrm{d}t}+\frac{n(n-1)(n-2)}{3!}\tau_l^3\frac{\mathrm{d}^2O}{\mathrm{d}t^2}+\cdots+\tau_l^n\frac{\mathrm{d}^{n-1}O}{\mathrm{d}t^{n-1}} \tag{10-76}$$

式中　W——河段长为 L 的槽蓄量；

$O(t)$——该河段下断面出流量。

比较式(10-76)与式(10-71)可以看出，虽然它们都是表示河段长不等于特征河长情况下的河段槽蓄方程式，但因假设不同，故结果各异。式(10-71)是在水位和流量沿河长均呈线性变化的前提下得到的，而式(10-76)的前提仅是假设每个特征河长段的水位和流量沿河长呈线性变化。

可以看出，现有槽蓄理论的核心是特征河长。过去水文学洪水演算方法长期困惑在经验范畴里，自从提出特征河长的概念，有些经验方法就上升为理论基础。

习　　题

第十章习题参考解答

10-1　证明由圣维南方程组的动力方程导出的局地惯性波动力方程为

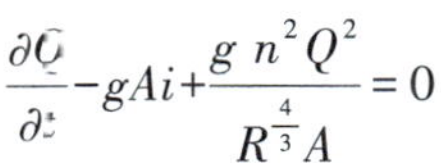

$$\frac{\partial Q}{\partial t}-gAi+\frac{g\,n^2Q^2}{R^{\frac{4}{3}}A}=0$$

式中　Q——流量；

A——过水断面面积；

R——水力半径；

n——糙率；

i——水面比降；

g——重力加速度；

t——时间。

10-2　河段长为 L，河底比降为 i_0。河道横断面为矩形，水面宽度为 b。河段的水深 y 与流量 Q 的关系为 $Q=\alpha y^{\beta}$，其中 α 和 β 为常数。试推导出该河段的波速 c、波速系数 η、扩散系数 D 和特征河长 l 的表达式。

10-3　某河段长为 158 km，其上、下断面的稳定流水位(H)-流量(Q)关系和流量(Q)-过水断面面积（A）关系如表 10-3 和表 10-4 所列，试求当河段通过流量在 6 000~21 000 m^3/s 时：

（1）河段的平均波速和传播时间；

（2）河段的平均特征河长；

（3）河段的平均扩散系数；

（4）河段槽蓄方程 $W=K[XI+(1-X)O]$ 的参数 X（W 为河段槽蓄量，I 和 O 分别为河段上、下断面流量，K 为河段的传播时间）。

表 10-3　河段上断面稳定流 H-Q 关系和 Q-A 关系

H/m	63.0	63.5	64.0	64.5	65.0	65.5	66.0	66.5	67.0	67.5	68.0	68.5	69.0
Q/(m^3·s^{-1})	1 400	1 900	2 550	3 400	4 600	6 300	8 200	10 300	12 800	15 100	17 500	20 200	23 700
A/m^2	1 417		1 935		2 458		2 983		3 516		4 054		4 594

表 10-4 河段下断面稳定流 $H-Q$ 关系和 $Q-A$ 关系

H/m	44.0	44.5	45.0	45.5	46.0	46.5	47.0	47.5	48.0	48.5	49.0	49.5	50.0
$Q/(\mathrm{m^3\cdot s^{-1}})$	2 300	3 150	4 200	5 300	6 700	8 000	9 400	11 000	12 700	14 600	16 300	18 400	20 400
$A/\mathrm{m^2}$	2 600		3 125		3 745		4 429		5 469		6 799		8 129

* **10-4** 描写矩形断面河道扩散波运动的偏微分方程组为

$$\begin{cases} i_0-\dfrac{\partial y}{\partial x}=\dfrac{Q^2}{K^2} \\ \dfrac{\partial Q}{\partial x}+B\dfrac{\partial y}{\partial t}=0 \end{cases}$$

式中 Q——流量；
B——水面宽；
i_0——河底比降；
y——水深；
K——流量模数。

假设

$$\left(\frac{K}{K_0}\right)^2=\left(\frac{y}{y_0}\right)^\alpha$$

式中 K_0、y_0——稳定流时的流量模数和水深；
α——常数。

试用微幅波理论将上述非线性偏微分方程线性化并证明线性扩散波的波速和扩散系数分别为 $c=\dfrac{\alpha V_0}{2}$（V_0为稳定流断面平均流速）和 $D=\dfrac{Q_0}{2i_0B}$（Q_0为稳定流流量）。

* **10-5** 已知河段长为 L，该河段的特征河长 $l=\dfrac{L}{2}$。若洪水波速 c 为常数，试推导出该河段的槽蓄量 W 与河段下断面出流量 O 的函数关系式。

第十一章　洪水演算

洪水演算旨在根据河段上断面入流过程，应用洪水波运动的数学描述方法解出流量的时空变化函数 $Q=Q(x,t)$ 或水位的时空变化函数 $H=H(x,t)$，或者某一指定下断面的流量或水位过程，是水文学的常见应用问题，以洪水波运动为其理论基础。

第一节　预备知识

洪水演算问题最早由格绕夫（Graoff）于 1833 年提出。1871 年圣维南方程组的提出奠定了洪水演算水力学途径的理论基础。由麦卡锡（McCarthy）在 1934—1935 年间研制的马斯京根（Muskingum）法成为第一个水文学途径的洪水演算方法。

本节讨论洪水演算必需的预备知识。

一、叠加性和倍比性

叠加性和倍比性虽是数学概念，但与水文学的关系十分密切。

河段上断面的入流总是可以分解成若干部分之和。在洪水演算中，如果每一部分入流形成的河段下断面出流之和等于河段上断面入流形成的河段下断面出流，那么这样的洪水演算方法就具有叠加性。叠加性的数学表述为

若

$$I(t)=\sum_{i=1}^{n} I_i(t) \quad (i=1,2,\cdots,n) \tag{11-1}$$

则下式成立

$$O(t)=\sum_{i=1}^{n} O_i(t) \quad (i=1,2,\cdots,n) \tag{11-2}$$

以上二式中　$I(t)$——河段上断面入流；

$O(t)$——由 $I(t)$ 形成的河段下断面出流；

$I_i(t)$——第 i 个部分的河段上断面入流；

$O_i(t)$——由 $I_i(t)$ 形成的河段下断面的部分出流。

河段上断面的入流也可以表达为另一个入流的 n 倍。在洪水演算中，如果另一个入流形成的出流的 n 倍等于这样的入流形成的河段下断面的出流，那么这样的洪水演算方法就具有倍比性，倍比性又称均匀性。倍比性的数学表述为

若

$$I(t)=nI_1(t) \tag{11-3}$$

则下式成立

$$O(t)=nO_1(t) \tag{11-4}$$

以上二式中 $I(t)$、$I_1(t)$——河段上断面两个不同的入流；

$O(t)$、$O_1(t)$——分别由 $I(t)$ 和 $I_1(t)$ 形成的河段下断面出流。

数学上已经证明，只有线性偏微分方程、线性常微分方程、线性差分方程和线性系统才具有叠加性和倍比性。

二、入流过程的数学处理

在洪水演算中常常会遇到这样的情况：河段洪水波运动的数学描述是微分方程或差分方程，河段上断面的入流过程一般只能用图形表达。这就使得进行洪水演算时面临着规律描述与输入表达不相匹配的问题。为处理这一问题，需要对入流过程进行数学处理，也就是解决用数学式表达入流过程的问题。

1. 简单入流的数学表达

水文学中常用的连续函数型的简单入流主要有三种。

① 单位入流 始终维持 1 个单位强度（通常为 1 m^3/s）的入流称为单位入流。所谓“始终维持 1 个单位强度的入流”，就是随着时间的变化，入流保持为 1 个单位强度（图 11-1a），其数学表达式为

$$H(t)=\begin{cases}0, & t<0\\ 1, & t\geqslant 0\end{cases} \tag{11-5}$$

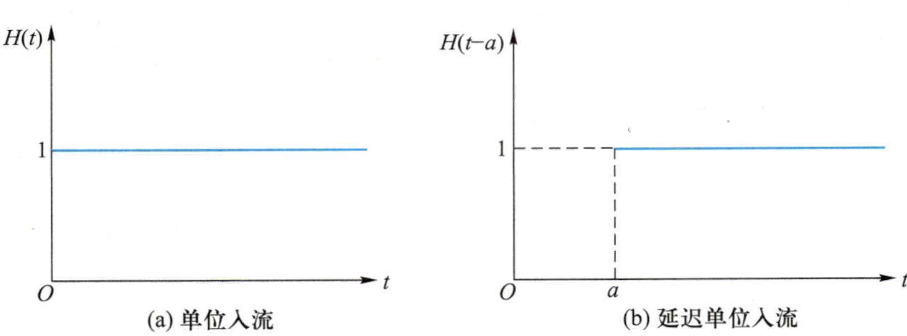

(a) 单位入流 (b) 延迟单位入流

图 11-1 单位入流及延迟单位入流

如果单位入流不是从 $t=0$ 开始，而是从某一时刻 $t=a$ 开始，此时的单位入流比从 $t=0$ 开始的单位入流延迟时间 a。为区别计，把从 $t=a$ 开始的单位入流叫作延迟单位入流（图 11-1b），其数学表达式为

$$H(t-a)=\begin{cases}0, & t<a\\ 1, & t\geqslant a\end{cases} \tag{11-6}$$

② 单位矩形入流 时段 Δt 内维持 1 个单位强度（通常为 1 m^3/s）的入流称为单位矩形入流（图 11-2a）。由于只在时段内入流强度等于 1 个单位强度，在其他时间没有入流，所以，作出的入流图形像一个矩形，因此得名为单位矩形入流，其数学表达式为

$$J(t)=\begin{cases}0, & t<0\\ 1, & 0\leqslant t\leqslant a\\ 0, & t>a\end{cases}\tag{11-7}$$

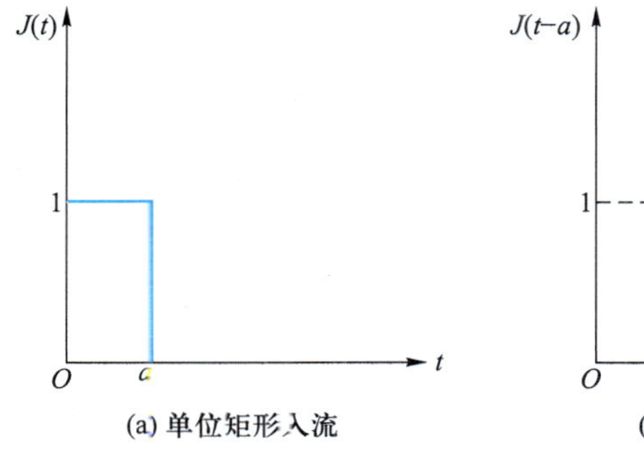

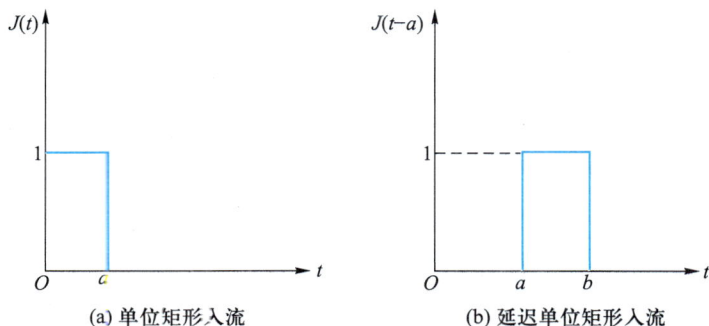

(a) 单位矩形入流

(b) 延迟单位矩形入流

图 11-2　单位矩形入流及延迟单位矩形入流

如果单位矩形入流不是从 $t=0$ 开始，而是从某一个时刻 $t=a$ 开始到另一个时刻 $t=b$ 结束，且 a、b 之间的时段长正好为 Δt，即 $b-a=\Delta t$，则称为延迟单位矩形入流（图 11-2b），其数学表达式为

$$J(t-a)=\begin{cases}0, & t<a\\ 1, & a\leqslant t\leqslant b\\ 0, & t>b\end{cases}\tag{11-8}$$

③ 单位瞬时脉冲入流　入流时间很短（用极限的概念来理解就是入流时间趋于 0），入流的强度很大（用极限的概念来理解就是入流强度趋于无穷大），但入流的总量是一个单位（通常为 1 m^3）的入流称为单位瞬时脉冲入流（图 11-3a）。为了给出单位瞬时脉冲入流的数学表达式，必须引进 δ 函数。在数学物理中，δ 函数是专门用来表示作用时间很短或作用范围很小，作用强度很大，但总量有限的一类物理现象的函数。δ 函数具有与通常函数不同的性质，故在数学上称为奇异函数。单位瞬时脉冲入流的数学表达式为

$$\begin{cases}\delta(t)=0, & t\neq 0\\ \delta(t)\rightarrow\infty, & t=0\\ \int_0^{\infty}\delta(t)=1\end{cases}\tag{11-9}$$

如果单位瞬时脉冲入流不是从 $t=0$ 开始，而是从某一时刻 $t=a$ 开始，则称为延迟单位瞬时脉冲入流（图 11-3b），其数学表达式为

$$\begin{cases}\delta(t-a)=0, & t\neq a\\ \delta(t-a)\rightarrow\infty, & t=a\\ \int_a^{\infty}\delta(t-a)=1\end{cases}\tag{11-10}$$

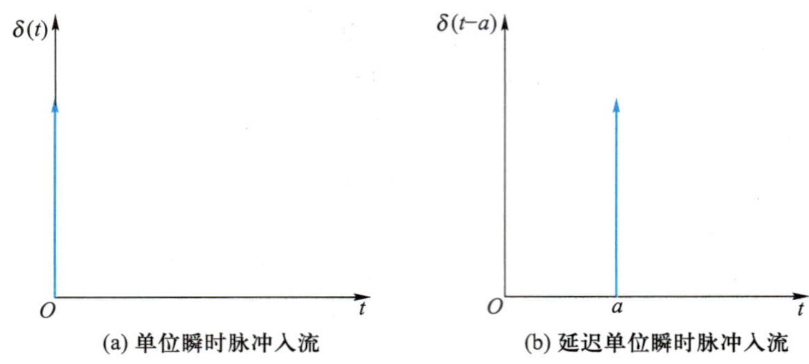

图 11-3 单位瞬时脉冲入流及延迟单位瞬时脉冲入流

2. 简单入流之间的关系

由图 11-1 可见，将单位入流和延迟单位入流相减，就可得到单位矩形入流。所以，单位矩形入流和单位入流之间有如下关系：

$$J(t)=H(t)-H(t-\Delta t) \tag{11-11}$$

单位瞬时脉冲入流与单位入流之间关系的证明比较复杂，在此从略。结论是单位瞬时脉冲入流等于单位入流对时间 t 的一阶导数；反之，就是单位入流等于单位瞬时脉冲入流对时间的积分，即

$$\delta(t)=\frac{\mathrm{d}H(t)}{\mathrm{d}t},\quad H(t)=\int_0^t \delta(t)\,\mathrm{d}t \tag{11-12}$$

由式(11-12)可以看出 δ 函数的奇异性：如果用一般的微积分知识来理解，$H(t)$ 对 t 的一阶导数似乎等于 0，但实际上它不等于 0，而是等于 $\delta(t)$。

根据式(11-11)和式(11-12)，三种简单入流的表达在数学上就可以相互转换了。

3. 复杂入流的数学表达

图 11-4 所示为任一形状的入流过程。为了将这个图形表达成数学式，先选择一个时段长 Δt，将入流过程的总历时按 Δt 划分成若干个时段，然后将入流过程表达成由曲边梯形组成的图形。如果将每个曲边梯形用一个底宽相同、面积相同的矩形来代替，由曲边梯形表示的入流过程就变成了柱状图。这就表明，一个连续过程在形状上总可以用一个柱状图来近似表示，而且通过调整 Δt 可以改变用柱状图代替连续过程形状的近似程度。如果希望这两者接近程度高一点，就可以把 Δt 取得小一点；反之，可以将 Δt 取得大一点。如果在选取 Δt 时尽可能使 Δt 时段内的入流强度随时间近乎直线变化，那么柱状图中每个矩形的高度就是时段 Δt 初、末入流强度的算术平均值。对于图 11-4 所示的入流过程，可求得 8 个

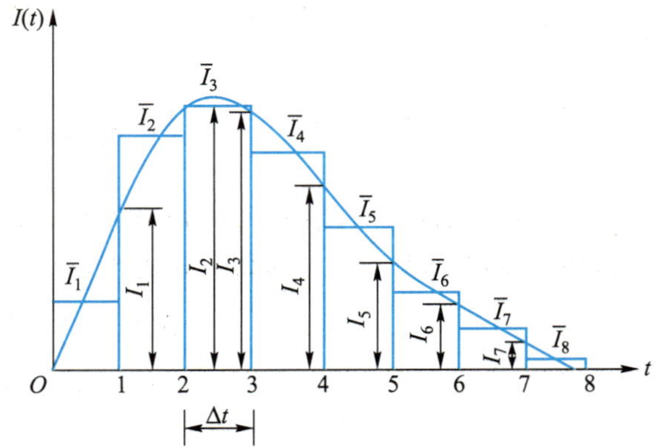

图 11-4 河段上断面入流量过程线的处理

矩形的高分别为

$$\begin{cases}\bar{I}_1=\dfrac{0+I_1}{2}=\dfrac{I_1}{2}\\ \bar{I}_2=\dfrac{I_1+I_2}{2}\\ \bar{I}_3=\dfrac{I_2+I_3}{2}\\ \bar{I}_4=\dfrac{I_3+I_4}{2}\\ \bar{I}_5=\dfrac{I_4+I_5}{2}\\ \bar{I}_6=\dfrac{I_5+I_6}{2}\\ \bar{I}_7=\dfrac{I_6+I_7}{2}\\ \bar{I}_8=\dfrac{I_7+0}{2}=\dfrac{I_7}{2}\end{cases} \tag{11-13}$$

根据单位矩形入流的表达式(11-7)和延迟单位矩形入流的表达式(11-8)，对图 11-4 所示入流过程的第 1 个矩形，可以写成 $\bar{I}_1J(t)$，对第 2 个矩形，可以写成 $\bar{I}_2J(t-\Delta t)$，对第 3 个矩形一直到第 8 个矩形，可依次写成 $\bar{I}_3J(t-2\Delta t)$、$\bar{I}_4J(t-3\Delta t)$、$\bar{I}_5J(t-4\Delta t)$、$\bar{I}_6J(t-5\Delta t)$、$\bar{I}_7J(t-6\Delta t)$、$\bar{I}_8J(t-7\Delta t)$。因此可得利用单位矩形入流表达复杂入流的数学式为

$$\begin{aligned}I(t)=&\bar{I}_1J(t)+\bar{I}_2J(t-\Delta t)+\bar{I}_3J(t-2\Delta t)+\bar{I}_4J(t-3\Delta t)+\bar{I}_5J(t-4\Delta t)+\\&\bar{I}_6J(t-5\Delta t)+\bar{I}_7J(t-6\Delta t)+\bar{I}_8J(t-7\Delta t)\end{aligned} \tag{11-14}$$

由于

$$J(t)=H(t)-H(t-\Delta t),J(t-\Delta t)=H(t-\Delta t)-H(t-2\Delta t)$$

$$\cdots\cdots\cdots\cdots$$

$$J(t-7\Delta t)=H(t-7\Delta t)-H(t-8\Delta t) \tag{11-15}$$

将式(11-15)代入式(11-14)就可得

$$\begin{aligned}I(t)=&\bar{I}_1[H(t)-H(t-\Delta t)]+\bar{I}_2[H(t-\Delta t)-H(t-2\Delta t)]+\cdots+\\&\bar{I}_8[H(t-7\Delta t)-H(t-8\Delta t)]\end{aligned} \tag{11-16}$$

或者

$$I(t)=\bar{I}_1H(t)+(\bar{I}_2-\bar{I}_1)H(t-\Delta t)+\cdots+(\bar{I}_8-\bar{I}_7)H(t-7\Delta t)-\bar{I}_8H(t-8\Delta t) \tag{11-17}$$

又由于

$$H(t)=\int_0^t \delta(t)\mathrm{d}t,\ H(t-\Delta t)=\int_{\Delta t}^t \delta(t-\Delta t)\mathrm{d}t \tag{11-18}$$

将式(11-18)代入式(11-17)，就可得用单位瞬时脉冲入流表达的复杂入流的数学式为

$$I(t)\approx \bar{I}_1\int_0^t \delta(t)\mathrm{d}t+(\bar{I}_2-\bar{I}_1)\int_{\Delta t}^t \delta(t-\Delta t)\mathrm{d}t+\cdots \tag{11-19}$$

由式(11-14)、式(11-17)和式(11-19)可见，有了简单入流的数学表达，就可以把一个复杂入流表达成基于简单入流的数学式。

三、河段汇流曲线

河段上断面入流为简单入流所形成的河段下断面出流过程称为河段汇流曲线。由于简单入流有三种，所以，常用的河段汇流曲线也有三种。

1. S 曲线

河段上断面入流为单位入流［即 $H(t)$］，在河段下断面形成的出流过程称为河段 S 曲线，又称为河段单阶过程线，用 $S(t)$ 表示。S 曲线具有如下性质：

$$\begin{cases}S(t)=0, & t=0\\ S(t)\to 1, & t\to\infty\end{cases} \tag{11-20}$$

2. 时段单位线

河段上断面入流为单位矩形入流［即 $J(t)$］，在河段下断面形成的出流过程称为河段时段单位线，用 $u(\Delta t,t)$ 表示。时段单位线具有的性质为

$$\begin{cases}u(\Delta t,t)=0, & t=0\\ \int_0^\infty u(\Delta t,t)\mathrm{d}t=\Delta t\end{cases} \tag{11-21}$$

若将式(11-21)中的积分离散成求和式，则有

$$u_1+u_2+u_3+\cdots+u_n=1 \tag{11-22}$$

式中 u_1、u_2、u_3、…、u_n——时段单位线从起涨开始每隔 Δt 的纵坐标值，n 为 Δt 的时段数。

事实上，因为

$$\begin{aligned}\int_0^\infty u(\Delta t,t)\mathrm{d}t&=\frac{0+u_1}{2}\Delta t+\frac{u_1+u_2}{2}\Delta t+\cdots+\frac{u_{n-1}+u_n}{2}\Delta t\\&=(u_1+u_2+u_3+\cdots+u_n)\Delta t=\Delta t\end{aligned}$$

所以，式(11-22)成立。

3. 瞬时单位线

河段上断面入流为单位瞬时脉冲入流（即 δ 函数），所形成的河段下断面出流过程称为河段瞬时单位线，一般用 $u(t)$ 表示，也有用 $u(0,t)$ 表示的。河段瞬时单位线具有的性质为

$$\begin{cases} u(t)=0, & t=0 \\ \int_0^{\infty} u(t)\,\mathrm{d}t=1 \end{cases} \tag{11-23}$$

4. 汇流曲线之间的关系

由于单位矩形入流、单位入流和单位瞬时脉冲入流之间存在由式(11-11)和式(11-12)所表达的关系，因此，当可以用线性微分方程、线性差分方程或线性系统来描述洪水波运动规律时，根据其叠加性和倍比性，必有

$$u(\Delta t,t)=S(t)-S(t-\Delta t) \tag{11-24}$$

$$S(t)=\int_0^t u(t)\,\mathrm{d}t \tag{11-25}$$

式(11-24)和式(11-25)表达了线性情况下河段 S 曲线、河段时段单位线和河段瞬时单位线之间的关系，灵活掌握这些关系有利于水文学分析和应用。

四、出流过程的推求

如果河段洪水波运动可用线性微分方程、线性差分方程或线性系统来描述，那么用简单入流把任意形状的复杂入流表达成求和形式的数学式，即式(11-14)、式(11-17)或式(11-19)后，就可应用叠加原理和倍比原理，借助于河段汇流曲线来推求由河段上断面任意形状的复杂入流所形成的河段下断面出流过程，完成洪水演算的任务。

1. 用时段单位线进行洪水演算

由式(11-14)可知，用单位矩形入流可以将任意形状的上断面入流 $I(t)$ 分解成若干项之和。式(11-14)中每一项都由两部分相乘而成：一部分是单位矩形入流或延迟单位矩形入流，另一部分是时段平均入流量。单位矩形入流形成的下断面出流就是时段单位线 $u(\Delta t,t)$，因此，根据倍比原理，式(11-14)等号右边第 1 项形成的河段下断面出流必为 $\bar{I}_1u(\Delta t,t)$，第 2 项形成的河段下断面出流必为 $\bar{I}_2u(\Delta t,t-\Delta t)$，第 3 项形成的河段下断面出流必为 $\bar{I}_3u(\Delta t,t-2\Delta t)$……再根据叠加原理，就可得河段上断面入流过程为 $I(t)$ 时形成的河段下断面出流过程 $O(t)$ 为

$$O(t)=\bar{I}_1u(\Delta t,t)+\bar{I}_2u(\Delta t,t-\Delta t)+\bar{I}_3u(\Delta t,t-2\Delta t)+\cdots \tag{11-26}$$

图 11-5a 是式(11-26)的图示。由式(11-26)可以看出，只要给出该河段的时段单位线，河段上断面入流形成的河段出流就容易计算出来了。表 11-1 给出了一个计算示例。表中第①栏注明时间（包括年、月、日、时）；第②栏为河段上断面入流过程；第③栏为河段上断面时段平均入流量；第④栏为分析所得的河段时段单位线；第⑤栏为各时段按倍比原理的计算结果；第⑥栏为所推求的河段下断面出流量，是由叠加原理计算的结果。表 11-1 所列与按式(11-26)计算及其图示(图 11-5a)完全对应，是线性叠加性和倍比性的列表表示。

表 11-1 应用河段时段单位线推求河段下断面出流过程

年 月 日 时	I/($m^3\cdot s^{-1}$)	$\bar{I}$/($m^3\cdot s^{-1}$)	$u(2,t)$	$\bar{I}u(\Delta t,t)$/($m^3\cdot s^{-1}$)												O/($m^3\cdot s^{-1}$)
				30	80	150	190	160	120	90	70	50	30	15	5	
①	②	③	④	⑤												⑥
2005 8 15 6	0	30	0	0												0
8	60	80	0.2	6	0											6
10	100	150	0.4	12	16	0										28
12	200	190	0.3	9	32	30	0									71
14	180	160	0.1	3	24	60	38	0								125
16	140	120	0	0	8	45	76	32	0							161
18	100	90			0	15	57	64	24	0						160
20	80	70				0	19	48	48	18	0					133
22	60	50					0	16	36	36	14	0				102
8 16 0	40	30						0	12	27	28	10	0			77
2	20	15							0	9	21	20	6	0		56
4	10	5								0	7	15	12	3	0	37
6	0										0	5	9	6	1	21
8	0											0	3	4.5	2	9.5
10	0												0	1.5	1.5	3
12	0													0	0.5	0.5
14	0														0	0

2. 用 S 曲线进行洪水演算

借助于单位入流，河段上断面任意形状的复杂入流又可表达为式(11-17)。因此，根据 S 曲线的意义，并利用倍比原理和叠加原理，可得河段上断面任意形状的复杂入流形成的河段下断面出流过程为

$$O(t)\approx \bar{I}_1 S(t)+(\bar{I}_2-\bar{I}_1)S(t-\Delta t)+\cdots \tag{11-27}$$

式(11-27)是用 S 曲线进行洪水演算的数学表达，图 11-5b 是其图示。利用 S 曲线进行洪水演算的示例见表 11-2。比较表 11-1 和表 11-2，两者计算结果仅在落洪末端有细微差别，这是数字计算的舍入误差所致。

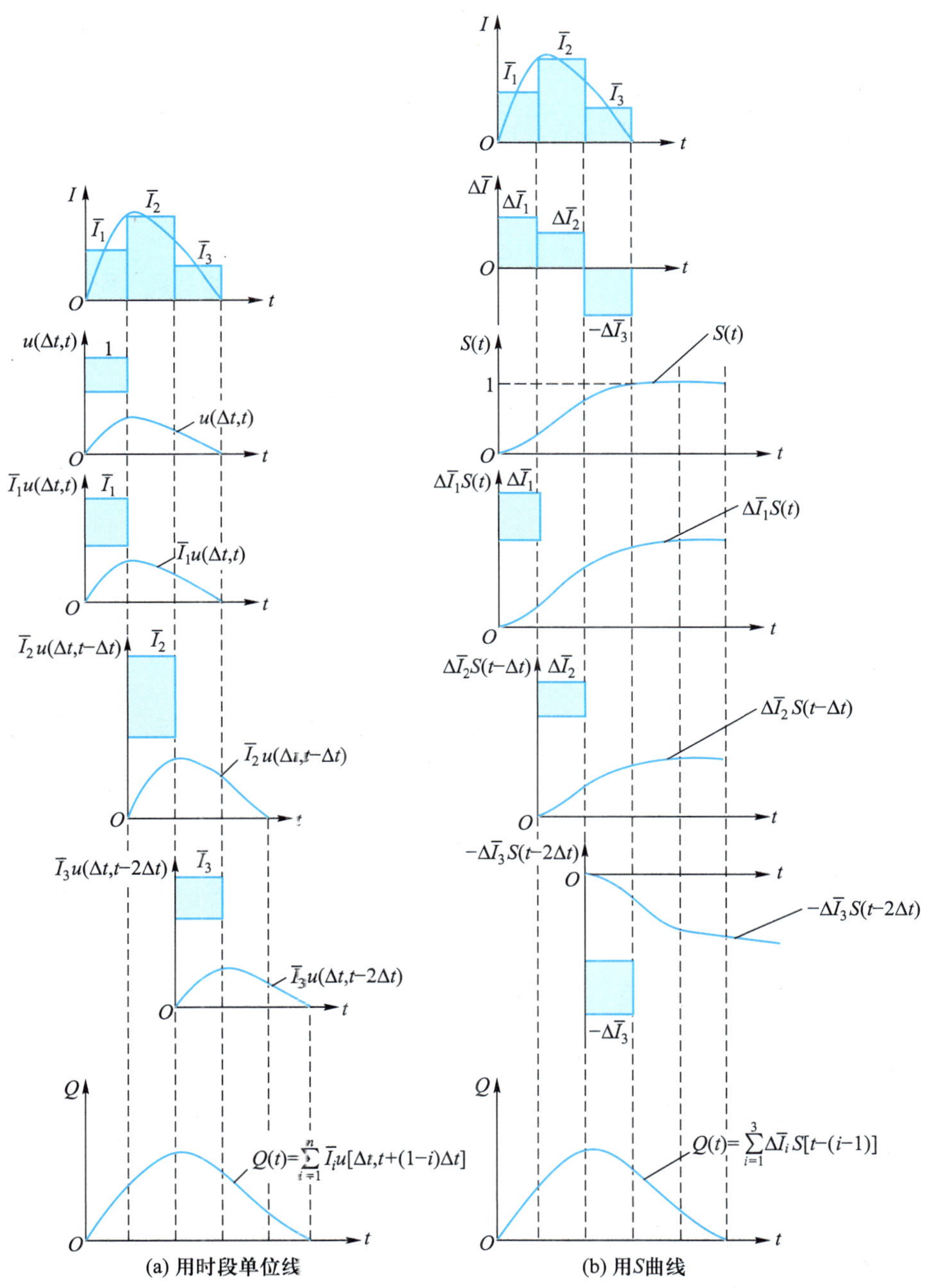

图 11-5　用时段单位线和 S 曲线进行洪水演算

表 11-2 应用河段 S 曲线推求河段下断面出流过程

年 月 日 时	I/($m^3\cdot s^{-1}$)	$\bar{I}$/($m^3\cdot s^{-1}$)	$\Delta\bar{I}$/($m^3\cdot s^{-1}$)	$S(t)$	$\Delta\bar{I}S(t)$/($m^3\cdot s^{-1}$)												O/($m^3\cdot s^{-1}$)
					30	50	70	40	-30	-40	-30	-20	-20	-20	-15	-10	
①	②	③	④	⑤	⑥												⑦
2005 8 15 6	0	30	30	0	0												0
8	60	80	50	0.2	6	0											6
10	100	150	70	0.6	18	10	0										28
12	200	190	40	0.9	27	30	14	0									71
14	180	160	-30	1.0	30	45	42	8	0								125
16	140	120	-40	1.0	30	50	63	24	-6	0							161
18	100	90	-30	1.0	30	50	70	36	-18	-8	0						160
20	80	70	-20	1.0	30	50	70	40	-27	-24	-6	0					133
22	60	50	-20	1.0	30	50	70	40	-30	-36	-18	-4	0				102
8 16 0	40	30	-20	1.0	30	50	70	40	-30	-40	-27	-12	-4	0			77
2	20	15	-15	1.0	30	50	70	40	-30	-40	-30	-18	-12	-4	0		56
4	10	5	-10	1.0	30	50	70	40	-30	-40	-30	-20	-18	-12	-3	0	37
6	0			1.0	30	50	70	40	-30	-40	-30	-20	-20	-18	-9	-2	21
8	0			1.0	30	50	70	40	-30	-40	-30	-20	-20	-20	-13.5	-6	10.5
10	0			1.0	30	50	70	40	-30	-40	-30	-20	-20	-20	-15	-9	6
12	0			1.0	30	50	70	40	-30	-40	-30	-20	-20	-20	-15	-10	5
14	0			1.0	30	50	70	40	-30	-40	-30	-20	-20	-20	-15	-10	5

第二节　特征河长连续演算法

一、基本微分方程

将演算河段按特征河长划分为 n 个单元河段(图 11-6)。根据特征河长的物理意义，每个单元河长的槽蓄量与其下断面出流均呈单一关系，如假定每个单元河段的这种关系均为线性，则对第 1 个单元河段、第 2 个单元河段、……、第 $n-1$ 个单元河段、第 n 个单元河段，可分别用下列线性常微分方程组描述其中的洪水波运动，即

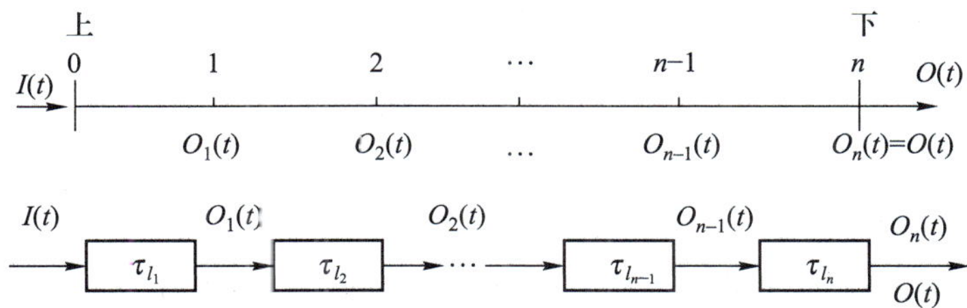

图 11-6　按不等特征河长为单元划分河段

$$\begin{cases} I(t)-O_1(t)=\dfrac{\mathrm{d}W_1}{\mathrm{d}t} \\ W_1=\tau_{l_1}O_1(t) \end{cases}$$

$$\begin{cases} O_1(t)-O_2(t)=\dfrac{\mathrm{d}W_2}{\mathrm{d}t} \\ W_2=\tau_{l_2}O_2(t) \end{cases}$$

…………

$$\begin{cases} O_{n-2}(t)-O_{n-1}(t)=\dfrac{\mathrm{d}W_{n-1}}{\mathrm{d}t} \\ W_{n-1}=\tau_{l_{n-1}}O_{n-1}(t) \end{cases}$$

$$\begin{cases} O_{n-1}(t)-O(t)=\dfrac{\mathrm{d}W_n}{\mathrm{d}t} \\ W_n=\tau_{l_n}O_n(t)=\tau_{l_n}O(t) \end{cases}$$

以上各式中　$I(t)$、$O(t)$——演算河段的上断面入流量和下断面出流量；

$O_1(t)$、$O_2(t)$、…、$O_{n-1}(t)$、$O(t)$——第 1 个单元河段、第 2 个单元河段、……、第 $n-1$ 个单元河段、第 n 个单元河段的出流量；

W_1、W_2、…、W_{n-1}、W_n——第 1 个单元河段、第 2 个单元河段、……、第 $n-1$ 个单元河段、第 n 个单元河段的槽蓄量；

τ_{l_1}、τ_{l_2}、…、$\tau_{l_{n-1}}$、τ_{l_n}——第 1 个单元河段、第 2 个单元河段、……、第 $n-1$ 个单元河段、第 n 个单元河段的蓄量系数。

将每一个单元河段的槽蓄方程和水量平衡方程加以合并，可得如下描述第 1 个单元河段、第 2 个单元河段、……、第 $n-1$ 个单元河段、第 n 个单元河段洪水波运动的微分方程式为

$$\tau_{l_1}\frac{\mathrm{d}O_1}{\mathrm{d}t}+O_1=I(t)$$

$$\tau_{l_2}\frac{\mathrm{d}O_2}{\mathrm{d}t}+O_2=O_1(t)$$

$$\cdots\cdots\cdots\cdots$$

$$\tau_{l_{n-1}}\frac{\mathrm{d}O_{n-1}}{\mathrm{d}t}+O_{n-1}=O_{n-2}(t)$$

$$\tau_{l_n}\frac{\mathrm{d}O}{\mathrm{d}t}+O=O_{n-1}(t)$$

在上述微分方程组中，如果消去所有中间变量 $O_1(t)$、$O_2(t)$、…、$O_{n-1}(t)$，最终可得到描述整个演算河段洪水波运动的微分方程式为

$$O(t)+\underbrace{(\tau_{l_1}+\tau_{l_2}+\cdots+\tau_{l_n})}_{n\text{项}}\frac{\mathrm{d}O}{\mathrm{d}t}+\underbrace{(\tau_{l_1}\tau_{l_2}+\tau_{l_1}\tau_{l_3}+\cdots)}_{\frac{n(n-1)}{2!}\text{项}}\frac{\mathrm{d}^2O}{\mathrm{d}t^2}+$$

$$\underbrace{(\tau_{l_1}\tau_{l_2}\tau_{l_3}+\cdots)}_{\frac{n(n-1)(n-2)}{3!}\text{项}}\frac{\mathrm{d}^3O}{\mathrm{d}t^3}+\cdots+\tau_{l_1}\cdot\tau_{l_2}\cdot\tau_{l_3}\cdot\cdots\cdot\tau_{l_n}\frac{\mathrm{d}^nO}{\mathrm{d}t^n}=I(t) \tag{11-28}$$

式(11-28)是一个 n 阶线性常系数常微分方程。

二、河段汇流曲线

1. $\tau_{l_1}=\tau_{l_2}=\cdots=\tau_{l_{n-1}}=\tau_{l_n}=\tau_l$ 的情况

这时式(11-28)变为

$$O(t)+n\tau_l\frac{\mathrm{d}O}{\mathrm{d}t}+\frac{n(n-1)}{2!}\tau_l^2\frac{\mathrm{d}^2O}{\mathrm{d}t^2}+$$

$$\frac{n(n-1)(n-2)}{3!}\tau_l^3\frac{\mathrm{d}^3O}{\mathrm{d}t^3}+\cdots+\tau_l^n\frac{\mathrm{d}^nO}{\mathrm{d}t^n}=I(t) \tag{11-29}$$

为了导出汇流曲线，必须确定式(11-29)的初始条件。如果在 $t=0$ 时 $I(0)=0$，就可认为 $t=0$ 时各单元河段的出流亦为零，即 $O_1(0)=O_2(0)=\cdots=O_{n-1}(0)=O_n(0)=0$。据此，式(11-29)的初始条件可确定为

$$O(0)=0,\quad \left.\frac{\mathrm{d}O}{\mathrm{d}t}\right|_{t=0}=0,\quad \cdots,\quad \left.\frac{\mathrm{d}^{n-1}O}{\mathrm{d}t^{n-1}}\right|_{t=0}=0 \tag{11-30}$$

考虑到初始条件式(11-30)，式(11-29)的拉普拉斯变换为

$$L[O(t)]=\frac{1}{(1+\tau_l p)^n}L[I(t)] \tag{11-31}$$

由瞬时单位线的定义可知，只要在式(11-31)中令 $I(t)=\delta(t)$，就可求得用式(11-29)和式(11-30)描述洪水波运动的河段瞬时单位线为

$$u(t)=\frac{1}{\tau_l(n-1)!}\left(\frac{t}{\tau_l}\right)^{n-1}\mathrm{e}^{-t/\tau_l} \tag{11-32}$$

在线性条件下，S 曲线与瞬时单位线的关系为式(11-24)，将式(11-32)代入式(11-24)可求得河段 S 曲线为

$$S(t)=1-\mathrm{e}^{-t/\tau_l}\sum_{i=0}^{n-1}\frac{1}{i!}\left(\frac{t}{\tau_l}\right)^i \tag{11-33}$$

再将式(11-33)代入式(11-24)就可求得时段为 Δt 的河段时段单位线。

2. 前 m 个单元河段的蓄量系数 τ_l'远远小于后 n 个单元河段的蓄量系数 τ_l，但 $m\tau_l'$为一个不可忽略的有限量 T 的情况

这时，对前 m 个单元河段，仿照式(11-31)有

$$L[O_m(t)]=\frac{1}{(1+\tau_l' p)^m}L[I(t)]$$

当 $I(t)=\delta(t)$ 时，上式变为

$$L[u'(t)]=\frac{1}{(1+\tau_l' p)^m}$$

因为 $m\tau_l'=T$，所以，上式又可表达为

$$L[u'(t)]=\frac{1}{\left(1+\frac{T}{m}p\right)^m} \tag{11-34}$$

式中　$u'(t)$——前 m 个单元河段串联的瞬时单位线。

由于 τ_l'很小，但 $m\tau_l'=T$，因此必然有 $m\to\infty$，这样可求得式(11-34)当 $m\to\infty$ 时的极限为

$$L[u'(t)]=\exp(-Tp) \tag{11-35}$$

因此，由拉普拉斯变换的性质可知

$$u'(t)=\delta(t-T) \tag{11-36}$$

这就是说，当前 m 个单元河段的蓄量系数 τ_l'虽很小、但 $m\tau_l'$为不可忽略的有限值 T 时，将河段上断面的单位瞬时脉冲入流推迟时间 T 就是其瞬时单位线。

式(11-35)为后 n 个单元河段串联的入流的拉普拉斯变换。将式(11-35)代入式(11-31)，得

$$L[u(t)]=\frac{1}{(1+\tau_l p)^n}\exp(-Tp) \tag{11-37}$$

式(11-37)的逆拉普拉斯变换为

$$u(t)=\begin{cases}0, t<T \\ \dfrac{1}{\tau_l(n-1)!}\left(\dfrac{t-T}{\tau_l}\right)^{n-1}\exp\left(-\dfrac{t-T}{\tau_l}\right), & t\geqslant T\end{cases} \tag{11-38}$$

式(11-38)就是第二种情况下的河段瞬时单位线。比较式(11-38)与式(11-32)可知，将式(11-32)推迟时间 T 就成为式(11-38)。

以上第一种情况适用于全河段坡度比较均匀的情况，第二种情况适用于上游段河底比降陡峻、下游段河底比降比较平缓的情况。

三、参数的确定

式(11-32)和式(11-38)包含 n、τ_l、T 等 3 个待定参数。n 是河段的特征河长段数，τ_l 是特征河长的洪水波传播时间，T 是洪水过程线的推迟时间。

易知

$$n=\frac{L}{l} \tag{11-39}$$

$$\tau_l=\frac{l}{c} \tag{11-40}$$

上两式中 L——河段长；

l——特征河长；

c——洪水波波速。

当缺乏实测水位、流量资料时，也可根据河道的纵横断面和糙率资料来估算这些参数。

l 和 c 的近似公式分别为

$$l=\frac{3\bar{h}}{5i_0} \tag{11-41}$$

和

$$c=\frac{\eta}{\varepsilon}A^{3/2}B^{-2/3}i_0^{1/2} \tag{11-42}$$

式中 $\bar{h}$——断面平均水深；

i_0——河底比降；

A、B——过水断面面积和水面宽度；

ε——河槽糙率；

η——波速系数。

T 大体为河段上下断面洪水过程线起涨时间之差值(图 11-7)，即

$$T=t_{\mathrm{L}O}-t_{\mathrm{U}O} \tag{11-43}$$

式中 $t_{\mathrm{L}O}$——河段上断面流量起涨时间；

$t_{\mathrm{U}O}$——河段下断面流量起涨时间。

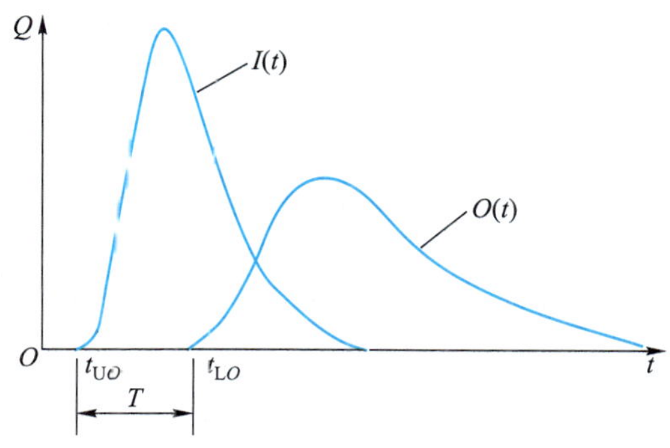

图 11-7 推迟时间 T 的确定

四、算例

洞庭湖水系的沅水，沅陵至王家河河段长 $L=112$ km。底坡较缓也较均匀，河底比降约为 0.000 4。试应用式(11-32)推求沅陵 1968 年 8 月的洪水所形成的王家河出流过程。计算时段取 $\Delta t=3$ h。

解： ① 根据沅陵和王家河的实测水位、流量和流速资料，求得该河段的特征河长 l 和波速 c 为

$$l=9.4\ \text{km}$$

$$c=2.82\ \text{m/s}$$

② 按式(11-39)和式(11-40)计算 n 和 τ_l，可得

$$n=\frac{L}{l}=\frac{112}{9.4}=12$$

$$\tau_l=\frac{l}{c}=\frac{9\ 400}{2.82}\ \text{s}=0.926\ \text{h}$$

③ 应用式(11-33)计算河段的 S 曲线(表 11-3)。

④ 为了求得 $\Delta t=3$ h 的时段单位线，先用表 11-3 中的数据作 S 曲线，然后求河段的 $\Delta t=3$ h 的时段单位线(表 11-4)。

⑤ 利用表 11-4 所列的 $\Delta t=3$ h 的时段单位线推求王家河的洪水过程线(表 11-5)。通过与本次洪水实测资料的比较，可知计算精度令人满意。

表 11-3 沅陵—王家河河段 S 曲线

$m=\frac{t}{\tau_l}$	0	1	2	3	4	5	6	7	8	9	10	11	12
$t=\tau_l m$/h	0	0.9	1.9	2.8	3.7	4.6	5.5	6.5	7.4	8.3	9.2	10.2	11.1
$S(t)$	0	0	0	0	0.001	0.005	0.020	0.053	0.112	0.197	0.303	0.421	0.538

续表

$m=\frac{t}{\tau_l}$	13	14	15	16	17	18	19	20	21	22	23	24	25
$t=\tau_l m$/h	12.0	12.9	13.9	14.8	15.7	16.6	17.6	18.5	19.4	20.3	21.3	22.2	23.1
$S(t)$	0.656	0.740	0.815	0.873	0.915	0.945	0.965	0.979	0.982	0.992	0.996	0.997	0.999

表 11-4 沅陵—王家河河段的 $\Delta t=3$ h 的时段单位线

t/h	0	3	6	9	12	15	18	21	24	27
$S(t)$	0	0	0.035	0.277	0.656	0.888	0.974	0.996	1.000	1.000
$S(t-3)$		0	0	0.035	0.277	0.656	0.888	0.974	0.996	1.000
$u(3,t)$	0	0	0.035	0.242	0.379	0.232	0.086	0.022	0.004	0

表 11-5 由时段单位线推求洪水过程线计算表（沅陵—王家河河段）

日时	沅陵 I/($m^3\cdot s^{-1}$)	$\bar{I}$/($m^3\cdot s^{-1}$)	$u(3,t)$	$\bar{I}\cdot u(3,t)$/($m^3\cdot s^{-1}$)							王家河计算 O/($m^3\cdot s^{-1}$)	王家河实测 O/($m^3\cdot s^{-1}$)
				0.035	0.242	0.379	0.232	0.086	0.022	0.004		
17 8	1 950		0									
11	2 200	2 080	0									
14	2 470	2 330	0.035	70	(500)	(790)	(480)	(180)	(50)	(10)	2 080	2 080
17	3 340	2 910	0.242	50	500	(790)	(480)	(180)	(50)	(10)	2 090	2 050
20	6 350	4 840	0.379	100	560	790	(480)	(180)	(50)	(10)	2 170	2 150
23	7 150	6 750	0.232	170	700	880	480	(180)	(50)	(10)	2 470	2 350
18 2	6 580	6 870	0.086	240	1 170	1 100	540	180	(50)	(10)	3 290	3 450
5	5 710	6 140	0.022	240	1 630	1 830	680	200	50	(10)	4 640	5 710
8	4 520	5 270	0.004	220	1 670	2 560	1 120	250	50	10	5 880	6 650
11	4 300	4 560		180	1 490	2 600	1 570	420	60	10	6 330	6 400
14	3 980	4 140		160	1 280	2 330	1 590	580	110	10	6 060	5 900
17	3 700	3 840		140	1 100	2 000	1 430	590	150	20	5 480	5 250
20	3 450	3 570		130	1 000	1 730	1 220	530	150	30	4 790	4 710
23	3 200	3 330		120	930	1 570	1 060	450	130	30	4 290	4350
19 2	3 000	3 100		120	870	1 460	960	390	120	20	3 940	4000
5	2 750	2 870		110	810	1 350	890	360	100	20	2 640	3 700

续表

日时	沉陵 I/($m^3 \cdot s^{-1}$)	$\bar{I}$/($m^3 \cdot s^{-1}$)	$u(3,t)$	$\bar{I} \cdot u(3,t)$/($m^3 \cdot s^{-1}$)							王家河计算 Q/($m^3 \cdot s^{-1}$)	王家河实测 Q/($m^3 \cdot s^{-1}$)
				0.035	0.242	0.379	0.232	0.086	0.022	0.004		
8	2 550	2 650		120	750	1 260	830	330	90	20	3 380	3 400
11	2 400	2 480		90	690	1 180	770	310	80	20	3 140	3 200
14	2 300	2 350		90	640	1 090	720	290	80	20	2 930	2 980
17	2 180	2 240		80	600	1 000	670	270	70	10	2 700	2 780
20	2 100	2 140		80	570	940	610	250	70	10	2 530	2 570
23	2 000	2 050		70	540	890	580	230	60	10	2 380	2 400
20 2	1 970	1 980		70	520	850	540	210	60	10	2 260	2 320
5	1 900	1 940		70	500	810	520	200	50	10	2 160	2 310

注：1. 表中括号内的数据是 1968 年 8 月 17 日 8 时—11 时之前各时段入流量均为流量是 2 080 m^3/s 的稳定流的计算结果。

2. 表中数据精确至个位。

第三节 线性扩散波演算法

一、定解问题的构成

如果在河段中运动的洪水波属于波速和扩散系数均为常数的线性扩散波，且河段下断面水流不受回水顶托影响，则洪水演算的定解问题可表述为

$$\frac{\partial Q}{\partial t}=D\frac{\partial^2 Q}{\partial x^2}-c\frac{\partial Q}{\partial x} \qquad (x \geqslant 0, t \geqslant 0) \tag{11-44}$$

$$Q(x,0)=0 \qquad (x \geqslant 0) \tag{11-45}$$

$$Q(0,t)=I(t) \qquad (t \geqslant 0) \tag{11-46}$$

$$\lim_{x \to \infty} Q(x,t)=0 \tag{11-47}$$

以上式中 Q——流量；

$I(t)$——上断面入流过程；

c——洪水波波速；

D——扩散系数。

式(11-44)为描述线性扩散波的泛定方程；式(11-45)为初始条件；式(11-46)和式(11-47)分别为上边界和下边界条件。

二、河段汇流曲线

解定解问题式(11-44)~式(11-47)，就可得到河段汇流曲线。

1. S 曲线

此时上边界条件式(11-46)变为

$$Q(0,t)=H(t) \quad (t\geqslant 0) \tag{11-48}$$

对式(11-44)就自变量 t 作拉普拉斯变换，并考虑初始条件式(11-45)，得

$$p\,\widetilde{Q}=D\frac{\mathrm{d}^2\widetilde{Q}}{\mathrm{d}x^2}-c\frac{\mathrm{d}\widetilde{Q}}{\mathrm{d}x} \tag{11-49}$$

式中 p——拉普拉斯变换中的参变量；

$\widetilde{Q}$——未知函数 Q 关于 t 的拉普拉斯变换表达式，即

$$\widetilde{Q}(p,x)=L[Q(t,x)]=\int_0^{\infty}Q(t,x)\mathrm{e}^{-pt}\mathrm{d}t$$

显然式(11-49)是一个二阶常系数齐次常微分方程，它的通解为

$$\widetilde{Q}=C_1\exp\left(\frac{c-\sqrt{c^2+4Dp}}{2D}x\right)+C_2\exp\left(\frac{c+\sqrt{c^2+4Dp}}{2D}x\right) \tag{11-50}$$

式中 C_1、C_2——待定常数。

由下边界条件式(11-47)易知 C_2 必等于 0，因为如果 C_2 不等于 0，则当 $x\to\infty$ 时，$\widetilde{Q}\to\infty$，这与下边界条件的物理意义不符。下边界条件 $C_2=0$ 后，式(11-50)变为

$$\widetilde{Q}=C_1\exp\left(\frac{c-\sqrt{c^2+4Dp}}{2D}x\right) \tag{11-51}$$

现在再来考虑上边界条件。因为式(11-48)的拉普拉斯变换为

$$\widetilde{Q}(0,p)=L[H(t)]=\frac{1}{p}$$

所以，考虑上边界条件式(11-48)后，得 $C_1=\dfrac{1}{p}$，则式(11-51)变为

$$\widetilde{Q}(x,p)=\frac{1}{p}\exp\left(\frac{c-\sqrt{c^2+4Dp}}{2D}x\right) \tag{11-52}$$

求式(11-52)的逆拉普拉斯变换，得河段 S 曲线为

$$S(x,t)=\frac{1}{2}\left\{\left[1-\mathrm{erf}\left(\frac{x}{2\sqrt{Dt}}-\frac{c}{2}\sqrt{\frac{t}{D}}\right)\right]+\mathrm{e}^{cx/\mu}\left[1-\mathrm{erf}\left(\frac{x}{2\sqrt{Dt}}+\frac{c}{2}\sqrt{\frac{t}{D}}\right)\right]\right\} \tag{11-53}$$

式中　erf(·)——误差函数，与余误差函数 erfc(·)的关系是 erf(·)= 1-erfc(·)。

容易验证，S 曲线具有下列特征：当 $t=0$ 时，$S(x,t)=0$；当 $t\to\infty$ 时，$S(x,t)\to 1$。

2. 时段单位线

此时上边界条件式(11-46)变为

$$Q(0,t)=J(t)\quad (t>0) \tag{11-54}$$

由于 $J(t)=H(t)-H(t-\Delta t)$，所以，按叠加原理将 S 曲线式(11-53)代入式(11-24)就可求得河段时段单位线。

3. 瞬时单位线

此时，上边界条件式(11-46)变为

$$Q(0,t)=\delta(t)\quad (t>0) \tag{11-55}$$

应用拉普拉斯变换法，求得河段瞬时单位线为

$$u(x,t)=\frac{1}{\sqrt{4\pi D}}\cdot\frac{x}{t^{3/2}}\exp\left[-\frac{(ct-x)^2}{4Dt}\right] \tag{11-56}$$

三、参数确定

线性扩散波方程包含洪水波波速 c 和扩散系数 D 两个参数，河槽的几何形状及采用的阻力公式不同，计算 c 和 D 的公式也不同。

① 对于宽浅矩形河槽，如用谢才公式，有

$$\begin{cases} c=\dfrac{3}{2}v \\ D=\dfrac{Q}{2iB} \end{cases} \tag{11-57}$$

如用曼宁（Manning）公式，有

$$\begin{cases} c=\dfrac{5}{3}v \\ D=\dfrac{Q}{2iB} \end{cases} \tag{11-58}$$

式中　v——断面平均流速；

Q——流量；

i——水面比降；

B——水面宽度。

② 对于梯形河槽(图 11-8)，如用谢才公式，有

$$\begin{cases} c=\dfrac{3}{2}v\left[1-\dfrac{3}{2}\left(\dfrac{R}{B}\right)\sqrt{1+m^2}\right] \\ D=\dfrac{Q}{2iB}\left\{1-\dfrac{Fr^2}{4}\left[1-2\left(\dfrac{R}{B}\right)\sqrt{1+m^2}\right]^2\right\} \end{cases} \tag{11-59}$$

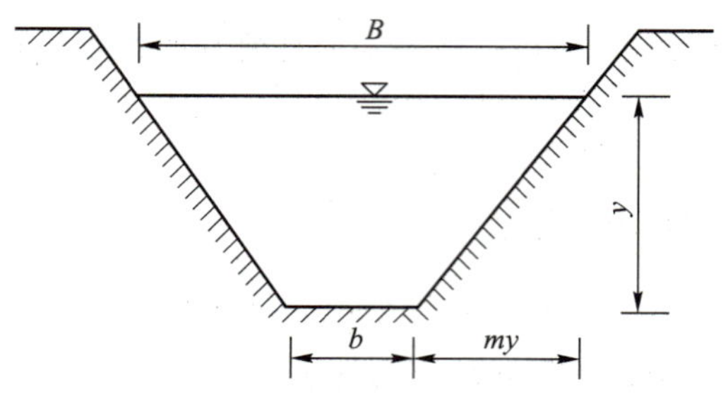

图 11-8 梯形河槽断面

如用曼宁公式，有

$$\begin{cases} c=\dfrac{5}{3}v\left[1-\dfrac{4}{5}\left(\dfrac{R}{B}\right)\sqrt{1+m^2}\right] \\ D=\dfrac{Q}{2iB}\left\{1-\dfrac{4}{9}Fr\left[1-2\left(\dfrac{R}{B}\right)\sqrt{1+m^2}\right]^2\right\} \end{cases} \tag{11-60}$$

式中 R——相应于水面宽度为 B 时的水力半径；

m——梯形断面的边坡系数；

A——相应于水面宽度为 B 时的过水断面面积；

Fr——相应于水面宽度为 B 时的弗劳德数。

③ 对于几何形状和阻力规律比较复杂的河道，可以引进水力指数的概念，从而得到下列一组参数公式：

$$\begin{cases} c=\dfrac{xv}{2} \\ D=\dfrac{Q}{2iB} \end{cases} \tag{11-61}$$

式中 x——水力指数。

由式(11-57)~式(11-61)可知，在确定参数 c 和 D 时，如何选择 Q 是一个重要问题。一般应当通过试算来选择 Q，但经验表明，通常取洪峰流量基本上能符合要求。

当河段的上、下断面均具有实测水位和流量资料时，应用式(11-61)确定河段的 D 值可能更为方便。由式(11-61)，得

$$D=\frac{cl}{2} \tag{11-62}$$

对于式(11-62)中的 c，除了可按式(10-1)计算外，也可根据河段上、下断面的实测资料来确定，即

$$c=\frac{L}{\tau_m} \tag{11-63}$$

式中　L——河段长；

τ_m——洪峰在河段中的传播时间。

四、算例

长江上游金沙江龙街至巧家河段，长度为 247 km，河槽近似宽浅矩形，平均河底坡度为 0.001 12。已知龙街 1967 年 6 月一次洪水过程，试推算其所形成的巧家洪水过程。本次洪水涨落陡峻，为保证计算精度，取计算时段 $\Delta t=3$ h。根据龙街和巧家两水文站的有关资料计算所得的河段水力要素列于表 11-6。按式(11-58)计算的参数 c 和 D 也列于表 11-6。经检验，本次选用相应于洪峰流量时的参数值较为合适。

为便于按式(11-53)计算 S 曲线，可先对该式进行变量替换。令

$$a=\frac{x}{2\sqrt{Dt}},\quad b=\frac{c}{2}\sqrt{\frac{t}{D}} \tag{11-64}$$

将式(11-53)写成

$$S(a,b)=\frac{1}{2}[1-\mathrm{erf}(a-b)]+\frac{1}{2}\mathrm{e}^{4ab}[1-\mathrm{erf}(a+b)] \tag{11-65}$$

本例计算步骤为

① 将 $x=247$ km，$c=5.92$ m/s，$D=19\ 456\ \mathrm{m^2/s}$ 等值代入式(11-64)，得

$$a=885.4/\sqrt{t},\quad b=0.021\ 22\sqrt{t}$$

② 列表计算 S 曲线，见表 11-7。

③ 利用求得的 S 曲线确定河段 $\Delta t=3$ h 的时段单位线(表 11-8)。

④ 按式(11-26)或式(11-27)推得巧家的洪水过程线，分别见表 11-9 和表 11-10。由表 11-9 和表 11-10 可见，两种计算结果相同。

表 11-6 龙街—巧家河段水力要素及 c、D 计算表

Q	龙街			巧家			河段						c/	D/
	H/m	B/m	v/($m\cdot s^{-1}$)	H/m	B/m	v/($m\cdot s^{-1}$)	i_0	B/m	v/($m\cdot s^{-1}$)	A/m^2	y/m	n	($m\cdot s^{-1}$)	($m^2\cdot s^{-1}$)
2 000	928.00	194	1.70	652.80	266	1.70	0.001 11	230	1.70	1 176	5.1	0.058 4	2.83	3 848
4 000	931.35	219	2.40	655.00	294	2.90	0.001 12	257	2.65	1 509	5.9	0.041 5	4.42	6 815
6 000	933.85	238	2.80	656.75	305	3.20	0.001 12	272	3.00	2 000	7.3	0.042 3	5.00	8 635
8 000	935.95	256	3.10	658.25	315	3.30	0.001 12	286	3.20	2 500	8.7	0.044 6	5.33	12 198
10 000	937.80	268	3.30	659.90	320	3.40	0.001 12	294	3.35	2 985	10.2	0.047 4	5.58	14 804
12 000	939.50	277	3.50	661.50	326	3.40	0.001 12	302	3.45	3 478	11.5	0.049 8	5.75	17 326
14 000	941.00	288	3.60	663.10	337	3.50	0.001 12	313	3.55	3 944	12.6	0.051 5	5.92	19 456

表 11-7 龙街—巧家河段 S 曲线计算表

时段数	t/h	t/s	$\sqrt{t}/s^{1/2}$	a	b	$a-b$	$a+b$	erf($a-b$)	erf($a+b$)	1-erf($a-b$)	1-erf($a+b$)	$S(t)$
0	0	0	0	∞	0	∞	∞	1.000	1.000	0	0	0
1	3	10 800	104	8.51	2.21	6.30	10.72	1.000	1.000	0	0	0
2	6	21 600	147	6.02	3.12	2.90	9.14	1.000	1.000	0	0	0
3	9	32 400	180	4.92	3.82	1.10	8.74	0.847	1.000	0.153	0	0.077
4	12	43 200	208	4.26	4.41	-0.15	8.67	-0.168	1.000	1.168	0	0.584

续表

时段数	t/h	t/s	$\sqrt{t}/s^{1/2}$	a	b	$a-b$	$a+b$	$erf(a-b)$	$erf(a+b)$	$1-erf(a-b)$	$1-erf(a+b)$	$S(t)$
5	15	54 000	232	3. 82	4. 92	-1. 10	8. 74	-0. 880	1. 000	1. 880	0	0. 946
6	18	64 800	255	3. 47	5. 41	-1. 94	8. 88	-0. 994	1. 000	1. 994	0	0. 997
7	21	75 600	275	3. 22	5. 84	-2. 62	9. 06	-1. 000	1. 000	2. 000	0	1. 000
8	24	86 400	294	3. 01	6. 24	-3. 23	9. 25	-1. 000	1. 000	2. 000	0	1. 000
9	27	97 200	312	2. 84	6. 62	-3. 18	9. 46	-1. 000	1. 000	2. 000	0	1. 000
10	30	108 000	329	2. 69	6. 98	-4. 29	9. 67	-1. 000	1. 000	2. 000	0	1. 000
11	33	118 800	344	2. 57	7. 30	-4. 73	9. 87	-1. 000	1. 000	2. 000	0	1. 000
12	36	129 600	360	2. 46	7. 64	-5. 18	10. 10	-1. 000	1. 000	2. 000	0	1. 000
13	39	140 400	375	2. 36	7. 96	-5. 60	10. 32	-1. 000	1. 000	2. 000	0	1. 000
14	42	151 200	389	2. 28	8. 25	-5. 97	10. 53	-1. 000	1. 000	2. 000	0	1. 000

表 11-8　龙街—巧家河段 $\Delta t=3$ h 的时段单位线计算表

时段数	0	1	2	3	4	5	6	7	8	9
$S(t)$	0	0	0	0. 077	0. 584	0. 940	0. 997	1. 000	1. 000	1. 000
$S(t-\Delta t)$		0	0	0	0. 077	0. 584	0. 940	0. 997	1. 000	1. 000
$u(\Delta t,t)$	0	0	0	0. 077	0. 507	0. 356	0. 057	0. 003	0	0

表 11-9　基于时段单位线的洪水演算计算表(龙街—巧家河段)

日	时	I/($m^3 \cdot s^{-1}$)	$\bar{I}$/($m^3 \cdot s^{-1}$)	$u(3,t)$	$\bar{I} \cdot u(3,t)$/($m^3 \cdot s^{-1}$)																计算 O/($m^3 \cdot s^{-1}$)	实测 O/($m^3 \cdot s^{-1}$)
					2 490	4 655	10 010	13 550	13 050	11 070	8 850	6 670	5 385	5 000	4 640	4 300	4 065	3 935	3 830	3 745		
18	14	2 490	2 490	0																		
	17	2 490	4 655	0																		
	20	6 820	10 010	0																		
	23	13 200	13 550	0. 077	192																192	
19	2	13 900	13 050	0. 507	1 262	358															1 620	2 410
	5	12 200	11 070	0. 356	886	2 360	771														4 017	2 410
	8	9 940	8 850	0. 057	142	1 657	5 075	1 043													7 917	5 950
	11	7 762	6 670	0. 003	7	263	3 564	6 870	1 005												11 709	10 300
	14	5 580	5 385			14	571	4 824	6 616	852											12 877	11 400
	17	5 190	5 000				30	772	4 646	5 612	681										11 741	11 200
	20	4 810	4 640					41	744	3 941	4 487	514									9 727	9 750
	23	4 470	4 300						39	631	3 151	3 382	415								7 618	8 300
20	2	4 130	4 065							33	504	2 375	2 730	385							6 027	6 760
	5	4 000	3 935								27	380	1 917	2 535	357						5 216	5 670
	8	3 870	3 830									20	207	1 780	2 352	331					4 790	4 910
	11	3 780	3 745										16	285	1652	2180	315				4 446	4 410
	14	3 700																				

表 11-10　基于 S 曲线的洪水演算计算表（龙街—巧家河段）

日	时	I/(m³·s⁻¹)	$\bar{I}$/(m³·s⁻¹)	$\Delta\bar{I}$/(m³·s⁻¹)	$S(t)$	$\Delta\bar{I}\cdot S(t)$/(m³·s⁻¹)																计算 O/(m³·s⁻¹)	实测 O/(m³·s⁻¹)
						2 490	2 165	5 355	3 540	-500	-1 980	-2 220	-2 180	-1 285	-355	-360	-340	-235	-130	-105	-85		
18	14	2 490	2 490	2 490	0																		
	17	2 490	4 655	2 165	0																		
	20	6 820	10 010	5 355	0																		
	23	13 200	13 550	3 540	0.077	192																192	
19	2	13 900	13 050	-500	0.584	1 454	167															1 621	2 410
	5	12 200	11 070	-1 980	0.940	2 341	1 264	412														4 017	2 410
	8	9 940	8 850	-2 220	0.997	2 483	2 035	3 127	273													7 918	5 930
	11	7 762	6 670	-2 180	1.000	2 490	2 159	5 035	2 067	-39												11 712	11 300
	14	5 580	5 385	-1 185	1.000	2 490	2 165	5 339	3 328	-292	-152											12 878	11 400
	17	5 190	5 000	-385	1.000	2 490	2 165	5 355	3 529	-470	-1 156	-171										11 742	11 200
	20	4 810	4 640	-360	1.000	2 490	2 165	5 355	3 540	-499	-1 861	-1 296	-168									9 726	9 750
	23	4 470	4 300	-240	1.000	2 490	2 165	5 355	3 540	-500	-1 974	-2 087	-1 273	-99								7 617	8 300
20	2	4 130	4 065	-235	1.000	2 490	2 165	5 355	3 540	-500	-1 980	-2 313	-2 049	-750	-30							6 028	6 760
	5	4 000	3 935	-130	1.000	2 490	2 165	5 355	3 540	-500	-1 980	-2 220	-2 171	-1 208	-225	-28						5 216	5 670
	8	3 870	3 830	-105	1.000	2 490	2 165	5 355	3 540	-500	-1 980	-2 220	-2 180	-1 281	-362	-210	-26					4 791	4 910
	11	3 790	3 745	-85	1.000	2 490	2 165	5 355	3 540	500	1 980	-2 220	-2 180	-1 285	-384	-338	-210	-18				4 435	4 410
	14	3 700																					

第四节 康格（Cunge）演算法

一、方法原理

对于线性扩散波方程式(11-44)，虽已有了许多构建其差分方程的方法，但康格构建其差分方程用的是一种新思路。在式(10-31)中，如果 c 是常数，就成为描写线性运动波运动规律的偏微分方程。康格采用下列带权重的差分格式来构建它的差分方程(图 11-9)：

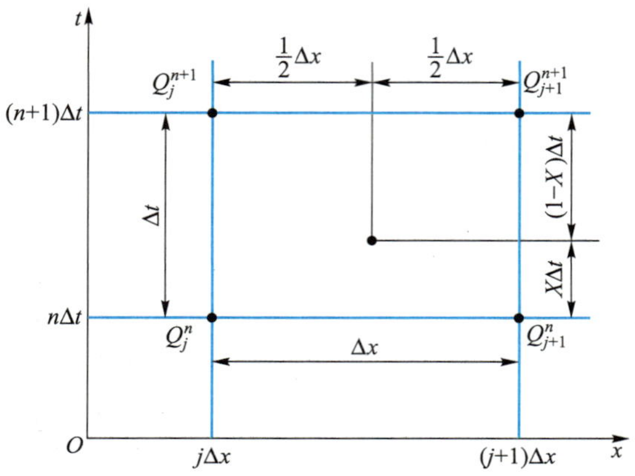

图 11-9 偏心差分格式

$$\begin{cases}\dfrac{\partial Q}{\partial t}\approx\dfrac{X(Q_j^{n+1}-Q_j^n)+(1-X)(Q_{j+1}^{n+1}-Q_{j+1}^n)}{\Delta t}\\[2ex]\dfrac{\partial Q}{\partial x}\approx\dfrac{\dfrac{1}{2}(Q_{j+1}^{n+1}-Q_j^{n+1})+\dfrac{1}{2}(Q_{j+1}^n-Q_j^n)}{\Delta x}\end{cases}\tag{11-66}$$

式中 X——时间差分的权重，取值范围为［0，1］。

将式(11-66)代入线性运动波方程式(10-31)，得其差分方程为

$$\frac{X(Q_j^{n+1}-Q_j^n)+(1-X)(Q_{j+1}^{n+1}-Q_{j+1}^n)}{\Delta t}+c\frac{(Q_{j+1}^{n+1}-Q_j^{n+1})+(Q_{j+1}^n-Q_j^n)}{2\Delta x}\approx 0\tag{11-67}$$

线性运动波方程式(10-31)与其差分方程式(11-67)之间的差值就是截断误差。根据泰勒（Tayler）级数展开可估计出截断误差，其中二阶截断误差 R_2 为

$$R_2=\frac{\Delta t}{2}\frac{\partial^2 Q}{\partial t^2}\bigg|_j+\frac{c\Delta x}{2}\frac{\partial^2 Q}{\partial x^2}\bigg|_n+\Delta x\left[(1-X)+\frac{c\Delta t}{2\Delta x}\frac{\partial^2 Q}{\partial t\partial x}\right]\bigg|_{j,n}$$

再运用线性运动波方程式(10-31)，可将上式化简为

$$R_2=c\Delta x\left(X-\frac{1}{2}\right)\frac{\partial^2 Q}{\partial x^2}$$

如果将上述二阶截断误差考虑到差分方程式中，那么用差分方程式(11-67)代替原偏微分方程，其精度将增加，于是得到两者更接近的关系为

$$\frac{X(Q_j^{n+1}-Q_j^n)+(1-X)(Q_{j+1}^{n+1}-Q_{j+1}^n)}{\Delta t}+c\frac{(Q_{j+1}^{n+1}-Q_j^{n+1})+(Q_{j+1}^n-Q_j^n)}{2\Delta x}+$$

$$c\Delta x\left(X-\frac{1}{2}\right)\frac{\partial^2 Q}{\partial x^2}\approx\frac{\partial Q}{\partial t}+c\frac{\partial Q}{\partial x}=0 \tag{11-68}$$

令 $c\Delta x\left(X-\frac{1}{2}\right)=-D$，即

$$X=\frac{1}{2}-\frac{D}{c\Delta x} \tag{11-69}$$

其中 D 为扩散波的扩散系数，则式(11-68)可写为

$$\frac{X(Q_j^{n+1}-Q_j^n)+(1-X)(Q_{j+1}^{n+1}-Q_{j+1}^n)}{\Delta t}+c\frac{(Q_{j+1}^{n+1}-Q_j^{n+1})+(Q_{j+1}^n-Q_j^n)}{2\Delta x}$$

$$=\frac{\partial Q}{\partial t}+c\frac{\partial Q}{\partial x}-D\frac{\partial^2 Q}{\partial x^2}=0 \tag{11-70}$$

式(11-70)表明，虽然其右边项原本是 X 取值为［0，1］的线性运动波方程式的一阶精度差分解，但若让 X 的取值满足式(11-69)，则右边项就成为线性扩散波方程的二阶精度差分解。

由式(11-70)解出 Q_{j+1}^{n+1}，得康格演算法的演算公式为

$$Q_{j+1}^{n+1}=C_0Q_j^n+C_1Q_j^{n+1}+C_2Q_{j+1}^n \tag{11-71}$$

$$\begin{cases} C_0=\dfrac{\Delta xX+0.5\Delta tc}{\Delta x(1-X)+0.5\Delta tc} \\ C_1=\dfrac{0.5\Delta tc-\Delta xX}{\Delta x(1-X)+0.5\Delta tc} \\ C_2=\dfrac{\Delta x(1-X)-0.5\Delta tc}{\Delta x(1-X)+0.5\Delta tc} \end{cases} \tag{11-72}$$

$$C_0+C_1+C_2=1 \tag{11-73}$$

$$X=\frac{1}{2}-\frac{D}{c\Delta x}$$

在选择好时间步长 Δt 和空间步长 Δx 后，根据波速 c 和扩散系数 D，按式(11-69)计算 X，再按式(11-72)计算 C_0、C_1 和 C_2，就可利用演算公式(11-71)进行洪水演算了。这种洪水演算方法称为康格演算法。

二、连续演算

用于构建康格演算法的差分格式(11-66)是显式格式，显式格式不是无条件稳定的差分格式，只有在满足库兰特（Courant）数 $r=c\Delta t/\Delta x\leqslant 1$ 的条件时才是稳定的，因此，$\Delta x\geqslant c\Delta t$ 是使用康格演算法的必要前提。为此，可先选取时间步长 Δt。Δt 是控制洪水过程线形状的，

若 Δt 太大，Δt 时段内的洪水流量或水位变化不能视作直线变化，会使洪水过程线失真过大。一般来说，对陡涨陡落的洪水过程，Δt 必须取小些；对缓涨缓落的洪水过程，Δt 可以取大一些。涉及洪水波运动时，选取 Δx 也应该有限制，若 Δx 太大，就会出现洪水波在 Δt 时段内从上断面传播不到下断面的情况而使计算结果不合理。权衡这两个方面，在用康格演算法进行洪水演算时，一般先选取 Δt，然后按 $\Delta x=c\Delta t$ 确定 Δx。

需要进行洪水演算的河段长为 L，而用康格演算法进行洪水演算所取的空间步长为 Δx，一般 L 要远大于 Δx。因此，用康格演算法进行洪水演算，一般应按 Δx 将 L 划分成若干子河段，子河段数 m 为

$$m=\frac{L}{\Delta x} \tag{11-74}$$

图 11-10 是 $x-t$ 平面网格图，x 坐标为空间坐标，网格长度为 Δx，t 坐标为时间坐标，网格长度为 Δt。$t=0$ 时各子时段流量沿河长分布是初始条件；$x=0$ 处流量随时间变化是演算河段的入流过程，即上边界条件。演算从第一子河段开始，第一子河段的入流就是河段上断面的洪水过程，运用式(11-71)可得第一子河段的出流，第一子河段的出流就是第二子河段的入流，再用式(11-71)可得第二子河段的出流，第二子河段的出流就是第三子河段的入流……如此连续使用式(11-71)演算下去，直到最后一个子河段，就完成了河段洪水演算，从而得到河段下断面的洪水过程。

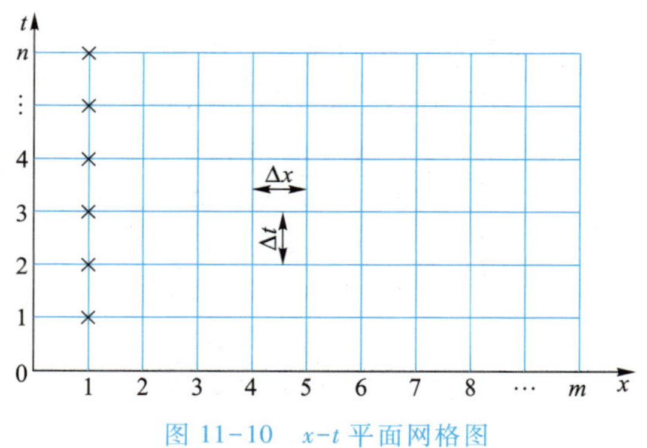

图 11-10　$x-t$ 平面网格图

三、汇流系数

差分方程是微分方程的离散形式，它只能求得差分网格节点上的解，即解是离散的，而不能给出关于 x 和 t 的连续函数，这就要求对入流过程进行离散化，为此引入单位脉冲序列和延迟单位脉冲序列的概念。若一个函数具有下列性质，则称为单位脉冲序列：

$$\delta(n)=\begin{cases}1 & (n=0)\\0 & (n\neq 0)\end{cases} \tag{11-75}$$

式中　n——离散值。

单位脉冲序列和图形如图 11-11a 所示。称

$$\delta(n-s)=\begin{cases}1 & (n=s)\\0 & (n\neq s)\end{cases} \tag{11-76}$$

为延迟单位脉冲序列，其中 s 为延迟时间，其图形如图 11-11b 所示。

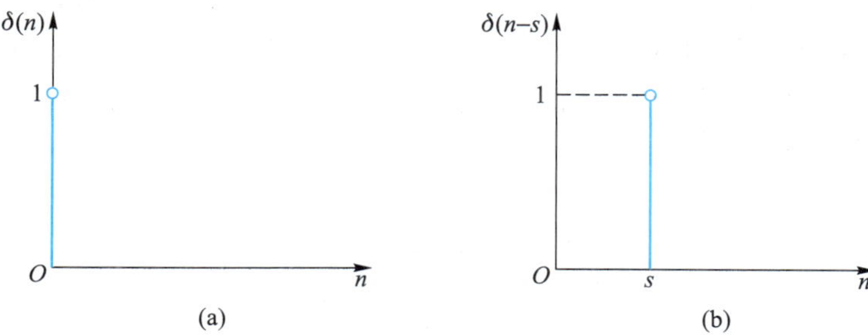

图 11-11　单位脉冲序列（图 a）和延迟单位脉冲序列（图 b）

对于一个任意形状的入流过程，总可以离散成图 11-12 所示的形式，而且 Δt 取得越小，离散的入流过程就越接近连续的入流过程。借助于上述单位脉冲序列和延迟单位脉冲序列，可以写出这个离散入流过程的数学表达式为

$$I(n)=\sum_{s=0}^{\infty}I(s)\delta(n-s) \tag{11-77}$$

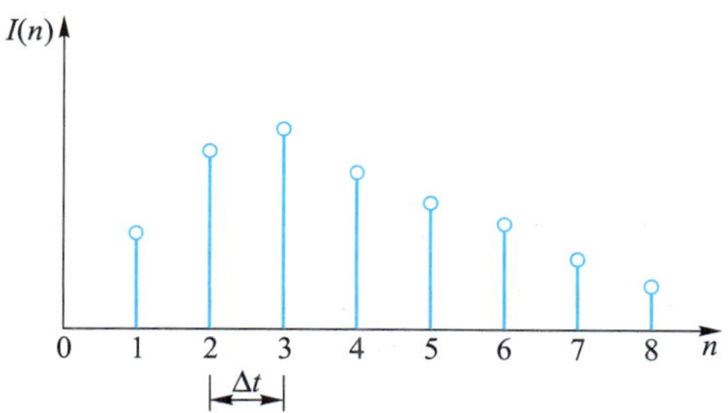

图 11-12　入流过程的离散形式

因为线性差分方程的解遵循倍比性和叠加性，因此只要求得 $I(s)\delta(n-s)$ 在 $s=0$，1，2，⋯时的解，就可以通过叠加计算得到 $I(n)$ 的解，而要求得 $I(s)\delta(n-s)$ 在 $s=0$，1，2，⋯时的解，只要求得 $\delta(n-s)$ 在 $s=0$，1，2，⋯时的解后再进行倍比计算即可。容易看出，要给出 $\delta(n-s)$ 在 $s=0$，1，2，⋯时的解，只需求得 $\delta(n)$ 的解即可。

称河段上断面入流为单位脉冲序列所形成的河段下断面出流序列为汇流系数，用 $P(n)$ 表示。根据水量平衡原理，必有

$$\sum_{n=0}^{\infty}P(n)=1 \tag{11-78}$$

引入汇流系数后，对于线性差分方程，由河段上断面入流序列 $I(n)$ 求得的河段下断面出流序列可表示为

$$Q(n) = \sum_{s=0}^{\infty} I(s)P(n-s) \tag{11-79}$$

康格演算法是线性扩散波方程的一种差分解，因此，只要求得其汇流系数，就可通过倍比计算和叠加计算进行求解。令每个子河段的 C_0、C_1 和 C_2 相同，若河段上断面（即第一子河段的上断面）在 0 时刻的入流为单位脉冲序列，则对串联的子河段逐一连续运用式(11-71)，就可导出河段下断面（即最后一个子河段下断面）的出流序列。

显然，第一个子河段的出流序列为

$$P_1(0) = C_1 \quad (n=0)$$

$$P_1(1) = C_0+C_1C_2$$

$$P_1(2) = C_2(C_0+C_1C_2)$$

$$P_1(3) = C_2^2(C_0+C_1C_2)$$

…………

$$P_1(n) = C_2^{n-1}(C_0+C_1C_2) \quad (n=1,2,\cdots)$$

第一个子河段的出流序列就是第二个子河段的入流序列，因此第二个子河段的出流序列为

$$P_2(0) = C_1^2 \quad (n=0)$$

$$P_2(1) = 2C_1(C_0+C_1C_2)$$

$$P_2(2) = 2C_1C_2(C_0+C_1C_2)+(C_0+C_1C_2)^2$$

$$P_2(3) = 2C_1C_2^2(C_0+C_1C_2)+2C_2(C_0+C_1C_2)^2$$

…………

$$P_2(n) = 2C_1C_2^{n-1}(C_0+C_1C_2)+(n-1)C_2^{n-2}(C_0+C_1C_2)^2 \quad (n=1,2,\cdots)$$

余类推，最后得 m 个子河段串联的汇流系数公式为

$$P_m(0) = C_1^m \quad (n=0)$$

$$P_m(n) = \sum_{i=1}^{m} B_i C_1^{m-i} C_2^{m-i} A^i \quad (n>0, n-i \geqslant 0) \tag{11-80}$$

其中

$$A = C_0+C_1C_2 \tag{11-81}$$

$$B_i = \frac{m!(n-1)!}{i!(i-1)!(m-i)!(n-i)!} \tag{11-82}$$

四、X 的意义

康格演算法中的参数 X 是什么？这是一个令人好奇的问题。如果差分方程式(11-67)只是作为线性运动波方程式的近似，那么 X 是时间差分格式的权重，取值范围为 [0, 1]，说不出这有何物理意义。但如果要将式(11-67)作为线性扩散波方程式(11-44)的差分近似，那么 X 必须满足式(11-69)。若将式(11-60)代入式(11-69)，则可得到 X 与特征河长 l 的关系为

$$X=\frac{1}{2}-\frac{l}{2\Delta x} \tag{11-83}$$

无论式(11-69)还是式(11-83)，都显示 X 是一个与洪水波波速 c、洪水波扩散系数 D 或特征河长 l，以及河段长 Δx 有关的参数，既有物理意义，也有尺度依赖性。对于线性扩散波，由于 c、D、l、Δx 等不得为负值，故 X 必须小于 0.5；对于线性运动波，X 必定为 0.5，因为此时 $D=0$，$l\to 0$。但是反之却不然，因为当 $\Delta x\to\infty$，即演算河段很长时，或者演算河段长比特征河长长很多时，X 也会趋于 0。此外，由式(11-83)还可以得知，若 $\Delta x=l$ 则 $X=0$，即特征河长的 X 总是为 0 的。可以证明，如果 $X>0.5$，那么差分方程式(11-67)的解［即式(11-71)］就不稳定了。

五、算例

汉江襄阳—皇庄河段长 $L=158$ km，试用康格演算法计算襄阳 1974 年 10 月一次洪水传播到皇庄形成的皇庄出流过程。具体计算步骤如下：

（1）确定时间步长 Δt。为了保证时段内流量呈线性变化，取 $\Delta t=6$ h。

（2）确定子河段长 Δx 和子河段数 m。已知该河段洪水波传播速度 $c=1.83$ m/s，故得子河段长 $\Delta x=1.83\times6\times3\ 600$ km $=39.5$ km，子河段数 $m=158\div39.5\approx4$。

（3）计算子河段的 X 值。已知该河段的特征河长 $l=38$ km，故有

$$X=\frac{1}{2}-\frac{l}{2\Delta x}=\frac{1}{2}-\frac{38}{2\times39.5}\approx0$$

（4）计算子河段的 C_0、C_1 和 C_2。已知 $X=0$，$\Delta t=6$ h，$\Delta x=39.5$ km，$c=1.83$ m/s，故得

$$C_0=\frac{0.5\times6\times3\ 600\times1.83}{39\ 500+0.5\times6\times3\ 600\times1.83}=0.333$$

$$C_1=\frac{0.5\times6\times3\ 600\times1.83}{39\ 500+0.5\times6\times3\ 600\times1.83}=0.333$$

$$C_2=\frac{39\ 500-0.5\times6\times3\ 600\times1.83}{39\ 500+0.5\times6\times3\ 600\times1.83}=0.333$$

检验：$C_0+C_1+C_2=0.333+0.333+0.333=0.999\approx1$。

（5）计算河段的汇流系数。根据求得的子河段数的 C_0、C_1 和 C_2，利用式(11-80)求得该河流汇流系数，列于表 11-11。

表 11-11　襄阳—皇庄河段汇流系数表

时段数 n	0	1	2	3	4	5	6	7	8	9	10	11	12
$P_4(n)$	0.012	0.066	0.155	0.214	0.203	0.151	0.095	0.054	0.028	0.013	0.005	0.002	0.001

（6）由襄阳的入流过程推算皇庄的出流过程。计算过程见表 11-12。

表 11-12 基于汇流系数的洪水演算计算表（襄阳—皇庄河段）

日	时	I/(m^3·s^{-1})	$P_4(n)$	$IP_4(n)$																		计算 O/(m^3·s^{-1})	实测 O/(m^3·s^{-1})
				2 560	7 080	11 600	14 100	16 600	18 000	19 400	19 700	20 000	19 400	18 800	17 700	15 200	13 000	10 800	10 090	9 380	7 190	5 000		
2	20	2 560	0.012	31																			31	
3	2	7 080	0.066	169	85																		254	
	8	11 600	0.155	397	467	139																	1 003	1 400
	14	14 100	0.214	548	1 097	766	169																2 580	
	20	16 600	0.203	520	1 515	1 798	931	199															4 963	7 160
4	2	18 000	0.151	387	1 437	2 482	2 186	1 096	216														7 804	
	8	19 400	0.095	243	1 069	2 355	3 017	2 573	1 188	233													10 678	11 900
	14	19 700	0.054	138	673	1 752	2 862	3 552	2 790	1 280	236												13 283	
	20	20 000	0.028	72	382	1 102	2 129	3 370	3 852	3 007	1 300	240											15 454	15 300
5	2	19 400	0.013	33	198	626	1 340	2 507	3 654	4 152	3 054	1 320	233										17 117	
	8	18 800	0.005	13	92	325	761	1 577	2 718	3 938	4 216	3 100	1 280	226									18 246	18 000
	14	17 700	0.002	5	35	151	395	896	1 710	2 929	3 999	4 280	3 007	1 241	212								18 860	
	20	15 200	0.001	3	14	58	183	465	972	1 843	2 975	4 060	4 152	2 914	1 168	182							18 989	18 900
6	2	13 000			7	23	71	216	504	1 048	1 872	3 020	3 938	4 023	2 744	1 003	156						18 625	
	8	10 800				12	28	83	234	543	1 064	1 900	2 929	3 816	3 788	2 356	858	130					17 741	17 800
	14	10 090					14	33	90	252	552	1 080	1 843	2 839	3 593	3 253	2 015	713	121				16 398	
	20	9 380						17	36	97	256	560	1 048	1 786	2 673	3 086	2 782	1 674	666	113			10 794	15 800
7	2	7 190							18	39	99	260	543	1 015	1 682	2 295	2 639	2 311	1 564	619	86		13 170	
	8	5 000								19	39	100	252	526	956	1 444	1 963	2 192	2 159	1 454	475	60	11 638	13 400

习　　题

第十一章习题参考解答

11-1　某河段长为 21.0 km，河段的特征河长为常数，$l=4.8$ km，波速也为常数，$c=2.92$ m/s。1967 年 5 月中旬一次洪水过程的上、下断面实测流量过程线列于表 11-13。试回答下列问题：

（1）用特征河长演算法由上断面入流推求下断面出流。

（2）用线性扩散波演算法由上断面入流推求下断面出流。

（3）用康格演算法由上断面入流推求下断面出流。

表 11-13　某河段 1967 年 5 月中旬一次洪水过程的上、下断面实测流量过程

时间	13 日 7：00	8：00	9：00	10：00	11：00	12：00	13：00	14：00	15：00	16：00	17：00
$I/(m^3 \cdot s^{-1})$	590	1 000	2 190	2 600	2 420	2 670	3 790	4 790	5 070	4 540	3 620
$O/(m^3 \cdot s^{-1})$			740	880	1 870	2 510	2 570	3 090	3 990	4 590	4 660
时间	18：00	19：00	20：00	21：00	22：00	23：00	14 日 0:00	1：00	2：00	3：00	
$I/(m^3 \cdot s^{-1})$	2 790	1 920	1 440	1 110	1 030	1 030	1 030	1 030	1 030		
$O/(m^3 \cdot s^{-1})$	4 620	3 700	3 030	2 450	1 900	1 500	1 260	1 140	1 130	1 120	

11-2　某河段采用时段单位线进行洪水演算。计算时使用了按间隔 1 h 读取的 2 h 时段单位线。计算过程及结果见表 11-14。试指出其中的错误、说明理由并给出正确计算过程及结果。

表 11-14　一个错误的计算结果

t/h	入流 $I/(m^3 \cdot s^{-1})$	隔 1 h 读取的 2 h 单位线 $u(2,t)$	$Iu(\Delta t,t)/(m^3 \cdot s^{-1})$									出流 $O/(m^3 \cdot s^{-1})$
			0	2.5	5	7.5	10	7.5	5	2.5	0	
0	0	0	0									0
1	2.5	0.1	0	0								0
2	5	0.2	0	0.250	0							0.250
3	7.5	0.35	0	0.500	0.500	0						1.000
4	10	0.5	0	0.875	1.000	0.750	0					2.625
5	7.5	0.35	0	1.250	1.750	1.500	1.000	0				5.500
6	5	0.2	0	0.875	2.500	2.625	2.000	0.750	0			8.750

续表

t/h	入流 I/($m^3\cdot s^{-1}$)	隔 1 h 读取的 2 h 单位线 $u(2,t)$	$Iu(\Delta t,t)/(m^3\cdot s^{-1})$									出流 O/($m^3\cdot s^{-1}$)
			0	2.5	5	7.5	10	7.5	5	2.5	0	
7	2.5	0.15	0	0.500	1.750	3.750	3.500	1.500	0.500	0		11.500
8	0	0.1	0	0.375	1.000	2.625	5.000	2.625	1.000	0.250	0	12.875
9		0.05	0	0.250	0.750	1.500	3.500	3.750	1.750	0.500	0	12.000
10		0	0	0.125	0.500	1.125	2.000	2.625	2.500	0.875	0	9.750
11				0	0.259	0.750	1.500	1.500	1.750	1.250	0	7.000
12					0	0.375	1.000	1.125	1.000	0.875	0	4.375
13						0	0.500	0.750	0.750	0.500	0	2.500
14							0	0.375	0.500	0.375	0	1.250
15								0	0.250	0.250	0	0.500
16									0	0.125	0	0.125
17										0	0	0
18											0	0

***11-3** 证明康格演算法中的 C_0、C_1 和 C_2 满足条件 $C_1+C_0C_2\geqslant 0$，并证明其与条件$X\leqslant 0.5$ 等价。若出现 $C_1+C_0C_2<0$（即 $X>0.5$），康格演算法的结果会出现什么情况？

第十二章　流 域 汇 流

流域汇流是一种比河道洪水波运动更复杂的水流现象。根据流域产流量的组成成分和时空分布推求所形成的流域出口断面流量过程是流域汇流的研究目的。

第一节　基 本 概 念

一、流域汇流现象

具有一定时空分布的降雨降落在流域上所形成的各种径流成分，经由地面和其他介质孔隙（主要为土壤孔隙）向流域出口断面汇集的现象（图 12-1a），称为流域汇流。当一定时空分布的降雨落到流域以后，由于包气带的作用，降雨要进行量的再分配。包气带对降雨量的再分配机理有两种：一是地面的再分配作用，即“筛子”作用，二是土层的再分配作用，即“门槛”作用。降雨量被再分配以后，一部分降雨量将分别变成地面径流、壤中水径流和地下水径流，它们合称为产流量或净雨量。这些径流成分分别汇集到流域出口断面，就组成流域出口断面流量过程。流域上的降雨经过包气带地面和土层的再分配作用，变成各种径流成分称为流域产流，这已在第八章讨论过。各种径流成分沿地面、地下向流域出口断面汇集称为流域汇流，这就是本章要讨论的内容。流域产流和流域汇流就构成了流域降雨径流形成的完整物理图景。流域产流是降雨在数量上的再分配，即降雨量的一部分成为产流量或净雨量，另一部分为损失量。流域汇流是降雨在时间上的再分配，对于一次降雨，参与流域汇流的产流量或净雨量虽与从流域出口断面观测到的水量相等，但所形成的出口断面流量过程线形状却与产流量或净雨量的时程分配相差较大。

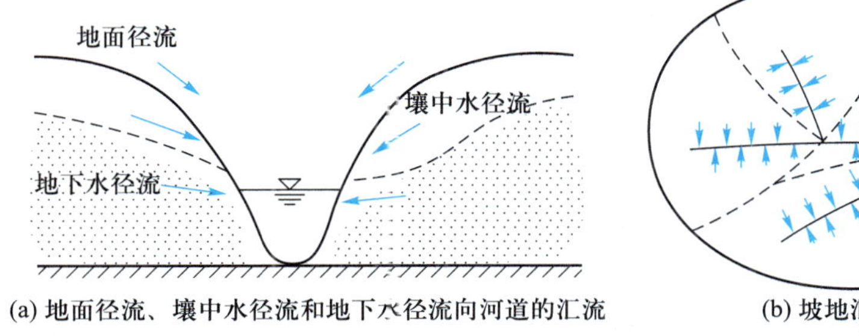

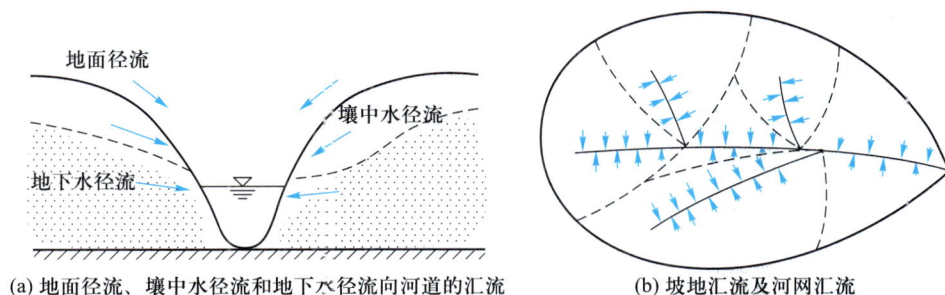

(a) 地面径流、壤中水径流和地下水径流向河道的汇流　　(b) 坡地汇流及河网汇流

图 12-1　流域汇流现象

流域汇流现象比在河道里运动的洪水波要复杂得多。流域由坡地和水系（或河系、河网）构成，其中水系所占的面积很小，一般不到 10%，其余 90% 以上都是坡地。一场雨降落到

流域上，必然是要么降在坡地上，要么降在水面上。降在水面上的雨水扣除水面蒸发后，就从较低级河流向较高级河流运动到流域出口断面。降在坡地上的雨水，经过包气带作用，所形成的超渗地面径流或饱和地面径流，经由坡面流入最近的河流；所形成的壤中水径流和地下水径流，通过土壤孔隙流动到最近的河流。两者汇合后，进入更高一级河流，一直到进入最高级河流，最终汇集到流域出口断面。所以，流域汇流由坡地汇流和河网汇流两阶段组成（图 12-1b）。坡地上形成的各种径流成分是坡地汇流的输入，其输出叫作总入流。总入流是河网汇流的输入，其输出就是流域出口断面流量过程线。流域汇流中的坡地汇流和河网汇流两个阶段在物理上是一种不可颠倒的串联关系，而且有时会有一定水力联系。在坡地汇流阶段，不同径流成分的汇流是并联的，具有不同的汇流速度，一般没有水力联系，但进入河网汇流阶段后，这种区别就不再存在了。

作为流域汇流的入流的降雨，不仅有时间变化，而且有空间分布。而在洪水演算中，河段上断面入流量只有时间过程，没有空间分布。所以，洪水演算的入流是集总式的，流域汇流的入流是分布式的。具有分布式入流的流域汇流显然要比具有集总式入流的洪水演算复杂一些。

二、流域汇流曲线

与洪水演算中的河段汇流曲线一样，流域汇流曲线也是根据简单入流来定义的。但作为简单入流的净雨过程，只有在其空间分布均匀时，汇集至流域出口断面所形成的流量过程才可称为流域汇流曲线。在定义河段汇流曲线时曾涉及三种简单入流，即单位入流、单位矩形入流和单位瞬时脉冲入流。定义流域汇流曲线涉及的简单入流也是这三种。所以流域汇流曲线也有三条，即流域 S 曲线、流域时段单位线和流域瞬时单位线。

① 流域 S 曲线　空间分布均匀，始终维持 1 个单位强度的净雨所形成的流域出口断面流量过程线，称为流域 S 曲线，用 $S(t)$ 表示。流域 S 曲线与河段 S 曲线具有同样性质，即

$$\begin{cases} S(t)=0, & t=0 \\ S(t)\to 1, & t\to\infty \end{cases} \tag{12-1}$$

② 流域时段单位线　空间分布均匀，时段 Δt 内维持单位强度的净雨所形成的流域出口断面流量过程线，称为流域时段单位线，用 $u(\Delta t,t)$ 表示。流域时段单位线与河段时段单位线具有同样性质，即

$$\int_0^\infty u\,(\Delta t,t)\,\mathrm{d}t=\Delta t \text{ 或 } \sum_{i=0}^{\infty} u_{i\Delta t}=1 \tag{12-2}$$

式中　$u_{i\Delta t}$——时段单位线 $u(\Delta t,t)$ 间隔 Δt 的纵坐标值，$i=0,1,2,\cdots$。

③ 流域瞬时单位线　空间分布均匀，历时很短（即 $\Delta t\to 0$），强度很大（即净雨强度趋于无穷大），但总量为 1 个单位的净雨所形成的流域出口断面流量过程线，称为流域瞬时单位线，用 $u(t)$ 表示。流域瞬时单位线与河段瞬时单位线具有同样性质，即

$$\int_0^\infty u\,(t)\,\mathrm{d}t=1 \tag{12-3}$$

流域汇流曲线的定义与河段汇流曲线的定义似乎非常相似，但实际上存在巨大的区别，

即在定义流域汇流曲线时都有“空间分布均匀”这样一个前提。这个前提非常重要。在定义河段汇流曲线时为什么没有这个前提呢？因为在河段汇流中，入流是从一个断面进入的，在一维情况下一个断面就是一个几何点，不存在空间分布问题。流域汇流则不一样，流域上产生的净雨总是存在空间分布的，这样就会带来一个问题，即对同样的净雨量可能存在各种各样的空间分布，也就是说，同样的净雨量，空间分布不是唯一的。净雨空间分布不一样，尽管总量一样，所形成的流域出口断面流量过程线是不一样的。因此，在定义流域汇流曲线时如果不加“空间分布均匀”这一前提，流域汇流曲线就没有唯一性。在应用流域汇流曲线时，一定要注意这个前提。一场空间分布不均匀的降雨，能否直接用流域汇流曲线来处理流域汇流问题呢？原则上不能。不管什么情况都使用流域汇流曲线，不能保证全是合理的。降雨空间分布不均匀的程度一般随流域面积的增加而增大。流域面积越小，使用单位线就越趋于合理。反之，流域面积越大，一般就越趋于不合理。

在线性流域汇流情况下，以上三条流域汇流曲线必存在下列关系：

$$S(t)=\int_0^t u(t)\,\mathrm{d}t \tag{12-4}$$

$$u(\Delta t,t)=S(t)-S(t-\Delta t) \tag{12-5}$$

1932 年舍曼（Sherman）首创单位线概念，但当时未给出单位线的定义，经过长期不断的提炼总结，后人将舍曼提出的单位线定义如下：空间分布均匀、时段净雨量为 10 mm 所形成的流域出口断面流量过程线为单位线。为区别计，将此种流域时段单位线称为舍曼单位线或 10 mm 单位线，并用 $q(t)$ 表示，以 $\mathrm{m^3/s}$ 计。容易证明，$q(t)$ 与上述 $u(\Delta t,t)$ 之间的关系是

$$q(t)=\frac{10F}{3.6\Delta t}u(\Delta t,t) \tag{12-6}$$

式中　F——流域面积，$\mathrm{km^2}$；

Δt——计算时段，h。

三、流域出口断面流量过程

若流域汇流遵循倍比原理和叠加原理，则引入流域汇流曲线的目的是要应用它来推求空间分布均匀的净雨过程形成的流域出口断面流量过程，即进行流域汇流计算。

由于净雨时程分配一般用柱状图表示（图 12-2），因此利用单位矩形入流即可将净雨柱状图写成数学表达式。对于图 12-2 所示的净雨柱状图，可用下式来表达：

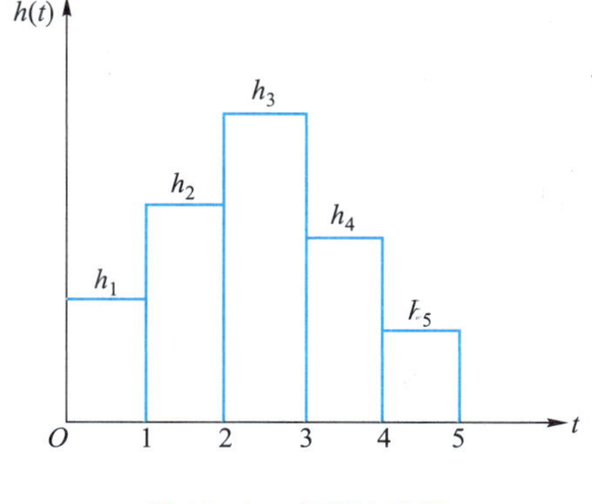

图 12-2　净雨柱状图

$$h(t)=h_1J(t)+h_2J(t-\Delta t)+h_3J(t-2\Delta t)+h_4J(t-3\Delta t)+h_5J(t-4\Delta t) \tag{12-7}$$

式中　$J(t)$、$J(t-\Delta t)$、…、$J(t-4\Delta t)$——单位矩形入流和延迟单位矩形入流；

h_1、h_2、h_3、h_4、h_5——第 1 时段、第 2 时段、第 3 时段、第 4 时段、第 5 时段净雨量；

Δt——时段长。

若时段净雨的空间分布均匀，且流域汇流遵循倍比原理和叠加原理，则借助于流域时段单位线，就可求得式(12-7)所表示的净雨形成的流域出口断面流量过程为

$$Q(t)=h_1u(\Delta t,t)+h_2u(\Delta t,t-\Delta t)+h_3u(\Delta t,t-2\Delta t)+h_4u(\Delta t,t-3\Delta t)+h_5u(\Delta t,t-4\Delta t) \quad (12-8)$$

一般来说，如果净雨时段数为 m，时段单位线的时段数为 n，那么根据上述原理可以给出利用流域时段单位线推求流域出口断面流量过程线的通式为

$$Q(t)=\sum_{i=1}^{m} h_iu[\Delta t,t-(i-1)\Delta t] \quad (12-9)$$

式中 t——出流时刻，$t=1,2,\cdots,p$。

式(12-9)就是流域时段单位线进行流域汇流域计算的数学表达式。在式(12-9)中，p、m 和 n 必满足下列关系：

$$p=m+n-1 \quad (12-10)$$

四、算例

某流域的流域面积为 601 km^2，计算时段取 $\Delta t=6$ h，要求计算流域上一场空间分布均匀的暴雨形成的出口断面流量过程。利用流域时段单位线按倍比原理和叠加原理进行流域汇流计算的计算步骤和计算结果列于表12-1。

表 12-1 某流域一场空间分布均匀的暴雨形成的出流过程计算表

日	时	h/mm	$27.8h$/(m^3·s^{-1})	$u(6,t)$	$27.8h\times u(6,t)$/(m^3·s^{-1})			$Q(t)$/(m^3·s^{-1})
					547.8	269.7	194.6	
18	8	19.7	547.8	0.00	0.0			0.0
	14	9.7	269.7	0.10	54.8	0.0		54.8
	20	7.0	194.6	0.15	82.2	27.0	0.0	109.2
19	2			0.25	137.0	40.5	19.5	197.0
	8			0.20	109.6	67.4	29.2	206.2
	14			0.15	82.2	54.0	48.7	184.9
	20			0.10	54.8	40.5	38.9	134.2
20	2			0.05	27.4	27.0	29.2	83.6
	8			0.00	0.0	15.5	19.5	33.0
	14					0.0	9.7	9.7
	20						0.0	0.0

第二节　系统论解析

一、流域汇流系统

系统论认为系统输出是系统对系统输入作用的结果。系统作用取决于系统结构具有的性质。流域汇流可视为一个系统(图 12-3)，流域对具有空间分布的净雨过程的作用就是系统作用，具有空间分布的净雨过程是系统的输入，流域出口断面流量过程是系统的输出。因此，可以用系统分析法来研究处理流域的净雨时空分布与流域出口断面流量过程之间的关系，其数学表达式为

$$\Phi[h(x,t)]=Q(t) \tag{12-11}$$

式中　Φ——流域的作用；

$h(x,t)$——净雨时空分布；

$Q(t)$——流域出口断面流量过程。

$h(x,t)$ → 流域作用 → $Q(t)$

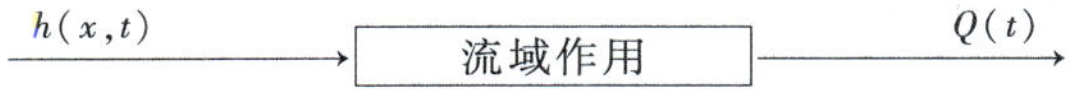

图 12-3　流域汇流系统

式(12-11)的意义就是，流域的净雨时程分配 $h(x,t)$ 经过流域作用 Φ 后变成流域出口断面流量过程 $Q(t)$。

自然界客观存在多种多样的系统。按系统是否满足叠加性和倍比性，可分为线性系统和非线性系统：满足倍比性和叠加性的系统称为线性系统；满足叠加性但不满足倍比性，或满足倍比性但不满足叠加性，或既不满足倍比性也不满足叠加性的系统，称为非线性系统。按包含的参数或系数是否随时间变化，系统可分为时变系统和时不变系统：参数或系数随时间变化的称为时变系统；参数或系数不随时间变化的称为时不变系统。按包含的参数或系数是否随空间变化，系统可分为分布式系统和集总式系统：参数或系数随空间变化的称为分布式系统；参数或系数不随空间变化的称为集总式系统。按输入和输出之间是否服从质量守恒条件，系统可分为守恒系统和不守恒系统：满足质量守恒条件的称为守恒系统；否则称为不守恒系统。

本节讨论线性时不变系统的流域汇流问题。

二、流域瞬时单位线的系统论释义

早在 1971 年，曾经为水文科学作出重大贡献的周文德就提出流域汇流可作为一个系统，并可用线性动力系统微分方程来描述。就是说，如果将流域汇流看作线性系统，就可用下列 $(n+1)$ 阶线性常微分方程式来描写流域汇流：

$$b_n\frac{d^{n+1}Q}{dt^{n+1}}+b_{n-1}\frac{d^nQ}{dt^n}+\cdots+b_0\frac{dQ}{dt}+Q$$

$$=h-a_m\frac{\mathrm{d}^{m+1}h}{\mathrm{d}t^{m+1}}-a_{m-1}\frac{\mathrm{d}^m h}{\mathrm{d}t^m}-\cdots-a_0\frac{\mathrm{d}h}{\mathrm{d}t} \tag{12-12}$$

式中　a_0、a_1、…、a_m、b_0、b_1、…、b_n——常数，或者仅为时间 t 的函数；

Q——$Q(t)$，出口断面流量过程；

h——$h(t)$，相应于出口断面流量过程的空间分布均匀的净雨过程。

在式(12-12)中，若系数 a_0、a_1、…、a_m 和 b_0、b_1、…、b_n 均为常数，则所描写的就是线性时不变流域汇流系统。一般来说，如果流域上没有重大人类活动影响，流域汇流系统才可作为线性时不变系统来考虑。

引入微分算子 D，$\mathrm{D}=\frac{\mathrm{d}}{\mathrm{d}t}$，式(12-12)就可以写成代数方程式的形式，从其中解出$Q(t)$，有

$$Q(t)=\left(-\frac{a_m\mathrm{D}^{m+1}+a_{m-1}\mathrm{D}^m+\cdots+a_0\mathrm{D}-1}{b_n\mathrm{D}^{n+1}+b_{n-1}\mathrm{D}^n+\cdots+b_0\mathrm{D}+1}\right)h(t) \tag{12-13}$$

比较式(12-13)与式(12-11)，可以发现在线性时不变情况下，流域汇流的系统作用就是

$$\Phi=-\frac{a_m\mathrm{D}^{m+1}+\cdots-1}{b_n\mathrm{D}^{n+1}+\cdots+1} \tag{12-14}$$

前已述及，流域瞬时单位线是指空间分布均匀，历时很短，强度很大，但总量是 1 个单位的净雨所形成的流域出口断面流量过程线。按照系统论观点，在式(12-11)中，如果流域的空间分布均匀净雨输入为 δ 函数，那么所形成的流域出口断面流量过程就是流域瞬时单位线。因此，由式(12-11)可给出流域瞬时单位线的系统论定义为

$$u(t)=\Phi[\delta(t)] \tag{12-15}$$

对于线性时不变系统，只要求出式(12-13)的拉普拉斯变换，就可得到流域瞬时单位线系统论定义的具体表达式。事实上，在式(12-13)中，如果用$\delta(t)$代替其中的 $h(t)$，那么 $Q(t)$就变为 $u(t)$，然后求其拉普拉斯变换，则有

$$L[u(t)]=\left(-\frac{a_mp^{m+1}+a_{m-1}p^m+\cdots+a_0p-1}{b_np^{n+1}+b_{n-1}p^n+\cdots+b_0p+1}\right)L[\delta(t)]=\left[-\frac{A(p)}{B(p)}\right]L[\delta(t)] \tag{12-16}$$

因为 $L[\delta(t)]=1$，所以，式(12-16)变为

$$L[u(t)]=-\frac{A(p)}{B(p)} \tag{12-17}$$

求逆拉普拉斯变换，就可得到

$$u(t)=L^{-1}\left[-\frac{A(p)}{B(p)}\right] \tag{12-18}$$

式(12-18)就是基于线性时不变系统的流域瞬时单位线的系统论释义。由此可见，从系统论的观点来解释流域瞬时单位线，得到的结论是流域瞬时单位线就是系统的作用，它与流域的特性有关。

三、卷积分公式及其矩定理

1. 卷积分公式

直接对式(12-13)进行拉普拉斯变换，有

$$L[Q(t)]=\left[-\frac{A(p)}{B(p)}\right]L[h(t)] \tag{12-19}$$

将式(12-17)代入式(12-19)，得

$$L[Q(t)]=L[u(t)]L[h(t)] \tag{12-20}$$

式(12-20)表明，流域出流的拉普拉斯变换 $L[Q(t)]$ 等于流域瞬时单位线的拉普拉斯变换 $L[u(t)]$ 与净雨过程的拉普拉斯变换 $L[h(t)]$ 的乘积。

拉普拉斯变换有个很重要的性质：如果 3 个函数 $x(t)$、$y(t)$ 和 $z(t)$，它们之间的关系为卷积分关系，即

$$x(t)=\int_0^t y(t-\tau)z(\tau)\mathrm{d}\tau$$

那么经过拉普拉斯变换以后就有

$$L[x(t)]=L[y(t)]L[z(t)]$$

反之亦然。这是数学家杜阿梅尔（Duhamel）提出的，因此，卷积分又称为杜阿梅尔积分。

由上述可知，式(12-20)表明，对于作为线性时不变系统的流域汇流系统，流域出流过程、流域净雨过程和流域瞬时单位线三者之间必为卷积分关系，即

$$Q(t)=\int_0^t u(t-\tau)h(\tau)\mathrm{d}\tau \tag{12-21}$$

卷积分式(12-21)所表达的就是线性时不变系统的叠加性和倍比性(图 12-4)，它与式(12-9)的意义完全一致。事实上，将式(12-7)代入式(12-21)，有

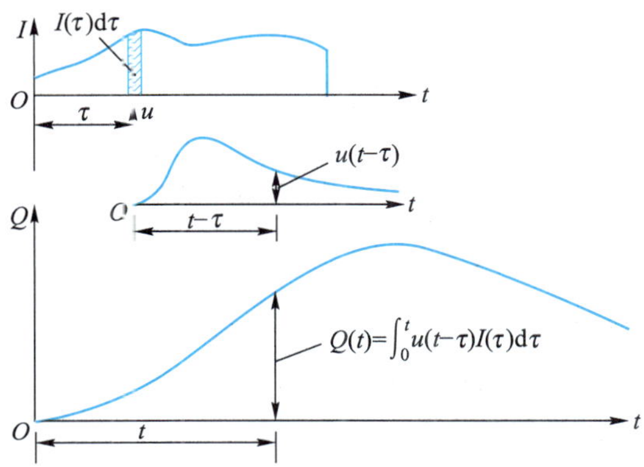

图 12-4 卷积分公式的意义

$$Q(t)=\int_0^t u(t-\tau)[h_1J(\tau)+h_2J(\tau-\Delta t)+h_3J(\tau-2\Delta t)+\cdots]\mathrm{d}\tau$$
$$=h_1\int_0^t u(t-\tau)J(\tau)\mathrm{d}\tau+h_2\int_0^t u(t-\tau)J(\tau-\Delta t)\mathrm{d}\tau+$$
$$h_3\int_0^t u(t-\tau)J(\tau-2\Delta t)\mathrm{d}\tau+\cdots \tag{12-22}$$

根据流域时段单位线的定义，可用下列卷积分表示流域时段单位线：

$$u(\Delta t,t)=\int_0^t u(t-\tau)J(\tau)\mathrm{d}\tau \tag{12-23}$$

将式(12-23)代入式(12-22)，得

$$Q(t)=h_1u(\Delta t,t)+h_2u(\Delta t,t-\Delta t)+h_3u(\Delta t,t-2\Delta t)+\cdots \tag{12-24}$$

式(12-24)显然与式(12-9)相同。

2. 矩定理

各阶矩之间是什么关系呢？揭示满足卷积分公式(12-21)的3个函数各阶矩之间关系的定理叫作矩定理。利用拉普拉斯变换可以推导出卷积分中3个函数各阶矩之间的关系。

对于原点矩，有

$$M_k(Q)=M_k(u)+kM_1(h)M_{k-1}(u)+\frac{k(k-1)}{2!}M_2(h)M_{k-2}(u)+$$
$$\frac{k(k-1)(k-2)}{3!}M_3(h)M_{k-3}(u)+\cdots+M_k(h)\quad(k=0,\ 1,\ 2,\ \cdots) \tag{12-25}$$

式中 $M_k(Q)$——出流过程的 k 阶原点矩，$k=0,\ 1,\ 2,\ 3,\ \cdots$；

$M_k(u)$——瞬时单位线的 k 阶原点矩，$k=0,\ 1,\ 2,\ 3,\ \cdots$；

$M_k(h)$——净雨过程的 k 阶原点矩，$k=0,\ 1,\ 2,\ 3,\ \cdots$。

对于中心矩，有

$$N_k(Q)=N_k(u)+kN_1(h)N_{k-1}(u)+\frac{k(k-1)}{2!}N_2(h)N_{k-2}(u)+$$
$$\frac{k(k-1)(k-2)}{3!}N_3(h)N_{k-3}(u)+\cdots+N_k(h)\quad(k=1,\ 2,\ \cdots) \tag{12-26}$$

式中 $N_k(Q)$——出流过程的 k 阶中心矩，$k=1,\ 2,\ 3,\ \cdots$；

$N_k(u)$——瞬时单位线的 k 阶中心矩，$k=1,\ 2,\ 3,\ \cdots$；

$N_k(h)$——净雨过程的 k 阶中心矩，$k=1,\ 2,\ 3,\ \cdots$。

特别地，对于一阶原点矩，有

$$M_1(Q)=M_1(u)+M_1(h) \tag{12-27}$$

对于二阶中心矩，有

$$N_2(Q)=N_2(u)+N_2(h) \tag{12-28}$$

四、流域时段单位线的识别

1. 问题的提出

流域汇流系统分析一般可以处理3类问题(表12-2)。第1类问题是已知输入和系统作用推求系统的输出。对流域汇流，就是已知净雨过程和流域时段单位线，推求该净雨所形成的流域出口断面流量过程线。这属于预报问题。第2类问题是已知输入和输出，确定系统作用。对流域汇流，就是已知净雨过程和相应的流域出口断面流量过程，推求流域的时段单位线。这属于识别问题或率定问题。第3类问题是已知系统作用和输出，推求系统的输入。对流域汇流，就是已知流域出口断面流量过程和流域时段单位线，推求形成该出口断面流量过程的净雨过程。这属于综合问题。

表12-2　系统分析的3类问题

问题类别	输入	系统作用	输出
预报	√	√	?
识别	√	?	√
综合	?	√	√

注："√"表示已知；"?"表示未知，需要通过已知项来推求。

为便于讨论流域时段单位线的识别问题，先将式(12-9)展开如下：

$$\begin{cases} Q(1)=h_1u(\Delta t,1) \\ Q(2)=h_2u(\Delta t,1)+h_1u(\Delta t,2) \\ Q(3)=h_3u(\Delta t,1)+h_2u(\Delta t,2)+h_1u(\Delta t,3) \\ \qquad\cdots\cdots\cdots\cdots \\ Q(p)=h_mu(\Delta t,p)+\cdots+h_1u(\Delta t,p-m+1) \end{cases} \tag{12-29}$$

在净雨过程及其所形成的出口断面流量过程已知的情况下，式(12-29)显然是一个以流域时段单位线纵坐标值为未知数的线性代数方程组。如果流域汇流是严格的线性系统，叠加原理和倍比原理必严格存在，卷积分必严格存在，观测值也没有误差，那么方程组式(12-29)应有唯一解，而且解法也十分简单。事实上，第1个方程式只有1个未知数，解出第1个方程后第2个方程也只有1个未知数了，其余类推。可以看出，如果是从第1个方程开始依次进行求解，那么实际上每一个方程都是只含1个未知数的线性代数方程，因此，流域时段单位线很容易由式(12-29)求出来。但流域汇流并不是一个严格的线性时不变系统，不严格满足倍比原理和叠加原理，也就是用卷积分公式表达净雨过程、流域时段单位线和流域出口断面流量三者之间的关系并不严格。水文测验也有误差，即雨量观测和流量测验都有误差，而且还会出现方程式的个数远远大于未知数个数的情况。考虑到这些因素，方程组式(12-29)就不是一般意义上的线性代数方程组，而是一种在数学上称为病态方程或矛盾方程的方程组。对于这样的病态方程组该如何求解呢？最小二乘法就是解决这种病态方程或矛盾方程的基本方法之一。在水文学中还常用试错法。试错法有时会遭到人们的批评，认为其主观任意性太强，但实际上却是一个很直观、很好的方法。用现代科学方法看，试错法实际上已涉及最优化概念，而且可以认为试错是优化思想的起源。

下面讨论两种基于试错概念识别流域单位线的方法。

2. 柯林斯(Collins)方法

柯林斯方法是一种迭代算法。现举例来说明该法的迭代过程。已知净雨为3个时段，其时段平均净雨强度分别为6 m^3/s，18 m^3/s，3 m^3/s，其中最大的时段平均净雨强度为18 m^3/s；相应的流域出口断面流量过程的纵坐标为0，4 m^3/s，14 m^3/s，8 m^3/s，1m^3/s，0，共6个纵坐标，其中最大的出流量为14 m^3/s。由式(12-10)可知，流域单位线应有(6-3+1)=4个纵坐标，分别用0，$p(1)$，$p(2)$，$p(3)$表示。因为这里时段平均净雨强度和流域出口断面流量采用相同单位，所以流域单位线纵坐标无量纲。

柯林斯方法的第1步是假定一条初始流域单位线。根据经验，一般取初始流域单位线为均匀分布。对于本例，假设初始流域单位线为0，0.333 3，0.333 3，0.333 3。第2步是按式(12-8)计算最大时段净雨所形成的部分出流过程，并据此计算单位线的第1次近似值(表12-3)。第3步是以第2步求得的流域单位线作为初始流域单位线，重新按式(12-8)计算最大时段净雨形成的部分出流过程，并进而计算流域单位线的第2次近似值(表12-4)。重复使用第3步，直至前后两次迭代所得流域单位线之差在允许误差范围内，停止迭代。对于本例，各次迭代结果列于表12-5。由表可见，第7次迭代所求结果已与第6次迭代结果相差甚微，因此，迭代至第7次即可终止，并得所识别的流域单位线为0，0.667，0.333，0。

表12-3 柯林斯方法的第1次迭代计算表

时段	时段净雨量 $I/(m^3\cdot s^{-1})$	初始流域单位线 $u^{(0)}$	$I\cdot u^{(0)}/(m^3\cdot s^{-1})$			$\sum/(m^3\cdot s^{-1})$	实测 $Q/(m^3\cdot s^{-1})$	$(Q-\sum)/(m^3\cdot s^{-1})$	$u^{(1)}=\dfrac{Q-\sum}{I_m}$
			6	18	3				
0	6	0	0			0	0	0	
1	18	0.333 3	1.999 8	0		1.999 8	4	0	0
2	3	0.333 3	1.999 8	—	0	1.999 8	14	12.000 2	0.666 7
3		0.333 3	1.999 8	—	0.999 9	2.999 7	8	5.000 3	0.277 8
4				—	0.999 9	0.999 9	1	0.000 1	0
5					0.999 9	0.999 9	0	0	

表 12-4　柯林斯方法的第 2 次迭代计算表

时段	时段净雨量 $I/(m^3\cdot s^{-1})$	$u^{(1)}$	$I\cdot u^{(1)}/(m^3\cdot s^{-1})$			$\sum/(m^3\cdot s^{-1})$	实测 $Q/(m^3\cdot s^{-1})$	$(Q-\sum)/(m^3\cdot s^{-1})$	$u^{(2)}=\frac{Q-\sum}{I_m}$
			6	18	3				
0	6	0	0			0	0		
1	18	0. 666 7	4. 000 2	0		4. 000 2	4	0	0
2	3	0. 277 8	1. 666 8	—	0	1. 666 8	14	12. 333 2	0. 685 2
3		0	0	—	2. 000 1	2. 000 1	8	5. 999 9	0. 333 3
4				0	0. 833 4	0. 833 4	1	0. 166 6	0. 009 2
5					0		0	0	

表 12-5　柯林斯方法各次迭代计算结果汇总表

$u^{(0)}$	$u^{(1)}$	$u^{(2)}$	$u^{(3)}$	$u^{(4)}$	$u^{(5)}$	$u^{(6)}$	$u^{(7)}$
0	0	0	0	0	0	0	0
0. 333 3	0. 666 7	0. 685 2	0. 666 7	0. 668 7	0. 666 7	0. 666 9	0. 666 7
0. 333 3	0. 277 8	0. 333 3	0. 327 2	0. 333 3	0. 332 7	0. 333 3	0. 333 3
0. 333 3	0	0. 009 2	0	0. 001 0	0	0	0

柯林斯方法可以在计算机上实现。实践证明，当以均匀分布流域单位线作为初值时，迭代收敛是比较快的。柯林斯方法抓住最大时段平均净雨强度所形成的部分出流过程来分析确定流域单位线，是一个优点，其迭代收敛较快可能与此有关。

3. 目估试错法

目估试错法的基本思想是：假设一条流域单位线，将其与净雨过程一并代入式(12-9)或式(12-29)，就可以计算出一场净雨所相应的出流过程，将计算结果与实测出流过程进行比较，如认为满足精度要求，原先假定的流域单位线即为所求，否则重新假定一条流域单位线再行计算，直至满足要求为止。

表 12-6 所列为用目估试错法识别流域时段单位线的实例。永定河青白口流域的流域面积为 550 km^2，要求分析 1954 年 8 月一次洪水的地面径流的流域时段单位线。时段取 $\Delta t=2$ h。本次洪水的地面净雨量和相应的出流过程分别列于表 12-6 的第②栏和第⑥栏。假定一条流域单位线，列于表 12-6 的第③栏。根据地面净雨量过程和假定的流域单位线推算的出流列于表 12-6 的第⑤栏。比较表 12-6 的第⑤栏和第⑥栏所列可知，计算与实测的流域出口断面流量过程的吻合程度令人满意。因此，表 12-6 的第③栏所列可作为本次洪水的 2 h

地面径流的流域单位线。

表 12-6 永定河青白口流域的地面径流流域时段单位线的识别

时间			地面径流		2 h 流域单位线	部分径流/($m^3\cdot s^{-1}$)			计算 Q/($m^3\cdot s^{-1}$)	实测 Q/($m^3\cdot s^{-1}$)
月	日	时	mm	$m^3\cdot s^{-1}$		535	947	305		
①			②		③	④			⑤	⑥
8	4	13	7.0	535	0	0			0	0
		15	12.4	947	0.055	29.3	0		29.3	28
		17	4.0	305	0.069	37.0	52.0	0	89.0	65
		19			0.081	43.4	65.3	16.7	125	125
		21			0.085	45.5	76.7	21.0	143	142
		23			0.090	48.1	80.7	24.7	154	154
	5	1			0.083	44.4	85.2	26.0	155	157
		3			0.063	33.7	87.7	27.2	140	136
		5			0.052	27.8	59.7	25.3	113	110
		7			0.047	25.1	49.2	19.2	94.0	94
		9			0.043	23.0	44.5	15.8	83.3	84
		11			0.039	20.9	40.9	14.3	76.0	76
		13			0.035	18.7	37.0	13.1	69.0	69
		15			0.032	17.1	34.1	11.9	63.0	64
		17			0.029	15.5	30.3	10.7	56.5	58
		19			0.026	13.9	27.4	9.8	51.1	53
		21			0.024	12.8	24.6	8.9	46.3	47
		⋮			⋮	⋮	⋮	⋮	⋮	⋮
Σ			23.4		1.000				23.4 mm	23.4 mm

利用由实测降雨和径流资料识别或率定的流域时段单位线进行流域汇流计算的方法，传统上称为单位线法。

第三节 物理机理解析

一、流域汇流时间

为引入流域汇流时间的概念，先设想一个试验。出于方便，假设流域不透水，落地雨即为净雨。降落在该流域上的一场空间分布均匀、总量有限的瞬时降雨，可视为由很多个水滴组成。如果这场降雨总量为 u，并由 n 个水滴组成，那么每个水滴拥有的雨量为$\frac{u}{n}$。由于降雨在流域上是均匀分布的，所以这 n 个水滴在流域上也是均匀分布的，即每个水滴占有相同的面积(图 12-5)。

现在来分析这 n 个水滴中第 i 个水滴是怎样汇集到流域出口断面的。由图 12-5 可见，这个水滴在完成坡地汇流后先流入其邻近的河流里，然后进入较高级的河流，在进入最高级河流后便到达流域出口断面。用 r_i 表示第 i 个水滴汇集的路径长度。水滴的运动速度一般可视为路径的函数，可表示为$v_i(x)$，其中 x 为路径上某一位置。因此，第 i 个水滴通过其路径到达流域出口断面花费的时间为

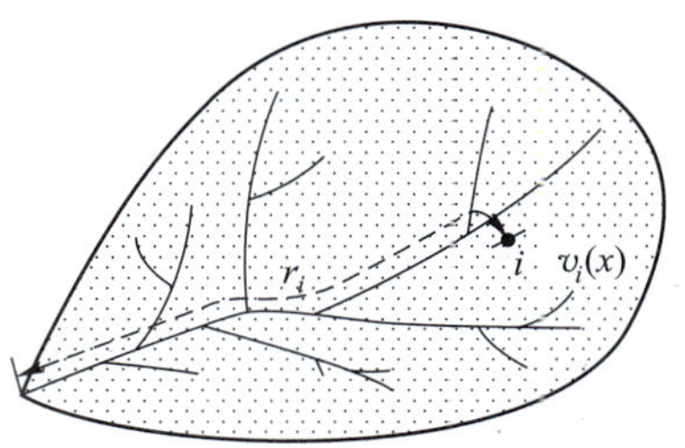

图 12-5 流域上均匀分布的水滴

$$\tau_i = \int_0^{r_i} \frac{\mathrm{d}x}{v_i(x)} \tag{12-30}$$

式(12-30)表达的就是第 i 个水滴的流域汇流时间。i 是任意取的，故按式(12-30)可将流域上每个水滴的汇流时间都计算出来，即分别为 τ_1、τ_2、…、τ_i、…、τ_n。这里所谓的水滴汇流时间是指水滴从其落地点经由地面到达流域出口断面所花费的时间。

一个流域的流域汇流时间是什么呢？由于每个水滴的流域汇流时间不一样，要直接回答这个问题显然是困难的。在水文学中，目前有两种处理方法。

① 找出其中最大的流域汇流时间作为一个流域的流域汇流时间的指标，即

$$\tau_m = \max\{\tau_1, \tau_2, \cdots, \tau_n\} \tag{12-31}$$

式中 τ_1、τ_2、…、τ_n——第 1、2、…、n 个水滴的汇流时间；

τ_m——n 个水滴的汇流时间中最大者，即最大流域汇流时间。

由于不可能求出每个水滴的流域汇流时间，因此按式(12-31)求流域的 τ_m 是不现实的，但在流域出口断面流量过程线上可以找到地面径流停止时间，它一般就是洪峰过后退水曲线上的第一个拐点(图 12-6)。地面净雨过程停止的时间大体上是这场降雨最后一滴雨落地的时间。这两个时间之差就是最后一滴地面净雨通过流域汇流最后到达流域出口断面所花费的时间，如果每个水滴的运动速度相同，那么这个时差就可作为最大流域汇流时间的估计值：

$$\tau_m = t_e(Q) - t_e(h) \tag{12-32}$$

② 用平均流域汇流时间作为流域汇流时间的指标。按定义，平均流域汇流时间应为

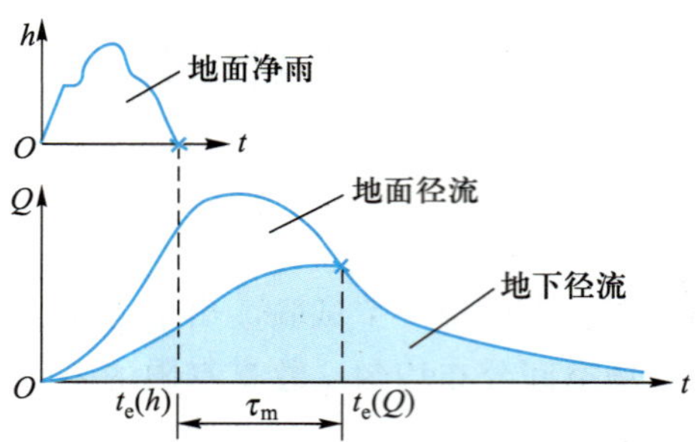

x—地面径流停止点；$t_e(h)$—地面净雨停止时间；$t_e(Q)$—地面径流停止时间。

图 12-6 最大流域汇流时间的确定

$$\bar{\tau}=\frac{\tau_1+\tau_2+\cdots+\tau_n}{n}=\frac{1}{n}\sum_{i=1}^{n}\tau_i \tag{12-33}$$

当 $n\to\infty$ 时，有

$$\bar{\tau}=\lim_{n\to\infty}\frac{1}{n}\sum_{i=1}^{n}\tau_i=\frac{1}{A}\int_A \tau(x,y)\,\mathrm{d}x\mathrm{d}y \tag{12-34}$$

现在已能证明，平均流域汇流时间即为出流一阶原点矩与入流一阶原点矩之差(图 12-7)。净雨过程 $h(t)$ 的一阶原点矩为

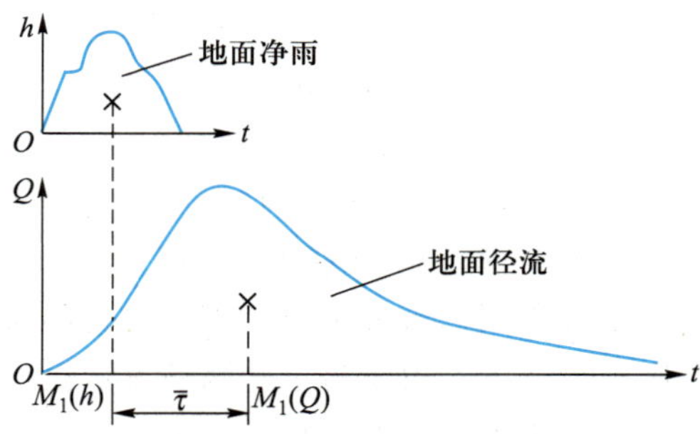

图 12-7 平均流域汇流时间的确定

$$M_1(h)=\frac{\int_0^\infty th(t)\,\mathrm{d}t}{\int_0^\infty h(t)\,\mathrm{d}t} \tag{12-35}$$

出流过程的一阶原点矩为

$$M_1(Q)=\frac{\int_0^\infty tQ(t)\,\mathrm{d}t}{\int_0^\infty Q(t)\,\mathrm{d}t} \tag{12-36}$$

因此平均流域汇流时间 $\bar{\tau}$ 就是

$$\bar{\tau}=M_1(Q)-M_1(h) \tag{12-37}$$

在水文学发展史上，最早使用出流一阶原点矩与净雨一阶原点矩之差这个概念的是纳什(Nash)。他在 1957 年就指出这个数值是反映流域汇流的重要参数，并将其命名为“流域滞时”。但在相当长的时间内，人们并没有找到“流域滞时”确切的物理意义。现在已经证明，所谓“流域滞时”就是平均流域汇流时间。

二、径流成因公式

现在来讨论流域出口断面流量的物理成因。仍见图 12-5，假设净雨是在 τ 时刻呈空间分布均匀、瞬时注入流域的。这就是说均匀分布在流域上的 n 个水滴都是从 τ 时刻开始向流域出口断面汇集的。由于每个水滴的流域汇流时间不一样，所以 τ 时刻注入的 n 个水滴将在不同时刻到达流域出口断面。现在的目的是求出 t 时刻的流域出口断面流量。显然，只有那些流域汇流时间正好等于$(t-\tau)$的水滴才能在 t 时刻到达流域出口断面，从而组成了 t 时刻流域出口断面流量。令满足这个条件的水滴所占据的面积为$\partial A(t-\tau)$，将其乘以 τ 时刻的净雨强度 $i(\tau)$，就是 τ 时刻净雨对 t 时刻流域出口断面流量的贡献，即

$$\mathrm{d}Q(t)=\partial A(t-\tau)i(\tau) \tag{12-38}$$

但一场降雨是一个过程，不是一个时刻，一场降雨由连续时刻的降雨组成。把一场降雨中每一个时刻净雨对 t 时刻流域出口断面流量的贡献都计算出来，就可得到 t 时刻流域出口断面的流量 $Q(t)$为

$$Q(t)=\int_0^t \partial A(t-\tau)i(\tau)=\int_0^t \frac{\partial A(t-\tau)}{\partial \tau}i(\tau)\mathrm{d}\tau \tag{12-39}$$

式(12-39)叫作径流成因公式，是维利加诺夫在 1932 年提出来的。

如果入流和出流均采用 $\mathrm{m^3/s}$ 作单位，那么式(12-39)可重新写成

$$Q(t)=\int_0^t \frac{\partial\left[\dfrac{A(t-\tau)}{A}\right]}{\partial \tau}A\cdot i(\tau)\mathrm{d}\tau=\int_0^t \frac{\partial a(t-\tau)}{\partial \tau}I(\tau)\mathrm{d}\tau \tag{12-40}$$

式中　A——流域面积；

$a(t)$——$A(t)$与 A 的比值；

$I(t)$——$A(t)$与 $i(t)$的乘积。

三、时间-面积曲线

要进一步理解径流成因公式(12-39)或式(12-40)的物理意义，就必须对其中的微分面积$\partial A(t-\tau)$或$\partial a(t-\tau)$进行专门的讨论。

由径流成因公式的推导过程可知，微分面积$\partial A(t-\tau)$是呈空间分布均匀的净雨，在 τ 时刻瞬时注入流域后，其中能在 t 时刻汇集至流域出口断面的那些雨滴所占的面积。也就是说，落在这些面积上的每个水滴的流域汇流时间均为$(t-\tau)$。因此，根据其物理概念就可将微分面积$\partial A(t-\tau)$定义为等流时面积，相应地将$\partial a(t-\tau)$定义为相对等流时面积。不同的流域汇流时间对应着不同的等流时面积。$\dfrac{\partial A(t)}{\partial t}$与流域汇流时间之间的函数关系或$\dfrac{\partial a(t)}{\partial t}$与流

域汇流时间之间的函数关系就称为时间-面积曲线(图 12-8)。这里的时间是指流域汇流时间，面积是指等流时面积。

$\frac{\partial A(t)}{\partial t}-t$ 曲线上任一 $\mathrm{d}t$ 所对应的曲边梯形的面积就是均匀分布在流域上的净雨水滴中流域汇流时间属于其中的水滴占有的面积或水滴数目(图12-8a)，而$\frac{\partial a(t)}{\partial t}-t$ 曲线上任一 $\mathrm{d}t$ 所对应的曲边梯形的面积就是均匀分布在流域上的净雨水滴中流域汇流时间属于其中的水滴占有的面积与流域面积之比值或水滴数目占其总数的比值(图 12-8b)。容易证明

$$\int_0^\infty \frac{\partial A(t)}{\partial t}\mathrm{d}t=A,\qquad \int_0^\infty \frac{\partial a(t)}{\partial t}\mathrm{d}t=1 \tag{12-41}$$

式中　A——流域面积。

将径流成因公式(12-40)和卷积式(12-21)进行比较后不难发现，时间-面积曲线$\frac{\partial a(t)}{\partial t}-t$就是流域瞬时单位线 $u(t)$，也就是说，流域瞬时单位线的物理意义就是以相对面积表示的时间-面积曲线，即

$$u(t)=\frac{\partial a(t)}{\partial t} \tag{12-42}$$

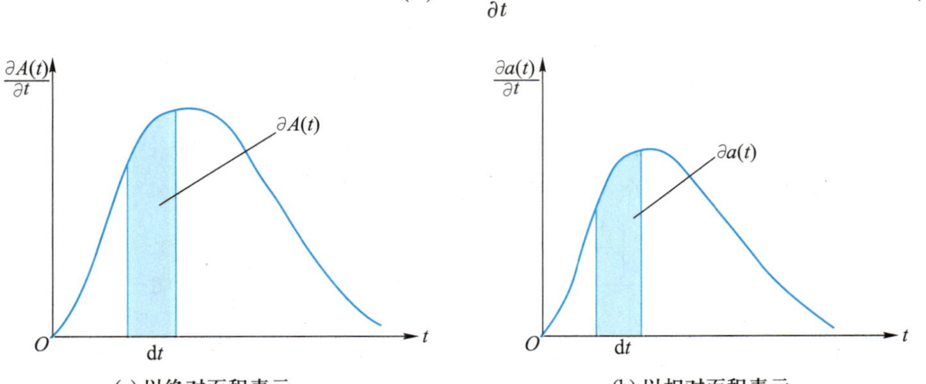

图 12-8　时间-面积曲线

四、等流时线及其应用

径流成因公式能否在实际中应用，关键在于如何构建流域的时间-面积曲线。为此，引进等流时线的概念。流域汇流时间相同的那些水滴连成的等值线称为等流时线。对天然流域，等流时线在理论上的存在性至今并没有得到实验或实测数据验证，但如果假设分布在流域上的每个水滴的运动速度相同，也就是假设水滴运动速度空间分布均匀，那么等流时线的存在是毋庸置疑的。事实上，有了这个假设，就可以在流域水系图上作出等流时线，因为在此假设下，所谓等流时线实际上就是等距离线。这样就可以得到如下制作等流时线的具体方法步骤：

① 由水滴的运动速度和给定的等流时线时距，用下式计算相邻两条等流时线的距离：

$$\Delta S = v \cdot \Delta t \tag{12-43}$$

式中　ΔS——相邻两条等流时线之间的水滴汇流路径距离；

v——水滴运动速度，每个水滴具有相同的运动速度；

Δt——相邻两条等流时线之间的时距。

② 从流域出口断面开始，沿水滴的汇流路径逆流而上按顺序绘制等流时线。通过流域出口断面的等流时线为流域汇流时间等于零的线，与流域出口断面相隔 ΔS 距离作出的等流时线就是流域汇流时间等于 Δt 的线，再相隔 ΔS 距离作出的等流时线就是流域汇流时间等于 $2\Delta t$ 的线，余类推，一直到离流域出口断面最远的流域分水线为止。

有了等流时线，就可据此构建流域的时间-面积曲线。图 12-9a 是一幅制作好的流域等流时线图。将相邻两条等流时线之间的面积量算出来就可建立时间-面积曲线的柱状图(图 12-9b)。将这个柱状图的纵坐标换算成 $\dfrac{\Delta a}{\Delta t}=\dfrac{\Delta A'/A}{\Delta t}$，就成为基于等流时线概念的时间-面积曲线的柱状图(图 12-9c)，若再使 $\Delta t \to 0$，则此柱状图就变成连续形式的时间-面积由线(图 12-9c)，其累积曲线就是图 12-9d。

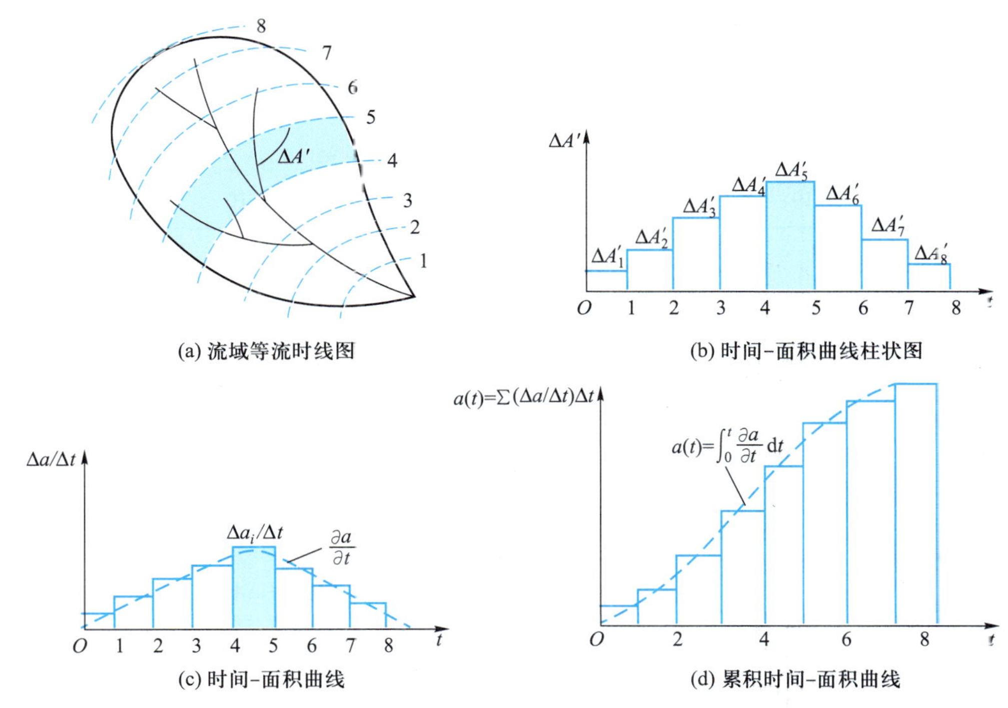

图 12-9　等流时线及基于等流时线概念的时间-面积曲线的构建

引入等流时线概念，虽然能得到一个构建时间-面积曲线的简单的具体方法，但由于等流时线只有在水滴运动速度空间分布均匀情况下才能具体获得，因此，与真正的时间-面积曲线比较，这显然是不严格的，甚至可认为是虚构的。在现实世界中，按一定标准人工铺设的飞机场跑道、城市道路和广场，由于糙率、坡度等比较一致，可认为其上每一处的水滴速度基本相同，等流时线大体上能存在，但对于天然流域，下垫面空间变异非常复杂，等流时线只能认为是虚构的。

将基于等流时线概念构建的时间-面积曲线用于流域汇流计算的方法称为等流时线法。根据等流时线的概念，瞬时降落在等流时线上的净雨水滴，将经由相同的流域汇流时间到达流域出口断面，瞬时降落在相邻两条等流时线之间面积上的净雨水滴将在其间隔时距 Δt 内先后到达流域出口断面；时段 Δt 内以均匀强度降落在等流时线上的净雨水滴将在 Δt 时段内先后到达流域出口断面，时段 Δt 内以均匀强度降落在两条相邻等流时线之间面积上的净雨水滴将在 $2\Delta t$ 时段内先后到达流域出口断面。这就是利用等流时线法进行流域汇流计算的基本依据。

举一个例子说明等流时线法的应用。某流域，流域面积为 75 km^2，其时间-面积关系如表 12-7 所列。计算时段取 $\Delta t=1$ h。今有两场降雨：一场降雨产生的净雨的空间分布是均匀的，其时程分配如表 12-8 所列。另一场降雨产生的净雨的空间分布是不均匀的，其时程分配见表 12-9。应用等流时线法求得前一场降雨形成的流域出口断面流量过程如表 12-10 所列。应用等流时线法求得后一场降雨所形成的流域出口断面流量过程如表 12-11 所列。

表 12-7　某流域时间-面积关系

时段/h	0~1	1~2	2~3	3~4	4~5
ΔA/ km^2	10	30	20	10	5

表 12-8　一场空间分布均匀的净雨的时程分配

	8 月 3 日			
时段/h	6~7	7~8	8~9	9~10
净雨/mm	1.67	9.33	14.67	1.00

表 12-9　一场空间分布不均匀的净雨的时程分配　　单位：mm

	时段/h	等流时面积 $\Delta A'$				
		10 km^2	30 km^2	20 km^2	10 km^2	5 km^2
7 月 8 日	5~6	8	0	0	5	0
	6~7	6	4	0	0	10
	7~8	10	15	5	10	5

表 12-10　净雨空间分布均匀时用等流时线法推求流域出口断面流量过程

月 日 时	h		$\Delta A'$/km^2	$u(1,t)$	$h\cdot u(1,t)/(\mathrm{m^3\cdot s^{-1}})$				$Q/(\mathrm{m^3\cdot s^{-1}})$
	mm	$\mathrm{m^3\cdot s^{-1}}$			34.8	194.4	305.6	20.9	
8 3 6	1.67	34.8	0	0	0				0
7	9.33	194.4	10	0.13	4.52	0			4.52
8	14.67	305.6	30	0.40	13.92	25.27	0		39.19
9	1.00	20.9	20	0.27	9.40	77.76	39.73	0	126.89
10			10	0.13	4.52	52.49	122.24	2.72	181.97
11			5	0.07	2.44	25.27	82.51	8.36	118.58
12						13.61	39.73	5.64	58.98
13							21.40	2.72	24.12
14								1.46	1.46

表 12-11　净雨空间分布不均匀时用等流时线法推求流域出口断面流量过程

7 月 8 日5 时：$Q(0)=0$

6 时：$Q(1)=\dfrac{8\ \mathrm{mm}\times10\ \mathrm{km^2}}{1\ \mathrm{h}}=22.2\ \mathrm{m^3/s}$

7 时：$Q(2)=\dfrac{6\ \mathrm{mm}\times10\ \mathrm{km^2}+0\times30\ \mathrm{km^2}}{1\ \mathrm{h}}=16.7\ \mathrm{m^3/s}$

8 时：$Q(3)=\dfrac{10\ \mathrm{mm}\times10\ \mathrm{km^2}+4\ \mathrm{mm}\times30\ \mathrm{km^2}+0\times20\ \mathrm{km^2}}{1\ \mathrm{h}}=61.2\ \mathrm{m^3/s}$

9 时：$Q(4)=\dfrac{15\ \mathrm{mm}\times30\ \mathrm{km^2}+0\times20\ \mathrm{km^2}+5\ \mathrm{mm}\times10\ \mathrm{km^2}}{1\ \mathrm{h}}=139\ \mathrm{m^3/s}$

10 时：$Q(5)=\dfrac{5\ \mathrm{mm}\times20\ \mathrm{km^2}+0\times10\ \mathrm{km^2}+0\times5\ \mathrm{km^2}}{1\ \mathrm{h}}=27.8\ \mathrm{m^3/s}$

11 时：$Q(6)=\dfrac{10\ \mathrm{mm}\times10\ \mathrm{km^2}+10\ \mathrm{mm}\times5\ \mathrm{km^2}}{1\ \mathrm{h}}=41.7\ \mathrm{m^3/s}$

12 时：$Q(7)=\dfrac{5\ \mathrm{mm}\times5\ \mathrm{km^2}}{1\ \mathrm{h}}=7.0\ \mathrm{m^3/s}$

由这个算例可以发现利用等流时线法进行流域汇流计算与利用单位线法进行流域汇流计算有相同之处，也有不同之处：如果净雨空间分布均匀，两种方法都可使用；如果净雨空间分布不均匀，理论上单位线法不能使用，但等流时线法仍能使用。

等流时线法只有在水滴运动速度空间分布均匀的情况下才是严格的，如果能克服这个缺陷，流域汇流就会有更完善的计算方法。一种既可以考虑水滴运动速度空间分布不均匀情况，又可以考虑降雨空间分布不均匀情况的流域汇流计算方法是值得期待的，近代科学技术的发展已为此提供了丰富的想象空间。

第四节 流域调蓄作用解析

一、流域调蓄作用

现在从流域调蓄作用的角度考察流域汇流。先讨论流域调蓄作用及其物理机理。如图12-10所示，对一个流域的净雨过程和其形成的流域出口断面流量过程线进行比较，会发现它们的差别很大：一是出流过程的一阶原点矩总是比净雨过程的一阶原点矩推迟出现，这个现象称为流量过程线的推移。在比较河段的上下断面洪水过程线的时候也讲过这个概念，推移的时间就是平均流域汇流时间。二是出流过程的洪峰远小于净雨峰，而且形状坦化，这个现象称为洪水过程线的坦化。在讨论洪水波运动时也讲过这个概念，坦化的数量可用流量过程的峰值的衰减量来衡量。由此可见，流域在流域汇流中起的作用就是使输入的净雨过程发生推移和坦化，形成流域出口断面流量过程。这样一来，就可以将流域汇流理解为净雨过程经过流域的推移和坦化作用变成了流域出口断面流量过程。流域的推移和坦化作用综合起来就是流域调蓄作用。流域调蓄作用产生的物理原因归纳起来主要有两个原因。净雨注入流域，存在空间分布，这就使得同时注入流域的水滴距离流域出口断面有远近之分。在这种情况下，即使每个水滴的运动速度相同，这些水滴也不可能在同时刻到达流域出口断面，这是第一个原因。水滴的运动速度空间分布是不均匀的，在这种情况下，即使水滴的流路离流域出口断面远近一样，它们也不可能在同一时刻到达流域出口断面，这是第二个原因。

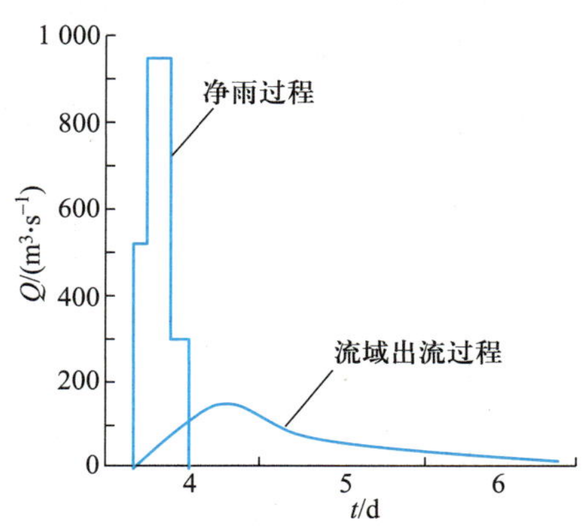

图 12-10 净雨过程与相应的流域出流过程的比较

从上述对流域调蓄作用机理的揭示可得到一些启示。启示之一是现行时间-面积曲线实际上并没有把流域汇流现象的物理本质全部揭示出来，它只揭示了一半，所以用时间-面积曲线来解决流域汇流问题显然存在缺陷。启示之二是只要有办法来模拟流域对流域汇流的推移和坦化作用，就能得到流域汇流计算方法。

二、线性概念性元件及其瞬时单位线

水文学家经过长期研究，已发现了一些能够模拟推移和坦化的概念性元件，现对其中三个基本的线性概念性元件及其瞬时单位线进行如下讨论。

1. 线性“渠道”

如果一个河段只能使洪水过程发生推移，而不改变其形状，这个河段称为线性“渠道”

(图 12-11)。发生线性运动波的河段就可作为线性“渠道”。按照定义，线性“渠道”的瞬时单位线是指线性“渠道”的入流为 δ 函数时形成的出流过程。因为线性“渠道”只使洪水过程线发生推移，而不发生任何变形，所以，它的瞬时单位线形状跟它的入流形状完全一样，只是在出现时间上推迟了一个线性“渠道”的传播时间 T。线性“渠道”的瞬时单位线应为

$$u(t)=\delta(t-T) \tag{12-44}$$

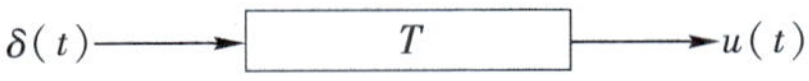

$\delta(t)$ → [T] → $u(t)$

图 12-11 线性“渠道”

2. 线性“水库”

作为元件的“水库”是指蓄量与出流呈线性关系的“水库”，因此，对于线性“水库”，有

$$S=KQ \tag{12-45}$$

式中 S——“水库”蓄量；

Q——“水库”出流；

K——常数。

“水库”能起什么作用呢？因为“水库”的蓄水量与其出流之间是单值关系，所以，出流的洪峰必正好落在入流的退水段上，这样的结果必然导致出流的一阶原点矩要比入流的一阶原点矩推迟出现，而且出流过程的形状比入流过程坦化。所以“水库”是一个能综合反映推移和坦化作用的元件。

如果线性“水库”的入流是 δ 函数，那么它的出流就是瞬时单位线(图12-12)。

线性“水库”的水量平衡方程为

$$I-O=\frac{\mathrm{d}S}{\mathrm{d}t} \tag{12-46}$$

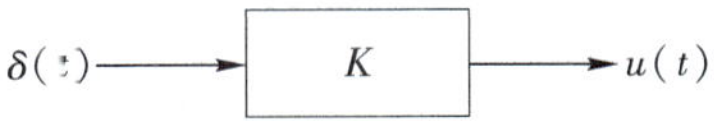

$\delta(t)$ → [K] → $u(t)$

图 12-12 线性“水库”

而槽蓄量方程为式(12-45)。令 $I(t)=\delta(t)$，并用拉普拉斯变换法解由式(12-46)和式(12-45)联立的方程组，就可得线性“水库”的瞬时单位线为

$$u(t)=\frac{1}{K}\mathrm{e}^{-t/K} \tag{12-47}$$

3. 线性时间-面积曲线

时间-面积曲线显然既有推移作用又有坦化作用，但基于等流时线概念构建的时间-面积曲线只能反映水滴运动速度空间分布均匀情况下，仅由净雨注入点距离流域出口断面远近引起的“推移”和“坦化”作用。对于基于等流时线概念的时间-面积曲线，如果水滴运动速度不随流量而变，那么就是线性时间-面积曲线(图 12-13)。由径流成因公式可知，其数学表达式为

$$u(t)=\frac{\partial a'(t)}{\partial t} \tag{12-48}$$

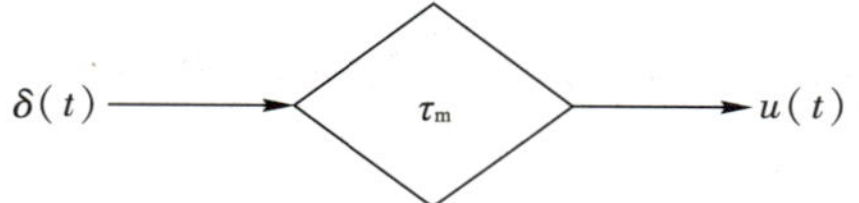

图 12-13 线性时间-面积曲线

式中 $\partial a'(t)$——基于等流时线概念的相对等流时面积。

对于具有规则几何形状的流域，一般可以导出其基于等流时线概念的时间-面积曲线的数学表达式(表 12-12)。

表 12-12 流速空间分布均匀时不同几何形状的坡面或流域基本单元的时间-面积曲线

形状	时间-面积曲线
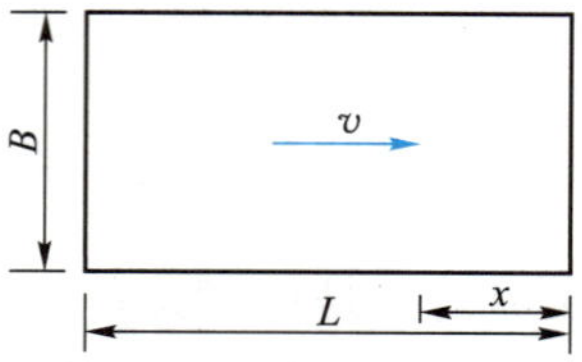	$\dfrac{\partial a'}{\partial t}=\begin{cases}\dfrac{1}{T} & \left(0\leqslant t\leqslant T,\ T=\dfrac{L}{v}\right)\\ 0 & (t>T)\end{cases}$
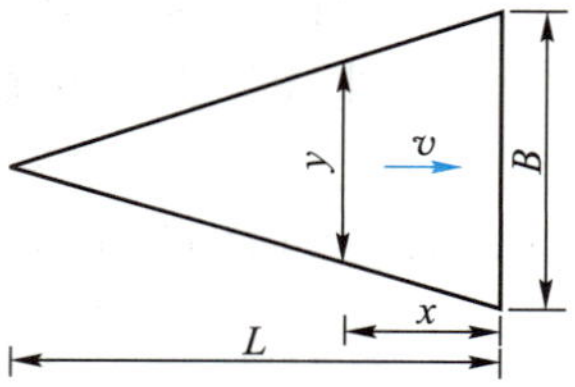	$\dfrac{\partial a'}{\partial t}=\begin{cases}\dfrac{2}{T^2}(T-t) & \left(0\leqslant t\leqslant T,\ T=\dfrac{L}{v}\right)\\ 0 & (t>T)\end{cases}$
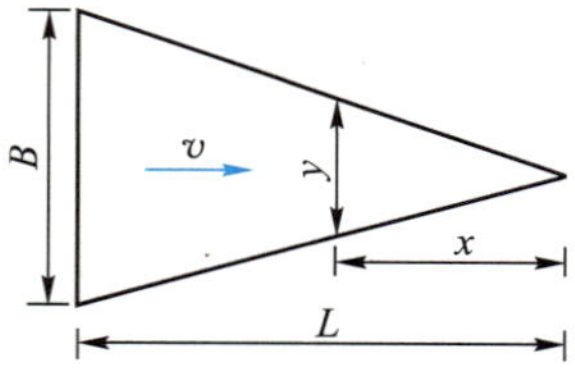	$\dfrac{\partial a'}{\partial t}=\begin{cases}\dfrac{2t}{T^2} & \left(0\leqslant t\leqslant T,\ T=\dfrac{L}{v}\right)\\ 0 & (t>T)\end{cases}$
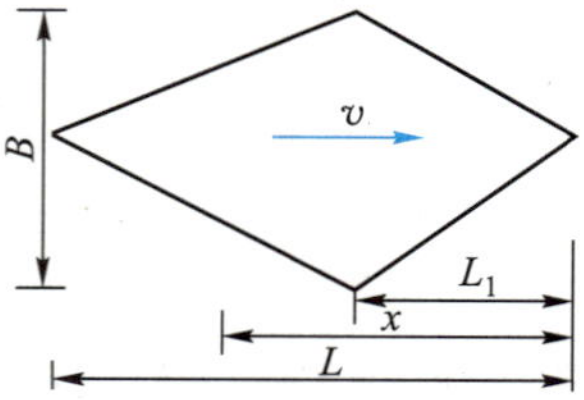	$\dfrac{\partial a'}{\partial t}=\begin{cases}\dfrac{2t}{T_1T} & \left(0\leqslant t\leqslant T_1,\ T_1=\dfrac{L_1}{v},\ T=\dfrac{L}{v}\right)\\ \dfrac{-2(t-T)}{T(T-T_1)} & (T_1\leqslant t\leqslant T)\end{cases}$
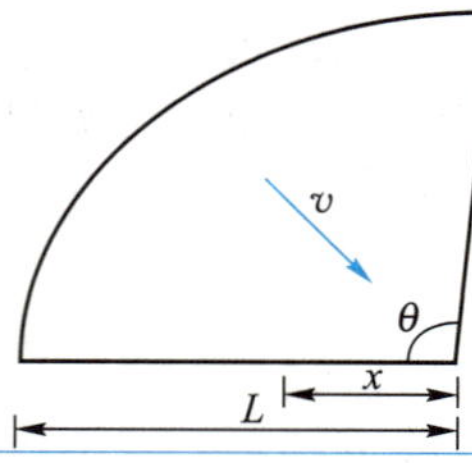	$\dfrac{\partial a'}{\partial t}=\begin{cases}\dfrac{2t}{T} & \left(0\leqslant t\leqslant T,\ T=\dfrac{L}{v}\right)\\ 0 & (t>T)\end{cases}$

续表

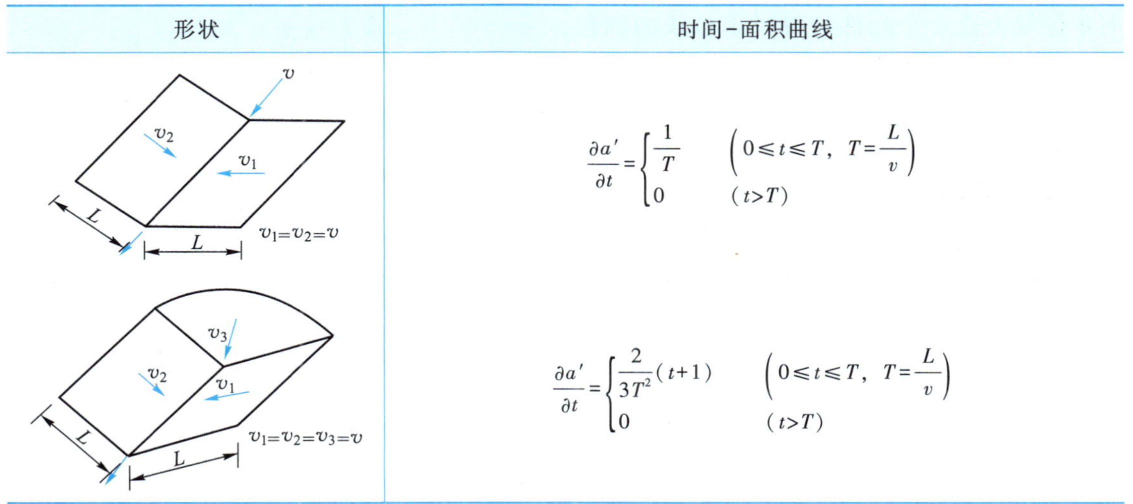

形状	时间-面积曲线
	$\frac{\partial a'}{\partial t}=\begin{cases}\frac{1}{T} & \left(0\leqslant t\leqslant T,\ T=\frac{L}{v}\right)\\ 0 & (t>T)\end{cases}$
	$\frac{\partial a'}{\partial t}=\begin{cases}\frac{2}{3T^2}(t+1) & \left(0\leqslant t\leqslant T,\ T=\frac{L}{v}\right)\\ 0 & (t>T)\end{cases}$

三、线性概念性元件的组合及其瞬时单位线

用一个元件常常难以模拟一个流域的推移和坦化作用，为此必然涉及多个元件的排列组合问题。解决了这个问题，就可以构建所需要的流域汇流计算方法。与电学中的电路类似，这里的元件排列组合也有串联、并联和混联三种。

1. 串联

如果有 2 个元件，第 1 个元件的输出是第 2 个元件的输入，那么这 2 个元件就是串联的（图 12-14）。这个概念可以推广到任意多个元件串联。元件串联以后，其瞬时单位线将是什么呢？以 2 个元件串联为例来讨论这个问题。若第 1 个元件的瞬时单位线为 $u_1(t)$，第 2 个元件的瞬时单位线为 $u_2(t)$，则它们串联以后的瞬时单位线为

$$u(t)=\int_0^t u_1(t-\tau)u_2(\tau)\mathrm{d}\tau \tag{12-49}$$

式(12-49)表明，2 个元件串联以后的瞬时单位线为这 2 个元件的瞬时单位线的卷积分。这个结论可以推广到 n 个元件串联情形。

图 12-14　概念性元件的串联结构

2. 并联

如果有 2 个元件，不存在水力上的联系，各自的入流也独立无关，那么这 2 个元件就是并联的（图 12-15）。这个概念可以推广到任意多个元件的并联。元件并联以后，其瞬时单位线将是什么呢？以 2 个元件并联为例来讨论这个问题。若第 1、第 2 个元件的瞬时单位线分别为 $u_1(t)$ 和 $u_2(t)$，α 和 $(1-\alpha)$ 分别是它们的入流权重，则它们并联以后的瞬时单位线为

$$u(t)=\alpha u_1(t)+(1-\alpha)u_2(t) \tag{12-50}$$

式(12-50)表明，2个元件并联以后的瞬时单位线为这2个元件的瞬时单位线的加权平均。这个结论可以推广到 n 个元件并联情形。

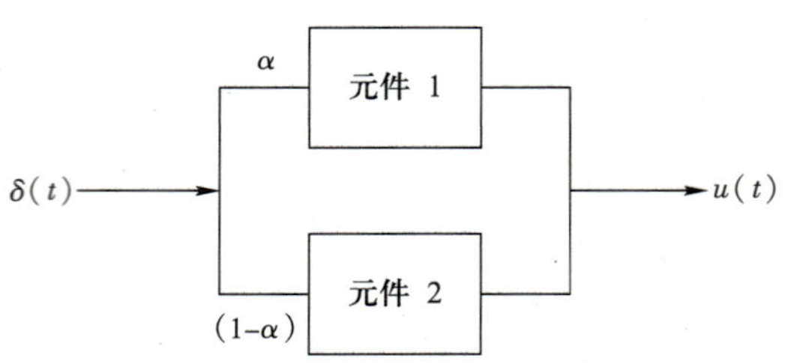

图 12-15 概念性元件的并联结构

3. 混联

既有串联又有并联的排列组合称为混联(图 12-16)。综合以上确定串联和并联瞬时单位线的方法，就可以得到确定混联情况下瞬时单位线的方法。

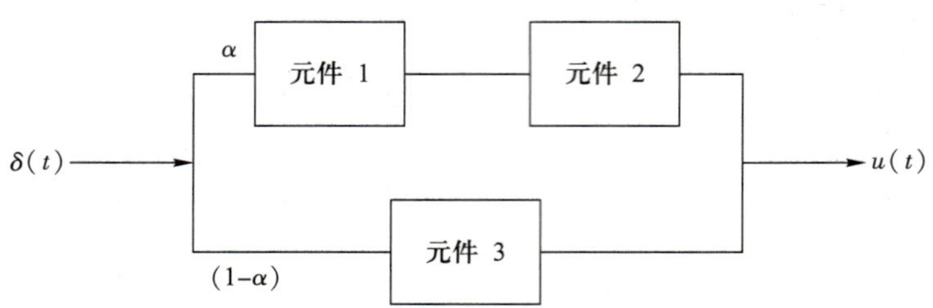

图 12-16 概念性元件的混联结构

四、纳什模型

纳什认为净雨过程经过 n 个相同线性"水库"的串联作用，就变成流域出口断面流量过程(图 12-17)，他于1957年导得这种情况下的瞬时单位线为

$$u(t)=\frac{1}{K(n-1)!}\left(\frac{t}{K}\right)^{n-1}\cdot e^{-t/K} \tag{12-51}$$

式中 n——串联线性"水库"的数目；

K——每个线性"水库"的蓄量常数。

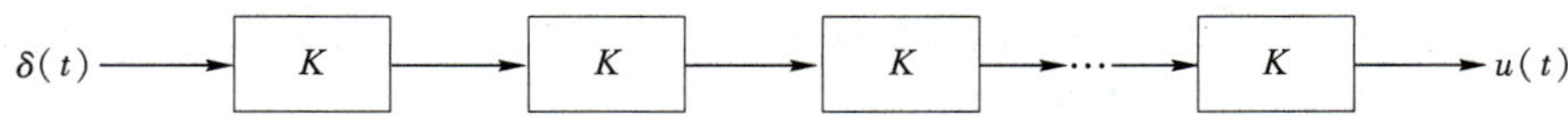

图 12-17 纳什模型

由式(12-51)可求得其一阶原点矩 $M_1(u)$ 和二阶中心矩 $N_2(u)$ 分别为

$$M_1(u)=nk \tag{12-52}$$

$$N_2(u)=nk^2 \tag{12-53}$$

由以下算例可深入理解应用纳什模型构建流域时段单位线的方法。

例 12-1：新安江屯溪流域面积为2 670 km^2。试分析1969年7月5日一次暴雨洪水的 n 值和 K 值，并推求3 h流域单位线。本次降雨空间分布尚属均匀。

解：① 根据流域降雨径流资料，求得本次洪水的地面径流过程和相应的净雨过程，分别列于表 12-13 和表 12-14。

表 12-13　新安江屯溪流域 1969 年 7 月 5 日洪水的净雨矩计算表

时间		I_i/mm	t_i/h	$I_i \cdot t_i$/(mm·h)	$[t_i-M_1(I)]^2$/h^2	$[t_i-M_1(I)]^2 \cdot I_i$/(mm·h^2)	计算 $M_1(I)$ 和 $N_2(I)$
日	时						
5	5	19.4	1.5	29.1	12.96	251.4	$M_1(I)=\frac{614.4}{121.2}$ h = 5.1 h $N_2(I)=\frac{517.0}{121.2}$ h^2 = 4.3 h^2
	8	59.4	4.5	267.3	0.36	21.4	
	11	42.4	7.5	318.0	5.76	244.2	
∑		121.2		614.4		517.0	

表 12-14　新安江屯溪流域 1969 年 7 月 5 日洪水的地面径流矩计算表

时间		Q_i/($m^3 \cdot s^{-1}$)	t_i/h	$Q_i \cdot t_i$/($m^3 \cdot h \cdot s^{-1}$)	$[t_i-M_1(Q)]^2$/h^2	$Q_i[t_i-M_1(Q)]^2$/($m^3 \cdot h^2 \cdot s^{-1}$)	计算 $M_1(Q)$ 和 $N_2(Q)$
日	时						
5	5	0	0	0	0	0	$M_1(Q)=\frac{567\ 980}{29\ 970}$ h = 19.0 h $N_2(Q)=\frac{1\ 762\ 570}{29\ 970}$ h^2 = 59.0 h^2
	8	180	3	540	286	46 080	
	11	700	6	4 200	169	118 300	
	14	2 450	9	22 050	100	245 000	
	17	4 100	12	49 200	49	200 900	
	20	4 390	15	65 850	16	70 340	
	23	4 660	18	84 880	1	4 660	
6	2	2 780	21	79 480	4	15 120	
	5	3 000	24	74 000	25	75 000	
	8	2 280	27	61 560	64	123 120	
	11	1 590	30	47 700	121	192 390	
	14	1 040	33	34 300	196	203 840	
	17	690	36	24 840	289	199 410	
	20	420	39	16 380	400	168 000	
	23	190	42	2 980	529	100 510	
7	2	0	45	0	676	0	
∑		29 970		567 980		1 762 570	

② 分别计算本次洪水的地面径流过程和相应净雨过程的一阶原点矩和二阶中心矩，分别列于表 12-13 和表 12-14。

③ 按式(12-27)和式(12-28)计算式(12-51)的一阶原点矩 $M_1(u)$ 和二阶中心矩 $N_2(u)$。

④ 联立求解式(12-52)和式 (12-53)，得参数 $n=3.5$，$k=3.9$ h。

⑤ 根据上述求得的 n 和 K，计算 3 h 流域单位线，结果列于表 12-15。

表 12-15 新安江屯溪流域 1969 年 7 月 5 日洪水的 3 h 流域单位线计算表

$t/\Delta t$	0	1	2	3	4	5	6	7	8
t/h	0	3	6	9	12	15	18	21	24
$u(\Delta t,t)$	0	0.030	0.070	0.170	0.180	0.180	0.011 7	0.087	0.055

$t/\Delta t$	9	10	11	12	13	14	15	16	17	18
t/h	27	30	33	36	39	42	45	48	51	54
$u(\Delta t,t)$	0.041	0.033	0.018	0.007	0.005	0.004	0.001	0.001	0.001	0

五、克拉克(Clark)模型

克拉克认为，将基于等流时线的时间-面积曲线与一个线性“水库”串联起来，就可较好地模拟流域汇流(图 12-18)。因为基于等流时线的时间-面积曲线的最大缺陷是假定流速空间分布均匀，所以将其与一个线性“水库”串联就可以对这个缺陷进行一定的弥补。克拉克于 1945 年推荐了这样的做法。

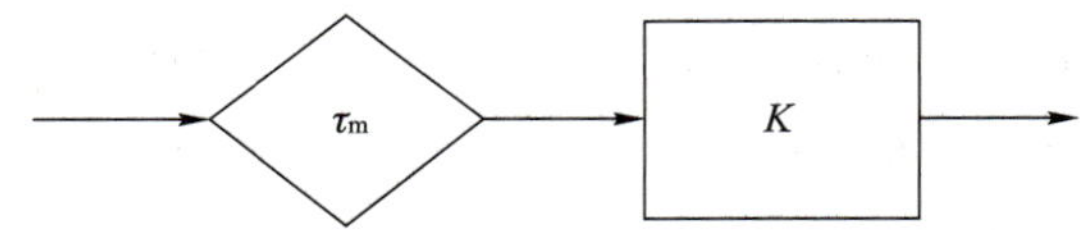

图 12-18 克拉克模型

由以下算例可深入理解应用克拉克模型构建流域时段单位线的方法。

例 12-2：某流域如图 12-19a 所示。流域面积为 250 km^2，已求得其克拉克模型参数为 $\tau_m=8$ h，$K=7.5$ h。试确定该流域的 1 h 10 mm 克拉克单位线和 2 h 10 mm 克拉克单位线。

解：① 取计算时段 $\Delta t=1$ h。这样可以把流域划分成 8 块等流时面积。

② 量算每块等流时面积的大小，见表 12-16。

③ 作基于等流时线概念的时间-面积曲线柱状图，见图 12-19b。

表 12-16 某流域各等流时面积

流域汇流时间/h	0～1	1～2	2～3	3～4	4～5	5～6	6～7	7～8
面积/km^2	10	23	39	43	42	40	35	18

④ 计算 1 h 10 mm 克拉克单位线。考虑时间-面积曲线的作用，得表12-17中第③列所示的过程线，由克拉克模型的结构知，此即线性“水库”的入流过程，而线性“水库”的出流即为所求的 1 h 10 mm 克拉克单位线。

线性“水库”的时段水量平衡方程式为

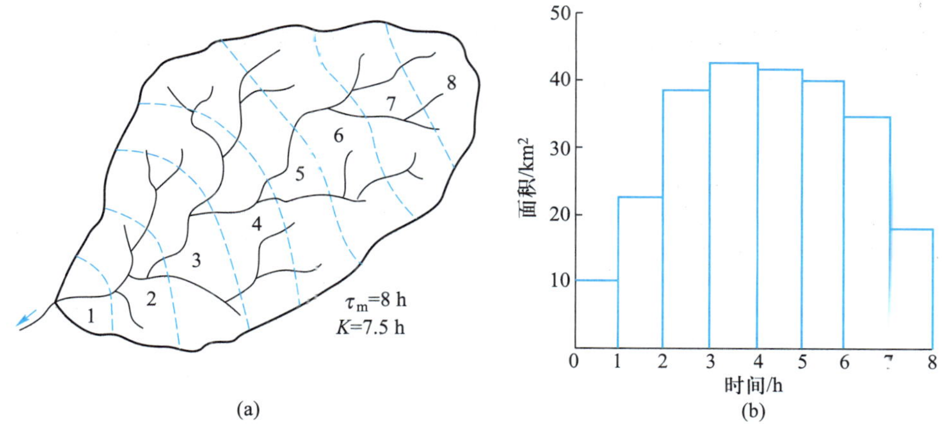

图 12-19　等流时线(a)和时间-面积曲线柱状图(b)

$$\frac{I_1+I_2}{2}\Delta t-\frac{Q_1+Q_2}{2}\Delta t=S_2-S_1$$

式中　I_1、Q_1——线性“水库”时段初的入流和出流；

I_2、Q_2——线性“水库”时段末的入流和出流；

S_1、S_2——线性“水库”时段始、末的蓄量；

Δt——时段长。

又知 $S_1=KQ_1$，$S_2=KQ_2$，故上式可变为

$$Q_2=m_0I_2+m_1I_1+m_2Q_1$$

其中

$$m_0=\frac{0.5\Delta t}{K+0.5\Delta t},\quad m_1=\frac{0.5\Delta t}{K+0.5\Delta t},\quad m_2=\frac{K-0.5\Delta t}{K+0.5\Delta t}$$

因入流用柱状图表示，故 $I_1=I_2=I$，上式可简化为

$$Q_2=m'I+m_2Q_1$$

其中

$$m'=\frac{\Delta t}{K+0.5\Delta t}$$

在本例情况下，因 $K=7.5$ h，$\Delta t=1$ h，故得

$$m'=\frac{1}{7.5+0.5}=\frac{1}{8}=0.125$$

$$m_2=\frac{7.5-0.5}{7.5+0.5}=\frac{7}{8}=0.875$$

于是本例中单一线性“水库”的演算公式为

$$Q_2=0.125I+0.875Q_1$$

按上式对表 12-17 中第③列进行演算，即可计算出 1 h 10 mm 克拉克单位线，列于表

12-17的第⑥列。

⑤ 根据单位线时段转换原理和方法，由 1 h 10 mm 克拉克单位线可转换成 2 h 10mm 克拉克单位线，列于表 12-17 的第⑦列。

表 12-17 克拉克模型时段单位线计算表

时间/h	等流时面积/km^2	$I=\frac{10\times10^3}{3\ 600}\times$② $=2.78\times$②/($m^3\cdot s^{-1}$)	0. 125×③/($m^3\cdot s^{-1}$)	0. 875×⑥/($m^3\cdot s^{-1}$)	1 h 10 mm 单位线 Q=④+⑤/($m^3\cdot s^{-1}$)	2 h 10 mm 单位线/($m^3\cdot s^{-1}$)
①	②	③	④	⑤	⑥	⑦
0	0	0	0	0	0	0
1	10	27. 8	3. 5	0	3. 5	
2	23	63. 9	8. 0	3. 1	11. 1	7. 3
3	39	108. 4	13. 5	9. 7	23. 2	
4	43	119. 5	14. 9	20. 3	35. 2	29. 4
5	42	116. 8	14. 6	30. 8	45. 4	
6	40	111. 2	13. 9	39. 6	53. 5	49. 5
7	35	97. 3	12. 1	46. 8	58. 9	
8	18	50. 0	6. 2	51. 4	57. 6	58. 3
9	0	0	0	50. 5	50. 5	
10	0	0	0	44. 1	44. 1	47. 2
11	0	0	0	59. 6	39. 6	
12	0	0	0	34. 6	34. 6	37. 1
13	0	0	0	30. 2	30. 2	
14	0	0	0	26. 4	26. 4	28. 5
15	0	0	0	…	…	…

六、线性“水库”串并联模型

如图 12-20a 所示，有一个坡面，可分成 3 个子坡面，其面积分别为 A_1、A_2、A_3，每个子坡面都可以用一个线性“水库”来模拟其坡面汇流，其蓄量常数分别为 K_1、K_2 和 K_3。这个坡面的坡面汇流显然可以用这 3 个线性“水库”排列组合而形成的混联结构来模拟(图 12-20b)，据此可推导得其坡面瞬时单位线为

$$u(t)=\left(\frac{\alpha_3}{K_3}+\frac{\alpha_1}{K_3-K_1}+\frac{\alpha_2}{K_3-K_2}\right)e^{-t/K_3}-\left(\frac{\alpha_1}{K_3-K_1}e^{-t/K_1}+\frac{\alpha_2}{K_3-K_2}e^{-t/K_2}\right) \tag{12-54}$$

其中

$$\alpha_1=\frac{A_1}{A_1+A_2+A_3},\quad \alpha_2=\frac{A_2}{A_1+A_2+A_3},\quad \alpha_3=\frac{A_3}{A_1+A_2+A_3}$$

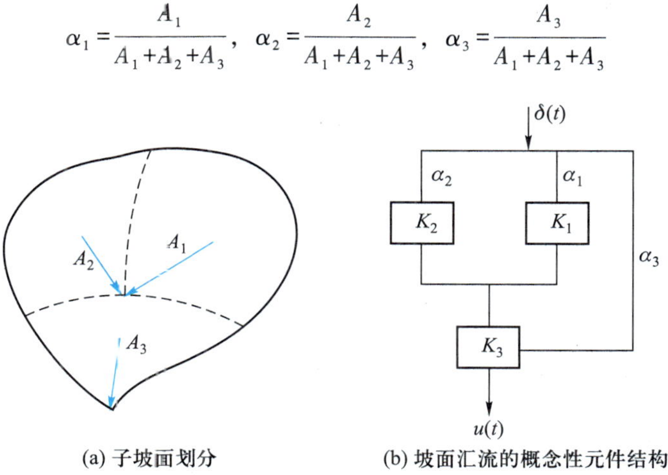

(a) 子坡面划分　　(b) 坡面汇流的概念性元件结构

图 12-20　由子坡面串并联构成的坡面

第五节　地下水流域汇流

一、埃德尔曼(Edelman)模型

如果含水层为半无限长(图 12-21)，并且在初始时刻河槽水位瞬时下降 h_0，则地下水流的定解问题为

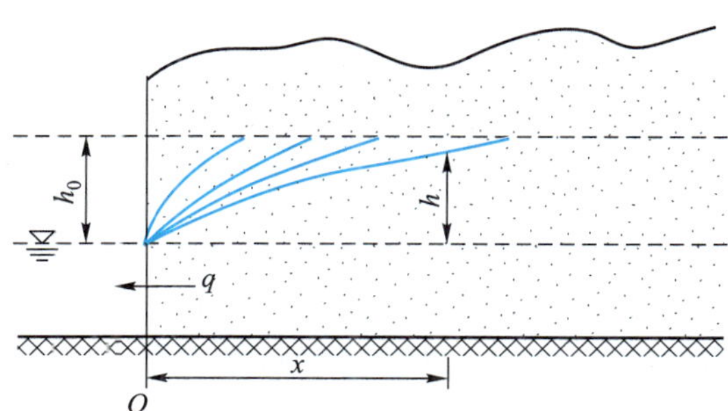

图 12-21　埃德尔曼定解问题

$$\begin{cases} a^2\dfrac{\partial^2 h}{\partial x^2}=\dfrac{\partial h}{\partial t}, \qquad a=\sqrt{\dfrac{KD}{\mu}} \\ h(x,0)=h_0 \\ h(0,t)=0 \\ h(\infty,t)=h_0 \end{cases} \tag{12-55}$$

式中　K——渗透系数；

　　D——含水层厚度；

　　μ——给水度。

定解问题式(12-55)的解为

$$h(x,t)=\frac{2h_0}{\sqrt{\pi}}\int_0^y e^{-y^2}dy \tag{12-56}$$

其中

$$y=x/(2a\sqrt{t})$$

将式(12-56)代入达西公式可求得地下水流量公式为

$$q(x,t)=-h_0e^{-y^2}\sqrt{\frac{\mu KD}{\pi t}} \tag{12-57}$$

因在地下水出口处 $x=0$，因此，根据式(12-57)求得地下水出流量为

$$q(0,t)=-h_0\sqrt{\frac{\mu KD}{\pi t}}=-S\sqrt{\frac{KD}{\pi\mu t}} \tag{12-58}$$

式中　S——$t=0$ 时含水层中瞬时释放(或增加)的水体积，$S=\mu h_0$。

式(12-58)中负号表示水流方向与 x 轴相反，即地下水流总是向河槽排出。

若 $S=1$(个单位)，则得定解问题式(12-55)的解为

$$u(0,t)=\sqrt{\frac{KD}{\pi\mu t}} \tag{12-59}$$

式(12-59)的积分为

$$S(t)=\frac{2}{\sqrt{\pi}}\sqrt{\frac{KD}{\mu}t} \tag{12-60}$$

式(12-59)首先由埃德尔曼于 1947 年推导得出，故称为埃德尔曼模型。由于该模型是在半无限长含水层条件下推导出来的，所以只有在地下水排水不存在互相干扰时才适用。

二、克莱因霍夫(Kraijenhoff)模型

如果含水层位于相距为 l 的两个不透水壁之间，且中间有河流穿过，如图 12-22 所示，则一般不能作为半无限长含水层来考虑，此时定解问题变为

$$\begin{cases} a^2\dfrac{\partial^2 h}{\partial x^2}=\dfrac{\partial h}{\partial t} \\ h(x,0)=h_0 \\ h(0,t)=0 \\ h(l,t)=0 \end{cases} \tag{12-61}$$

求得定解问题式(12-61)的解为

$$h(x,t)=\frac{4h_0}{\pi}\sum_{n=1,3,5,\cdots}^{n=\infty}\frac{1}{n}e^{-n^2\frac{t}{j}}\cdot\sin\frac{n\pi x}{l} \tag{12-62}$$

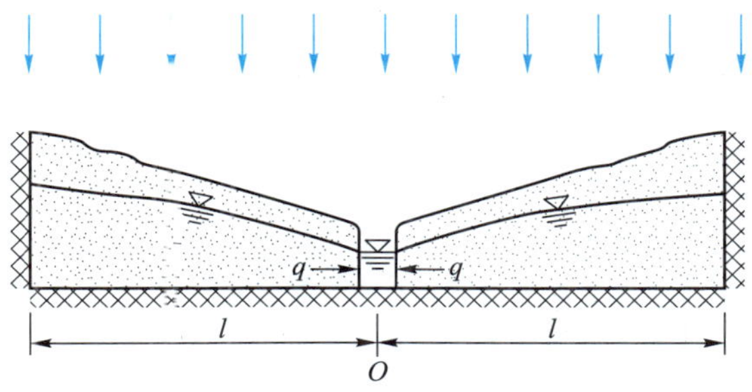

图 12-22 地下水流域汇流问题

其中

$$j=\frac{\mu l^2}{\pi^2 KD} \tag{12-63}$$

将式(12-62)与达西公式联立可求得地下水出流量公式为

$$q(x,t)=\frac{-4KDh_0}{l}\sum_{n=1,3,5,\cdots}^{n=\infty}\mathrm{e}^{-n^2\frac{t}{j}}\cdot\cos\frac{n\pi x}{l} \tag{12-64}$$

因此，从含水层左边排向河道($x=0$)的流量为

$$q(0,t)=\frac{4KDS}{\mu l}\sum_{n=1,3,5,\cdots}^{n=\infty}\mathrm{e}^{-n^2\frac{t}{j}} \tag{12-65}$$

由于对称性的存在，故从含水层右边排向河道的流量也为式(12-65)。所以，在 $t=0$ 时刻施加一瞬时补给引起的含水层向河流排放的总流量为

$$2q(0,t)=\frac{8KDS}{\mu l}\sum_{n=1,3,5,\cdots}^{n=\infty}\mathrm{e}^{-n^2\frac{t}{j}}=\frac{8Sl}{\pi^2 j}\sum_{n=1,3,5,\cdots}^{n=\infty}\mathrm{e}^{-n^2\frac{t}{j}} \tag{12-66}$$

在式(12-66)中，若令 $S=1$，则得瞬时单位线公式为

$$u(0,t)=\frac{8}{\pi^2}\frac{1}{j}\sum_{n=1,3,5,\cdots}^{n=\infty}\mathrm{e}^{-n^2\frac{t}{j}} \tag{12-67}$$

相应的 S 曲线为

$$S(t)=\frac{8}{\pi^2}\sum_{n=1,3,5,\cdots}^{n=\infty}\frac{1}{n^2}\left[1-\mathrm{e}^{\left(\frac{-n^2 t}{j}\right)}\right] \tag{12-68}$$

式(12-67)首先由克莱因霍夫于 1958 年推导得出，故称为克莱因霍夫模型。

将式(12-67)展开，有

$$u(0,t)=\frac{8}{\pi^2}\frac{1}{j}\mathrm{e}^{\left(-\frac{t}{j}\right)}+\frac{1}{9}\frac{8}{\pi^2}\frac{9}{j}\mathrm{e}^{\left(-\frac{9t}{j}\right)}+\frac{1}{25}\frac{8}{\pi^2}\frac{25}{j}\mathrm{e}^{\left(-\frac{25t}{j}\right)}+\cdots \tag{12-69}$$

若令 $k_n=j/n^2$，$\alpha_n=8/(\pi^2 n^2)$，$n=1$，3，5，…，则式(12-69)又可写成

$$u(0,t)=\frac{\alpha_1}{k_1}\mathrm{e}^{\left(-\frac{t}{k_1}\right)}+\frac{\alpha_3}{k_3}\mathrm{e}^{\left(-\frac{t}{k_3}\right)}+\frac{\alpha_5}{k_5}\mathrm{e}^{\left(-\frac{t}{k_5}\right)}+\cdots \tag{12-70}$$

不难看出，式(12-67)实际上是一系列线性“水库”并联(图 12-23)时的瞬时单位线。

这些线性“水库”的蓄量系数 k_n 是递减的，每个线性“水库”的入流为 α_n，且有 $\sum_{n=1,3,5,\cdots}^{n=\infty}\alpha_n=1$。可见只用一个线性“水库”或串联线性“水库”来模拟地下水汇流在理论上是有缺陷的。

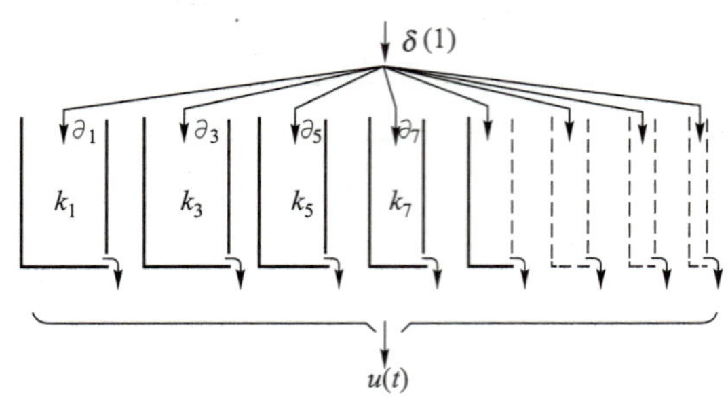

图 12-23 地下水流域汇流瞬时单位线意义

第六节 流域汇流的非线性问题

一、问题的提出

实际观测分析表明，即使降雨空间分布均匀，对同一种径流成分来说，流域单位线也并非固定不变。图 12-24 是明歇尔(Minshall)于 1960 年根据在 0.109 km²的流域上观测到的资料求得的不同降雨强度时的流域单位线。由图可见，雨强越大，单位线洪峰越尖瘦，洪峰出现时间越早。中国铁道科学研究院于 1981 年在室内 170 m²的不透水试验场地上，用人工降雨也得到了类似的结论。这种现象的存在说明流域汇流系统并不是一个严格的线性系统，而

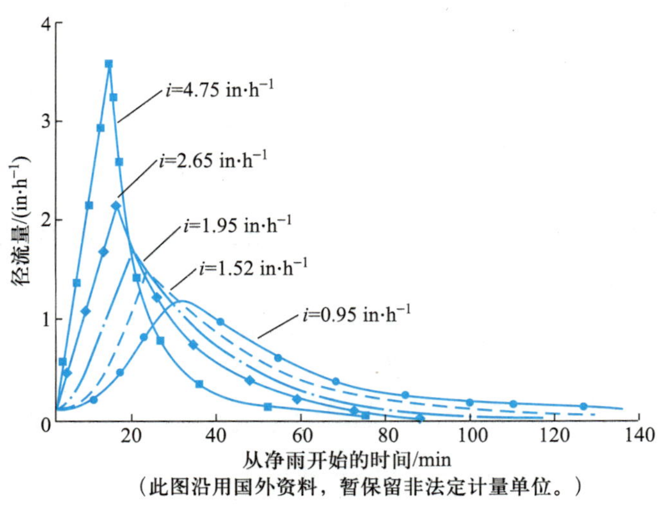

图 12-24 不同降雨强度时的流域单位线

是一个非线性系统。但并不是在任何情况下，流域汇流的非线性作用都是十分明显的。一般来说，随着流域面积增大非线性作用是递减的。另外，随着雨强越来越大，非线性的作用也并非越来越大，而是逐渐削弱的。所以对于大流域、大洪水，把流域汇流近似作为线性系统还是具有一定合理性的。

二、处理非线性问题的基本途径

处理非线性流域汇流问题要比处理线性流域汇流问题困难得多。目前用来处理非线性流域汇流问题的基本途径大体上有两类：直接求解非线性微分方程和非线性系统识别。

① 直接求解非线性微分方程。如果用下列非线性蓄量方程来描述流域的蓄泄关系：

$$S=\sum_{m=0}^{n} a_m(I,Q)\frac{\mathrm{d}^m I}{\mathrm{d}t^m}+\sum_{n=0}^{n} b_n(I,Q)\frac{\mathrm{d}^n Q}{\mathrm{d}t^n} \tag{12-71}$$

那么将其与流域水量平衡方程联立就可以得到一个非线性微分方程式。由于数学上严格求解非线性微分方程的理论和方法至今尚未彻底得到，因此在这类途径中一般只能给出近似解。

② 非线性系统识别。研究指出，对于一个非线性系统，其输入和输出之间的关系可用下列函数级数或泛函级数表示：

$$\begin{aligned}Q(t)=&\int_0^t h_1(t,\tau)I(t-\tau)\mathrm{d}\tau+\int_0^t\int_0^t h_2(t;\tau_1,\tau_2)I(t-\tau_1)I(t-\tau_2)\mathrm{d}\tau_1\mathrm{d}\tau_2+\\&\int_0^t\int_0^t\int_0^t h_3(t;\tau_1,\tau_2,\tau_3)I(t-\tau_1)I(t-\tau_2)I(t-\tau_3)\mathrm{d}\tau_1\mathrm{d}\tau_2\mathrm{d}\tau_3+\cdots\end{aligned} \tag{12-72}$$

式中　h_1、h_2、h_3、…——系统的1阶核函数、2阶核函数、3阶核函数、……；

$I(t)$——系统的输入；

$Q(t)$——系统的输出。

式(12-72)的等号右边第1项是线性系统的卷积，第2项表示 t 时刻的输出 $Q(t)$ 受到输入 $I(t-\tau_1)$ 和 $I(t-\tau_2)$ 的影响，余类推。所以从第2项起，都是表示非线性作用的。容易验证，式(12-72)既不满足均匀性也不满足叠加性，因此它所描述的非线性系统是最一般的非线性系统。

在一定条件下，流域汇流系统可看作一个满足叠加性但不满足均匀性的非线性系统。这时，输入和输出之间的关系可仿照线性系统的卷积公式写为

$$Q(t)=\int_0^t h[I(t-\tau),\tau]I(t-\tau)\mathrm{d}\tau \tag{12-73}$$

式中　$h(I,t)$——变动瞬时单位线。

为了区别于用式(12-72)所描写的一般性非线性系统，通常把式(12-73)所描写的非线性系统称为准线性或拟线性系统。式(12-72)和式(12-73)就是进行非线性流域汇流系统识别的基本依据。

三、单一非线性水库模型

若水库的蓄量方程用下式表示，则称为非线性水库：

$$S=K(Q)Q \tag{12-74}$$

式(12-74)显然是式(12-71)的一个特例。式中蓄量系数不是常数，而是出流量 Q 的函数，将式(12-74)与流域水量平衡方程式联立，就可得到流域汇流的单一非线性水库模型。

下面讨论式(12-74)为幂函数时的解。这时式(12-74)可具体表示为

$$S=kQ^n \tag{12-75}$$

式中 k、n——常数。

式(12-75)与流域水量平衡方程式联立，有

$$nkQ^{n-1}\frac{\mathrm{d}Q}{\mathrm{d}t}+Q=I \tag{12-76}$$

式(12-76)的求解依赖于入流过程的具体函数形式。当入流过程为净雨柱状图时，由于在计算时段 Δt 内入流强度维持不变，故在 Δt 时段内对式(12-76)积分，得

$$\int_{Q_t}^{Q_{t+\Delta t}}\frac{Q^{n-1}}{I-Q}\mathrm{d}Q=\frac{\Delta t}{nk} \tag{12-77}$$

在式(12-77)中，令

$$x=\left[\frac{Q(t)}{I}\right]^n \tag{12-78}$$

得

$$I^{n-1}\int_{x_t}^{x_{t+\Delta t}}\frac{\mathrm{d}x}{1-x^{1/n}}=\frac{\Delta t}{nk}$$

或写成

$$\int_0^{x_{t+\Delta t}}\frac{\mathrm{d}x}{1-x^{1/n}}-\int_0^{x_t}\frac{\mathrm{d}x}{1-x^{1/n}}=\frac{\Delta t}{nkI^{n-1}} \tag{12-79}$$

式(12-79)中的积分 $\int_0^x \mathrm{d}x/(1-x^{1/n})$ 称为变动流函数，用 $F(x,n)$ 表示。引入变动流函数后，式(12-79)又可写成下列紧凑形式，即

$$F(x_{t+\Delta t},n)-F(x_t,n)=\frac{\Delta t}{nkI^{n-1}} \tag{12-80}$$

式(12-80)就是 Δt 时段内入流为常数时式(12-76)的解。若时段内入流停止，则式(12-76)变为

$$nkQ^{n-1}\frac{\mathrm{d}Q}{\mathrm{d}t}=-Q \tag{12-81}$$

对上式积分，得

$$Q_{t+\Delta t}=Q_t\left[1-\frac{\left(1-\frac{1}{n}\right)\Delta t}{kQ_t^{n-1}}\right]^{\frac{1}{n-1}} \tag{12-82}$$

基于式(12-80)和式(12-82)进行流域汇流计算的步骤如下：首先，根据 t 时刻已知的出流 Q_t 和时段内入流 I_t 按式(12-78)计算 x_t，进而计算 $F(x_t,n)$ 值。然后，按式(12-80)计

算 $F(x_{t+\Delta t},n)$，并据此求出相应的 $x_{t+\Delta t}$，再应用式(12-78)就可求得时段出流 $Q_{t+\Delta t}$。重复上述步骤到入流停止，之后再按式(12-82)计算入流停止后的出流过程。整个计算过程参见图 12-25。

若将非线性情况下的退水方程式(12-81)写成有限差分形式，并取对数，则有

$$\lg\left(-\frac{\Delta Q}{\Delta t}\right)=-(n-2)\lg Q-\lg(nk) \tag{12-83}$$

由式(12-83)可见，在非线性情况下，退水期的流量 Q 与相应的流量消退率$\left(-\frac{\Delta Q}{\Delta t}\right)$在双对数格纸上是直线关系(图 12-26)，而直线的截距与斜率则确定了参数 n 和 k 的数值。

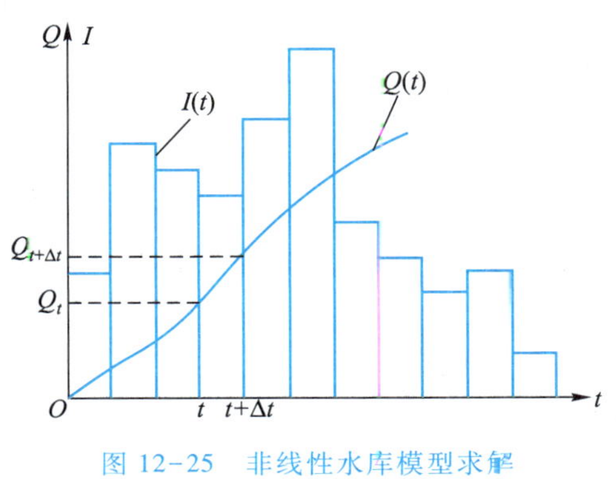

图 12-25　非线性水库模型求解

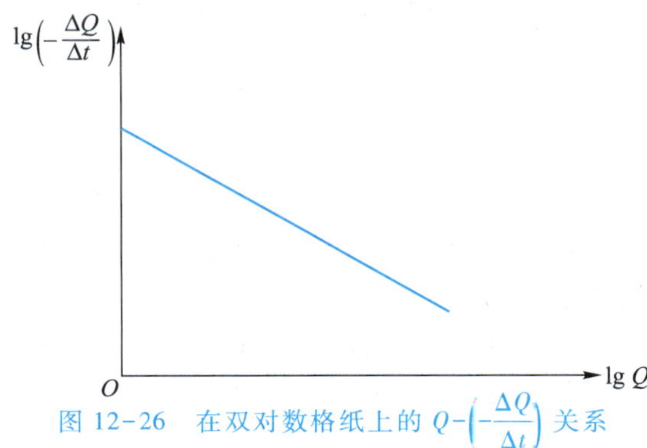

图 12-26　在双对数格纸上的 $Q-\left(-\frac{\Delta Q}{\Delta t}\right)$ 关系

四、变动单位线法

确定变动单位线的方法通常有两种：解析法和系统识别法。解析法就是通过求解非线性微分方程式来建立变动单位线的解析表达式。例如，对于非线性微分方程式(12-76)，当入流为单位入流时可求得变动 S 曲线为

$$F(x_t,n)-F(x_0,n)=\frac{t}{nkI^{n-1}} \tag{12-84}$$

根据式(12-84)就可进一步求得变动单位线公式。

应用系统识别法确定变动单位线，就是根据流域上实测的降雨径流资料分析不同雨强条件下的流域单位线，找出雨强与单位线之间的经验关系，将其作为变动单位线模型。例如图 12-24 实际上就是由一个具体流域的实测降雨径流资料识别出的变动单位线。

五、函数级数法

实践表明，对于大多数流域，特别是较大的流域，应用线性系统分析法已能获得较好的结果。因此可以设想，只要在式(12-72)中取到 2 阶核，就可以进一步提高流域汇流的计算精度。此时，式(12-72)简化为

$$Q(t)=\int_0^t h_1(\tau)I(t-\tau)\mathrm{d}\tau+\int_0^t\int_0^t h_2(\tau_1,\tau_2)I(t-\tau_1)I(t-\tau_2)\mathrm{d}\tau_1\mathrm{d}\tau_2 \tag{12-85}$$

由于流域汇流系统是一个守恒系统，所以其中的 1 阶核和 2 阶核应满足：

$$\int_0^\infty h(t)\,\mathrm{d}t=1 \qquad [h(t)\geqslant 0] \tag{12-86}$$

$$\int_0^\infty h_2(t,t)\,\mathrm{d}t=0 \tag{12-87}$$

将式(12-85)离散化，得

$$Q(n)=\sum_{i=1}^{M_1} H_1(i)I(n-i+1)+\sum_{i=1}^{M_2}\sum_{j=1}^{M_3} H_2(i,j)I(n-i+1)I(n-j+1) \tag{12-88}$$

式中 M_1、M_2——系统 1 阶核和 2 阶核的“记忆”长度；

H_1、H_2——系统 1 阶核和 2 阶核的离散值。

式(12-86)和式(12-87)的离散化形式为

$$\sum_{i=1}^{M_1} H_1(i)=1 \qquad [H_1(i)\geqslant 0,\ i=1,\ 2,\cdots,M_1] \tag{12-89}$$

$$\sum_{i=1}^{M_2-q+1} H_2(i,i+q-1)=0 \qquad [q=1,\ 2,\cdots,M_2] \tag{12-90}$$

式(12-88)、式(12-89)和式(12-90)就是根据实测降雨径流资料识别 1 阶核和 2 阶核的基本依据。

1973 年，狄斯肯(Diskin)提出了一个求解式(12-85)的分析式。

令流域的输入$I(t)$为空间分布均匀的瞬时脉冲净雨，即

$$I(t)=a\delta(t) \tag{12-91}$$

式中 a——瞬时净雨量。

将式(12-91)代入式(12-85)，得

$$Q(t)=ah_1(t)+a^2h_2(t,t) \tag{12-92}$$

根据流域瞬时单位线的定义，由式(12-92)可推导出非线性流域汇流系统的瞬时单位线$u(t)$为

$$u(t)=\frac{Q(t)}{a}=h_1(t)+ah_2(t,t) \tag{12-93}$$

式(12-93)表明，非线性流域汇流系统的瞬时单位线不仅与系统的 1 阶核有关，还与 2 阶核及净雨强度的乘积有关。

令 $u_1(t)$和 $u_2(t)$分别为瞬时净雨量 a_1 和 a_2 的流域瞬时单位线，则由式(12-93)可得

$$u_1(t)=h_1(t)+a_1h_2(t,t) \tag{12-94}$$

$$u_2(t)=h_1(t)+a_2h_2(t,t) \tag{12-95}$$

不难看出，在式(12-94)和式(12-95)中，$u_1(t)$、$u_2(t)$和 a_1、a_2 一般均为已知，因此，联立求解两式，就可求得其中 $h_1(t)$和 $h_2(t,t)$的唯一解，即

$$h_2(t,t)=[u_1(t)-u_2(t)]/(a_1-a_2) \tag{12-96}$$

$$h_1(t)=[a_2u_1(t)-a_1u_2(t)]/(a_1-a_2) \tag{12-97}$$

因此，应用狄斯肯方法处理非线性流域汇流问题的步骤是：首先，按式(12-96)和式(12-97)识别流域的 1 阶核 $h_1(t)$和 2 阶核 $h_2(t,t)$；其次，按式(12-93)确定不同降雨强度

的流域瞬时单位线；最后，将流域瞬时单位线转换成时段单位线，并用于推流计算。

狄斯肯进一步指出，为了使上述方法能在实际中有效地使用，一般应要求：

① 当 $t<t_s$ 时，$u_1(t)>u_2(t)$。t_s 为 $u_1(t)$ 和 $u_2(t)$ 交点所对应的时间。

② $\max u_1(t)>\max u_2(t)$。

③ $\max u_1(t)$ 的出现时间早于 $\max u_2(t)$ 的出现时间。

④ $a_1/a_2>2$。

第七节 流 域 退 水

一、退水曲线

流域出口断面流量随时间消退（递减）的过程称为退水曲线，而流域出口断面流量随时间增加（递增）的过程称为涨水曲线。它们分别是洪水过程中的落洪段和涨洪段。

由流域暴雨径流形成的洪水出现退水时，流域上的降雨已经停止，所以，流域退水实际上主要就是流域蓄水量的消退。流域中的蓄水量由坡面蓄水，河网蓄水，湖泊、水库、洼地蓄水，地下含水层蓄水等组成。从这一意义来说，退水曲线是各种不同蓄水体蓄水量消退的综合表现。

通常有两种表示退水曲线的方法（图 12-27）：一是用流量过程线来表示（图 12-27a）。退水速度快的曲线陡峻些，退水速度慢的则平缓些。二是用相邻时刻流量相关图表示（图 12-27b）。退水速度快的陡峻些，退水速度慢的则平缓些。

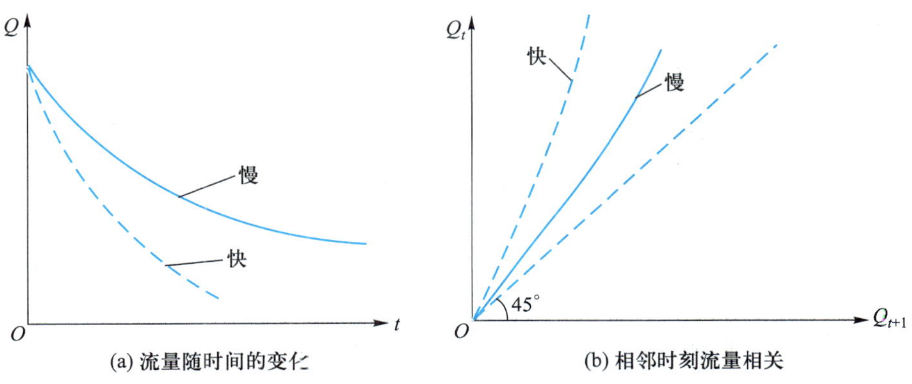

图 12-27 退水曲线的表示方法

二、退水规律

退水是流域中蓄水量消退（即减少）的过程，因此，有下列退水期流域水量平衡方程式存在：

$$Q=-\frac{\mathrm{d}W}{\mathrm{d}t} \tag{12-98}$$

式中 W——流域蓄水量；

Q——流域退水流量。

在式(12-98)中，Q 和 W 均为未知，因此，为了从该式中求得 Q，必须给出 Q 与 W 的关系。不难理解，在退水阶段，W 与 Q 是呈单值关系的(图12-28)。因此，只要给出 $W=f(Q)$ 的具体表达式，就可以与式(12-98)联立，求得退水曲线的表达式。

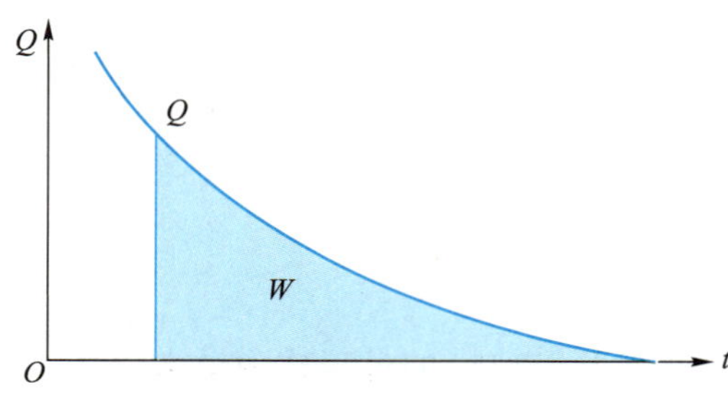

图 12-28 流域蓄水量概念

1. 当 $W=f(Q)$ 为线性函数时

此时

$$W=KQ \tag{12-99}$$

式中 K——流域蓄量常数。

将式(12-99)与式(12-98)联立求解，得

$$Q(t)=Q(0)e^{-\beta t} \tag{12-100}$$

$$\beta=\frac{1}{K} \tag{12-101}$$

式中 β——退水指数，β 大则退水快，β 小则退水慢。

2. 当 $W=f(Q)$ 为非线性函数时

此时有许多情况，举一例如下：W 与 Q 为幂函数关系，即

$$W=aQ^{b} \quad (b\neq 1) \tag{12-102}$$

式中 a、b——经验系数。

将式(12-102)与式(12-98)联立求解，得

$$Q(t)=Q(0)[1-\alpha t]^{\theta} \tag{12-103}$$

其中

$$\alpha=\frac{(b-1)/b}{a[Q(0)]^{b-1}}$$

$$\theta=\frac{1}{b-1}$$

由式(12-100)和式(12-103)可以看出：当 $W=f(Q)$ 为线性函数时，退水曲线属于指数函数；当 $W=f(Q)$ 为幂函数形式的非线性关系时，退水曲线也为幂函数形式。

由于指数型退水曲线在单对数纸上呈直线，幂函数型退水曲线在双对数纸上呈直线，因

此，一个流域的 W 与 Q 的关系是线性还是非线性，可将流域退水曲线绘在单对数格纸或双对数格纸上，根据其是否为线性予以判断。

三、影响退水的因素

对同一个流域，为什么不同次洪水的退水有快慢之分？同一次洪水的退水曲线为什么在不同的阶段退水也有快慢之分？要解决这些问题，必须明确影响退水的因素。影响流域退水的主要因素有以下几方面。

1. 洪峰流量

洪峰流量大，一般退水慢。洪峰流量主要由地面径流所形成，其对应的蓄量主要也是地面蓄水量。因此，洪峰流量大，表明地面蓄水量也大，因而退水慢；反之，则退水快。从附加比降的概念也可以解释这一现象。洪峰流量大，一般附加比降绝对值也大，而落洪段的水面比降就比较小，这样退水就会慢些。

2. 径流成分

由产流理论可知，流域蓄水量一般由地面径流、壤中水径流和地下水径流组成。这三种径流成分的运动速度有差别，地面径流流动速度大于壤中水径流流动速度，壤中水径流流动速度又大于地下水径流流动速度，因此，当流域蓄水量中地下水径流占的比重大时，其退水就会慢些，反之，退水就会快些。之所以在“超渗产流”地区退水快，而在“蓄满产流”地区退水慢，就是这个缘故。

3. 潜水蒸发

潜水蒸发是地下水通过包气带向大气逸散的现象。潜水蒸发大，地下水退水就快，反之，则较慢。潜水蒸发除了与气象条件有关外，还与地下水埋深、土壤结构、质地和人类活动有关。流域蓄水量中地下水径流退水最慢，故潜水蒸发的大小直接影响总退水历时的长短。

4. 退水期降雨

退水期如有降雨，流域退水一般会变缓。

四、水文学意义

在长期无雨的情况下，由退水流量可以推测出流域上蓄水量的情况和土壤湿度情况。显然，退水流量较大，表明流域上尚有较多的蓄水量，反之，流域上只有较少的蓄水量。所以退水流量或枯水流量的大小可以作为流域干旱程度的一个指标，也可以作为流域土壤含水量的指标，用来考虑其对降雨产流量的影响。

由于组成退水流量的地面、壤中水和地下水径流量消退速度不同，一般在时间顺序上总是地面水蓄量先退完，其次是浅层壤中水蓄量退完，再次是深层壤中水蓄量退完，最后才是地下水蓄量退完(图 12-29)。因此，在单对数纸或双对数纸上，退水曲线常表现为由多条折线构成(图 8-10)。这就表明，分析退水曲线可以判断流域产流量由哪些径流成分组成，从而能达到识别流域产流的物理机制、推测包气带层次结构等目的。

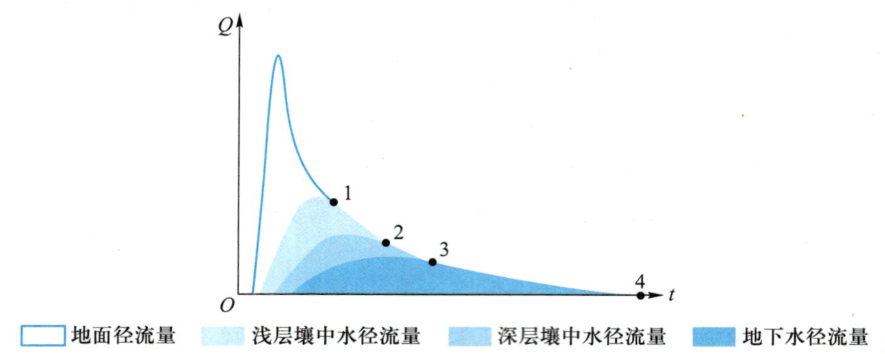

1—地面径流停止点；2—浅层壤中水径流停止点；3—深层壤中水径流停止点；4—地下水径流停止点。

图 12-29 流域产流量的径流成分组成

习 题

第十二章习题参考解答

12-1 某流域一次降雨的地面净雨量 I 的时程分配及所形成的流域出口断面流量过程 $Q(t)$ 列于表 12-18 和表 12-19，地面净雨空间分布均匀。试求：

（1）流域面积；

（2）本次洪水的流域汇流时间；

（3）本次洪水的纳什模型参数（用矩法推求）。

表 12-18 某流域一次降雨的地面净雨量的时程分配

t/h	2 日		3 日	
	8：00—14：00	14：00—20：00	20：00—2：00	2：00—8：00
I/mm	5.5	13.5	41.0	5.8

表 12-19 相应于地面净雨时程分配的流域出口断面的流域过程

t/h	2 日			3 日				4 日				5 日	
	8：00	14：00	20：00	2：00	8：00	14：00	20：00	2：00	8：00	14：00	20：00	2：00	8：00
$Q/(m^3\cdot s^{-1})$	0	1.0	2.0	29.0	92.8	229.0	412.0	540.0	681.0	753.0	687.0	576.0	470.0
t/h	5 日		6 日				7 日				8 日		
	14：00	20：00	2：00	8：00	14：00	20：00	2：00	8：00	14：00	20：00	2：00	8：00	14：00
$Q/(m^3\cdot s^{-1})$	359.0	242.0	175.0	131.0	89.0	61.0	41.5	27.1	17.0	10.5	6.1	0	0

12-2 某流域面积为 $F=85.0\ km^2$，其 $\Delta\tau=1$ h 的等流时线如图 12-30 所示，据此得相邻两等流时线包围的流域面积分别为 $\Delta F_1=10\ km^2$，$\Delta F_2=20\ km^2$，$\Delta F_3=40\ km^2$，$\Delta F_4=10\ km^2$，$\Delta F_5=5\ km^2$。试利用等流时线概念推求该流域 1 h10 mm 时段单位线，并说明此法

得到的时段单位线与按系统识别得到的时段单位线的主要差别。

12-3　如图 12-31 所示，流域 A 的出口断面 B 与河段 BC 相连，在河段 BC 中无旁侧入流。流域 A 的地面无量纲 1 h 时段单位线和河段 BC 的无量纲 1 h 时段单位线分别列于表 12-20，试求流域 A 与河段 BC 串联系统的 1 h 时段单位线。

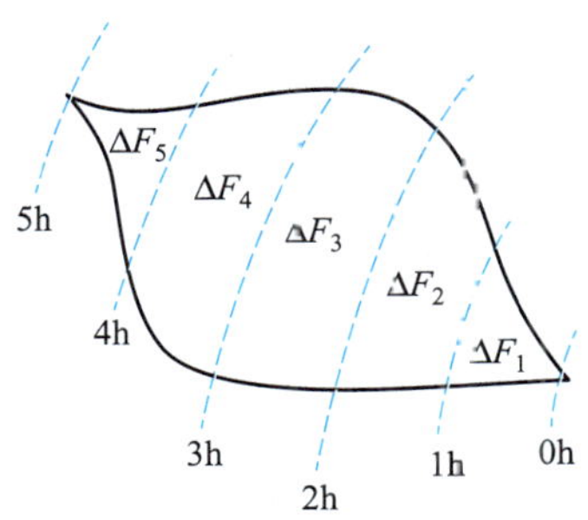

图 12-30　某流域的等流时线

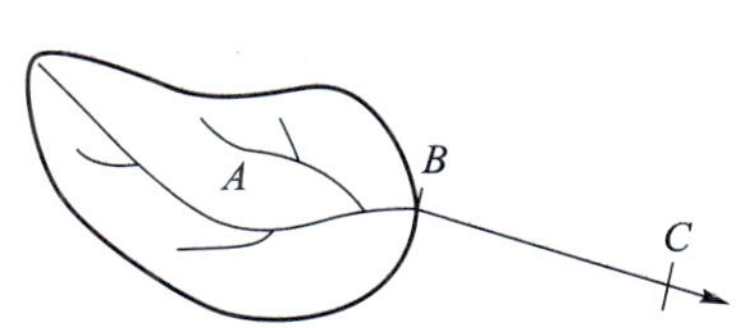

图 12-31　流域与河段的串联

表 12-20　流域 A 和河段 BC 的无量纲时段单位线

t/h	0	1	2	3	4	5	6
$u_A(1,t)$	0	0	0.2	0.4	0.3	0.1	0
$u_{BC}(1,t)$	0	0.2	0.5	0.2	0.1	0	

12-4　为考虑下垫面条件的差异，或者考虑降雨空间分布不均匀的影响，某流域被划分成 A 和 B 两个子流域(图 12-32)。A 和 B 两个子流域的面积权重分别为 α 和 $1-\alpha$。已知 A 和 B 两个子流域的瞬时单位线分别为 $u_A(t)$ 和 $u_B(t)$，又知河段 ab 的瞬时单位线为 $u_{ab}(t)$。令 $u_A(t)=\dfrac{1}{K_A}\mathrm{e}^{-t/K_A}$，$u_B(t)=\dfrac{1}{K_B}\mathrm{e}^{-t/K_B}$，$u_{ab}(t)=\dfrac{1}{K_{ab}}\mathrm{e}^{-t/K_{ab}}$，试推导出某流域瞬时单位线的表达式。其中，$K_A$、$K_B$分别为子流域 A 和 B 的平均汇流时间，K_{ab}为河段平均传播时间。

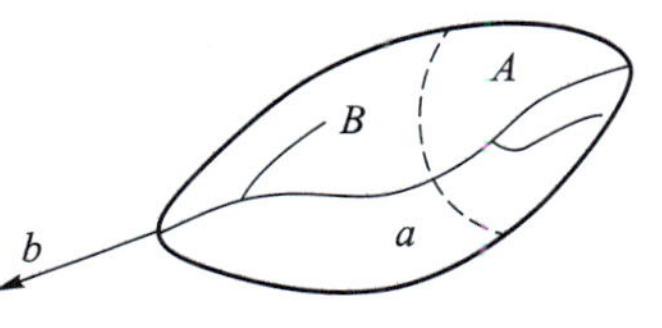

图 12-32　划分为两个子流域的流域

***12-5**　飞机场跑道的长度和宽度分别为 L 和 B。跑道坡度均匀，坡脚为集洪沟(图 12-33)。跑道上产生的暴雨径流先汇入集洪沟，然后再行排出。若跑道上流速空间分布均匀，为常数 V，集洪沟流速空间分布亦均匀，为常数 v，且$\dfrac{L}{V}>\dfrac{B}{v}$，试求：

(1) 跑道和集洪沟各自的瞬时单位线；

(2) 由跑道和集洪沟串联成的排水系统的瞬时单位线。

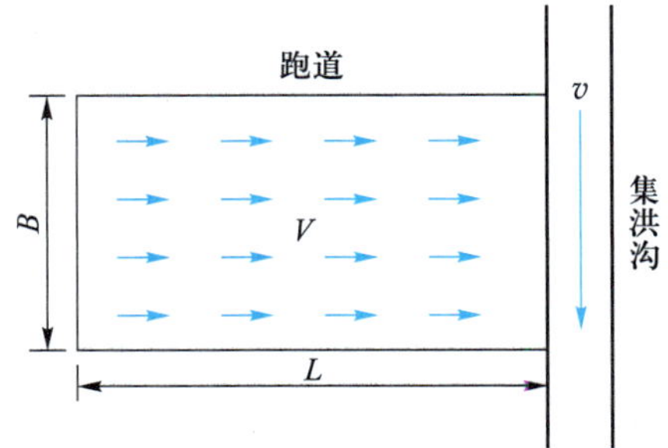

图 12-33　飞机场跑道及集洪沟

第十三章 冰 雪 水 文

降雪是仅次于降雨的降水类型。积雪和大陆冰川的融化是寒冷气候地带和大陆冰川地区一年中河川径流的重要补给来源。冰情主要出现在寒冷气候地带和寒冷季节，结冰、融冰使这些地区的水文情势更加复杂并富有特点。冰雪水文旨在讨论积雪和冰川的形成、融雪径流、水体结冰、融冰、冰凌洪水等。冰雪水文与热学关系密切。

第一节 积 雪

一、积雪的形成及空间分布

空中的水分在水汽张力小于4.58 mm水银柱高时，开始形成雪、霰等固态降水。但是，只有在低层空气很冷，雪花通过此层不致全部融化的情况下，才能降落至地面。降至地面的雪花也并非各处、更非经常能形成积雪。热带和亚热带除高山外，皆属不形成积雪的地区；在中纬度地带，只有较长期保持0 ℃以下气温的地区才能形成积雪，而且属于每年寒季积雪、暖季融化的暂时性积雪。在这些地区，积雪的基本特征值，如积雪时间、积雪厚度、雪的密实度、雪的含水量等，因地、因年份而各异。在两极地带和某些高山地区，则是常年积雪，即使在暖季也来不及融化全部积雪，剩余部分留下来逐渐聚积成永久不融化的积雪。

在观测地点向四周眺望时，如视野内大半被雪覆盖，此时可作为积雪形成日期。形成积雪需要相当长的时间。观测表明，有时很厚的一层雪，也会很快消失，时融时积，可能重复发生数次，才能形成积雪。但积雪一旦形成，即使气温暂时高于0 ℃仍能继续存在，因为融雪需要大量的热量，故融化是一个过程。

积雪在流域上的空间分布往往极不均匀，这主要是由于各处风速、风向、地势起伏和植被条件不同。

在无风或微风时，降雪可堆积成均匀平坦的一层，但不稳定。当风速大于2 m/s时，雪就被吹走。当风速很大时，除了上层新雪被吹走外，下层较紧密的积雪也会被掀走，造成有的地方雪堆很大，有的地方无积雪的现象。下垫面条件影响风的强度、吹程等，从而影响积雪的分布。如风向正对直立的墙壁、篱笆及山谷、壕沟的斜壁，则在这些障碍物前会出现一条雪堤。风在障碍物边缘可产生漩涡，把雪卷走，形成雪沟。

地形切割程度对积雪分布也有一定影响。切割越剧烈，积雪分布就越不均匀。山区的积雪分布最不均匀：在山顶及地形突出处受风的影响几乎无积雪，山谷洼地及其他凹陷地区则都有雪堆积。在丘陵起伏和高山耸立地区，风能将向风面的雪吹向背风面，以致较厚的积雪常出现在背风面。在平原地区，积雪分布一般也是不均匀的。

森林使风速减弱，即使在暴风雪时，也能形成平整的积雪。在森林边缘处的灌木丛林地区积雪较厚，越向森林中心厚度越薄，这是由于大量积雪被风从田野吹到森林边缘所致。所以这些地区的积雪厚度较邻近田野为大，而在没有草的空旷地区则可能无雪。

大量的观测资料证明，在一定的气候条件下，大区域的积雪分布与微地形无关，积雪厚度大体相近。这个重要发现使得在推求区域平均积雪厚度时无须定位测量积雪，而只要采用分布均匀的测点，然后取其平均值即可。

在中等强度的降雪情况下，每昼夜的积雪厚度一般不大于 4 cm；极强烈的降雪，每昼夜的积雪厚度达到 10~15 cm；在特殊情况下，可达 25 cm。在障碍物附近，如森林边缘、灌木林、背风坡、山谷、路堤、篱笆、围墙等处，每昼夜的积雪厚度可能还要大些。

二、积雪的物理性质

1. 积雪的结构

由于降雪类型有鹅毛状、碎片状、针状、粒状之区别，降落到地面以后又受外界环境的影响，所以雪的结构是比较复杂的。

不管积雪表面的起伏程度如何，在积雪存在的全部时间内，由于太阳辐射、风及积雪层上下温度差异等原因，在积雪的表面可形成比较坚硬的薄层，称为冻雪外壳。另外由于雨滴的冲击作用，也可形成一种多孔的冰壳，如再降新雪，则冰壳保持在积雪内部。这种在积雪内部的冰壳，一个冬季可形成几层，使积雪层成为层状结构。

积雪的结构将影响积雪的融化过程。

2. 积雪的密度

密度是积雪最重要的物理特性，它不但影响积雪的其他物理特性，而且关系融雪储水量的大小。积雪的密度变化范围很大，为 0.01~0.70 g/cm^3(表13-1)。积雪密度的变化主要受以下因素的影响：由对流、凝结、辐射而引起的热量变化及来自地面的热流；上面雪的压力；风；积雪内温度和水分的变化；融雪水的渗漏；等等。积雪层内密度各处不同，随着深度增大而增大，表 13-2 列出了积雪密度与深度的实测数值，式(13-1)为埃布尔斯(Abels)给出的积雪密度随深度变化的经验公式：

$$\lg \rho_s = \lg 0.1854 - 0.0054z \tag{13-1}$$

式中 ρ_s——积雪的密度，g·cm^{-3}；

z——积雪的深度(向上为正)，cm。

表 13-1 积雪的密度

雪的类型	密度/(g·cm^{-3})
新雪	0.01~0.065
陈雪	0.05~0.30
降雨后有微风压实	0.063~0.08

续表

雪的类型	密度/(g · cm^{-3})
降雨后有中等强度的风压实	0. 28
降雨后有强风压实	0. 35
新雪冰	0. 40~0. 55
老雪冰	0. 55~0. 65
消融雪冰	0. 60~0. 70

表 13-2 积雪密度与深度的关系

雪面下深度/cm	密度/(g · cm^{-3})
0~5	0. 06
5~10	0. 12
10~15	0. 17
20~25	0. 20
30~35	0. 24
40~45	0. 30

积雪表面受天气影响发生解冻，密度可能较大。解冻时积雪密度随时间增长而增大，在稳定的天气情况下，每昼夜密度的增长主要与雪的初始密度有关。解冻时雪的密度变化可按表 13-3 所列的经验数据近似估算。

表 13-3 积雪密度增长与初始密度的关系

积雪初始密度/(g · cm^{-3})	每昼夜密度增长率/%
0. 20	6~7
0. 30	2~3
0. 40	1

积雪表层因为与空气接触，密度及结构变化最快。以最不稳定的鹅毛状雪为例，如初始密度为 0. 05 g/cm^3，密度增长速度达到每小时 0. 01 g/cm^3；在风速较大的情况下，甚至经历若干小时后，就会从密度为 0. 05~0. 12 g/cm^3 的鹅毛状雪变成密度为 0. 20~0. 25 g/cm^3 的碎片状雪。强烈持续的风会形成表面冰壳，这种冰壳很坚硬，能承受人体的重量。

在非解冻期，雪由于在蒸发或凝结过程中发生结构变化，故密度也会改变。因为较厚的积雪层内存在着温度梯度，在严寒时其方向总是从下向上，因此促使水汽分子不断进入积雪内，当温度低于露点时，水汽凝结，此时放出的潜热引起粒雪晶体融化，使密度增大，蒸发时则相反。

由于降雪时断时续，积雪通常具有成层性，到冬季末表现得最为明显。积雪的各层密度往往是不相同的。

3. 积雪的热性质

冰的融化潜热是 334.94 J/g，而雪的融化潜热取决于液态水的含量。积雪的其他热性质可根据雪的结构、温度及液态水的含量而定。实验表明，用积雪的密度来作为影响积雪比热容和热导率的指标是合适的。根据大量实测资料的回归分析可得到

$$\kappa_s \times 10^4 = 22.7\rho_s - 0.46 \tag{13-2}$$

式中 κ_s——积雪的热导率，$cal \cdot cm^{-1} \cdot s^{-1} \cdot ℃^{-1}$；

ρ_s——积雪的密度，$g \cdot cm^{-3}$。

表 13-4 列出了积雪的热性质与积雪密度的关系。

表 13-4 积雪的热性质

密度 ρ_s/($g \cdot cm^{-3}$)	比热容 c_s/($cal \cdot g^{-1} \cdot ℃^{-1}$)	热导率 κ_s/($cal \cdot cm^{-1} \cdot s^{-1} \cdot ℃^{-1}$)	密度 ρ_s/($g \cdot cm^{-3}$)	比热容 c_s/($cal \cdot g^{-1} \cdot ℃^{-1}$)	热导率 κ_s/($cal \cdot cm^{-1} \cdot s^{-1} \cdot ℃^{-1}$)
1.000(水)	1.0	0.001 30	0.340	0.5	0.000 75
0.907(冰)	0.5	0.005 35	0.330	0.5	0.000 71
0.540	0.5	0.002 04	0.250	0.5	0.000 48
0.500	0.5	0.001 57	0.130	0.5	0.000 20
0.440	0.5	0.001 29	0.050	0.5	0.000 06
0.365	0.5	0.000 92	0.001(空气)	0.24	0.000 04
0.351	0.5	0.000 81			

注：表中 1 cal=4.186 8 J，非法定计量单位暂保留。

热导率是物质的物理性质，通常随温度而变。雪的热导率较小，冻结的雪为 0.000 4 cal/(cm·s·℃)，湿雪为 0.000 08 cal/(cm·s·℃)，这是积雪使其下面土壤免于冻结、植物免于冻死的原因，也是融雪出水最多的时间不是正午而要延迟 2~4 h 的原因。

4. 积雪的反射率和辐射

雪的反射和辐射性质与雪的蒸发和融化过程有很密切的关系。积雪的反射率很大，超过裸土若干倍。反射率是被表面反射的太阳辐射量(或有时为可见光辐射)与入射太阳辐射量之比值，以百分数表示。积雪的反射率随积雪的表面情况和太阳高度不同而变(表 13-5)。

表 13-5 雪的反射性质

雪的状态	太阳高度/(°)	反射率/%	雪的状态	太阳高度/(°)	反射率/%
密实、干燥、清洁	25.1	95	疏松(多孔)、很湿、浅灰色	35.3	47
	29.7	88		36.3	46
	30.3	86		37.3	45
清洁、湿、细颗粒状	33.1	64	非常疏松、灰色、充满水	32.8	43
	34.5	63			
	35.3	63	非常疏松、浅棕色、饱含水分	29.7	43
湿、清洁、颗粒状	32.0	62	非常疏松、肮脏、饱含水分	37.3	29
	33.7	61			

积雪对长波辐射的吸收与黑体相似，即吸入大部分(99.5%)入射的长波辐射，并服从斯特藩(Stefan)辐射定律，即

$$R=\sigma T^{4} \tag{13-3}$$

式中 R——全部波长的总辐射；

T——温度，单位为℉；

σ——0.826×10^{4} ly/(min · ℉^{4})，1 ly=1 cal/cm^{2}，且在热力学温度下。

由于积雪表面的温度限于 0 ℃，所以最大辐射强度可表示为 0.459 ly/min，或 27.5 ly/h。

积雪的放射辐射量与吸收辐射量(包括短波)之比值称为放射系数，以百分数表示。一般干雪的放射系数为 85%，湿雪约为 60%。积雪所吸收的太阳辐射有 87% 的热量耗损在 20 cm 的表层，只有小部分透入下层。因此，对厚度小于 15 cm 的薄层积雪，放射性能具有重要的意义，因为太阳辐射透过积雪使地面土壤增热，使雪的融化不仅从上面进行，同时也从下面进行。

第二节 融雪径流

一、融雪出水的物理过程

形成融雪的原因有三个方面：暖气团来临、太阳辐射和降雨。当暖气团挟带大量的热量来临时，气温剧烈升高，使积雪迅速融化。融雪期间全部热量中的 70% 来源于暖气团，这是融雪的主要原因。太阳辐射在十分晴朗的天气情况下，对融雪有影响。依靠太阳辐射的能量可使 30%～35% 的积雪融化。但太阳辐射作用与雪的颜色和空气的含尘量有关，当大气很清洁和积雪含尘量很小时，其作用较小。降雨对融雪的影响不仅在于它带来的热量，还主要在于它能破坏雪原来的结构，引起雪物理特性的变化(如孔隙扩大)，加速融雪过程。融雪

通常是以上三种原因综合作用的结果，纯属某一种原因的融雪，只能在局部地区发生。

地形、森林等对融雪也有一定的影响。向阳坡积雪的融化比背阳坡快。在相同气候条件下，森林地区积雪的融化比无森林地区缓慢。

最初融化的雪水在雪中形成薄膜水和悬着毛管水。积雪继续融化，雪粒间的孔隙继续充水，毛管力不断减少，重力水出现并向下流至土壤表面。单位时间从单位面积积雪层内流到地面的水量称为出水强度。融雪出水过程可分为两个阶段，即融雪水分渗入并浸润积雪下层的停蓄阶段和下层含水量达到饱和积雪、内部开始有水流出的外流（出水）阶段。初期的融雪水耗于下渗及填洼，满足后才开始往外流泄。因此，融雪径流并非与融雪同时开始，在时间上要推迟一些。

积雪的结构在融化过程中也要发生变化。在融化处，构成积雪的冰晶和来自雪花碎片的冰晶会合并而失去棱角成为椭圆形，此后冰晶继续合并结成冰块。积雪中具有许多含有空气的空气间层，当冰芯逐渐缩紧时，空气间层减少，而逐渐充满水分。在融雪初期，雪下的地面温度与地面雪水温度接近于 0 ℃，当雪水径流开始时，雪水温度上升到 0.5～1.5 ℃，此时会有相当明显的蒸发。

由上述可知，从积雪融化到出水，积雪层起着蓄积融雪水的作用，造成积雪融化过程与出水过程不相同。积雪层的这种蓄积水量的能力称为积雪层的持水能力，可用下式表示：

$$\alpha=\frac{C}{H} \tag{13-4}$$

式中 α——积雪层的持水能力；

C——截留在积雪中的融化水量，mm；

H——积雪的持水量，mm。

雪的持水能力与它的密度和再结晶有关。密度越小，孔隙越大，持水能力越大。关于再结晶过程的影响，据研究，细粒状积雪的持水能力在强烈融雪的初期可达到 45%，而在末期，经过再结晶后，只有 21%。科马罗夫则认为，平均积雪的持水能力在融雪初期（细粒雪）的 35%到末期（粗粒雪）的 5%范围内变化。此外，在密度相等时，细粒雪持水能力较粗粒雪大。在融化过程中，细粒雪再结晶过程进行得很迅速，故持水能力递减很快。因为雪的再结晶及密度在融雪过程中是变化的，因此雪的持水能力也随融化程度而变。

有的学者曾根据实测资料，得出积雪持水能力 α 与积雪密度 ρ_s 之间的经验关系为

$$\alpha=\frac{11}{\rho_s}-11 \tag{13-5}$$

式（13-5）适用于积雪密度为 0.18～0.42 g/cm^{3}的情况，其计算误差平均为±5%。此外，下垫面条件如地形、植被、土壤等对融雪出水也有调蓄作用。

二、融雪量的估算

计算融雪量的现行方法有两类：根据积雪测量资料估算和根据公式计算。

1. 根据积雪测量资料估算

根据区域内定期实测的积雪资料或遥感资料，利用下式计算融雪量：

$$M_s = M_1 - M_2 + \sum P \tag{13-6}$$

式中 M_s——T_1 到 T_2 时段内的融雪量，mm；

M_1、M_2——T_1、T_2 时刻的积雪量，mm；

$\sum P$——T_1 到 T_2 时段内的降雨量。

因测雪所需时间较长，一般难于每隔一天或两三天进行，故此法只能用于较长时段的融雪出水量估算。

2. 根据公式计算

常见的计算融雪量公式有三种。

① 基于热量平衡的公式。

在融雪阶段，下列热量平衡方程存在：

$$M_s = (H_{sw} - H_{ef} + H_{ac} \pm H_{vc} + H_r + H_{ec}) / (\rho_w L_f) \tag{13-7}$$

式中 M_s——融雪量，cm；

ρ_w——水的密度，g/cm^3；

L_f——冰的融解热，约为 334. 94 J/g；

H_{sw}——由日光和天空的短波辐射给雪面的有效热量，J/cm^2；

H_{ef}——从雪面到天空的长波辐射的散失热量，J/cm^2；

H_{ac}——从大气传导给雪面的热量，J/cm^2；

H_{vc}——水汽凝结释放(+)或蒸发吸收(-)的热量，J/cm^2；

H_r——由降雨供给的热量，J/cm^2；

H_{ec}——由大地传导的热量，J/cm^2。

式(13-7)虽然在理论上很严谨，但由于需要观察的因子多且不易测定，故在实用上并不方便。

② 基于空气动力学的公式。

基于空气动力学原理，莱特(Light)提出了下列确定融雪量的半理论性经验公式：

$$M_s = 56.8 v_w \left[0.013\,25 t_a \times 10^{0.015\,2z} + 0.023\,1(e - 6.11) \right] \tag{13-8}$$

式中 M_s——融雪量，mm/d；

v_w——雪面上 50 ft(1 ft=304. 8 mm)高处的平均风速，m/s；

t_a——雪面上 10 ft 高处的平均气温,℃；

e——雪面上 10 ft 高处的水汽压，10^2 Pa；

z——当地的海拔高程，km。

如果地面高低不平，或有森林影响，直接用式(13-8)计算一般会偏大，乘以 55%~65% 的折算系数较好。

美国陆军工程兵团考虑到森林和降雨的影响，提出了下列经验公式：

当全流域森林率为 80%以上时，

$$M_s = (3.383 + 0.012\,6i) t_a + 1.27 \tag{13-9}$$

当全流域森林率为 60%以下时，

$$M_s=(1.326+0.859Kv_w+0.0126i)t_a+2.29 \tag{13-10}$$

式中 i——林外降雨强度，mm/d；

K——系数，其值为 0.3(60%林地)~1.0(无林地)。

③ 气温日数(degree day)公式。

对于实际流域，不但森林、坡向、高程等对融雪量有很复杂的影响，而且在全流域内正确求得辐射、气温、湿度、风速等也有困难，故在很多场合上述各式均难于适用。为此，美国学者提出了基于气温日数的融雪量计算公式。气温日数是一个对融雪最具影响的有效热量指标，通常用 0 ℃以上的平均气温与日数的乘积计。相应于 1 ℃的日融雪量称为气温日融雪率。美国的实测值为 2.3~6.8 mm/(℃·d)，日本的实测值为 0.7~8.0 mm/(℃·d)。基于气温日数计算融雪量的公式为

$$M_s=C_s(t_a-t_b) \tag{13-11}$$

式中 M_s——融雪量，mm/d；

t_a——日平均气温，℃；

t_b——基础温度，通常为 0 ℃；

C_s——气温日融雪率，mm/(℃·d)。

一般森林越少，C_s 值越大。有时也呈融雪初期 C_s 值小，随后 C_s 值逐渐增大的趋势。

为了使公式能应用于短历时融雪量计算，可采用小时数代替日数，称为气温时数(degree hour)法。

三、春汛径流深的计算

春汛径流量除取决于积雪量外，还与前期土壤缺水量、土层的冻结情况和春汛期内的降雨情况有关。例如，在一定的条件下，融雪和春汛降雨所形成的径流深 R_s 可用下列函数式表示：

$$R_s=f(P_x,W_0) \tag{13-12}$$

式中 P_x——融雪水量与春汛期降雨量之和，mm；

W_0——前期土壤蓄水量，mm。

式(13-12)常表示为相关图形(图 13-1)。

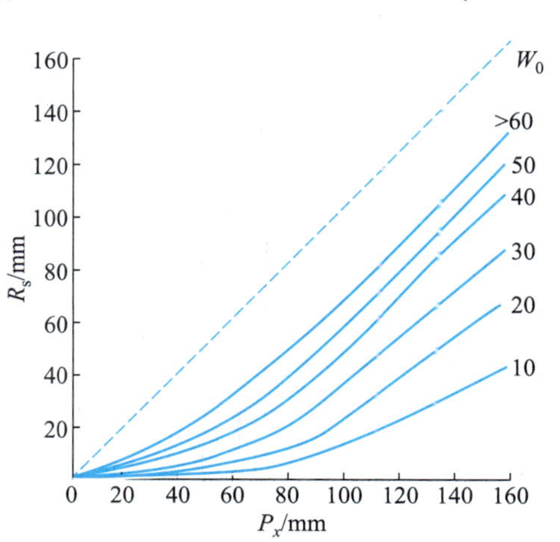

图 13-1 融雪径流关系

由于积雪与融雪主要受温度的控制，因此，如果流域的高程差较大，则应将流域按高程分带来计算融雪径流深。

融雪径流与降雨径流比较，有以下特点：

① 影响融雪径流峰量的最重要的因素是积雪量与融雪的热量及强度，而影响雨洪峰量的最重要的因素是降雨量、降雨强度及降雨历时。暴雨强度一般大大超过融雪强度，但降雨历时却比融雪历时小得多。

② 积雪融化受暖气团控制，在很大面积上比

较均匀；而暴雨在大面积上分布极不均匀。

③ 流域上的积雪具有内部调蓄作用，能暂时蓄积一定数量的水分。积雪层含水饱和后，融雪水沿雪层底部缓慢流动，流动速度受积雪阻滞影响，同时积雪的结构在融化过程中也在不断变化，而雨洪却无此现象。

④ 春汛显著地受气温影响，其流量过程与气温变化比较相应，有日变化，而雨洪径流几乎不受气温的影响。

第三节 冰川的形成及运动

一、冰川的形成及类型

年平均温度在 0 ℃以下的高纬度和高山地区，固态降水不能全部融化而常年积累，成为终年积雪区。终年积雪区的下部界限称为雪线。雪线以上的降雪量超过消融量(包括蒸发量)，降雪不断积累，雪线以下情况则相反。

初降的雪花呈羽毛状、片状和多角形的结晶体。随着积雪厚度不断增加，下部雪层受到上部雪层的压力，产生塑性变形，密度增大，雪的晶体紧密结合，形成块状冰层，此为冷型成冰作用，是高纬度地区的成冰作用的主要类型。另一种情况是覆盖的雪层经融化又冻结，形成圆形粒雪，粒雪中含有连通的孔隙，当粒雪冰积累增厚，下部受到压缩排出孔隙间空气，就会融合结晶在一起，形成冰川冰，其密度可达 0.90~0.96 g/cm^3。因为它依赖于太阳辐射热力条件，所以又称为暖型成冰，中低纬度地区的冰川大都为此种类型。

冰川冰形成以后，在冰体压力与重力作用下开始运动，形成冰川。冰川冰在流动过程中受到进一步的变质作用，称为动力变质冰。动力变质冰具有片理、褶皱和冰晶定向排列等变质岩的特点。

按冰川的形态，现代冰川可分为两种基本类型。

① 大陆冰盖型冰川。此种类型的冰川发育在两极地区，不受地形约束。谷地被其吞没，是规模极大的冰体。由于冰体的面积和厚度很大，表面呈凸起的盾状，故冰流由中央向四周流动。南极大陆和格陵兰的冰川就是这种类型。

② 山岳型冰川。此种类型的冰川主要分布于中低纬度山区，因雪线较高，故积累区不大。冰川受限于地形，冰流有固定的明显的路径。此类冰川又可按形态分为：冰斗冰川、悬冰川和山谷冰川。冰斗冰川发生在雪线以上的圆形山谷，规模较小，伸出冰斗外的冰舌很小，无明显的积累区与消融区的界线。悬冰川是山岳型冰川中最常见的，冰川从冰斗溢出，沿冰斗口外沿下坠，悬挂于山坡上，面积通常小于 1 km^2。山谷冰川是山岳型冰川中规模最大的，冰川溢出冰斗，进入谷地，两侧谷坡界限明显，有如冰冻的河流，其积累区与消融区分明。山谷冰川有单式、复式、树枝状和网状等，长度有数千米至数十千米不等，厚度可达百米。由几条山谷冰川在山麓地带扩展汇合成的一片广阔冰体称为山麓冰川。此外，冰川还有山峰冰川、孤坑(火山口)冰川等。

按温度或热量的特点，冰川可分为极地冰川、亚极冰川和温带冰川。

① 极地冰川的温度低于冰点，即使夏季也如此，几乎全年都没有消融，因此没有径流。南极洲的冰川即属此类。

② 亚极冰川夏季沿表面融化成液态水，但主要冰体的温度仍低于冰点，因此，液态水重新冻结在低一些的水平面上，除边缘部分外，只有少量径流从这类冰川流出。格陵兰冰川属此类。

③ 温带冰川除冬季外冰川的温度相当于冰的融化点，此类冰川能产生大量的径流，一般温带地区的冰川属此类。

也可按冰川的活动性（动力）对冰川进行分类。冰川的活动性依赖它的深度、流速和物质平衡。活动的冰川运动速度比较快，其融化量也大。不活动的冰川运动滞缓，它的积累和消融都很小。活动性冰川一般存在于海洋性环境和低纬度地区，而不活动的冰川存在于高纬度地区和完全大陆性环境中。因此，前者又称为季风海洋性冰川，后者又称为大陆性冰川。季风海洋性冰川是在季风海洋性气候条件下形成的，具有气候温和、降雨丰沛、气温高（雪线附近年平均气温约为-4 ℃）、消融强烈（冰舌年消融量为 8 000~10 000 mm）、消融热量主要来自乱流热交换、成冰作用为暖型、物质平衡水平高、冰川运动速度快等特点，在中国主要分布于喜马拉雅山东段和中段、念青唐古拉山东段和横断山脉部分地区。大陆性冰川是在干冷的大陆性气候条件下发育的，具有降水少、气温低（雪线附近年平均气温为-15~-6 ℃）、雪线高、消融弱（冰舌年消融量为 1 000~3 500 mm）、消融热量主要来自太阳辐射、成冰作用为冷型、物质平衡水平低、冰川运动速度慢等特点，在中国主要分布于喜马拉雅山中段的北坡和西段、昆仑山、帕米尔高原、喀喇昆仑山、天山、阿尔泰山、祁连山和唐古拉山等地。

二、冰川运动

冰川是一种具有可塑性的缓慢流动的冰体。在垂直方向上，冰川的上部为脆性破裂带，厚 40~50 m，下部为塑性流动带。下部冰层受上部冰体的压力与重力作用发生塑性流动，上部冰层在下部冰层的塑性流动的带动下，由于不适应塑性冰的流动而发生一系列的冰裂隙，形成脆性破裂带。在冰裂隙中往往填充不少碎石块，并随冰川流动。

冰川运动的速度极为缓慢，一般用肉眼很难看出。在大多数情况下，冰川的运动速度不超过每昼夜 0.5 m。不同类型的冰川运动速度是不相同的。在冰川内部各部分运动速度也不相同，中央部分运动速度相对于边缘部分较快，边缘部分尤为缓慢。雪线附近运动速度比其他部分快（图 13-2）。此外，冰川的运动速度还与冰川厚度、地貌条件等有密切关系。当冰川的年积累量大于年消融量时，冰川厚度增加，冰川速度增大，冰川呈前进状态。相反，当年积累量小于年消融量时，冰川厚度变薄，冰川速度减慢，冰川呈后退状态。

冰川可以雪线为界划分为两部分（图 13-3），雪线以上为积累区，雪线以下为消融区。积累区降雪量大于融雪量，是冰雪的积累与冰川冰的形成区。消融区在冬季有雪和粒雪的堆积，夏季则被消融，甚至露出冰川表面，是消融量大于冰雪积累量的区域。

冰川和其他陆地冰体的不同之处在于它们的流动性。科学家对冰川表面流动速度的量测已有 200 年以上的历史，但对冰川流动的机理仍然了解不够，现有的认识可归纳如下：冰川

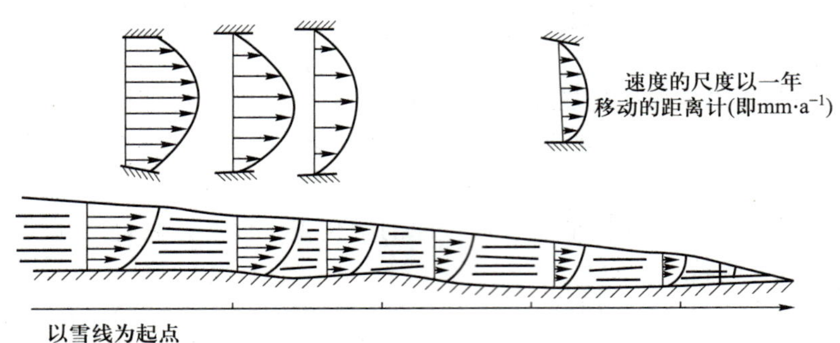

图 13-2　冰川运动速度分布示意图

上边的四个图表示不同地点冰川表面运动速度的横向变化；下边表示冰川沿程的断面速度分布的变化

运动有重力流与挤压流两种。在斜坡上，由于冰川自重产生的沿坡向的分力大于冰川槽对冰川的阻力引起的流动称为重力流。冰川堆积的厚薄不同，引起的塑性变形也不同，使内部受到不均匀的压力，从而引起的冰川运动称为挤压流。山岳型冰川中重力流与挤压流常同时并存，但以重力流为主。大陆性冰川的运动则以挤压流为主。

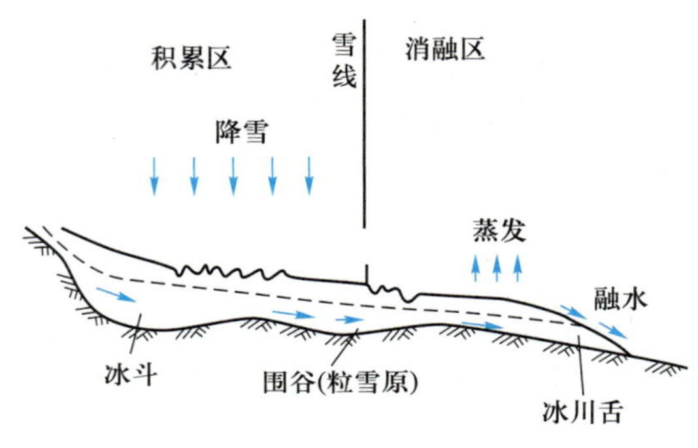

图 13-3　冰川的分带

冰晶产生变形一般有三种途径：颗粒间的调整、重新结晶和颗粒间的滑动。颗粒间的调整涉及单个颗粒的位移，一般只在表面雪层中有重要意义，原因是冰川的粒雪一般呈不规则状，并且紧密地联结在一起。颗粒间的重新结晶可能发生变形，局部的应力集中导致原子的位移，通过从一个晶体结构到另一个邻近的晶体结构来降低应力集中，从而引起两个颗粒间边界的改变或迁移。颗粒间的滑动是晶体结构的层状构造在不破坏结构连续性的情况下，所作的平行层间的滑动变形，好像滑动的一叠卡片。对冰川中晶体坐标系的量测表明，滑动平面都是特殊定向的最大剪应力平面。

三、冰川流速度

奈(Nye)建议的一个简化的冰川流速度模型如下：假设冰体无穷宽阔，并正在斜面上流动，冰川各处的流线与河床平行(图 13-4)。由此可得深度为 y 的任一层的剪应力为

$$\sigma=\rho g y\sin\alpha \tag{13-13}$$

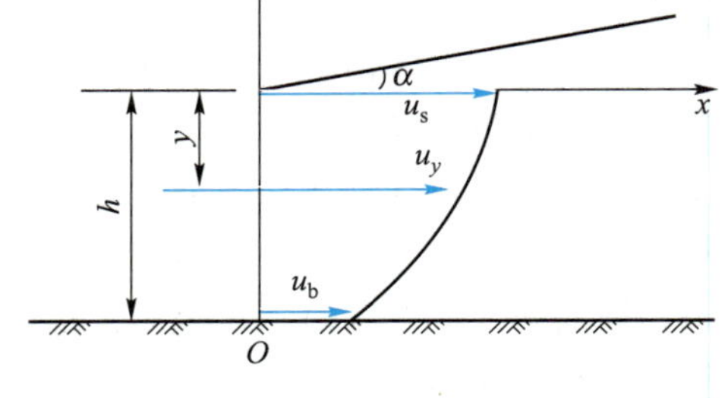

图 13-4　冰川流速度模型

式中　σ——剪应力；

ρ——冰密度；

g——重力加速度；

α——冰库或冰川表面坡角；

y——任一层的深度。

按格伦(Glen)冰流定律，多年平均剪切变形率 ε 可由下式确定：

$$\varepsilon=\frac{\mathrm{d}u}{\mathrm{d}y}=\left(\frac{\sigma}{B}\right)^{n} \tag{13-14}$$

式中 B——经验常数；

n——取 1.75~3.2。

将式(13-13)代入式(13-14)并求其解，得

$$u_{s}-u_{y}=\frac{K}{n+1}y^{n+1}\sin^{n}\alpha \tag{13-15}$$

其中

$$K=(\rho g/B)^{n}$$

式中 u_s——冰川流表面速度；

u_y——深度 y 处的冰川流速度。

由式(13-15)进一步可求得通过任一断面的单宽冰川流量为

$$q=u_{b}h+\frac{K}{2(n+1)}h^{n+2}\sin^{n}\alpha \tag{13-16}$$

式中 u_b——河床处的冰川流速度，即冰川在河床上的滑动速度；

h——冰川厚度。

用式(13-16)确定单宽冰川流量，关键在于确定河床处的冰川流速度，也就是冰川在河床上的滑动速度。迄今，仅对很少的冰川已量测出其在河床上的滑动速度，其变化范围从忽略不计到超过90%表面速度的滑动，因此还不能在理论上预测冰川在河床上的滑动速度。目前只有魏特曼(Weertman)提出的公式可以推荐：

$$u_{b}=\left(\frac{\sigma}{c}\right)^{m}=\left(\frac{\rho g}{c}\sin\alpha\right)^{m}h^{m} \tag{13-17}$$

其中

$$m=\frac{1}{2}(n+1)$$

式中 σ——河床上的应变率，可按式(13-13)来确定；

c——常数，部分取决于河床糙率。

遗憾的是，式(13-17)至今尚未得到足够多的野外资料的验证。

若冰川的速度完全由于滑动控制，则冰川的单宽流量为 $q=hu_b$，即

$$q=\left(\frac{\rho g}{c}\right)^{m}h^{m+1}\sin^{m}\alpha \tag{13-18}$$

四、冰川的伸长和缩短

对于实际冰川，几乎不可能找到只存在简单层状流的区域。一般情况下，冰川表面有物

质进入，表面坡度与河床坡度有所不同，表面速度与表面坡度或河床坡度不平行，沿冰川的纵向速度将增加或减少。

冰川表面存在的纵向应力是由河床的纵向弯曲或横向收缩、放宽，以及物质的增加或自表面逸出所引起的。奈曾根据魏特曼理论和格伦冰流定律，提出纵向变形率计算公式为

$$\gamma=\frac{mu}{mu_{\mathrm{b}}+u_{\mathrm{s}}}\left(\frac{a}{h}+u_{\mathrm{b}}\frac{\partial a}{\partial x}\cos\alpha-\frac{1}{h}\frac{\partial h}{\partial t}-\frac{\bar{u}}{\omega}\frac{\mathrm{d}\omega}{\mathrm{d}x}\right) \tag{13-19}$$

式中 γ——冰川表面的纵向变形率；

a——净积累率；

$\bar{u}$——全断面的平均滑动速度；

ω——宽度。

式(13-19)中，$mu/(mu_{\mathrm{b}}+u_{\mathrm{s}})$的数值一般取0.6~0.7。如果$\gamma$是正值，说明这个区域的冰川正在延伸，冰川的纵向中心线在这段时间内将延长，冰川的流动速度将增加，横向裂缝将发展。如果γ是负值，说明这个区域的冰川正在收缩，冰川的纵向中心线将在时段内缩短，冰川的流动速度将减慢，横向裂隙将闭合或收缩。

如果将式(13-19)中的表面坡度变化率$\partial a/\partial x$换成宽度变化率$\mathrm{d}\omega/\mathrm{d}x$，且冰川厚度在时间上的变化$\partial h/\partial t$可忽略不计，则纵向变形率取决于积累率$a$。在这种情况下，冰川将在积累地带延伸，而在消融地带后缩。从而可以看到，在一个与河槽横断面一致的冰川上，流量q在雪线以上从零增加到最大，雪线以下流量就减小，在终点则减到非常小。如果冰川横断面的面积是常数，则冰流速度必然从源头到雪线是递增的，而从雪线到终点是递减的。

冰川的前进与后退(伸长或缩短)还可以根据物质平衡原理来揭示。如果冰川的收入与支出的对比发生变化，冰川的大小也将随之发生变化。令冰川的固态降水为P，风吹来的雪量为C_{ω}，雪崩来的雪量为C_t，表面水汽凝结量为K，融冰径流为R，蒸发和升华量为E，风吹走的雪量为C，冰川移动的冰径流为M，则物质平衡方程可表达为

$$(P+C_{\omega}+C_t+K)-(R+E+C+M)=\Delta W \tag{13-20}$$

式中 ΔW——冰雪储量的变化。

在收支平衡情况下，式(13-20)中$\Delta W=0$，冰川处于稳定状态。当收入大于支出时，ΔW为正值，冰川增长，呈现为冰川延伸(即前进现象)。反之，当支出大于收入时，ΔW为负值，冰川减少，呈现为冰川缩短(即后退现象)。

冰川的多年进退变化与其补给条件有关，反映气候的变化情况。第四纪末次冰期以来，各地冰川曾有过多次进退。

第四节 冰川的积累与消融

一、冰川的积累

冰川的增长和消退随不同季节的降雪积累和融化的情况而定。如果积累超过消融，冰川就增长。反之，消融超过积累，冰川就衰退、缩小。当积累与消融相平衡时，冰川就保持

稳定。

冰川的积累是指冰川的冰雪质量增加，积累主要来自降雪。不过，在某些情况下，表面的凝结也是重要的积累，霜和雹也会使冰川表面的冰量增加。如果冰川表面温度低于冻结点，则降雨将立即冻结成冰，增加积累。在山区，由于风的输运，以及陡坡积雪的崩塌，冰川上雪的积累常比邻近山坡、山脊多。

随着时间的增长，经过一个冬季的积累，雪转变成粒雪，最终变成冰。这种转变结果一般要增加结晶颗粒的尺寸和密度，且会导致局部或全部均匀化。冬季雪结晶好，较密实；春季雪则是较粗粒的结晶，密实性较差，必须经过一段时间密实后才能成为冰。因此，可通过结晶的大小和密度来辨认各年的积累层。到了夏季，灰尘吹到冰表面，成为每年一层的显著标志。鉴别年层可在深度上取芯样，再利用光谱仪鉴别。至于夏季和冬季的层次的鉴别，可利用其中同位素^{18}O与^{16}O之比例，因为冬季降雪中^{18}O相对要少些，所以根据^{18}O与^{16}O之比的改变能识别出夏季与冬季的层次。

二、冰川的消融

冰川消融大部分发生在冰川表面。一般说来，在冰川消融过程中，融化是主要过程，蒸发是不重要的。因为冰蒸发需要的热量远远高于融解热。引起雪、粒雪或冰的消融的最主要原因是太阳直接辐射，其次是大气中的热传导(对流)。在天气晴朗少云时期，冰川消融主要靠太阳辐射；而在阴天，冰川消融主要靠大气热传导。

在冰川表面以下融冰所需的热量，一是来自势能产生的冰流所转化的少许热量，二是来自只能对冰川底部有少许作用的地球热通量。这两种热源一般只能融化较少的冰。

在一年四季中，辐射与对流的作用可以有很大的变化。当太阳辐射大时，冰川表面的反射率(反射辐射)也很高。如果风速小，大气温度十分低，冰雪的融化率一般也低。当太阳辐射轻微衰减时，冰川表面的平均反射率可能显著减小，以致辐射对融化的作用增大。降雪对冰川表面的融化有很大影响，这是因为新的覆雪能将反射率从0.3上升到0.8，这样就大大减少了冰表面可以吸收的辐射量。当风暴降临时，暖空气与强风组合将会造成高的融化率，这是由于空气热交换的加强，以致来自太阳的辐射虽减少，但从暖云里来的长波反射可以对融冰有很大的作用。

根据辐射计算可知，若辐射量等于1 $cal/(cm^2 \cdot min)$，则可使1 km^2的冰川表面每小时产生7 500 m^3的水。太阳辐射的影响还表现为冰川的消融白天比晚上大，夏季比其他季节大。

对冰川融化有影响的其他因素还有：冰川的位置、朝向、高程和天然黑化(岩石碎屑、松散细砂散落在冰川表面)等。根据中国科学院高山冰雪利用研究队1958年的观测资料可知：阴坡与阳坡冰川融化量显然不同(表13-6)；随着地理位置的增高，消融随气温的降低而减弱；黄土污化的雪面，在晴朗天气因吸收辐射热多，消融深度约为白雪面的三四倍，而在阴天，因阻隔大气热传导，消融深度只及白雪面的1/4～2/3，但如雪面污化到一定厚度，就将阻碍消融(表13-7)。

表 13-6 不同坡向冰川消融深度比较

坡向	北东东	南西西	南南东	北北西	平均
消融深度/($cm \cdot d^{-1}$)	2.22	3.19	2.91	2.73	2.76

表 13-7 污化对于冰川消融的影响资料

日期	天气条件	白雪面消融深度/($cm \cdot d^{-1}$)	1/3 面积为黄土污化的消融深度/($cm \cdot d^{-1}$)	全部为黄土污化的消融深度/($cm \cdot d^{-1}$)
8月8日	晴，高低云量 1	1.07	3.40	4.10
8月9日	阴，高云 10，低云 1	2.23	1.58	0.60

冰川的消融还与机械作用有关。例如，风能将雪和冰吹走；冰川尾端由于发生冰崩、雪崩会断裂等。

三、冰川的净积累

冰川的净积累在积累区与消融区表现不同。如果积累超过消融，净积累为正值，则冰川增长。净积累可定义为冰川体积的增量。冰川的密度随时间变化，冰川作为一个整体，其净积累等于冰川表面每单位面积积累的平均值。若冰川任一瞬时的积累率为 a_c，消融率为 a_b，则其瞬时净积累率为 $a=a_c-a_b$。这些量随时间变化非常显著(图 13-5)。从净积累率的第一年的最小值(或最大值)到次年的最小值(或最大值)的时间称为净积年。一年的积累量 A_c 和消融量 A_b 可分别按以下两式计算：

$$A_c = \int_{t_1}^{t_2} a_c \mathrm{d}t$$

$$A_b = \int_{t_1}^{t_2} a_b \mathrm{d}t$$

于是，一年的净积累量为

$$A = A_c - A_b = \int_{t_1}^{t_2} a\mathrm{d}t = \int_{t_1}^{t_2} (a_c - a_b)\mathrm{d}t \tag{13-21}$$

式中 t_1——净积年的开始时间；

t_2——净积年的结束时间。

当式(13-21)所表达的 A 为正值时，则可用下述方法确定(图13-5)：量测出积累量最大值 A_1 和随后的消融量最大值 A_2，于是有 $A=A_1-A_2$。冰川的净积累是地理位置的函数，特别是高程的函数。一般来说，随着高程的增加，积累增加，消融则减少。因此净积累在低高程时为负，在高海拔时为正。净积累随高程变化曲线的坡度($\mathrm{d}A/\mathrm{d}h$)称为活动性指标，又称稳定性系数。如果冰川输送大量的净积累自高海拔到有强烈消融条件的低高程，活动性指标就高；反之，活动性指标就低。显然，季风海洋性冰川具有高的活动性指标，而大陆性冰川则具有较低的活动性指标。

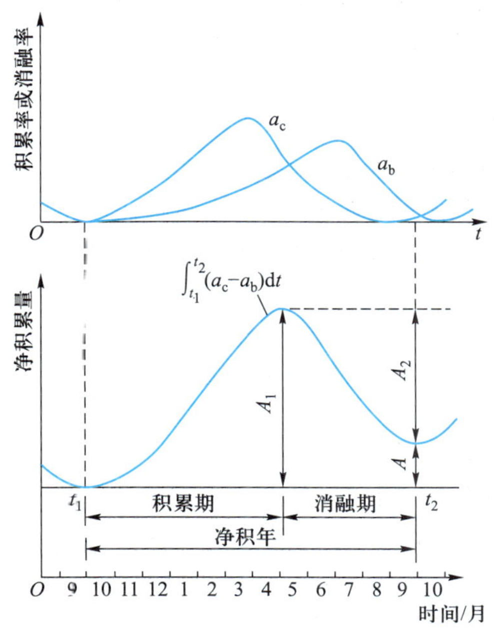

图 13-5 冰川积累与消融的年变化图

第五节 冰川径流

一、冰川径流的产生过程及特征

冰川是一个巨大水库，它获得液态和固态两种降水，并储蓄这些降水，在以后的时间里逐渐释放出来，很少有蒸发损失。冰川的水文特征是复杂的，因为它的物理属性在一年内是变化的。

在春季，冰川面上的积雪层处在融化的温度下，融化水和液态降水经过雪盖，慢慢地渗透到固态冰下稳定的融水排泄通道（属非饱和流）。在夏季，积雪层变得很薄，甚至某些区域的冰面暴露出来，排水路径在雪内变得很稳定，在裸露的冰面上可能是表面排水，因此，融化水和液态降水流动得很快，流到冰川尾端的溪沟。在冬季，冰面只有雪的积累和冻结，表面水流运动完全停止，任何一点液态降水也会立即冻结加入冰体水库。不过，在冰川底部仍可能有极少量的融化水慢慢流出。当春天来临时，冰川表面覆雪开始融化，融化水和降雨都有传热作用，因此冰川很快融化成洞，洞与洞之间的区域又逐渐融

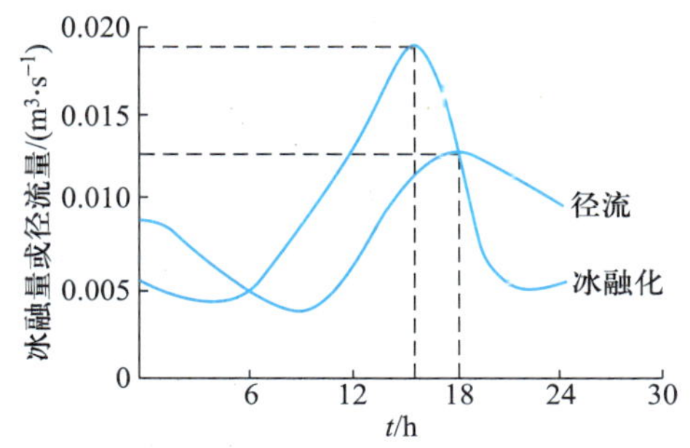

图 13-6 冰融化日波动与径流日波动对照图

化。随着春天的进程，融化地带逐渐由高程较低的地区向高程较高的地区移动。这些冰水库的物理特性变化将反映在所补给的河流水位特性之中。

冰川融化水形成的流量过程每天有明显的波动(图 13-6)，其日波动延迟于冰融化的日波动。冰融化的日波动非常明显。

冰川融化水与太阳辐射和大气供热关系密切，因此，大气温度和冰川径流之间存在较好的相关关系。不过由于冰川径流是延迟的，因此只有用前几天的大气温度与日流量作为相关才能提高它们之间的相关程度。在有些地方，通过观测资料分析，日平均河川径流与大气温度之间存在以下关系：

$$Q=e+f(\sum T) \tag{13-22}$$

$$\sum T=T_Z+KT_{Z-1}+K^2T_{Z-2}+\cdots+K^ST_{Z-S} \tag{13-23}$$

式中 Q——第 Z 日的河流流量；

e、f——常数和系数，都通过回归分析确定；

K——衰减系数，其值小于 1，有分析指出 K 值为 0.7~0.8；

T_Z——Z 日的平均大气温度，为测站附近的气象站观测值；

S——Z 日之前的天数，$S=1,2,\cdots$，有分析指出 $S\leqslant6$。

当上游发生冰坝溃决时，迅猛的冰川洪水一泻而下，可能突发特大洪水冲击下游河道造成灾难。1980 年在中国新疆喀喇昆仑山地区就发生过此种洪水。

一个流域的冰川径流的年水量一般不平衡，即年径流总量通常不等于降水总量(包括凝结量)减去蒸发量。这是因为冰川有自然的储蓄变量，它随年气温而变化。在暖旱年，冰川融水量大；在冷湿年则相反。这种储蓄变量往往是很大的，相当于自然的多年调节。冷湿年储蓄于冰水库，暖旱年可获得较大的冰川径流，这对于人类非常有利。

二、冰川对河流的补给

对于直接靠近冰川的河流，冰川融化水是其主要的补给来源。冰川对河流水位、流量的日变化与年变化的影响明显，表现为水位、流量的变化与气温的变化相应(图 13-7)，水位、流量过程线具有上涨缓慢、变幅较小、与融化和冻结的日变化与年变化基本一致等特点。

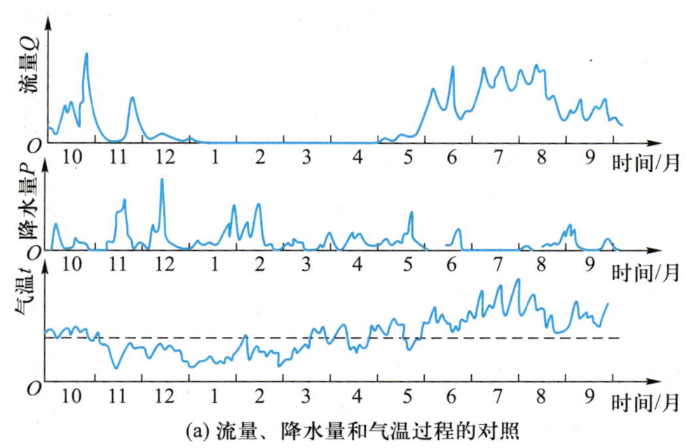

(a) 流量、降水量和气温过程的对照

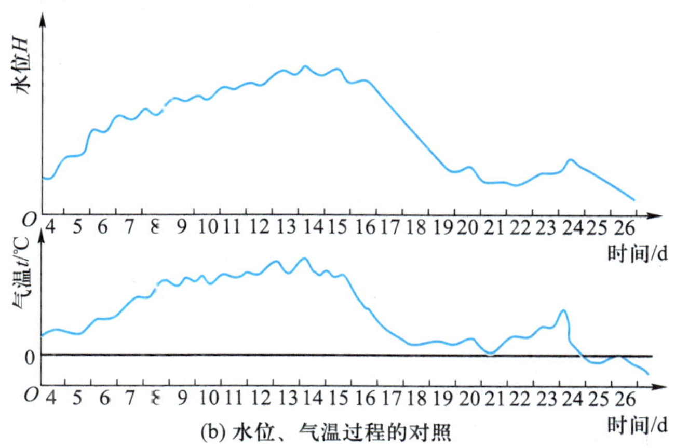

(b) 水位、气温过程的对照

图 13-7　冰川对河流水位、流量的影响

以冰川融化水补给为主的河流，其水文动态有特殊的规律性。如以日为周期，一般每天有一次洪峰，其大小和出现时间随着不同的天气类型，特别是气温高低与云量多寡而不同。最高气温与最大流量关系良好且洪峰高时，由于传播时间短，洪峰出现的时间早；相反，洪峰低时，出现时间就晚。冰川融化水一日之内的变幅可能会很大，一日之中最大流量与最小流量可相差几十倍。最小流量可趋近于零，常出现在清晨或上午；最大流量出现在下午或傍晚。在一年中，冰川融化水最多在盛夏，最少在严冬。例如，在中国一般 7、8 月份最大，10—4 月为结冰期，除有些冰川因冰下融化水有少量出流外，大多数水流中断，河流干涸。

流域中存在的冰川对年径流量的变化会有很大影响。在年雨量少的干旱年，由于太阳辐射增加，冰川融化水补给也增大，因而减小了年径流量的离差系数。

确定冰川融水径流量的途径有物质平衡法、热量平衡法、直接观测法、经验公式法等。

物质平衡法根据物质不灭定律，列出计算时段内各收支项，通过直接或间接观测资料获得除冰川融水径流量以外的其他各项，最后计算出冰川融水径流量。热量平衡法根据热量平衡原理，由已知冰川的收支热量，按热量平衡方程推算出冰川融化水的径流量。热量平衡方程可写为

$$L_{\lambda}(H-E)+LE=S_{R}+S_{K}+S_{r} \tag{13-24}$$

式中　S_R——计算时段内冰川表面的太阳辐射热量，如太阳辐射的收入大于支出，S_R 是正值，反之则为负值；

S_K——计算时段内冰川与大气间的对流交换热量，当空气温度高于冰川表面温度并随高度增温时，S_K 为正值，反之为负值；

S_r——计算时段内冰川旁侧和槽底的交换热量；

L——融解潜热，约为 334.94 J/cm^3；

L_{λ}——蒸发和凝结潜热，约为 2 847.02 J/cm^3；

H——计算时段内冰川表面融化的冰层厚度，cm；

E——计算时段内蒸发掉的冰层厚度。

冰川的野外观测非常困难，但随着近代科学技术的发展，观测方法正在不断改进。例如，可应用遥感技术等对冰川进行野外观测。

第六节 河流冰情

一、河流热量平衡

设想在河流中取一单位面积的水柱，则根据能量守恒定律，在一定时段内该水柱接收与释放的热量之差应该等于其储热量的变化。由此推导出河流的热量平衡方程式为

$$B_r\Delta t+W_e+W_e'+W_c+W_1-W_2+W_1'-W_2'+W_p+W_b+W_3=\Delta W \tag{13-25}$$

式中 B_r——单位时间的辐射平衡值；

W_e——时段内表面凝结或蒸发收支的潜热量，凝结取正，蒸发取负；

W_e'——时段内随凝结或蒸发收支的热量，凝结取正，蒸发取负；

W_c——时段内水柱表面通过对流、扩散和传导与大气交换的热量，气温高于水柱表面温度时取正，反之取负；

W_1、W_2——时段内随地面径流带入和带出水柱的热量；

W_1'、W_2'——时段内随地下径流带入和带出水柱的热量；

W_p——时段内由水面降水带入水柱的热量；

W_b——时段内水柱与河床交换的热量，水柱接收来自河床的热量取正，反之取负；

W_3——时段内水柱由于结冰或融冰吸收或释放的热量，结冰为正，融冰为负；

ΔW——时段内水柱储热量的变化值；

Δt——计算时段长。

式(13-25)不包括一些对河流热量平衡影响比较次要的项目。例如，水体化学反应吸收或释放的热量、风浪和水流机械能量转换产生的热量、河川反射的辐射热量、生物氧化释放的热量、光合作用支出的热量等均未在式(13-25)中考虑。因此，在实际问题中，当遇到一些次要项目不可忽略时，应对式(13-25)进行必要的修正。此外，也可视具体情况再作一定的省略。例如，冬季水温低，故随蒸发损失的热量很少，可略去 W_e'项；当河流水位变化不大时，W_1 和 W_1'、W_2 和 W_2'可以分别抵消；当无降水时，W_p 可略去；当水深较大(一般大于20 m)时，接近河底的水温变化较小，则 W_b 可不考虑；如果计算时段长为一年，则 W_3 近似为零。

式(13-25)中各项的确定方法如下。

1. 辐射平衡值 B_r

辐射平衡值 B_r 由下式组成：

$$B_r=Q_s(1-a_s)+Q_a(1-a_a)-Q_{br} \tag{13-26}$$

或

$$B_r=(Q_d+q_c)(1-a_s)+Q_a(1-a_a)-Q_{br} \tag{13-27}$$

式中 Q_s——太阳总辐射能通量；

a_s——水面对太阳辐射的反射率；

Q_a——大气长波辐射能通量；

a_a——水面对大气长波辐射的反射率；

Q_{br}——水面辐射能通量；

Q_d——太阳直接辐射能通量；

q_c——天空辐射能通量，又称散射辐射能通量。

式(13-26)和式(13-27)中的各项均可由仪器直接观测得到。如无仪器直接观测资料，则可用经验公式估算。

中国各地区太阳总辐射能通量 Q_s、太阳直接辐射能通量 Q_d和天空辐射能通量 q_c的经验公式参见表 13-8。

表 13-8 中国各地区计算 Q_s、Q_d和 q_c的经验公式

地区	经验公式		
	太阳总辐射能通量	太阳直接辐射能通量	天空辐射能通量
华南地区	$Q_s=S_0(0.625S_1+0.130)$	$Q_d=S_0(0.250S_1+0.375S_1^2)$	$q_c=S_0(0.080\bar{n}+0.153)$
华中地区	$Q_s=S_0(0.475S_1+0.205)$	$Q_d=S_0(0.232S_1+0.428S_1^2)$	$q_c=S_0(0.083\bar{n}+0.153)$
华北地区	$Q_s=S_0(0.708S_1+0.105)$	$Q_d=S_0(0.232S_1+0.428S_1^2)$	$q_c=S_0(0.040\bar{n}+0.194)$
西北地区	$Q_s=S_0(0.390S_1+0.344)$	$Q_d=S_0(0.241S_1+0.327S_1^2)$	$q_c=S_0(0.183\bar{n}+0.180)$

注：Q_s—月平均太阳总辐射日总量，单位为 cal/(cm² · d)；Q_d—月平均直接辐射日总量，单位为 cal/(cm² · d)；q_c—月平均天空辐射日总量，单位为 cal/(cm² · d)；S_0—天文日辐射量，单位为 cal/(cm² · d)，有表可查；S_1—日照百分比；$\bar{n}$—月平均总云量。

大气长波辐射能通量 Q_a 可按下列斯特藩-玻尔兹曼(Stefan-Boltzmann)公式计算：

$$Q_a=\varepsilon_a\sigma_s K_a^4 \tag{13-28}$$

式中 ε_a——大气发射率，受大气湿度、云量等影响，一般低温晴天为 0.7，高温阴天为 1.0；

σ_s——斯特藩-玻尔兹曼常数，等于 1.189×10^{-7} cal/(cm² · d · ℃⁴)；

K_a——地面以上 2 km 高处的热力学温度。

据测定，水面对太阳的短波反射率一般为 $a_s=0.06\sim0.40$；水面对大气长波的反射率一般为 $a_a=0.03\sim0.05$。

水面辐射能通量 Q_{br}也可用式(13-28)计算，但应乘以一个系数 δ，并用水面温度 K_w 代替其中的大气温度 K_a。因此，水面辐射能通量 Q_{br}的计算公式为

$$Q_{br}=\delta\sigma_s K_w^4 \tag{13-29}$$

其中，δ 约为 0.96；K_w 以热力学温度计。

2. 蒸发或凝结潜热量 W_e

蒸发或凝结潜热量的计算公式为

$$W_e = EL = E(598-0.57t_w) \tag{13-30}$$

式中 E——蒸发量或凝结量；

L——水的汽化潜热，J · g^{-1}，等于$(598-0.57t_w)$；

t_w——水温,℃。

3. 随蒸发损失的热量 W'_e

上述蒸发消耗与凝结收入的热量仅考虑了汽化潜热。若水温高于零摄氏度，则还有随蒸发损失的热量或随凝结收入的热量。这部分热量可用下式计算：

$$W'_e = c_p E t_w \tag{13-31}$$

式中 c_p——水的比热容；

E——蒸发量或凝结量；

t_w——水温,℃。

4. 水面与空气对流交换的感热量 W_c

水面与空气对流交换的感热量取决于它们的温差和紊动交换系数，但一般引用鲍恩比，根据蒸发潜热量来推求，即

$$W_c = RW_e \tag{13-32}$$

式中 W_e——蒸发潜热量；

R——鲍恩比，确定方法见式(7-5)。

5. 地面或地下径流带入和带出水柱的热量

若 Q 为流入和流出水柱的地面或地下径流量，t 为地面或地下径流的摄氏温度，Δt 为计算时段，则 Δt 时段内由地面或地下径流带入和带出水柱的热量 W 为

$$W = Qtc_p\rho\Delta t \tag{13-33}$$

式中 c_p——水的比热容；

ρ——水的密度。

6. 降水带入水柱的热量 W_p

若为降雨，则 W_p 的计算公式为

$$W_p = Pt_{200}c_p\rho \tag{13-34}$$

式中 P——时段降雨量；

t_{200}——水面上空 2 m 处的气温，用以代表降雨的温度,℃；

c_p——水的比热容；

ρ——水的密度。

若为降雪，由于融雪要消耗热量，所以 W_p 为消耗的热量，其计算公式变为

$$W_p = P(7.96-0.5t_{200})c_p\rho \tag{13-35}$$

式中 P——时段降雪量。

7. 水柱与河底土壤(河床)交换的热量 W_b

W_b 的计算公式为

$$W_b = -\lambda\frac{dt}{dz} \tag{13-36}$$

式中　λ——土壤导热系数；

dt/dz——水土交界处土壤的温度梯度。

8. 融冰、结冰收支热量 W_3

在计算时段内，如适逢河流封冻或解冻期，则 W_3 可用下式计算：

$$W_3=(h_e-h_b)(79.6-0.5t) \tag{13-37}$$

式中　h_b、h_e——时段初、末冰厚；

t——冰的温度，℃。

9. 水柱内储热量变化值 ΔW

若水柱在时段初、末的平均水温分别为 t_b 和 t_e，水柱的平均深度为 H，则该水柱内储热量的变化值为

$$\Delta W=H(t_e-t_b)c_p\rho \tag{13-38}$$

式中　c_p——水的比热容；

ρ——水的密度。

二、水温

河流水温是河流热量平衡情况的反映。若河流热量平衡的结果是水柱内储热量增加，则河流水温上升；反之，则河流水温下降。因此，根据河流热量平衡方程式(13-25)可导出描述河流水温时空变化的偏微分方程式。

若忽略水流与河床之间的热交换，以及水流内部由动能、势能和化学能转换的热量，并考虑一维情况，则对微分流段可推导出下列热量平衡偏微分方程式：

$$\frac{\partial}{\partial t}(\rho c_p V t_w)=-\frac{\partial}{\partial x}(\rho c_p Q t_w)\mathrm{d}x-\frac{\partial}{\partial x}\left[-\frac{\partial}{\partial x}(E_L A\rho c_p t_w)\right]\mathrm{d}x+H_q+H_n \tag{13-39}$$

式中　V——微分流段的水体积；

A——微分流段过水断面面积；

Q——流量；

t_w——水温，℃；

E_L——离散系数；

c_p——水的比热容；

ρ——水的密度；

H_q——微分流段与周围进行水量交换带入或带出的热量，包括前文中的 W_1、W_1'、W_2、W_2'、W_p、W_3 等；

H_n——微分流段的水面与大气之间进行热交换获得或损失的热量，包括前文中的 B_r、W_c、W_e 等。

式(13-39)就是一维河流水温方程式，它与一维河流水流方程，即一维圣维南方程组联立，就可求得河流水温的时空分布。

对于恒定流情况，微分流段水体积 V 不随时间而变，若再令 ρ、c_p 和 E_L 为常数，式(13-39)就可简化为

$$\frac{\partial t_{w}}{\partial t}=-u\frac{\partial t_{w}}{\partial x}+E_{L}\frac{\partial^{2}t_{w}}{\partial x^{2}}+\frac{H_{q}}{\rho V c_{p}}+\frac{H_{n}}{\rho V c_{p}} \tag{13-40}$$

式中 u——断面平均流速。

河流水温具有明显的日变化，这是因为影响河流水温的主要因素太阳辐射和气温均具有日变化。一日之中，水温的极大值与极小值的出现时间，因季节和地区不同而异。在中国，最低水温一般在 6：00—8：00 出现，最高水温一般在 15：00—18：00 出现。与气温极值出现时间比较，水温极值的出现有滞后现象。增温期日平均水温低于日平均气温，降温期则日平均水温高于日平均气温。河流在不同深度的水温的日变幅均小于气温的日变幅。河流水温的年变化呈冬低夏高曲线变化。在中国，春季来临，水温逐渐上升，至夏季达最高点，最高水温在 7—8 月出现。秋季以后，水温逐渐下降，至冬季 1—2 月出现最低水温。水温的年极值与气温的年极值比较也有滞后现象。水温的年变幅也小于气温的年变幅，在中、高纬度地区，两者相差可达 1 倍以上。

河流水温存在垂向分布。在中国，一日之中，一般在 6：00 或 7：00，河流表面水温较低，愈向河底愈高，形成逆温现象；13：00 或 14：00，河流表面水温较高，愈向河底愈低，形成正温现象；在 19：00 又转为水面低于河底；上、下温差一般只有 0.3～1.7 ℃，视水深、天气等情况而不同。当有热电厂冷却水排入河段时，在排入口附近会形成上层热水、下层冷水的情况，并可能产生温差异重流现象。

河流水温的横向分布有如下特点：在增温期，接近岸边的水温高于河流中泓的水温，而在降温期则相反。当不同水温的支流汇入干流，或热电厂冷却水排入河流时，河流的两岸边水温会发生明显的差异。

河流水温的纵向分布一般为：高山河流，源地水温低，流向下游，水温递增；由中高纬度流向较低纬度的河流，河源水温较低，越向下游水温越来越高；热电厂冷却水注入处的水温较其上、下游为高；水库上、下游河段的水温也因水库调节的影响有所差异。

由于移流和紊动扩散的作用，河流水温分布的不均匀程度一般比湖泊、水库小。

三、河冰的形成

河流结冰的必要条件是水的过冷却，即水温要低于 0 ℃，这种情况发生在水面向大气散热至有效混合层中的热量全部耗尽以后。由于水流混合条件不同，在流速较小的地方水的过冷却现象主要发生在河水表层，而在流速较大的地方则会在整个水深中发生。发生前一种情况，将形成表层冰。表层冰一般先出现在岸边，称为岸冰；而发生后一种情况，则形成水内冰。从表层冰或水内冰开始至河流冰盖形成，就是河流结冰过程。

苏联学者对河冰形成理论进行过卓有成效的研究。1962 年雷姆沙在其论文《河道和水体深处过冷水结晶的热分布》中提出了下列河冰形成过程的理论表达式：

$$P_{z}=\frac{S}{\sqrt{\eta m}}\frac{\cosh\left[(h-z)/\sqrt{\eta m}\right]}{\sinh\left(h/\sqrt{\eta m}\right)} \tag{13-41}$$

式中 P_z——判别水深 z 处河冰形成的指标速度；

S——水面与大气的热交换；

η——紊动热传导度；

h——河流水深；

m——初冰出现时间参数。

式(13-41)表明，当混合较弱，即 η 较小时，河冰形成过程集中在水面；当 η 较大时，P_z 在水深方向上近似均匀分布，这与水内冰的形成条件相应；η 介于以上两种情况之间时，则既形成表层冰又形成水内冰。

对于水面，因 $z \to 0$，故式(13-41)变为

$$P_0 = S/\sqrt{\eta m} \tag{13-42}$$

式(13-42)表明，P_0 越小，形成水内冰的可能性越大；反之，则形成表层冰的可能性越大。一些实际资料分析的结论是：形成表层冰时，$P_0 > 2 \times 10^{-4}$ W/cm^3；而形成水内冰时，$P_0 < 1 \times 10^{-4}$ W/cm^3。

河冰形成过程与冰盖形成过程是有区别的。河流结冰可以在整个水体中发生，而冰盖只在河流表面形成。在水流缓慢的河段，结冰过程和冰盖形成可同时在水体表面发生；但在流速很大的河段，结冰可在水深方向上各处发生，结冰过程与冰盖形成一般并不同时。

在结冰过程初期，水内冰结晶体的移动和掺和并不活跃，它以冰花团的形式分布在水流的各层中。由于水流的不稳定，这些冰花团在运动过程中分成较小的浮冰(即冰花团块)，并通过增长、聚合和在过冷却水中机械黏结而成为密集的冰花堆积，进而在水流的作用下形成比较稳定的环形冰花堆积。冰花环继续黏结，便形成更大的冰块。如果这种大冰块在冰厚中占据了主导地位，并大约覆盖到河宽的 2/3 时就可形成冰盖。热交换和水流紊动是冰盖形成的主要影响因素。热交换、水力条件和河槽形态决定着冰在河槽中的移动和积聚，而冰与大气的热交换将促使冰盖厚度与强度的增加。

在结冰期，河流热交换条件的变化与气象因素有关，也与水面状况有关。随着水面不断地被冰覆盖，水与大气的热交换减少，而冰与大气的热交换增加，而且冰与大气的热交换又随冰厚的增加而减少。据分析，当冰厚为 20～30 cm 时，冰与大气的热交换仅为水与大气热交换的 1/4～1/3。

按照结冰和冰盖形成过程，热交换和水流混合特征，以及不同气候条件下河水冷却和结晶速度，可将河流结冰过程划分为三种基本类型：一是快速结冰型，其特点是表面层结冰速度快($P_0 > 2 \times 10^{-4}$ W/cm^3)，结冰伴随着冰凇、岸冰的形成。由岸冰的增长和聚合而形成冰盖。初始冰厚不大(1～2 cm)，冰盖形成时间为 1～2 d。二是缓慢结冰型，其特点是冰的形成主要发生在20～30 cm深的混合活跃层内，这时 1×10^{-4} W/cm$^3 \leqslant P_0 \leqslant 2 \times 10^{-4}$ W/cm^3。结冰期形成岸冰和冰块的混合(流凌)。由于冰块的滞留、聚积和冻结而形成冰盖。初始冰厚为 10～15 cm，冰盖形成需经历 3～10 d。三是长时间结冰型，其特点是 $P_0 < 1 \times 10^{-4}$ W/cm^3，可以在整个水深上形成冰花，顺水流向下游运动，称为流冰花。冰盖的形成是由于冰花的滞留、密实和结块，初始冰厚超过20 cm，冰盖形成需经历 10～20 d 甚至更长，在坡度较陡的河段常会形成冰塞。

据观测，在冬季水量不大、流速较慢(不超过 0.2 m/s)的小河流上，由于水与空气热交换强烈，其结冰过程一般属于快速结冰型。对于冬季流速不超过 0.4 m/s 的大、中河流，出现岸冰后 2~3 d 即开始出现流凌，如遇强烈冷却(气温低于-10~15 ℃)，则岸冰与流凌同时出现，其结冰过程属于缓慢结冰型。长时间结冰型则主要发生在冬季流速较大(一般大于 0.4 m/s)的河流上。

四、河流冰情要素

1. 封冻

河流出现岸冰和水内冰后，就可能出现流冰现象。流冰由脱落的岸冰、冰花等组成。大量的流冰在河流的急弯、浅滩或流速突然减缓处受阻形成冰盖而使河流封冻。河流的封冻有平封和立封之分。在流速缓慢的河段，冰块平铺水面而封冻，冰面较为平整，称为平封。在流速大的河段，或受到水流方向风力的作用，冰块竖立冻结，冰面起伏不平，称为立封。

2. 冰塞

冰塞是冰花和岸冰破碎产生的部分碎冰块在冰盖下堆积，堵塞部分河道过水断面，造成上游水位壅高、下游水位下降的现象。冰塞的规模有大有小，根据中国的观测资料，规模大的冰塞河段可达几十千米，冰盖下堆积的冰花和碎冰块可达十几米厚，并可能持续整个冰期。冰塞的形成一般经历着冰花被吸入冰缘下，冰花在冰盖下运动和积聚，以及冰花在冰塞中再分布和冰缘向上游移动等发展阶段。

河流冰塞的形成主要受控于河流水力条件和地形条件，其中水力条件是基本因素，而河流的浅滩、弯道等特殊地形条件则为冰塞的形成提供了有利条件。在水力条件中，流速是主要的，当河流形成冰盖后，如沿河的流速不能使上游来的冰花潜入冰盖之下，则冰盖会不断向上游延伸，冰塞难以形成，因此，冰花下潜的流速是决定冰塞形成和发生地点的重要指标。研究指出，冰花下潜流速可由下列临界弗劳德(Froude)数求得：

$$Fr_c = 0.154\sqrt{1-\varepsilon} \tag{13-43}$$

其中

$$Fr_c = v_c/\sqrt{gh}$$

式中 Fr_c——临界弗劳德数；

v_c——冰花下潜流速；

h——水深；

g——重力加速度；

ε——冰花堆积的孔隙度，一般为 0.393~0.848，平均为 0.621。

根据中国黄河刘家峡河段实测资料，分析得该河段冰花下潜流速为

$$v_c = 0.09\sqrt{gh} \tag{13-44}$$

式(13-44)表明，黄河刘家峡河段的临界弗劳德数 $Fr_c = 0.09$，$\varepsilon = 0.621$。

潜入冰盖下的冰花还必须具备停留的条件，否则冰塞难以形成。据分析，冰花在冰盖下停留的临界流速为 0.3~0.4 m/s。

冰塞出现后，上游水位壅高和下游水位下降，不仅是由于冰花的存在减少了过水断面面积，还由于水面线的加长、糙率的增加和其他附加阻力的产生。可以用明渠水力学知识来估算冰塞水位。在有冰花时，冰塞水位 H_i 可视作冰花堆积物上游冰缘水深 h_i 的函数，即

$$H_i = f(h_i) \tag{13-45}$$

但知

$$H_i = h + h'\rho_i/\rho = I^{0.3}e^{ah} \tag{13-46}$$

式中　h——冰塞下水深；

h'——冰花堆积物厚度；

ρ_i、ρ——冰花和水的密度；

I——水面比降；

a——修正值。

根据式(13-45)和式(13-46)，可由明渠水力特征值来确定冰塞水位。

在冰塞发展的最后阶段，冰塞河段内大部分断面的流速、比降等水力条件变化不大，这时，河道的几何参数(如水深、河宽等)和水力因子(如比降、流速、流量等)之间存在着一定的函数关系，这与河流动力学中冲淤河床自由造床过程满足一定的河相关系类似，因此也可用下列方法来计算冰塞壅高水位：

$$v = \zeta \frac{n_c^{0.67} Q^{0.83}}{h_i^{2.11}} \tag{13-47}$$

而

$$n_c = \frac{n_i P_i + n_b P_b}{P_i + P_b} \tag{13-48}$$

式中　v——流速；

Q——流量；

h_i——冰缘处水深；

ζ——经验系数；

n_c——存在冰花时的糙率；

n_i、n_b——冰盖和河床的糙率；

P_i、P_b——冰盖和河床的湿周。

3. 冰厚

冰厚增长的主要方式是冰盖底面水的不断结冰、冰盖下面冰花的不断冻结和冰盖上面积水的冻结。冰厚增长速度随冰层进入大气和水进入冰层的热量差值而变化，这种热量差值是通过水的状态转换抵消的。因此有

$$\frac{dH_c}{dt} = S - S^* - S'_p \tag{13-49}$$

式中　H_c——增加冰厚的失热；

S——冰与空气的热交换，主要包括紊动热交换、蒸发热和水体辐射失热；

S^*——冰与水体之间的热交换，即来自水体的热量；

S'_p——太阳辐射。

要通过式(13-49)来求解冰厚的增长过程是十分困难的，这是因为式中各项不仅取决于冰盖上、下表面的热交换条件，还与冰厚的变化有关。此外，在热状况不稳定的情况下确定热通量也是十分艰巨的。

假设热交换稳定，即假设冰盖中温度梯度是常数，则冰厚增加速度稳定，冰与空气热交换失热 S 仅与冰盖的温度梯度成正比。在这种假定下，式(13-49)可得到简化。若再令冰盖下表面温度为 0 ℃，水体进入冰的热量 S^* 也为 0，以及冰盖和积雪的密度均为常数，则可得冰厚 h_c 的计算公式为

冰上无雪时：

$$h_c=h_\omega+\sqrt{[2\lambda_c/(Z\rho_c)(-t_c)t]} \tag{13-50}$$

冰上有雪时：

$$h_c=-h_{积雪}\frac{\lambda_c}{\lambda_{积雪}}+\sqrt{\left(h_0+h_{积雪}\frac{\lambda_c}{\lambda_{积雪}}\right)^2-\frac{2\lambda_c}{L\rho_c}(-t_c)t} \tag{13-51}$$

冰盖下有冰花时：

$$h_c=-\frac{\lambda_{浮冰}}{\lambda_{冰花}}h_{冰花}+\sqrt{\left(h_{浮冰0}+\frac{\lambda_{浮冰}}{\lambda_{冰花}}h_{冰花0}\right)^2-\frac{2\lambda_{冰花}t_ct}{Z(\rho_c-\rho_{冰花})}} \tag{13-52}$$

式中 h_ω——冰盖形成时的冰厚，即初始冰厚；

$h_{积雪}$——积雪厚度；

h_0——降雨深；

$h_{冰花}$——冰花厚度；

$h_{浮冰0}$——浮冰厚度；

$h_{冰花0}$——冰盖形成时的冰花厚度，即初始冰花厚度；

λ_c——冰的热导率；

$\lambda_{积雪}$——雪的热导率；

$\lambda_{浮冰}$——浮冰的热导率；

$\lambda_{冰花}$——冰花的热导率；

ρ_c——冰的密度；

$\rho_{冰花}$——冰花的密度；

t_c——冰的温度，℃；

t——时间；

L——水的状态转换潜热；

Z——断面平均水深。

由于累积负气温与冰厚的关系一般很密切，因此借助于这两者之间的经验关系计算冰厚是一种常用的近似方法。冰厚与累积负气温之间的关系一般为如下形式：

$$h_c=a\left(\sum t_-\right)^n \tag{13-53}$$

式中 $\sum t_{-}$ ——累积负气温，取负日气温的绝对值之和，℃；

h_c——冰厚，cm；

a、n——经验常数。

根据中国黄河、辽河、松花江和黑龙江等河流的一些资料，式(13-53)的具体表达式为

$$h_c = 2.08(\sum t_{-})^{0.63} \tag{13-54}$$

如冰面上有雪覆盖，则式(13-53)中的经验常数应进行必要的修正。由于雪盖越厚，冰层释放热量越慢，冰厚的增长也越慢，因此 a 值要适当减小。

在整个冬季，河流冰厚的变化一般可分为三个特征时期：一是封冰初期冰厚增长最快时期；二是冰厚增长减缓时期；三是封冻期末冰厚减弱时期。第一时期的持续时间与冬季的气温条件、河道形态和水文、水力条件等有关。

4. 解冻

在冰盖的热量平衡出现正值及水力条件的影响下，冰厚变薄，冰盖强度减弱，并导致冰盖破裂的现象称为解冻。河流的解冻过程一般伴有冰的移动、岸冰、流凌等现象。河流的解冻过程就是开河过程。如果河流的上游先开河，尤其遇到开河时流量大于下游河道封冻时流量时，上游来水挟带的流冰会潜入下游封冻断面冰盖之下，鼓开冰盖，强迫下游开河。这种在强烈的水力作用下开河的形式称为“武开河”。如果冰盖主要在热力作用下解冻，则称为“文开河”。“文开河”时，河流上、下游一般同时开河。介于两者之间的开河情况，称为“半武开河”。“武开河”易形成冰坝，有时会造成冰凌洪水灾害，因此应尽可能避免。

解冻期河流上游来水量与下游河道过流能力的比值，是判断开河形式的重要指标，它可定义如下：

$$K = Q_{下,t} / Q_{上,t-\tau} \tag{13-55}$$

式中 $Q_{上,t-\tau}$——上游断面 $t-\tau$ 时刻的流量；

$Q_{下,t}$——下游断面 t 时刻的流量；

τ——上、下断面间水流流动的时间。

根据中国黄河资料分析，当 $K \leqslant 0.8$ 时，多为“武开河”；而当 $K > 0.8$ 时，多为“文开河”。

如果封冻时断面流量较大，水位较高，则由于冰盖下过流能力大，发生“武开河”的可能性一般较小。

5. 冰坝

冰坝是由河槽中冰块多层累积而成的，它会使过水断面束窄，壅高其上游水位。冰坝易形成于冰盖厚、强度大、解冻迟的地方。在河道形态特殊之处(如岛屿、江心洲、浅滩等)或被冰塞堆积物束窄了的河段也易形成冰坝，也就是“武开”或“半武开”河段是易形成冰坝的河段。冰坝又称开河冰塞，这是相对于前述封河冰塞而言的。冰坝持续的时间一般为2~3 d。

虽然河流冰坝现象很复杂，形式也有多种，但基于冰坝形成过程仍可分为两种基本类型：一是“潜流冰坝”，由于冰缘下冰块的增加而形成；二是“堆积冰坝”，由于冰块以吸入、断裂错位和堆积的方式聚积并挤压，使冰盖遭到破坏而形成。

冰坝发展的规律及数量特征与水文气象条件、河流地貌特征和人类活动影响等有关。水文气象条件指河流解冻期天气情况，可能出现的洪水量级，冰厚分布特点和冰强度减弱速度等。河流地貌特征包括河槽纵、横断面特征，河道平面形态特征和浅滩情况等。人类活动影响主要是指水工程及其控制运用等情况的影响。

冰坝中的冰量 W 可用下式计算：

$$W=q_c t+h_c B_c l \tag{13-56}$$

式中 q_c——冰流量；

h_c——冰厚；

B_c——冰盖宽度；

l——冰盖长度；

t——形成冰坝的时间长。

冰坝壅高水位 ΔH_c 与冰坝造成河槽束窄和冰坝下表面水流阻力增加有关，还与形成冰坝的冰厚和强度有关，一般有

$$\Delta H_c \geqslant f(Q, \sigma_c, h_c) \tag{13-57}$$

式中 Q——流量；

σ_c——冰的强度；

h_c——冰厚。

6. 冰凌洪水

河流解冻过程中，如果上游流下的冰块遇有冰坝形成的条件，则可能在下游某处形成冰坝，使得上游水位猛烈上涨；当形成的冰坝发展到一定规模后，由于承受不了冰和水的压力而溃决，又会使下游水位猛烈上涨。这两种原因形成的洪水称为冰凌洪水。当用水力学方法描述冰凌洪水运动时，圣维南方程组的动力方程要考虑畅流期增加冰凌引起的附加阻力项；而用水文学方法描述时，槽蓄方程中要考虑封冻期壅高水位的水量和形成冰盖、冰塞的结冰水量。由于在解冻期，河段蓄水量随着洪水自上而下运动是不断释放并逐段积累的，因此，各断面的洪峰流量和洪量自上而下将有所增加（表 13-9），这是冰凌洪水一个重要特点。

表 13-9 中国黄河宁蒙河段 1967 年冰凌洪水自上而下的传播情况

站名	间距/km	洪水起讫日期/(月.日)	历时/d	最大流量出现日期/(月.日)	日平均最大流量/($m^3 \cdot s^{-1}$)	洪峰流量/($m^3 \cdot s^{-1}$)
石嘴山		3.18—3.21	4	3.20	958	1 700
磴口	86.4	3.19—3.23	5	3.21	1 020	1 110
巴彦高勒	55.0	3.20—3.26	7	3.22	985	1 030
三湖河口	221.1	3.25—3.30	6	3.27	1 870	2 220
昭君坟	125.9	3.27—3.31	5	3.29	2 530	2 580
头道拐	173.8	3.26—4.1	7	3.30	2 220	2 290

7. 水工程对河流冰情的影响

如果在河流上修建了水库，则水库的蓄水和调节作用可对其上、下游河道的冰情产生影响。对水库上游，由于水库蓄水增加了库区河道水深和水面宽度，建库初期上游库区河道的封冻日期一般会滞后。对水库下游，由于冬季水库下泄的水温比河道水温高，且下泄流量也较建库前为大，因此，水库下游河道的封冻日期要滞后于建库前，冰厚也较建库前小。表13-10是中国黄河上游修建刘家峡水库和龙羊峡水库前后，下游各水文站12月份水温和流量对照表。不难看出，龙羊峡水库下游80 km河段内12月份水温由建库前的0 ℃提高到5 ℃左右，不再封冻。河道开始流凌日期较建库前推迟了20 d左右。

表 13-10　中国黄河上游建库前、后下游河道 12 月份的水温和流量情况

水文站站名		贵德	循化	小川	兰州	青铜峡	石嘴山	昭君坟	头道拐
距龙羊峡坝址距离/km		54.8	220.4	334.7	431.8	961.4	1 110.6	1 600.1	1 774.0
水温/℃	建库前(1958年)	0.0	0.0	0.0	0.7	0.8	0.2	0.0	0.0
	刘家峡水库建成后(1973年)	0.1	0.0	6.3	4.3	1.1	0.1	0.1	0.0
	龙羊峡水库建成后(1988年)	5.9	4.5	6.7	5.1	2.8	0.3	0.0	0.0
流量/($m^3 \cdot s^{-1}$)	建库前(1958年)	293	344		523	502		372	412
	刘家峡水库建成后(1973年)	246	256	549	588	433	603	333	366
	龙羊峡水库建成后(1988年)	536	477	723	788	785	836	538	408

参 考 文 献

[1] 施成熙. 中国河流分类的初步研究[J]. 水利学报，1958(2)：43-52.

[2] 赵人俊. 流域汇流的计算方法[J]. 水利学报，1962(2)：1-9.

[3] 赵人俊，庄一鸰. 降雨径流关系的区域规律[J]. 华东水利学院学报，1963(1)：53-68.

[4] 邓洁霖. 超渗产流情况降雨径流预报方法的建议[J]. 水利水电技术(水文副刊)，1965(6)：18-21.

[5] 水利电力部福建水文总站. 闽江沙溪降雨径流关系的探讨[J]. 水利水电技术(水文副刊)，1965(5)：16-19.

[6] 薛禹群，朱学愚. 地下水动力学[M]. 北京：地质出版社，1979.

[7] 希勒尔. 土壤和水：物理原理和过程[M]. 华孟，叶和才，译. 北京：农业出版社，1981.

[8] 赫尔曼. 水文学导论[M]. 吴平生. 译. 北京：高等教育出版社，1985.

[9] 于维忠. 论流域产流[J]. 水利学报，1985(2)：1-11.

[10] 芮孝芳. 扩散波和线性扩散模型解析解的应用[J]. 华东水利学院学报，1985，13(3)：95-104.

[11] 承继成，江美球. 流域地貌数学模型[M]. 北京：科学出版社，1986.

[12] 麦赫默德，叶夫耶维奇. 明渠不恒定流：第一卷[M]. 林秉南，等，译. 北京：水利电力出版社，1987.

[13] 芮孝芳. 运动波数值扩散与洪水演算方法[J]. 水利学报，1987(2)：37-43.

[14] 李宝庆，杨克定，张道帅. 用实测土壤水势值推求土壤蒸发量[J]. 水利学报，1987(3)：33-38.

[15] 胡方荣，侯宇光. 水文学原理：一[M]. 北京：水利电力出版社，1988.

[16] 于维忠 . 水文学原理：二[M]. 北京：水利电力出版社，1988.

[17] 雷志栋，杨诗秀，谢森传. 土壤水动力学[M]. 北京：清华大学出版社，1988.

[18] 芮孝芳，夏自强，陈引川. 考虑汊道串联和支流引入的感潮河段的洪水演算[J]. 水利学报，1988(5)：37-42.

[19] 孙肇初，汪德胜，王肇兴. 冰塞厚度分布计算模型的探讨[J]. 水利学报，1989(1)：75-81.

[20] 柯克比. 山坡水文学[M]. 刘新仁，等，译. 哈尔滨：哈尔滨工业大学出版社，1989.

[21] 裴步祥. 蒸发和蒸散的测定与计算[M]. 北京：气象出版社，1989.

[22] 李长兴，沈晋. 考虑土壤特性空间变异的流域产流模型[J]. 水利学报，1989(10)：1-8.

[23] 芮孝芳，朱建英. 地下汇流模型及其在流域水文模拟中的应用[J]. 水利学报，1989(4)：45-49.

[24] 芮孝芳，冯平. 多支流河道洪水演算方法的探讨[J]. 水利学报，1990(2)：26-32.

[25] 沈晋，王文焰，沈冰. 动力水文实验研究[M]. 西安：陕西科学技术出版社，1991.

[26] 文康，金管生，李蝶娟，等. 地表径流过程的数学模拟[M]. 北京：水利电力出版社，1991.

[27] 尹国康. 流域地貌系统[M]. 南京：南京大学出版社，1991.

[28] 多钦科. 苏联河流冰情[M]. 张瑞芳，等译. 北京：中国科学技术出版社，1991.

[29] 芮孝芳. 地貌瞬时单位理论的若干评论[J]. 水科学进展，1991，2(3)：194-200.

[30] 顾慰祖. 集水区降雨径流响应的环境同位素实验研究[J]. 水科学进展，1992，3(4)：246-254.

[31] 芮孝芳. 仅依据汇流系统出流资料确定 Nash 模型参数的研究[J]. 水科学进展，1993，4(2)：141-146.

[32] 张婕，包浩生. 分形理论及其在地貌学中的应用[J]. 地理研究，1994，13(3)：104-111.

[33] 芮孝芳. 产汇流理论[M]. 北京：水利电力出版社，1995.
[34] 李仰，刘长龄. 台湾主要河川之碎形特性[J]. 土木水利，1995，21(4)：3-11.
[35] 芮孝芳. 地貌学与最优化原理相结合的途径在确定 Nash 模型参数中的应用[J]. 水利学报，1996(3)：70-75.
[36] 芮孝芳. 关于降雨产流机制的几个问题的讨论[J]. 水利学报，1996(9)：22-26.
[37] 王如意，王鹏瑞. 地貌型瞬时单位历线之通式演绎及其应用[J]. 台湾水利，1996，44(2)：24-46.
[38] 林淑真，刘长龄，游保衫. 日流量时间序列之混沌动力探求[J]. 台湾水利，1996，44(2)：13-23.
[39] 程海云，芮孝芳，等. 线性扩散波方程解析解及其在水位预报中的应用[J]. 水科学进展，1997，8(9)：130-136.
[40] 陈树群，陈联光. 随机流域地形演化模拟[J]. 台湾水利，1997，45(1)：87-98.
[41] 刘国纬. 水文循环的大气过程[M]. 北京：科学出版社，1997.
[42] 芮孝芳，姜广斌. 洪水演算理论与计算方法的若干进展与评述[J]. 水科学进展，1998，9(4)：389-395.
[43] 芮孝芳. 地貌瞬时单位线研究进展[J]. 水科学进展，1999，10(3)：345-350.
[44] 邬伦. 地理信息系统：原理、方法与应用[M]. 北京：北京大学出版社，2000.
[45] 李志栋，朱庆. 数字高程模型[M]. 武汉：武汉测绘科技大学出版社，2000.
[46] 芮孝芳，王伶俐. 具有预期的洪水演算方法研究[J]. 水利学进展，2000，11(3)：291-295.
[47] 芮孝芳，石朋. 基于地貌扩散和水动力扩散的流域瞬时单位线研究[J]. 水科学进展，2002，13(4)：439-444.
[48] 芮孝芳. Muskingum 法及其分段连续演算的若干理论探讨[J]. 水科学进展，2002，13(5)：682-688.
[49] 芮孝芳. 应用流路长度分布律和坡度分布律确定地貌单位线的研究[J]. 水科学进展，2003，14(5)：602-606.
[50] 芮孝芳. 河流水文学[M]. 南京：河海大学出版社，2003.
[51] 孔凡哲，芮孝芳. TOPMODEL 中地形指数计算方法的探讨[J]. 水科学进展，2003，14(1)：41-45.
[52] 孔凡哲，芮孝芳. 处理 DEM 中闭合洼地和平地区域的一种新方法[J]. 水科学进展，2003，14(3)：290-294.
[53] 芮孝芳. 流域汇流机理的概率论体系探讨[J]. 水科学进展，2004，15(2)：135-139.
[54] 芮孝芳. 径流形成原理[M]. 南京：河海大学出版社，2004.
[55] 芮孝芳. 水文学原理[M]. 北京：中国水利水电出版社，2004.
[56] 芮孝芳. 流域水文模型的发展[J]. 水文，2006，26(3)：22-26.
[57] 芮孝芳，刘方贵，邢贞相. 水文学的发展及其所面临的若干前沿问题[J]. 水利水电技术进展，2007，27(1)：75-79.
[58] 芮孝芳，宫兴龙，张超. 流域产流分析及计算[J]. 水力发电学报，2009，28(6)：146-150.
[59] 芮孝芳，蒋成煜. 流域水文与地貌特征关系研究的回顾与展望[J]. 水科学进展，2010，21(4)：444-449.
[60] 丛树铮. 水科学技术中的概率统计方法[M]. 北京：科学出版社，2010.
[61] 芮孝芳，梁霄. 水文学的现状及未来[J]. 水利水电科技进展，2011，31(2)：1-4.
[62] SHELTON M L. 水文气候学：视角与应用[M]. 刘元波，译. 北京：高等教育出版社，2011.
[63] 芮孝芳，刘宁宁，凌哲，等. 单位线的发展与启示[J]. 水利水电科技进展，2012，32(2)：1-5.
[64] 芮孝芳，凌哲，刘宁宁. 新安江模型的起源及对其进一步发展的建议[J]. 水利水电科技进展，2012，32(4)：1-5.
[65] 芮孝芳. 产流模式的发现与发展[J]. 水利水电科技进展，2013，33(1)：1-7.

[66] 芮孝芳. 中国地学通鉴·水文卷[M]. 西安：陕西师范大学出版社，2018.
[67] 芮孝芳. 水文学现状及未来[M]. 南京：河海大学出版社，2019.
[68] HORTON R E. Surface Runoff Phenomena. Horton Hydrology Laboratory Publication, Ann Arbor, Michigan, 1935: 73.
[69] HEWLETT J D, et al. Moisture and Energy Conditions within a Sloping Soil Mass During Drainage [J]. J of Geophysical Research, 1963, 68(4): 1081-1087.
[70] CHOW V T. Handbook of Hydrology [M]. New York: McGraw Hill, 1964.
[71] DOOGE J C I. Conceptual Models of Surface Runoff: Proceedings of the International Symposium of Floods, Their Predication and the Defense of the Soil, [C]. Rome, 1967: 179-207.
[72] CUNGE J A. On the Subject of a Flood Propagation Method (Muskingum Method) [J]. J of Hydraul. Res., 1969, 7(2): 205-230.
[73] BETSON R P, MARIUS J P. Source Areas of Storm Runoff [J]. Water Resource Research, 1969, 5(3): 574-582.
[74] EAGLESON P S. Dynamic Hydrology [M]. New York: McGraw Hill, 1970.
[75] DUNNE T, BLACK R D. An Experimental Investigation of Runoff Prediction in Permeable Soils [J]. Water Resource Research, 1970, 6(2): 478-490.
[76] DUNNE T, BLACK R D. Partial Area Contributions to Storm Runoff in a Small New England Watershed [J]. Water Resource Research, 1970, 6(5): 1296-1311.
[77] AMOROCHO J, et al. Determination of Nonlinear Functional Response Functions in Rainoff-Runoff Processes [J]. Water Resource Research, 1971, 7(5): 1087-1101.
[78] DOOGE J C I. Linear Theory of Hydrologic Systems [M]. USDA Tech. Bull, 1973, 1468.
[79] O'CONNOR K M. A Discrete Linear Cascade Model for Hydrology [J]. J of Hydrology, 1976, 29: 213-243.
[80] PONCE V M, SIWONS D B. Shallow Wave Propagation in Open Channel Flow [J]. J of Hydraul. Dic ASCE, 1977, 103 (12): 1461-1476.
[81] LINSLEY R K, FRANZINI J B. Water-Recourses Engineering [M]. 2nd ed. New York: McGraw Hill, 1978.
[82] PONCE V M, LI R M, SIWONS D B. Applicability of Kinematic and Diffusion Model [J]. J of Hydrant Div. ASCE, 1978, 104(3): 353-360.
[83] RODRIGUEZ-ITURBE I, et al. The Geomorphologic Structure of Hydrological Response [J]. Water Resources Research, 1979, 15 (6): 1409-1420.
[84] CUNGE J A, HOLLY F M, VERWEY A. Practical Aspects of Computation River Hydraulics [M]. London: Pitman Publishing Limited, 1979.
[85] OVERTON D E, et al. Stormwater Modeling [M]. Academic Press, 1979.
[86] RAUDKIVI A J. Hydrology [M]. Pergamon Press, 1979.
[87] GUPTA V K, et al. A Representation of an IUH from Geomorphology [J]. Water Resource Research, 1980, 16 (5): 855-862.
[88] ZASLAUSKY D, et al. Surface Hydrology [J]. J of the Hydraulics Division, 1981, 107 (HY1): 1-93.
[89] LINSLEY R. K, KOHLER M A, PAULHUS J L H. Engineering Hydrology [M]. New York: McGraw Hill, 1982.
[90] BELTAOS S. River Ice Jams: Theory, Case Study, and Applications [J]. J Hydraulic Eng. ASCE, 1983, 190 (10): 1338-1359.

[91] WONG T H F, LAURENSON E M. Model of Flood Wave Speed Discharge Characteristics of Rivers [J]. Water Resources Research, 1984, 20 (12): 1883-1890.

[92] TRONTMANT B M, KARLINGER. On the Expected Width Function for Topologically Random Channel Networks [J]. J Appl. Prob., 1984, 21: 836-849.

[93] STEPHENSON D. Kinematic Hydrology and Modeling [J]. Development in Water Science, 1986.

[94] MESA O J, GUPTA V K. On the Main Channel Length-Area Relationships for Channel Networks [J]. Water Resources Research, 1987, 23 (11): 2119-2122.

[95] GUPTA V J, MESA O. Runoff Generation and Hydrologic Response via Channel Network Geomorphology-Recent Progress and Open Problem [J]. J Hydrology, 1988, 109: 3-28.

[96] PONCE V M. Engineering Hydrology (Principles and Practices) [M]. Prentice Hall, 1989.

[97] BRAS R L. Hydrology [M]. Addison-Wesley, Reading, MA, 1990.

[98] RINALDO A, MARANI A, RIGON R. Geomorphological Dispersion [J]. Water Resources Research, 1991, 27 (4): 513-525.

[99] MARANI A, RIGON R, RINALDO A. A Note on Fractal Channel Networks [J]. Water Resources Research, 1991, 27 (2): 3041-3049.

[100] CHUNG W H, ALDAMA A A, SMITH J A. On the Effects of Downs Tread Boundary Conditions of Diffusive Flood Routing [J]. Advances in Water Resources, 1993, 16 (5): 259-275.

[101] SHELL J, SIVAOALAN M. On Geomorphological Dispersion in Natural Catchments and the Geomorphologic Unit Hydrograph [J]. Water Resources Research, 1994, 30 (7): 2311-2323.

[102] GYASI-AGYEI Y, TROCH F P, TROCH P A. A Dynamic Hillslope Response Model in a Geomorphology Based Rainfall-Runoff Model [J]. J. Hydrol., 1996, 178: 1-18.

[103] RUTSCHMANN P, HAGER W H. Diffusion of Floodwaves [J]. J Hydrology, 1996, 178: 19-32.

[104] RIASLDO A, RODRIGUSE-ITURBE J. Geomorphological Theory of the Hydrological Response [J]. Hydrological Processes, 1996, 10 (6): 803-830.

[105] KIN K S, CHAPRA S C. Temperature Model for Highly Transient Shallow Stream [J]. J Hydraul. Eng, 1997, 123 (1): 30-40.

[106] YEN B C, LAE K T. Unit Hydrography Derivation for Unganged Watersheds by Stream Order Laws [J]. J Hydrologic Eng, 1997, 2 (1): 1-9.

[107] MARTZ L W, GARBRECTHT J. The Treatmant of Flat Areas and Depressions in Automated Drainage Analysis of Raster Digital Elevation Models [J]. Hydrol. Process, 1998, 12: 843-855.

[108] OLIVERA F, MAIDMENT D. Geographic Information Systems (GIS)-Based Spatially Distributed Model for Runoff Routing [J]. Water Resources Research, 1999, 35 (4): 1155-1164.

[109] TURCOTE R, FORTIN J P, ROUSSEAU A N, et al. Determination of the Drainage Structure of A Watershed Using A Digital Eleration Model and a Digital River and Lake Network [J]. J of Hydrology, 2001, 240: 225-242.

[110] MENAB M, VEITZERS, GUPTA, et al. Tests of Peak Flow Scaling in Simulated Self-Similar River Networks [J]. Advances in Water Resources, 2001, 24: 991-999.

[111] FLEURANT C, KARTIWA B, ROLAND B. Analytical Model for a Geomorphological Instantaneous Unit Hydrograph [J]. Hydrological Processes, 2006, 20: 3879-3895.

[112] RUI Xiaofang, YU Mei, LIU Fanggui. Calculation of Watershed Flow Concentration Based on the Grid Drop

Concept [J]. Water Science and Engineering, 2008, 1(1): 1-9.

[113] RUI Xiaofang, LIU Fanggui, YU Mei. Discussion of Muskingum Method Parameter X [J]. Water Science and Engineering, 2008, 1 (3): 16-23.

[114] CHARETTE M A, SMITH W H F. The Volume of Earths Ocean[J]. Ocenography, 2010, 23(2): 112-114.

告别讲台的感言

今年适逢我从教满45周年和在河海大学学习、工作满50周年。有幸给水文与水资源工程专业2006级同学讲授水文学原理，是机遇也是缘分，令我终生难忘。青年时代，我和大家一样，坐在教室里聆听老师讲课，那时并不知道讲课是什么滋味。后来自己也成了一名教师，为坐在教室里的同学们讲课。一干就是45年，从青年走向老年，始终不渝，义无反顾。说真的，我很爱我的事业。学而时教之，“不亦乐乎”，这是我发自内心的一点感受。

老师要把课讲好，首先必须真正搞懂自己所从事的学科和领域，同时必须站在学生的位置上寻求学生们易于接受的逻辑思维方法和具体教学方法，并要与时俱进，这叫作“点燃自己”。这样经过若干年后你所教的学生就会成为“青出于蓝而胜于蓝”的人才，这叫作“照亮别人”。所以，教学是一个“点燃自己，照亮别人”的光彩事业，它是纯洁的、无私的！老师将知识传授给学生，自己也许一无所有！老师今天将既有的知识传授给学生，为了明天的教学，老师又将马不停蹄地在科学道路上开始新的征程，去学习，去掌握更新、更有用的知识！这种既不求回报、也不求功利的教学工作，是我毕生的追求！

我喜欢教学，还因为教学能给人带来许多乐趣，并能通过教学相长，从青年学生身上受到许多启发。可以坦诚地说，我的学识中真的有相当一部分是来自教学工作对自己的鞭策和青年学生对自己的启发。在我看来，教学和科研永远是一对没有矛盾、相互促进的好兄弟。“通过教学传授知识，通过科研创新知识”，这才是教学工作的真正含义。只有懂得这个道理，才算真正懂得教学！学生的未来，大学的未来，科学的发展，甚至国家和民族的未来，都需要更多的人热爱教学。

谢谢同学们坚持听完了我讲授的水文学原理课程。水文学是一门古老而年轻的学科，它不但是科学大家庭中的一员，而且已成为当今世界经济社会可持续发展的重要支撑学科之一，需要大家呵护它，发展它。虽然从今天起，我将离开我深爱的三尺讲台，但我相信将来也许会有再次与大家相聚在一起切磋水文科学问题的其他机会。

人生苦短，学无止境，但只要有“活到老，学到老”的精神，你就会感到自己的存在。

今天是平安夜，祝同学们平安、快乐！

芮孝芳

2008年12月24日

习题参考解答

郑重声明

读者意见反馈

为收集对教材的意见建议，进一步完善教材编写并做好服务工作，读者可将对本教材的意见建议通过如下渠道反馈至我社。

咨询电话　400-810-0598

反馈邮箱　gjdzfwb@ pub. hep. cn

通信地址　北京市朝阳区惠新东街 4 号富盛大厦 1 座　高等教育出版社总编辑办公室

邮政编码　100029

防伪查询说明

用户购书后刮开封底防伪涂层，使用手机微信等软件扫描二维码，会跳转至防伪查询网页，获得所购图书详细信息。

防伪客服电话　（010）58582300